Die Entdeckung des Unteilbaren

Für Karen, Kevin, Tim und Jan

Jörg Resag

Die Entdeckung des Unteilbaren

Quanten, Quarks und die Entdeckung des Higgs-Teilchens

2. Auflage

Jörg Resag
Leverkusen
Deutschland

ISBN 978-3-642-37669-6   ISBN 978-3-642-37670-2 (eBook)
DOI 10.1007/978-3-642-37670-2

Die Deutsche Nationalbibliothek verzeichnet diese Publikation in der Deutschen Nationalbibliografie; detaillierte bibliografische Daten sind im Internet über http://dnb.d-nb.de abrufbar.

Springer Spektrum
© Springer-Verlag Berlin Heidelberg 2010, 2014

Planung und Lektorat: Vera Spillner, Bettina Saglio
Redaktion: Annette Heß
Einbandabbildung: © The ATLAS-Experiment at CERN
Einbandentwurf: deblik Berlin

Gedruckt auf säurefreiem und chlorfrei gebleichtem Papier

Springer Spektrum ist eine Marke von Springer DE. Springer DE ist Teil der Fachverlagsgruppe Springer Science+Business Media
www.springer-spektrum.de

Vorwort zur zweiten Auflage

Nachdem die erste Auflage von *Die Entdeckung des Unteilbaren* im Herbst 2010 erschienen war, bekam ich viele positive Rückmeldungen, die mir gezeigt haben, dass das Buch bei den Lesern gut angekommen war und einiges zum tieferen Verständnis der modernen Physik beitragen konnte. Besonders bedanken möchte ich mich bei allen, die mich auf kleinere Fehler aufmerksam gemacht haben, die in der nun vorliegenden zweiten Auflage korrigiert wurden.

Die erste Auflage dieses Buches war erschienen, kurz nachdem der Large Hadron Collider LHC am CERN in Betrieb gegangen war und damit begonnen hatte, erste Kollisionsdaten aufzuzeichnen. Jeder wartete damals darauf, dass endlich neue Entdeckungen zutage treten würden, doch noch war es deutlich zu früh dafür gewesen. Das hat sich mittlerweile geändert! Am 4. Juli 2012 verkündete man am LHC die Entdeckung eines neuen Teilchens mit einer Masse von rund 125 GeV, das sehr gute Chancen hat, das lange gesuchte Higgs-Teilchen zu sein.

Die zweite Auflage bietet mir nun die Gelegenheit, das Buch insgesamt auf den aktuellen Stand zu bringen und in Abschn. 8.2 ausführlich auf die Fortschritte am LHC einzugehen, die schließlich zur Entdeckung des Higgs-Teilchens führten. Nach wie vor ist es für mich fast ein Wunder, dass es in der Physik offenbar wieder einmal gelungen ist, ein theoretisches Gebäude experimentell zu bestätigen, das von uns Menschen Jahrzehnte zuvor mithilfe der Mathematik errichtet worden war und das weit jenseits unserer eigenen menschlichen Vorstellungskraft liegt.

Bei Andreas Rüdinger, Vera Spillner, Bettina Saglio und Annette Heß vom Springer-Spektrum-Verlag möchte ich mich herzlich für die wie immer sehr gute Zusammenarbeit bedanken. Ebenfalls bedanken möchte ich mich bei meiner Frau Karen und meinen Söhnen Kevin, Tim und Jan für ihre Unterstützung und ihr Verständnis dafür, dass mich die Arbeit am Buchmanuskript so manchen Abend in Beschlag nahm.

Mai 2013   Jörg Resag
Leverkusen

Vorwort zur ersten Auflage

Kaum eine andere Naturwissenschaft hat in den letzten gut 100 Jahren eine so stürmische Entwicklung erfahren wie die Physik. Sie hat Entdeckungen hervorgebracht, die weit über den Rahmen dieser Wissenschaft hinausreichen und die unser Weltbild entscheidend verändert haben. Als wichtige Meilensteine seien hier genannt: die Formulierung der speziellen und allgemeinen Relativitätstheorie durch Albert Einstein in den Jahren 1905 und 1916, die Entwicklung der Quantenmechanik und der Quantenfeldtheorie seit 1925 durch Niels Bohr, Werner Heisenberg, Wolfgang Pauli, Paul Dirac, Richard Feynman und andere sowie schließlich die Formulierung des modernen Standardmodells der Elementarteilchen in den Jahren seit etwa 1962, insbesondere durch Glashow, Salam, Ward, Weinberg, Gell-Mann, Fritzsch und Zweig. Dieses Standardmodell bildet die Grundlage für unser heutiges Verständnis der Physik der Elementarteilchen und wurde an den großen Teilchenbeschleunigern immer wieder getestet und glänzend bestätigt, insbesondere am großen Elektron-Positron-Collider (LEP, *Large Electron-Positron Collider*) des europäischen Forschungszentrums CERN bei Genf.

Das Standardmodell basiert auf den beiden Grundpfeilern *spezielle Relativitätstheorie* und *Quantentheorie* und beschreibt die Naturgesetze mithilfe von zwölf Teilchen (sechs Quarks und sechs Leptonen) sowie drei Wechselwirkungen zwischen diesen Teilchen (die starke, die schwache und die elektromagnetische Wechselwirkung). Die Gravitation bleibt dabei außen vor, d. h. sie wird nicht im Rahmen des Standardmodells beschrieben.

Im März 1995 wurde das letzte noch fehlende der sechs Quarks am Tevatron-Beschleuniger des Fermilabs bei Chicago entdeckt: das *top*-Quark – ein Ereignis, das sogar auf den Titelseiten vieler Zeitungen Eingang fand. Nur das Higgs-Teilchen fehlt noch (Stand Juni 2010). Nach ihm wird in den nächsten Jahren am Large Hadron Collider LHC intensiv gesucht werden.

Im Rahmen des Standardmodells sind wir heute in der Lage, die Struktur der Materie bis zu Abständen von etwa einem Tausendstel Fermi (also ungefähr einem Tausendstel des Protondurchmessers) detailliert zu beschreiben.

Wir kennen heute die physikalischen Gesetze zwischen Elementarteilchen bis zu Teilchenenergien von mindestens 100 GeV sehr genau und können damit im Rahmen des Urknallmodells die Entwicklung unseres Universums bis zu einem Zeitpunkt zurückverfolgen, als seine Temperatur etwa eine Millionen-Milliarde Grad betrug. Das Universum existierte zu diesem Zeitpunkt gerade einmal seit einer zehnmilliardstel Sekunde.

Haben wir mit dem Standardmodell der Elementarteilchen womöglich bereits die sagenumwobene Weltformel, die allumfassende fundamentale physikalische Theorie der Naturgesetze unseres Universums, gefunden? Sind wir mit unserer Suche nach den wirklich unteilbaren Bausteinen der Materie am Ziel angekommen? Die Antwort, die wir aller Wahrscheinlichkeit nach auf diese Frage geben müssen, lautet: Nein! Von einer solchen Weltformel sind wir heute sicher noch ein gutes Stück entfernt. Im Gegenteil: Es gibt viele gute Gründe, die darauf hindeuten, dass es eine Physik jenseits des Standardmodells geben muss und dass der gerade in Betrieb gegangene Large Hadron Collider LHC ein Fenster in diese neue Welt öffnen wird.

In jedem Fall wird das Standardmodell ähnlich wie die Relativitätstheorie und die Quantenmechanik ein wesentlicher Meilenstein auf dem Weg zu einer fundamentalen Theorie der Naturgesetze sein. Genauso, wie man das Standardmodell ohne die spezielle Relativitätstheorie und die Quantenmechanik nicht verstehen kann, so wird man eines Tages auch eine hypothetische allumfassende Theorie nicht verstehen können, ohne sich mit dem Standardmodell befasst zu haben.

In diesem Buch möchte ich den Versuch wagen, die Reichweite und Schönheit der modernen physikalischen Theorien einem breiten Publikum näherzubringen und damit auch Nicht-Experten an der Faszination teilhaben zu lassen, die von ihnen ausgeht. Neben der Darstellung der neuesten Entwicklungen und Entdeckungen habe ich den nötigen Grundlagen für das Verständnis der modernen Teilchenphysik breiten Raum eingeräumt. Dabei habe ich mich bemüht, den Leser nicht durch halbwahre Überveranschaulichungen zu verwirren. Ich werde versuchen, möglichst klar zu beschreiben, was man tut und tun muss, um die Gesetze der Natur zu formulieren, nicht aber, wie man es tut.

Aufgrund der Komplexität des Themas war es mir nicht möglich, ein einfaches Buch zu schreiben. Dennoch werden vom Leser im überwiegenden Teil des Buches keine besonderen mathematischen oder physikalischen Vorkenntnisse erwartet. Auf mathematische Formeln wollte ich aber nicht ganz verzichten, da sie an einigen Stellen zum Verständnis des Buches nützlich sein können. Ich hoffe aber, dass die verwendeten Formeln für den Leser keine größeren Schwierigkeiten darstellen. Im Übrigen ist es problemlos möglich, die Formeln einfach zu überspringen, ohne dass das Verständnis in stärkerem Maße darunter leiden sollte. Wer sich für weitere Details sowie den neuesten Stand der Entdeckungen am LHC interessiert, der findet diese auf den Webseiten zu diesem Buch unter

http://www.joerg-resag.de/

Juni 2010   Jörg Resag
Leverkusen

die Formeln einfach zu überspringen, ohne dass das Verständnis in stärkerem Maße darunter leiden sollte. Wer sich für weitere Details sowie den neuesten Stand der Entdeckungen am LHC interessiert, der findet diese auf den Webseiten zu diesem Buch unter

http://www.joerg-resag.de/

Juni 2010   Jörg Resag
Leverkusen

Inhaltsverzeichnis

1

Atome, Bausteine der Materie

Woraus besteht Materie? Ist sie kontinuierlich und in immer kleinere Stücke teilbar, oder besteht sie aus vielen kleinen Bausteinen? Die letztere Idee existierte bereits im antiken Griechenland, doch erst die zunehmende Entwicklung der Chemie und Physik in den letzten gut 300 Jahren brachte zunehmend die Gewissheit, dass es diese Bausteine tatsächlich gibt.

1.1 Die ersten Anfänge

Vor etwa 2 500 Jahren besaß man im antiken Griechenland bereits ein umfangreiches Wissen über die physikalischen Eigenschaften der verschiedensten Materialien. Man versuchte daher, Ordnung in die Vielfalt dieser Materialien und ihrer Bearbeitungsmöglichkeiten zu bringen und übergreifende Prinzipien zu finden, um des wachsenden Wirrwarrs von Einzelinformationen Herr zu werden. Dabei wurde schon recht bald die Frage nach der inneren Struktur der Materie gestellt und verschiedene Philosophen versuchten, zu schlüssigen Antworten zu gelangen.

So vertrat Thales, der aus einer griechischen Stadt in Kleinasien namens Milet stammte, etwa um 600 vor Christus die Auffassung, Wasser sei die Grundsubstanz aller Materie. Anaximander von Milet dagegen vertrat die Ansicht, Luft sei der Urstoff und könne die anderen Grundstoffe Wasser und Erde hervorbringen. Auch andere Möglichkeiten für das Auftreten einer einzigen Grundsubstanz wurden diskutiert.

Das Problem mit diesen Ideen bestand aber darin, eine Erklärung dafür zu finden, wie sich ein einziger Urstoff in so unterschiedliche Materieformen wie Luft, Wasser oder Eisen verwandeln konnte.

Um dieses Problem zu lösen, ging etwa 100 Jahre später Empedokles bereits von vier Grundsubstanzen (Erde, Wasser, Feuer und Luft) und zwei Grundkräften (Liebe und Hass) aus. Empedokles verwendete also mehrere Grundstoffe und unterschied zwischen Stoff und Kraft. Alle Veränderungen in der Natur erklärte er dadurch, dass sich die vier Grundstoffe in verschiedenen Verhältnissen miteinander mischen und wieder voneinander trennen. Gerade diese Vorstellung hat sich lange bis ins Mittelalter hinein behaupten können. Sie spiegelt bereits einen Grundgedanken unserer heutigen Sicht wider, nämlich dass verschiedene Grundstoffe über gewisse Kräfte aufeinander einwirken.

Es bleibt bei diesen Ansätzen jedoch unklar, ob Materie als kontinuierlich oder als aus einzelnen fundamentalen Teilchen bestehend aufgefasst wird. Überlegen wir uns die Konsequenzen dieser beiden Alternativen.

Nimmt man an, Materie sei kontinuierlich, so lässt sich ein beliebig kleines Stück Materie immer in noch kleinere Stücke desselben Stoffes zerlegen. Auch diese winzigen Bruchstücke müssen noch alle Eigenschaften aufweisen, die für die spezielle Substanz charakteristisch sind, wie beispielsweise Farbe, Dichte, Geruch oder Festigkeit.

Mit der Vorstellung kontinuierlicher Materie stößt man nun schon recht bald auf Schwierigkeiten. So liefert sie keine Erklärung dafür, warum ein und derselbe Stoff in Abhängigkeit von den äußeren Bedingungen (Druck, Temperatur) mal fest, mal flüssig und mal gasförmig sein kann. Auch die chemische Reaktion von zwei Substanzen zu einer neuen Substanz kann in diesem Bild nicht recht dargestellt werden, d. h. der Mechanismus, der einer chemischen Reaktion zugrunde liegt, bleibt im Dunkeln.

Wenden wir uns daher dem atomistischen Standpunkt zu. Zwischen 450 und 420 vor Christus entwickelten der griechische Philosoph Leukipp und sein Schüler Demokrit das erste atomistische Modell, bei dem Materie aus einer großen Anzahl winziger, unzerstörbarer Bausteine aufgebaut ist. Leukipp und Demokrit nannten diese Bausteine *Atome*, was so viel wie *das Unteilbare* bedeutet. Um die vielen verschiedenen Materieformen zu erklären, gingen sie davon aus, dass es unendlich viele verschiedene Atomsorten in der Natur geben müsse.

Erst diese neue Sichtweise ermöglichte Ansätze zur Erklärung von Vorgängen wie Schmelzen und Verdampfen oder von chemischen Prozessen, bei denen sich die Atome umgruppieren und neu formieren. Wie die Atome aber genau aussehen, darüber gab es im Laufe der Zeit die unterschiedlichsten Vorstellungen. Eine denkbare Möglichkeit wäre beispielsweise, dass sich verschiedene Atomsorten durch ihre äußere Gestalt unterscheiden. Aufgrund außen angebrachter Haken und Ausbuchtungen könnten sie sich miteinander verhaken und so chemische Reaktionen ermöglichen.

Der atomistische Ansatz besitzt jedoch auch seine Probleme. So ist nicht zu erwarten, dass die Atome den Raum lückenlos ausfüllen können. Insbesondere bei gasförmigen Substanzen sollte man aufgrund der geringen Dichte sogar erwarten, dass sie den Raum viel weniger dicht ausfüllen als bei einem flüssigen oder festen Stoff. Was aber befindet sich dann zwischen den Atomen? Die uns heute gewohnte Konsequenz, dass sich dazwischen eben einfach Nichts, also leerer Raum befindet, erschien bis in die Neuzeit hinein vielen Menschen als nicht akzeptabel. Um dieses Problem zu umgehen, wurde die Vorstellung eines den ganzen Raum erfüllenden Stoffes geboren, den man Äther nannte und dem viele recht ungewöhnliche Eigenschaften zugeschrieben wurden, um die im Laufe der Zeit anwachsende Fülle von Beobachtungen und experimentellen Resultaten erklären zu können.

Ein weiteres Problem des atomistischen Ansatzes besteht darin, die Eigenschaften der Atome wie Gestalt, Größe und Masse zu erklären. Löst man dieses Problem durch die Annahme, Atome seien eben nicht elementar und bestünden ihrerseits aus anderen elementaren Objekten, so verschiebt sich dadurch das Problem lediglich um eine Stufe und stellt sich für die neuen Elementarobjekte erneut.

Wir sehen also, dass keine der beiden beschriebenen Alternativen uns wirklich zufriedenstellen kann, auch wenn der atomistische Ansatz weniger Probleme aufzuweisen scheint und mehr Potenzial für die Erklärung der physikalischen Materie-Eigenschaften bietet.

Jeder im Laufe der Zeit erdachte Lösungsversuch wies ähnliche Probleme auf. Erst mithilfe der direkten Befragung der Natur durch die Experimente der Neuzeit und mithilfe der abstrakten Sprache der Mathematik sind wir in den letzten gut 300 Jahren der Lösung dieses Rätsels ein gutes Stück nähergekommen. Statt weiter zu spekulieren, wollen wir uns daher nun der Methode des physikalischen Experiments bedienen, um die Frage zu entscheiden, welche der beiden Alternativen in der Natur realisiert ist. Dabei dürfen wir gespannt sein, wie die Natur die angesprochenen Probleme gelöst hat.

1.2 Atome und Moleküle

Betrachten wir ein beliebiges Stück Materie und versuchen, etwas über sein Innenleben herauszufinden. Wir wollen dies am Beispiel eines gewöhnlichen Kochsalzkristalls tun. Dabei gehen wir (wie sich herausstellt, zu Recht) von der Annahme aus, dass es letztlich nicht darauf ankommen wird, mit welchem Stoff wir unsere Untersuchung beginnen. Ein Kochsalzkristall hat jedoch einige Vorteile, wie wir noch sehen werden.

Zunächst einmal fällt uns seine würfelförmige Gestalt auf. Betrachten wir andere Kochsalzkristalle, so sehen wir, dass die Würfelform tatsächlich die bevorzugte Gestalt von Kochsalzkristallen ist. Kristalle anderer Salze wie z. B. Alaun bevorzugen dagegen andere regelmäßige Formen. Das Auftreten dieser regelmäßigen Formen ist der erste Hinweis darauf, dass zumindest Salzkristalle aus einer regelmäßigen Anordnung kleiner Bausteine zusammengesetzt sein könnten. Eine solche regelmäßige Struktur kann beispielsweise dadurch zustande kommen, dass sich kugelförmige Bausteine gegenseitig anziehen und zu einem möglichst kompakten Objekt zusammensetzen wollen.

Mit bloßem Auge ist jedoch von Atomen nichts zu sehen. Wir müssen also einen ersten Schritt weg aus der unseren Sinnen unmittelbar zugänglichen Welt machen und mithilfe eines technischen Gerätes versuchen, mehr zu erfahren. Das Gerät, das sich zunächst anbietet, ist ein Mikroskop. Ich erinnere mich noch, wie ich als Kind mein erstes Mikroskop in den Händen hielt und etwas enttäuscht war, dass darin keine Atome zu sehen waren und ich lediglich gewöhnliche Pantoffeltierchen entdecken konnte, was andererseits auch nicht allzu schlecht war. Vielleicht aber lag dies nur an der unzureichenden Ausrüstung. Bewaffnen wir uns also mit einem modernen optischen Hochleistungsmikroskop. Doch auch hier kommen wir nicht weiter. Es stellt sich heraus, dass ab einer gewissen Vergrößerungsstufe eine weitere Vergrößerung des Bildes keine weiteren Details mehr enthüllt. Das Bild wird zwar größer, verliert aber dafür an Schärfe. Die kleinsten Details, die in unserem Mikroskop gerade noch erkennbar sind, haben dabei eine Größe von einigen Zehntausendstel Millimetern.

Der Grund für diese Einschränkung liegt in der Wellennatur des Lichts. Licht lässt sich als eine sogenannte elektromagnetische Welle verstehen, bei dem sich oszillierende elektrische und magnetische Felder durch den Raum ausbreiten und sich gegenseitig am Leben erhalten. Diese klassische Beschreibung von Licht reicht in sehr vielen Fällen aus, um die physikalischen Phänomene zu beschreiben. Wir werden aber später auch Phänomene kennenlernen, bei denen eine detailliertere Beschreibung mithilfe sogenannter Photonen notwendig ist. Für die Analyse optischer Instrumente ist die Wellenbeschreibung aber ausreichend.

Die Wellenlänge, also der Abstand zweier benachbarter Wellenberge (bezogen auf den Betrag des elektrischen Feldes), beträgt bei blauem Licht etwa vier zehntausendstel Millimeter, bei rotem Licht etwa acht zehntausendstel Millimeter. Die anderen Farben haben dazwischenliegende Wellenlängen. In einem Mikroskop, das mit sichtbarem Licht arbeitet, lassen sich nun aufgrund der Wellennatur des Lichts generell keine Details erkennen, die deutlich kleiner als die verwendete Lichtwellenlänge sind.

Die Idee liegt daher nahe, ein Mikroskop zu verwenden, das auf Wellen mit kürzeren Wellenlängen als der von sichtbarem Licht basiert. Tatsächlich gibt es in der Natur solche elektromagnetischen Wellen. Diese Wellen sind allerdings für das menschliche Auge nicht sichtbar. Ihre Existenz ist aber jedem bewusst, der schon einmal einen Sonnenbrand hatte. Ursache für den Sonnenbrand sind die von der Sonnenoberfläche abgestrahlten elektromagnetischen Wellen mit Wellenlängen zwischen vier zehntausendstel und einem millionstel Millimeter, die sogenannte ultraviolette Strahlung. Allerdings reicht auch diese Strahlung immer noch nicht aus, um den Bausteinen der Materie auf die Spur zu kommen.

Noch kürzere Wellenlängen besitzen die Röntgenstrahlen. Leider eignen sich Röntgenstrahlen nicht gut dazu, um damit ein Mikroskop zu bauen, da sich Linsen zur Ablenkung der Röntgenstrahlen nicht herstellen lassen (allerdings lassen sich heutzutage immerhin Röntgenspiegel herstellen, wie sie bereits bei der Vermessung der aus dem Weltall kommenden Röntgenstrahlung von Satelliten aus eingesetzt wurden). Für die Untersuchung unseres Kochsalzkristalls mithilfe von Röntgenstrahlen ist aber glücklicherweise ein Röntgenmikroskop nicht erforderlich. Es genügt, den Kristall aus einer bestimmten Richtung mit Röntgenstrahlen einer festen Wellenlänge zu bestrahlen. Auf der Rückseite des Kristalls stellen wir dann in einigen Zentimetern Abstand eine Photoplatte auf und bestimmen später anhand der geschwärzten Stellen, in welche Richtungen die Röntgenstrahlen durch den Kochsalzkristall abgelenkt wurden. Die Bestrahlung des Kristalls müssen wir nun für verschiedene Wellenlängen durchführen und jedes Mal die Photoplatte entwickeln und auswerten. Dabei machen wir die folgende interessante Beobachtung:

Für Wellenlängen aus einem bestimmten Bereich zeigen sich auf der Photoplatte sehr hübsche regelmäßige Muster aus schwarzen Punkten, d. h. das Röntgenlicht wurde durch den Kristall in ganz bestimmte Richtungen abgelenkt. In die anderen Richtungen werden dagegen praktisch keine Röntgenstrahlen gestreut (Abb. 1.1).

Was bedeutet dieses Ergebnis nun für den Kristall? Das geometrische Muster auf der Photoplatte scheint anzudeuten, dass irgendetwas auch in dem Kristall geometrisch angeordnet sein muss, so wie es ja bereits durch die Würfelform des Kristalls nahegelegt wurde. Es gibt nun ein schönes Experiment, mit dem man die Bedeutung des regelmäßigen Musters auf der Photoplatte direkt veranschaulichen kann. Dazu wird zunächst aus vielen Holzkugeln und kleinen Metallverbindungsstangen ein regelmäßiges, würfelförmiges Gitter zusammengebaut, das den Salzkristall vertritt. Anstelle der Röntgenstrahlen verwendet man Schallwellen einer festen Tonhöhe (entsprechend einer bestimmten Wellenlänge) aus einem Lautsprecher, und statt der Photoplatte wird ein Mikrofon aufgestellt, mit dem man den durch das Gitter in verschiedene Richtungen abgelenkten Schall misst. Nach Einjustieren der richtigen Tonhöhe stellt man fest, dass es nur ganz bestimmte Richtungen gibt, in die viel Schall durch das Gitter abgelenkt wird (erkennbar an einer hohen Laut-

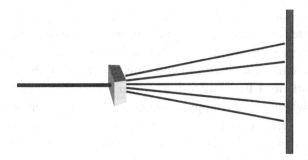

Abb. 1.1 Beschießt man einen Salzkristall mit einem Röntgenstrahl, dessen Wellenlänge sich innerhalb eines gewissen Bereichs befindet, so treffen die abgelenkten Röntgenstrahlen nur an bestimmten Punkten auf der Photoplatte auf und ergeben dort ein regelmäßiges Muster

stärke). In die anderen Richtungen wird hingegen nur wenig Schall abgelenkt. Man erhält also ein ähnliches Versuchsergebnis wie bei unserem Versuch mit den Röntgenstrahlen. Wir folgern daraus, dass analog zum Holzkugelgitter auch der Kochsalzkristall aus einer regelmäßigen Anordnung von Bausteinen bestehen muss.

Unser Versuchsergebnis lässt sich in beiden Fällen auf die gleiche Weise erklären. Trifft eine Welle auf einen Baustein im Gitter, so wird sie von diesem Baustein mehr oder weniger gleichmäßig nach allen Seiten abgelenkt. Dies trifft für alle Bausteine des Gitters auf die gleiche Weise zu. Jeder Baustein sendet nach allen Seiten hin Kugelwellen aus, ähnlich den Wellen bei einem ins Wasser geworfenen Stein. Diese Kugelwellen addieren sich zu einer Gesamtwelle auf. Trifft dabei ein Wellenberg der einen Kugelwelle auf ein Wellental einer anderen Kugelwelle, so löschen sich die Wellen dort gegenseitig aus – man sagt, sie interferieren destruktiv. Umgekehrt können sich aber auch zwei Wellenberge zu einem größeren Wellenberg aufaddieren, sodass dann die Wellen positiv miteinander interferieren. Die genaue Analyse zeigt, dass es bei sehr vielen regelmäßig angeordneten Bausteinen nur ganz bestimmte Richtungen gibt, in denen sich die abgelenkten Wellen gegenseitig verstärken können. Entsprechend empfängt das Mikrofon nur in ganz bestimmten Richtungen eine hohe Lautstärke, und entsprechend wird die Photoplatte nur an ganz bestimmten Stellen geschwärzt.

Sowohl beim Kochsalzkristall als auch beim Holzkugelgitter gilt, dass ein solches sogenanntes Interferenzmuster nur dann auftritt, wenn die Wellenlänge der verwendeten Wellen nicht allzu weit von dem Abstand der Bausteine des Gitters abweicht. Die Wellenlänge kann also direkt als Anhaltspunkt für den Abstand der Bausteine und damit für die Größe der Bausteine selbst verwendet werden. So beträgt die Wellenlänge der Schallwellen, bei denen gut erkennbare Interferenz auftritt, einige Zentimeter, die Wellenlänge der Röntgenstrahlen dagegen beträgt nur einige Hundert Millionstel (10^{-8}) Millimeter.

Die hier beschriebene Streuung und Interferenz von Röntgenstrahlen an Kristallen wurde im Jahre 1912 von Max von Laue und seinen Mitarbeitern Walter Friedrich und Paul Knipping zum ersten Mal durchgeführt. Es konnte damit erstmals direkt nachgewiesen werden, dass ein Kristall tatsächlich aus einer periodischen Anordnung einzelner Bausteine besteht, die sich in einem Gitter regelmäßig anordnen. Aus der Struktur des Interferenzmusters kann man sogar die Anordnung der Bausteine im Gitter bestimmen.

Fassen wir unser Versuchsergebnis noch einmal zusammen: Wir haben nachgewiesen, dass zumindest Kochsalz aus einem regelmäßigen Gitter kleiner Bausteine besteht, wobei der Abstand benachbarter Bausteine einige Hundert Millionstel Millimeter beträgt. In Anlehnung an Leukipp und Demokrit nennen wir diese Bausteine Atome.

Kochsalz besteht also aus Atomen! Besteht jede andere Substanz ebenfalls aus Atomen? Wie viele verschiedene Atomsorten gibt es? Können sich Atome zu komplexeren Atomgruppen zusammenfinden?

Zur Klärung all dieser Fragen sind viele weitere Experimente nötig, auf die wir hier aber nicht näher eingehen wollen. Das Ergebnis sieht folgendermaßen aus:

Tatsächlich ist die gesamte uns umgebende Materie aus Atomen aufgebaut. Dabei können sich auch mehrere Atome zu größeren Atomgruppen, den Molekülen, zusammenfinden.

Die verschiedenen Atomsorten unterscheiden sich durch ihre Größe, ihre Masse und ihre chemischen Eigenschaften, also durch ihr Bestreben, sich mit anderen Atomen zu Molekülen zusammenzulagern.

Manche Stoffe bestehen nur aus einer einzigen Sorte von Atomen oder aus Molekülen, die nur aus Atomen dieser einen Sorte aufgebaut sind. Beispiele dafür sind das Gas Helium und die Hauptbestandteile unserer Luft, also Stickstoff und Sauerstoff, aber auch feste Substanzen wie Kohlenstoff in Form von Graphit oder Diamant. Diese Stoffe nennt man auch chemische Elemente. Die Atome, aus denen sie bestehen, werden entsprechend dem Namen des chemischen Elements Heliumatome, Wasserstoffatome, Kohlenstoffatome usw. genannt.

Andere Stoffe dagegen bestehen aus Molekülen, die ihrerseits aus mindestens zwei verschiedenen Atomsorten aufgebaut sind (Abb. 1.2). So besteht ein Wassermolekül aus einem Sauerstoff- und zwei Wasserstoffatomen.

Eine dritte Möglichkeit ist in unserem Kochsalzkristall realisiert. Er besteht aus elektrisch negativ geladenen Chloratomen (sogenannten Chlor-

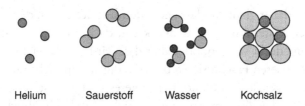

Helium   Sauerstoff   Wasser   Kochsalz

Abb. 1.2 Stoffe können aus einzelnen Atomen bestehen (z. B. Helium), aus Molekülen (z. B. Sauerstoff oder Wasser) sowie aus Atomgittern (z. B. Kochsalz)

Ionen) und positiv geladenen Natriumatomen (also Natrium-Ionen), die sich aufgrund ihrer gegenseitigen starken elektrischen Anziehungskraft zu einem regelmäßigen Kristallgitter zusammenfinden. Eine saubere Unterscheidung einzelner Moleküle gibt es hier nicht. Wieso Atome elektrisch geladen sein können, bleibt aber zunächst im Dunkeln.

Die Erkenntnis, dass Materie eine atomistische Struktur besitzt, erscheint den meisten von uns heute als selbstverständlich. Aber wir sollten bedenken, wie lange die Menschheit gebraucht hat, um sich über diese Tatsache klar zu werden. Viele der großen Gelehrten, unter ihnen Platon, Aristoteles, Descartes und Kant, lehnten eine atomistische Vorstellung der Materie zumindest zeitweilig ab. Und es hätte ja auch anders kommen können. Wie sähe wohl unser Weltbild heute aus, wenn wir bei der Suche nach den Bausteinen der Materie nur immer kleinere Bruchstücke derselben Substanz gefunden hätten, ohne irgendwann auf einen tieferen Bauplan zu stoßen?

Wie in der Physik üblich hat die Beantwortung einer Frage viele weitere Fragen aufgeworfen. Warum gibt es über 100 verschiedene Atomsorten? Warum besitzen Atome eine räumliche Ausdehnung? Warum können Atome elektrisch geladen sein? Warum verbinden sich gewisse Atome zu Molekülen, andere dagegen nicht?

Alle diese Fragen münden letztlich in einer einzigen Frage zusammen: Sind Atome elementare Objekte, wie das Wort Atom suggeriert, oder besitzen sie eine Substruktur? Woraus bestehen Atome, und was legt die Eigenschaften eines Atoms fest?

Wir sehen hier das grundlegende Problem, das uns bei der Suche nach den fundamentalen Bausteinen der Materie immer begleitet: Die Fragen, die wir durch das Aufdecken einer Substrukturebene gelöst zu haben glauben, kehren auf der neu erschlossenen Ebene in der gleichen Form wieder zurück. Wir können immer wieder fragen, wodurch die Eigenschaften der gerade als elementar betrachteten Bausteine eigentlich festgelegt werden. Beantworten wir die Frage dadurch, dass wir den Bausteinen eine Substruktur zugestehen, so stellt sich die Frage für die neuen Bausteine auf dieser Strukturebene erneut.

Man könnte daher glauben, dass entweder die Suche nach den elementaren Bausteinen der Materie niemals enden kann, da immer neue Sub-Sub-Sub-Strukturen aufgedeckt werden, oder aber dass wir beim Erreichen der untersten Ebene auf unseren Fragen sitzen bleiben, die ja nun nicht durch eine weitere Substruktur gelöst werden können. Dieses Problem ist auch heute noch nicht abschließend gelöst worden, aber es zeichnet sich allmählich ab, wie die Natur mit diesem Paradoxon fertig geworden sein könnte.

1.3 Die Struktur der Atome

Widmen wir uns also nun der Frage, ob Atome elementare Objekte sind, wie die Griechen der Antike oder später die Chemiker der beginnenden Neuzeit annahmen, oder ob eine tiefere Strukturebene der Materie existiert.

Zunächst einmal stellen wir fest, dass Atome eine Größe von einigen zehn Millionstel Millimetern haben, wie wir in unserem Röntgenstrahl-Interferenzexperiment feststellen konnten. Dies wirft natürlich die Frage auf, ob man nicht ein Stück aus einem Atom herausschneiden kann. Falls dies möglich ist, so kann ein Atom kaum als elementares Objekt gelten. Weiterhin stellen wir fest, dass es eine große Zahl verschiedener Atomsorten gibt: Man kennt über 80 stabile Atome, was sich nur schwer mit der Idee von Atomen als elementare Objekte vereinbaren lässt. Genau diese Überlegungen werden uns immer wieder bei der Suche nach den wirklich elementaren Objekten begegnen.

Die Entdeckung und Aufklärung der Struktur der Atome begann in den Jahren zwischen 1911 und 1913, als Ernest Rutherford (Abb. 1.3) sein berühmtes Streuexperiment durchführte. Dabei ließ er sogenannte Alphateilchen, die von einem radioaktiven Material ausgesandt wurden, auf eine sehr dünne Goldfolie auftreffen und beobachtete mithilfe von Photoplatten, ob diese Teilchen die Folie durchdringen konnten und wie weit sie aus ihrer Bahn abgelenkt wurden. Was aber sind eigentlich Alphateilchen?

Allein schon ihre Existenz zeigt, dass die Welt außer Atomen noch andere Objekte enthalten muss, denn Alphateilchen sind selbst keine Atome, auch wenn sie von einem Stück Materie ausgesendet werden können. Um die Natur der Alphateilchen zu verstehen, müssten wir eigentlich die Struktur der Atome bereits als bekannt voraussetzen. Stattdessen sei hier vorweggenommen, dass es sich bei Alphateilchen um Atomkerne von Heliumatomen handelt. Sie sind elektrisch positiv geladen, haben eine Größe von etwa einem Zehntausendstel eines Atoms und werden beim radioaktiven Zerfall gewisser Atomkerne mit großer Geschwindigkeit aus diesen herausgeschleudert.

Abb. 1.3   Sir Ernest Rutherford (1871–1937).

Das Ergebnis des Rutherford'schen Streuversuchs ist sehr überraschend (Abb. 1.4). Es zeigt sich, dass die Mehrheit der Alphateilchen die Metallfolie fast ungestört durchdringt! Die Goldatome stellen für Alphateilchen kaum ein Hindernis dar und machen hier keineswegs einen besonders massiven und undurchdringlichen Eindruck, wie wir das von den Bausteinen der Materie eigentlich erwartet hätten. Einige wenige Alphateilchen werden aber doch abgelenkt, wobei die Zahl dieser Teilchen mit der Größe der Ablenkung stark abnimmt. Immerhin gibt es aber sogar Alphateilchen, die um ca. 180 Grad abgelenkt werden und wieder dahin zurückfliegen, wo sie hergekommen sind.

Die genaue Analyse dieses sowie anderer Experimente ergibt das folgende Bild über den Aufbau der Atome:

Atome bestehen im Wesentlichen aus leerem Raum, sodass die meisten Alphateilchen die Folie ungehindert durchdringen können. Da es aber doch einige wenige sehr stark abgelenkte Alphateilchen gibt, muss sich in jedem Atom ein sehr kleines, positiv geladenes, recht massives Objekt befinden, dem man den Namen Atomkern verliehen hat. Wenn ein Alphateilchen einem Atomkern zufällig nahe kommt, so wird es von diesem elektrisch abgestoßen und entsprechend deutlich abgelenkt.

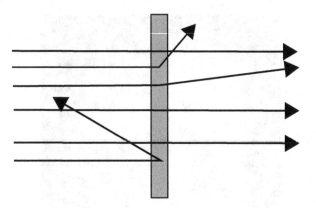

Abb. 1.4 Rutherford'scher Streuversuch

Eine detaillierte Vermessung der Ablenkungen ergab, dass die Alphateilchen im Rutherford'schen Versuch den Atomkern gar nicht berührten. Die Größe des Atomkerns konnte von Rutherford daher zunächst nicht ermittelt werden. Erst später gelang dies mit energiereicheren Alphateilchen und anderen Folien. Es ergab sich, dass Atomkerne nur etwa ein Zehntausendstel der Größe eines Atoms besitzen, aber dennoch fast die gesamte Masse des Atoms tragen.

Mit den gewohnten Längeneinheiten wie Millimetern geraten wir nun langsam in Schwierigkeiten. Wir wollen daher zu anderen Einheiten übergehen, die der Welt der Atome und Atomkerne besser angepasst sind. Für Atome ist die Einheit *Angström* recht günstig (Kurzform: Å). Dabei ergeben zehn Millionen Angström gerade einen Millimeter (1 Å $= 10^{-7}$ mm $= 10^{-10}$ m). Der Radius von Atomen bewegt sich zwischen einem halben und etwa drei Angström. Zum Vergleich: Sichtbares Licht besitzt Wellenlängen zwischen 4 000 und 8 000 Angström, je nach Farbe. Kein Wunder also, dass man mit einem Lichtmikroskop keine Atome sehen kann!

Ein Atom ist nun allerdings kein scharf begrenztes Objekt. Die Größenangaben sind also eher als grobe Anhaltspunkte zu verstehen, da wir für eine einwandfreie Definition des Radius eines Atoms an dieser Stelle noch nicht gerüstet sind.

Für Atomkerne werden wir eine noch kleinere Maßeinheit verwenden: das *Fermi* (oder Femtometer, Kurzform: fm), wobei 100 000 Fermi gerade ein Angström ergeben (1 fm $= 10^{-5}$ Å $= 10^{-15}$ m). Ein Fermi entspricht damit einem billionstel (10^{-12}) Millimeter. Typische Atomkerne sind nur einige Fermi groß; sie sind damit gut 10 000-mal kleiner als Atome.

Haben wir damit bereits den Bauplan der Atome entschlüsselt? Offenbar nicht, denn Atome sind im Allgemeinen nicht elektrisch geladen, d. h. die

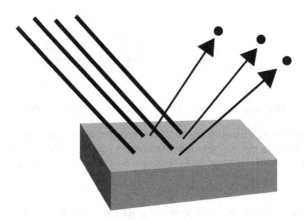

Abb. 1.5 Der Photoeffekt: Licht kann aus einer Alkalimetalloberfläche einzelne Elektronen herausschlagen

positive elektrische Ladung der Atomkerne muss durch weitere entgegengesetzt geladene Objekte kompensiert werden. Wären Atome elektrisch geladen, so würden sie sich gegenseitig mit sehr großen elektrischen Kräften abstoßen und Materie, wie wir sie kennen, könnte nicht existieren. Es muss also neben der positiven Ladung des Atomkerns auch negative Ladung in jedem Atom existieren. Außerdem bedarf die Tatsache, dass Atome sehr viel größer als Atomkerne sind, noch einer Erklärung.

Anders als die Atomkerne führen die Träger der negativen Ladung im Atom aber bei den Alphateilchen zu keiner merklichen Ablenkung aus der Flugbahn. Entweder besitzen diese negativen Ladungsträger also nur eine geringe Masse, oder aber die negative Ladung ist über das ganze Atom verschmiert und nicht in kleinen Bausteinen lokalisiert.

Ein bekanntes Experiment, dem wir später noch einmal begegnen werden, ist in der Lage, das Geheimnis zu lüften. Lässt man Licht im Vakuum auf eine Alkalimetalloberfläche fallen, und ist die Frequenz dieses Lichts hinreichend groß (was einer hinreichend kurzen Wellenlänge entspricht), so werden winzig kleine negativ geladene Teilchen aus den Atomen des Metalls herausgeschlagen (Abb. 1.5). Diesen Teilchen hat man den Namen *Elektronen* gegeben. Dieses Herausschlagen von Elektronen ist unter dem Namen *Photoeffekt* bekannt (es sei hier erwähnt, dass Elektronen eigentlich nicht durch dieses Experiment entdeckt wurden, sondern im Jahre 1897 von J. J. Thomson auf andere Weise nachgewiesen wurden; da wir den Photoeffekt aber noch in einem anderen Zusammenhang benötigen, wollen wir bereits hier darauf eingehen).

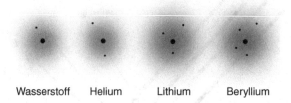

Wasserstoff   Helium   Lithium   Beryllium

Abb. 1.6 Der innere Aufbau der vier leichtesten Atome. Im Zentrum der Atome befindet sich der schwere positiv geladene Atomkern (*großer schwarzer Kreis*), um den sich die winzigen negativ geladenen Elektronen bewegen (*kleine Kreise*)

Aufgrund vieler weiterer Experimente ergab sich im Laufe der Zeit das folgende Bild: Elektronen sind tatsächlich die gesuchten, noch fehlenden Bausteine der Atome. Sie sind winzige, negativ geladene Teilchen mit einer sehr kleinen Masse, die mehrere Tausend Mal kleiner ist als die Masse typischer Atome. Fast die gesamte Masse eines Atoms rührt daher von seinem Atomkern her. Jedes Atom besteht aus einem kleinen, schweren, positiv geladenen Atomkern in seinem Zentrum, um den sich ein oder mehrere winzige negativ geladene Elektronen bewegen und so dessen Ladung nach außen hin abschirmen (Abb. 1.6). Die elektrische Anziehungskraft zwischen Elektronen und Atomkern hält das Atom zusammen. Auf welche Weise sich die Elektronen in einem Atom bewegen, können wir allerdings erst in einem späteren Kapitel genauer verstehen.

Mit dem Elektron ist uns bereits das erste Objekt begegnet, bei dem bis heute keinerlei Anzeichen auf eine Substruktur bekannt sind. So hat man noch keine messbare Ausdehnung dieses Teilchens feststellen können. Wenn das Elektron eine Ausdehnung besitzt, so muss es zumindest kleiner als ein zehntausendstel Fermi sein. Das Elektron ist nach heutigem Wissen ein elementares Teilchen.

Die negative elektrische Ladung hat bei allen Elektronen denselben festen Betrag, nämlich *1,602 · 10⁻¹⁹ Coulomb*. Wir werden diesen Ladungsbetrag einfach als eine negative *Elementarladung* (abgekürzt: *e*) bezeichnen, womit wir eine der Welt der Teilchen angepasste Ladungseinheit eingeführt haben. Die Ladung eines Elektrons beträgt also gerade minus eine Elementarladung, wobei das Minuszeichen die negative Ladung kennzeichnet, gemäß der Konvention, die Ladung der Atomkerne als positiv zu bezeichnen.

Der Grund für den speziellen Namen dieser neuen Ladungseinheit wird klarer, wenn wir die positive Ladung der verschiedenen Atomkerne näher betrachten. Sie beträgt nämlich immer ein ganzzahliges Vielfaches der Elementarladung, also eine, zwei, drei oder mehr Elementarladungen. In den zugehörigen elektrisch neutralen Atomen bewegen sich dann entsprechend ein, zwei, drei oder mehr negativ geladene Elektronen um den Atomkern und kompensieren so exakt dessen positive Ladung nach außen hin. Trotz einiger theoretischer Ansätze (es seien hier die sogenannten magnetischen Monopole erwähnt) ist die Tatsache, dass der Betrag der elektrischen Ladung freier Teilchen immer ein ganzzahliges Vielfaches der Elementarladung ist, bis heute nicht wirklich verstanden. Auch im Standardmodell der Elementarteilchen, von dem in diesem Buch noch häufig die Rede sein wird, kann diese Tatsache nicht begründet werden – ein Hinweis auf noch nicht gelüftete Geheimnisse der Physik.

Unsere Kenntnis über den inneren Aufbau der Atome versetzt uns nun in die Lage, genau zu spezifizieren, was die Atome verschiedener Elemente eigentlich unterscheidet: Es ist die elektrische Ladung des Atomkerns, durch die bei elektrisch neutralen Atomen auch die Zahl der Elektronen in der Atomhülle festgelegt ist. So trägt der Atomkern des Wasserstoffatoms eine Elementarladung, bei Helium sind es zwei, bei Lithium drei usw., wobei zu jeder Zahl auch tatsächlich ein entsprechendes Atom in der Natur vorkommt. Damit sind wir in der Lage, eine vollständige Liste der chemischen Elemente bzw. der verschiedenen Atomsorten anzulegen, geordnet nach der Ladung der Atomkerne. Dieses sogenannte Periodensystem der Elemente wurde im Jahre 1868 von Dmitri Iwanowitsch Mendelejew aufgestellt (übrigens noch ohne unser Wissen über den inneren Aufbau der Atome).

Man findet in der Natur 80 verschiedene chemische Elemente mit stabilen Atomen. Es gibt also eine obere Grenze für die Ladung der Atomkerne. Atomkerne mit mehr als 82 Elementarladungen sind nicht mehr stabil, sondern zerfallen zufällig mit gewissen Wahrscheinlichkeiten in leichtere Atomkerne, wobei Alphateilchen, sehr kurzwellige elektromagnetische Strahlung (Gammastrahlung) oder schnelle Elektronen bzw. sogenannte Positronen ausgesendet werden können. Man spricht vom radioaktiven Zerfall. Das letzte noch stabile Atom ist mit 82 Elementarladungen im Kern das Bleiatom. Das Bismutatom (auch Wismutatom genannt) ist mit 83 Elementarladungen im Kern bereits radioaktiv, wenn auch nur sehr schwach. Unterhalb von 82 Elementarladungen sind nur das Technetiumatom (43 Elementarladungen) und das Promethiumatom (61 Elementarladungen) instabil.

Wir sehen also, dass die Welt der Atomkerne noch einige Geheimnisse für uns bereithält. Die Tatsache, dass die Ladung der Atomkerne ein ganzzahliges Vielfaches der Elementarladung ist, sowie die messbare Ausdehnung der Atomkerne deuten darauf hin, dass Atomkerne wohl keine elementaren Objekte sein werden. Die Frage nach dem inneren Aufbau der Atomkerne wollen wir aber noch etwas aufschieben und uns zunächst zwei anderen Themen zuwenden.

Zuerst werden wir uns mit Kräften und Wechselwirkungen zwischen Objekten beschäftigen und die zwei bekanntesten Wechselwirkungen näher betrachten: die Gravitation und die elektromagnetische Wechselwirkung.

Dann stellen wir uns die Frage, auf welche Weise sich die Elektronen der Atomhülle im elektrischen Anziehungsfeld des Atomkerns bewegen. Dabei werden wir auf sehr merkwürdige Phänomene stoßen, die die gesamte Fragestellung nach dem inneren Aufbau der Materie in einem völlig neuen Licht erscheinen lassen.

1.4 Kräfte und Wechselwirkungen

Der griechische Philosoph Empedokles hatte bereits in der Antike die Vorstellung geprägt, die Welt könne mithilfe einiger Grundsubstanzen sowie einiger zwischen ihnen wirkender Grundkräfte erklärt werden. Im modernen Sprachgebrauch entsprechen die Grundsubstanzen den Elementarteilchen, und die Grundkräfte werden etwas allgemeiner als Wechselwirkungen bezeichnet. Wenn wir uns also ein Bild vom Aufbau der Materie machen wollen, müssen wir uns sowohl mit den elementaren Teilchen als auch mit den Eigenschaften der Wechselwirkungen zwischen ihnen befassen.

Betrachten wir zunächst Teilchen und ihre Wechselwirkungen im Rahmen der klassischen nichtrelativistischen Mechanik. Grundlage der klassischen Mechanik sind die drei Bewegungsgesetze, die Isaac Newton (Abb. 1.7) um das Jahr 1687 formuliert hat. Sie machen eine Aussage darüber, wie sich Körper unter dem Einfluss von Kräften bewegen.

Das erste Newton'sche Gesetz ist das Trägheitsprinzip: *Ein Körper bewegt sich geradling-gleichförmig, solange keine äußeren Kräfte auf ihn einwirken.* Dieses Gesetz, das schon Galileo Galilei rund 50 Jahre vor Newton zumindest in Ansätzen erkannt hatte, war einer der zentralen Durchbrüche beim Erkennen der Bewegungsgesetze, denn es widerspricht zunächst unserer Anschauung. So war beispielsweise Johannes Kepler, ein Zeitgenosse Galileis, noch davon ausgegangen, dass die Sonne eine antreibende Kraft (*anima motrix* = Seele des Bewegers) auf die Planeten ausüben müsse, um sie in Bewegung zu halten (siehe z. B. Thomas de Padova: *Das Weltgeheimnis: Kepler, Galilei und die Vermessung des Himmels*, Piper Verlag). Das passt zu unserer Erfahrung, nach der ohne eine antreibende Kraft ein Körper schließlich zur Ruhe kommt. Das zweite Gesetz besagt, dass ein kleiner Körper, auf den eine bestimmte Kraft wirkt, eine Beschleunigung in Richtung dieser Kraft erfährt, die proportional zur Stärke der Kraft und umgekehrt proportional zur Masse des Körpers ist. Die Beschleunigung gibt dabei an, um welchen Betrag und in welcher Richtung sich der Geschwindigkeitspfeil eines Teilchens pro Zeiteinheit ändert.

Abb. 1.7   Sir Isaac Newton (1642–1727), gemalt von Godfrey Kneller im Jahr 1689

Sie besitzt also neben ihrem Betrag eine Richtung und lässt sich daher als Pfeil im dreidimensionalen Raum darstellen. Die physikalische Dimension der Beschleunigung ist die Geschwindigkeitsänderung pro Zeiteinheit, also (m/s)/s oder zusammengefasst m/s^2.

Genau genommen ist das erste Gesetz ein Spezialfall des zweiten Gesetzes, denn wenn keine Kraft auf den Körper wirkt, so erfährt er auch keine Beschleunigung, d. h. seine Geschwindigkeit ändert sich nicht. Die Tatsache, dass Newton das erste Gesetz dennoch getrennt formulierte, macht die Bedeutung dieses Gesetzes im physikalischen Weltbild der damaligen Zeit deutlich: Wenn man das Trägheitsprinzip nicht erkennt, so hat man keine Chance, die richtigen Bewegungsgesetze zu finden. Dies zeigen beispielsweise die vergeblichen Versuche von Johannes Kepler, die von ihm gefundenen Gesetze der Planetenbewegung um die Sonne auf eine physikalische Grundlage zu stellen. Man sieht: Auf das für uns heute so selbstverständliche Trägheitsgesetz muss man erst einmal kommen!

Die bekannte Kurzformel für das zweite Newton'sche Gesetz lautet:

$$\text{Kraft} = \text{Masse} \times \text{Beschleunigung}$$

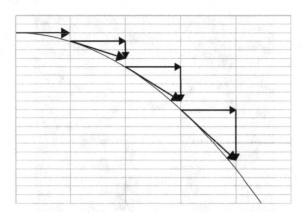

Abb. 1.8 Auf eine nach rechts fliegende Kugel wirkt aufgrund der Schwerkraft eine konstante Kraft nach unten. Nach Newtons zweitem Bewegungsgesetz wird sie daher gleichmäßig nach unten beschleunigt, d. h. die nach unten gerichtete Komponente der Geschwindigkeit wächst gleichmäßig an. Die Kugel bewegt sich entlang einer Parabel nach rechts unten

oder in Kurzform $F = m \cdot a$, wobei F für die Kraft, m für die Masse und a für die Beschleunigung steht. Die Richtung der Beschleunigung a stimmt dabei mit der Richtung der wirkenden Kraft F überein. Dies kann man dadurch kennzeichnen, dass man das zweite Newton'sche Gesetz als eine Gleichung für Pfeile (Vektoren) schreibt. Das haben wir oben getan, indem wir die Pfeile durch Fettdruck gekennzeichnet haben. Eine Kraft kann daher einen Körper nicht nur im üblichen Sinne beschleunigen, sondern ihn auch abbremsen oder aus seiner Bahn zur Seite ablenken (Abb. 1.8).

Man kann dieses zweite Bewegungsgesetz auch als Definition für den Begriff der Kraft auffassen. Dies macht schon die Definition der Krafteinheit *Newton* (abgekürzt: N) deutlich: Ein Newton ist definiert als die Kraft, bei der ein Körper von einem Kilogramm Masse in einer Sekunde eine Geschwindigkeitszunahme von einem Meter pro Sekunde erfährt, wenn die Kraft in Bewegungsrichtung wirkt (Kurzform: $1\,\text{N} = 1\,\text{kg} \cdot \text{m/s}^2$).

Das zweite Newton'sche Bewegungsgesetz erhält daher erst dann seine eigentliche physikalische Bedeutung, wenn man die auf einen Körper mit bekannter Masse wirkende Kraft angeben kann, ohne seine Beschleunigung zu vermessen. Dann ist es nämlich möglich, die Beschleunigung des Körpers zu berechnen und damit seine weitere Bewegung vorauszusagen. Um die Kraft unabhängig von der Beschleunigung angeben zu können, sind weitere physikalische Erkenntnisse nötig. Es muss untersucht werden, welche Kräfte zwischen verschiedenen Körpern wirken, d. h. welchen Wechselwirkungen sie unterliegen.

Newtons drittes Gesetz besagt, dass, wenn ein Körper eine Kraft auf einen zweiten Körper ausübt, umgekehrt dieser zweite Körper auch eine Kraft gleichen Betrags, aber umgekehrter Richtung auf den ersten Körper ausübt. Kurzformel: *Actio gleich Reactio*. In der Verallgemeinerung dieses Gesetzes auf mehrere Körper ist *Kraft* durch *Summe der Kräfte* zu ersetzen.

Das dritte Newton'sche Gesetz ist ein allgemeines Grundgesetz, das alle Wechselwirkungen zwischen Körpern erfüllen müssen. Es gilt in der obigen Form, solange die endliche Ausbreitungsgeschwindigkeit physikalischer Wirkungen, wie sie die spezielle Relativitätstheorie fordert, keine Rolle spielt, also bei hinreichend langsam bewegten Körpern.

Aus unserem täglichen Leben sind uns eine ganze Reihe von Kräften bekannt, z. B. die Schwerkraft, Reibungskräfte, elektrische und magnetische Kräfte, die Fliehkraft und einiges mehr. Im Folgenden wollen wir Kräfte wie die Fliehkraft oder Reibungskräfte nicht zu den Wechselwirkungen zählen. Kräfte wie die Fliehkraft oder beispielsweise die Kraft, die uns in einem anfahrenden Auto in die Sitze drückt, sind sogenannte Scheinkräfte, die in einem beschleunigten Bezugssystem generell auftreten und damit durch Newtons Grundgesetze der Mechanik bereits erklärt werden. Kräfte wie die Reibungskraft dagegen kommen durch ein vereinfachtes, nicht-atomistisches Bild der Materie als mathematische Hilfsgrößen ins Spiel und haben daher keinen fundamentalen Charakter.

Wir können nun versuchen, etwas genauer zu spezifizieren, was wir unter einer Wechselwirkung im Rahmen der Newton'schen Grundgesetze der Mechanik verstehen wollen. Stellen wir uns dazu einige Objekte im ansonsten leeren Raum vor, wobei wir eine gegenseitige Berührung ausschließen wollen, da ansonsten wieder Kräfte vom Typ Reibungskraft ins Spiel kommen könnten. Beispiele für solche Objekte wären einzelne Atome oder Moleküle, einzelne Elektronen, aber auch z. B. die Planeten des Sonnensystems. Idealerweise betrachten wir dabei möglichst elementare Objekte bzw. Objekte, deren innerer Aufbau für die betrachteten physikalischen Phänomene kaum eine Rolle spielt (ich gebe zu, dass diese Aussagen alle etwas schwammig sind, was aber hier kaum zu vermeiden ist). Die Kräfte, über die sich diese Körper nun gegenseitig beeinflussen können, wollen wir als Wechselwirkungen bezeichnen. Dabei machen wir Gebrauch von einem entscheidenden Konzept, das unseren Vorfahren im Mittelalter die Haare hätte zu Berge stehen lassen und das sich erst zu Beginn der Neuzeit durchsetzen konnte. Wir wollen nämlich annehmen, dass Körper aufeinander Kräfte ausüben können, ohne dass sich zwischen ihnen irgendein Kraft vermittelndes Medium befindet. Man bezeichnet diese Art der Wechselwirkung durch den leeren Raum hindurch als Fernwirkung.

Dieses uns heute selbstverständliche Konzept widerspricht unserer menschlichen Anschauung, die daran gewöhnt ist, dass Kräfte immer mechanisch, z. B. durch Hebel oder Seile, von einem Körper auf den anderen einwirken. Die Physik zeigt aber, dass die Fernwirkung das universelle Konzept für die Übertragung von Kräften in der Natur ist und dass auch die Kraftübermittelung durch ein Seil bei Beachtung seiner atomaren Struktur auf diesem Konzept beruht.

Wie viele Wechselwirkungen im obigen Sinne kennen wir nun aus der uns unmittelbar zugänglichen Welt? Am bekanntesten dürfte hier die Schwerkraft oder Gravitation sein, die jeden von uns unmittelbar betrifft und am Erdboden festhält. Seit Newton wissen wir, dass diese Kraft auch für die Bahnen der Planeten um die Sonne oder die gegenseitige Umkreisung von Erde und Mond verantwortlich ist.

Betrachten wir die Schwerkraft zwischen zwei Körpern, deren Ausdehnung wesentlich kleiner als ihr Abstand voneinander ist. In diesem Fall hat Newton im Jahre 1687 erstmals die genaue Abhängigkeit der gegenseitigen Anziehungskraft zwischen beiden Körpern von deren Massen und deren Abstand angegeben. Dieses Naturgesetz könnte einfacher nicht sein:

Die Kraft F zwischen den Körpern ist proportional dem Produkt der einzelnen Massen m_1 und m_2 und umgekehrt proportional zum Quadrat ihres Abstands r. Dabei wirkt die Kraft anziehend entlang der Verbindungslinie zwischen den beiden Körpern. Das bedeutet: Verdoppelt man eine der Massen, so verdoppelt sich auch die Anziehungskraft; und verdoppelt man den Abstand, so verringert sich die Anziehungskraft auf ein Viertel. Diese Abstandsabhängigkeit kann man auch anschaulich verstehen. Dazu stellen wir die Gravitationswirkung eines kleinen Körpers durch Linien dar, die radial von ihm nach außen zeigen, wie bei einem Seeigel. Die Anziehungskraft im Abstand r ist dann durch die Dichte der Linien in diesem Abstand gegeben. Verdoppelt man den Abstand, so schrumpft diese Liniendichte auf ein Viertel, da sich die Linien auf eine viermal so große Kugeloberfläche um die Masse herumverteilen müssen.

Nun ist die Masse eines Körpers durch das zweite Newton'sche Gesetz bereits definiert. Die so definierte Masse bezeichnet man als *träge Masse*. Sie gibt an, wie stark ein Körper durch eine wirkende Kraft beschleunigt wird. Nun könnte man das Gravitationsgesetz dazu verwenden, eine weitere Eigenschaft von Körpern zu definieren, die man als *schwere Masse* m_s bezeichnen kann. Man könnte beispielsweise zwei identische Körper mit gleicher schwerer Masse nehmen und ihre jeweilige schwere Masse direkt über die Gravitationskraft definieren, die sie aufeinander ausüben. Die schwere Masse hätte dann die Maßeinheit *Meter mal Wurzel aus Newton*, und das Gravitationsgesetz würde einfach $F = m_{1s} m_{2s}/r^2$ lauten. Dabei muss zunächst überhaupt kein Zusammenhang zwischen träger und schwerer Masse bestehen, und wir könnten statt dem Begriff *schwere Masse* auch beispielsweise den Begriff *Gravitationsladung* verwenden.

Das Experiment zeigt nun jedoch, dass träge und schwere Masse mit großer Genauigkeit proportional zueinander sind. Daher verzichtet man auf die Definition einer schweren Masse und setzt stattdessen direkt die träge Masse in das Gravitationsgesetz ein. Man identifiziert träge und schwere Masse also miteinander und spricht nur noch von *der Masse* eines Körpers. Da die träge Masse bereits eine Maßeinheit (nämlich Kilogramm, kg) besitzt, muss man im Gravitationsgesetz eine Proportionalitätskonstante G angeben, die dazu dient, aus dem Ausdruck $m_{1s} m_{2s}/r^2$ mit der Einheit kg^2/m^2 die wirkende Gravitationskraft in der Krafteinheit *Newton* zu berechnen.

Da man das Gravitationsgesetz nach der Gleichsetzung von schwerer und träger Masse also nicht mehr zur Definition der schweren Masse verwenden kann, muss man nun messen, welche Gravitationskraft zwischen zwei Referenzmassen wirkt. Dies bedeutet nichts anderes, als den Wert von G zu messen. Das experimentelle Ergebnis lautet $G = 6{,}674 \cdot 10^{-11}$ m³/(kg s²).

Die Gravitationskraft zwischen zwei Körpern kann dann über die Formel

$$F = G m_1 m_2 / r^2$$

leicht berechnet werden. Wir sollten uns an dieser Stelle merken, dass die Identifikation von schwerer und träger Masse die Existenz der fundamentalen Naturkonstante G (die Gravitationskonstante) bewirkt. Ohne diese Identifikation hätten wir uns die Einführung von G sparen können.

Bei kugelförmigen Körpern mit kugelsymmetrischer Massenverteilung gilt das Gravitationsgesetz in der obigen Form auch dann, wenn der kugelförmige Körper eine Größe besitzt, die nicht wesentlich kleiner als der Abstand zum anderen Körper ist. Maßgebend für den Abstand sind dabei die Mittelpunkte der Körper. So wirkt z. B. auf ein Raumschiff, das sich etwa 6400 km über dem Erdboden befindet, nur noch ein Viertel der Schwerkraft, die am Erdboden auf dieses Raumschiff wirkt (der Erdradius beträgt nämlich gerade etwa 6400 km). Die Schwerkraft ist in dieser Höhe also keineswegs null (Abb. 1.9). Die Insassen des Raumschiffs merken nur deswegen nichts davon, da sich das Raumschiff im sogenannten freien Fall befindet, d. h. ohne Antrieb die Erde umkreist. Wäre die Schwerkraft gleich null, so würde nichts das Raumschiff daran hindern, auf Nimmerwiedersehen im Weltall zu verschwinden, statt brav die Erde zu umkreisen.

Neben der Gravitation sind uns aus unserer unmittelbaren Umgebung zwei weitere Wechselwirkungen bekannt: die elektrischen Kräfte, die einem in unmittelbarer Nähe zum Fernsehbildschirm die Haare zu Berge stehen lassen

Abb. 1.9 Auf einen Satelliten, der sich in etwa 6400 km Höhe über dem Erdboden befindet, wirkt nur noch ein Viertel der Schwerkraft, die am Erdboden auf ihn gewirkt hat, da er sich nun doppelt so weit vom Erdmittelpunkt weg befindet (der Erdradius beträgt etwa 6400 km)

und mit der man wunderbar Luftballons an die Wand kleben kann, und die magnetischen Kräfte, die die Kompassnadel nach Norden zeigen lassen.

Die elektrische Kraft zwischen zwei ruhenden Ladungen, z. B. zwischen zwei Elektronen, folgt einem ähnlichen Gesetz wie die Schwerkraft zwischen zwei Körpern. Die Kraft ist proportional dem Produkt der einzelnen Ladungen und umgekehrt proportional zum Quadrat des Abstands. Dabei wird der Begriff der elektrischen Ladung eigentlich erst durch genau dieses Gesetz definiert. Man könnte also sagen, ein Körper habe die elektrische Ladung *ein Meter mal die Wurzel aus einem Newton*, wenn sich dieser Körper und ein identisches Duplikat in einem Meter Abstand mit einer Kraft von einem Newton gegenseitig abstoßen. Wie man sieht, benötigt man also gar keine neue Einheit für die Ladung, da sich eine entsprechende Einheit aus bereits vorhandenen Einheiten (Newton für die Kraft, Meter für den Abstand) zusammensetzen lässt, ganz analog zur obigen Definition der schweren Masse. Dieses Mal sind jedoch elektrische Ladung und träge Masse eines Körpers nicht proportional zueinander oder sonst irgendwie zusammenhängend, sodass eine Identifikation dieser beiden Größen nicht infrage kommt.

Im sogenannten SI-Einheitensystem wird die elektrische Ladung aus technischen Gründen jedoch nicht über die elektrische, sondern über die magnetische Kraft definiert. Dazu definiert man die Einheit *Ampere* der elektrischen Stromstärke durch folgenden (theoretischen) Aufbau:

Man lässt im Vakuum durch zwei unendlich lange, einen Meter voneinander entfernte parallele Drähte den gleichen Strom fließen. Diese Ströme bauen um die Drähte herum ein Magnetfeld auf, das zu einer gegenseitigen

Anziehungskraft zwischen den Drähten führt. Falls diese Anziehungskraft genau $2 \cdot 10^{-7}$ Newton pro Meter Drahtlänge beträgt, so hat der in den Drähten fließende Strom die Stärke *ein Ampere* (1 A).

Die elektrische Ladung erhält nun eine Maßeinheit, die aus dieser Einheit für die elektrische Stromstärke auf die folgende Weise abgeleitet wird:

Ein Strom der Stärke 1 A transportiert in einer Sekunde die elektrische Ladung von einem *Coulomb* (abgekürzt: C), d. h. $1 \text{ C} = 1 \text{ A} \cdot 1 \text{ s}$.

Aufgrund dieser vom elektrischen Kraftgesetz unabhängigen Definition der elektrischen Ladung ist man nun analog zum Gravitationsgesetz (formuliert mit der trägen Masse) zur Einführung eines Proportionalitätsfaktors k gezwungen, der ungefähr den Wert $k = 9 \cdot 10^9$ Nm^2/C^2 besitzt. Das Coulomb'sche Kraftgesetz zwischen zwei unbewegten elektrischen Ladungen q_1 und q_2 lautet dann

$$F = k \, q_1 q_2 / r^2$$

Zwei Ladungen von je einem Coulomb üben also aufeinander in einer Entfernung von einem Meter eine Abstoßungskraft von etwa neun Milliarden Newton aus. Dies entspricht einem Gewicht von 900 000 t.

Für die Naturkonstante k findet man häufig auch die Schreibweise $k = 1/(4\pi\varepsilon_0)$ mit der sogenannten elektrischen Feldkonstanten $\varepsilon_0 = 0{,}884 \cdot 10^{-11}$ C^2/(N m^2). Diese etwas umständliche Form hat messtechnische Gründe und ist für uns hier uninteressant.

Viel interessanter ist dagegen der Zusammenhang, der sich zwischen k und einer anderen Naturkonstanten, der Lichtgeschwindigkeit $c = 299\,792\,458$ m/s herstellen lässt. Es gilt nämlich

$$k = 10^{-7}\,(\text{N s}^2/\text{C}^2)\, c^2$$

Dieser *exakte* Zusammenhang ergibt sich direkt aus den sogenannten Maxwell-Gleichungen, die die Eigenschaften der elektrischen und magnetischen Kräfte beschreiben (wir kommen etwas weiter unten darauf zurück). Bereits J. C. Maxwell (1831–1879, Abb. 1.10) hatte erkannt, dass, wenn man die über magnetische Kräfte definierte mit der über elektrische Kräfte definierten Ladungsmenge in Beziehung setzt, man als Übersetzungsfaktor eine Geschwindigkeit erhält, deren Wert genau der Geschwindigkeit des Lichts entspricht.

Wir können also k auf eine andere Naturkonstante zurückführen, die eng mit der speziellen Relativitätstheorie verknüpft ist. Es ist daher naheliegend zu vermuten, dass auch der obige Zusammenhang seinen tieferen Ursprung in dieser Theorie hat. Für den Moment wollen wir uns aber nur merken, dass der

Abb. 1.10   James Clerk Maxwell (1831–1879). (Aus: Wikipedia)

Zusammenhang zwischen elektrischen und magnetischen Kräften auf eine universelle Naturkonstante führt: die Lichtgeschwindigkeit c.

Im Unterschied zur Gravitation, die immer anziehend zwischen zwei Körpern wirkt, gibt es sowohl anziehende als auch abstoßende elektrische Kräfte. Die obige Formel berücksichtigt diese Tatsache noch nicht, sondern betrachtet nur den Betrag der Kraft. Man trägt ihr dadurch Rechnung, dass man für die elektrische Ladung sowohl positive als auch negative Werte zulässt, wobei wir die willkürliche Konvention treffen, die Ladung der Atomkerne als positiv zu bezeichnen. Die elektrische Kraft zwischen zwei Körpern mit identischem Ladungsvorzeichen wirkt dabei immer abstoßend, während sie zwischen einem positiv und einem negativ geladenen Körper anziehend wirkt. Bei der Gravitation dagegen kann die (schwere) Masse nur positive Werte annehmen, und die Kraft wirkt immer anziehend.

Im Zusammenhang mit der elektrischen Kraft führt man einen neuen, sehr nützlichen Begriff ein: den Begriff des Feldes. Ein solches Feld E ist dabei einfach dadurch definiert, dass es an jedem Punkt im Raum die Richtung und die Stärke der elektrischen Kraft F auf einen kleinen dort befindlichen Probekörper mit der Ladung q angibt, wobei man zur Berechnung der Kraftstärke den Wert des Feldes noch mit der Ladung des Probekörpers multiplizieren muss: $F = q\,E$. Das elektrische Feld hat daher die Dimension *Kraft pro Ladung*, also beispielsweise die Maßeinheit *Newton pro Coulomb*. Wie die Kraft besitzt auch das elektrische Feld eine Richtung im Raum, die bei einer positiven Probeladung mit der Richtung der darauf wirkenden elektrischen

Kraft übereinstimmt (bei einer negativen Ladung sind Kraft und Feld entsprechend entgegengesetzt orientiert). Wir haben dies in den Formeln wieder durch Fettdruck dargestellt.

Was also ist das elektrische Feld? Darüber haben sich die Physiker in der Vergangenheit viele Jahrzehnte lang den Kopf zerbrochen. Aus heutiger Sicht ist das elektrische Feld zusammen mit dem magnetischen Feld einfach ein abstraktes mathematisches Hilfsmittel, mit dessen Hilfe sich die elektromagnetischen Phänomene am bequemsten beschreiben lassen. Es ist wie das Grinsen der Grinsekatze in Lewis Carrolls Buch *Alice im Wunderland*:

„Na, Katzen ohne Grinsen habe ich schon oft gesehen", sagte Alice. „Aber Grinsen ohne Katzen! Das ist das Wunderlichste, was ich je erlebt habe."

Ein kleines Beispiel hilft uns, die unterschiedliche Stärke der Gravitation und der elektrischen Kraft zu veranschaulichen. Betrachten wir dazu die Gravitationskraft, die zwischen einem Proton und einem Elektron wirkt, die sich im Abstand von einem halben Angström voneinander befinden. Dies ist der Durchschnittswert für den Abstand dieser beiden Teilchen in einem Wasserstoffatom. Die Gravitationskraft zwischen dem Proton und dem Elektron beträgt dann etwa $2,5 \cdot 10^{-38}$ Elektronenvolt pro Angström, wobei für die Kraft eine der Welt der Atome angepasste Einheit verwendet wurde. Ein Elektronenvolt (Kurzform eV) ist dabei die Energie, die ein Elektron beim Durchlaufen eines elektrischen Spannungsgefälles von einem Volt aufnimmt. Die Krafteinheit eV/Å ist nun leicht zu verstehen: Wird eine elektrische Ladung entlang einer Strecke von einem Angström durch eine Kraft von einem eV/Å beschleunigt, so gewinnt sie eine Energie von einem Elektronenvolt.

Der genaue Zahlenwert sagt uns aber dennoch zunächst nicht allzu viel. Berechnen wir daher zum Vergleich nun die elektrische Kraft zwischen diesen beiden Teilchen. Sie beträgt 57 Elektronenvolt pro Angström und ist daher um etwa 39 Zehnerpotenzen (eine eins mit 39 Nullen) größer als die Gravitationskraft. Dies entspricht ungefähr dem Verhältnis der Masse der Erde ($6 \cdot 10^{24}$ kg) zu einem einhundert millionstel Milligramm (10^{-14} kg). Im Vergleich zur elektrischen Kraft spielt die Gravitationskraft innerhalb eines Wasserstoffatoms also keine Rolle.

Die Gravitation besitzt allerdings eine Eigenschaft, die sie von der elektrischen Kraft unterscheidet: Gravitationskräfte sind immer anziehend. Daher tendieren Massen dazu, sich aufgrund der Gravitation zu akkumulieren, was wiederum ihre Gravitationswirkung verstärkt. Elektrische Ladungen dagegen tendieren dazu, sich gegenseitig nach außen hin zu neutralisieren. Daher bestimmt die Gravitation trotz ihrer geringen Stärke die Bewegungen der Sterne und Planeten, während sie in der Welt der Atome und Elementarteilchen nicht die geringste Rolle spielt. Sie wird erst bei der Betrachtung sehr kleiner

Abstände wieder wichtig, die weit jenseits unserer heutigen experimentellen Möglichkeiten liegen.

Wie steht es nun mit den magnetischen Kräften? Es zeigt sich, dass eine sehr enge Verwandtschaft zwischen elektrischen und magnetischen Kräften bestehen muss (dies hatten wir aufgrund des Zusammenhangs zwischen k und c bereits vermutet). So wird ein Magnetfeld durch seine Wirkung auf ein elektrisch geladenes, sich bewegendes Teilchen definiert. Dieses Teilchen erfährt beim Durchgang durch ein Magnetfeld eine Kraft, die senkrecht zu seiner Bewegungsrichtung und ebenfalls senkrecht zum Magnetfeld wirkt. In einem homogenen Magnetfeld würde ein ansonsten freies Elektron sich daher auf einer Spiralbahn bewegen, die sich um die Richtung des Magnetfeldes windet. Damit unterscheidet sich ein Magnetfeld von einem elektrischen Feld, bei dem die Richtung des Feldes identisch (bis auf das Vorzeichen) mit der Richtung der Kraft auf die Ladung ist.

Von einer ruhenden elektrischen Ladung geht ein elektrisches Feld aus. Von einer sich bewegenden elektrischen Ladung wird zusätzlich ein Magnetfeld erzeugt. Der Begriff der Bewegung ist allerdings immer an ein Bezugssystem gebunden, gegenüber dem man die Bewegung angibt. So würde ein sich mit dem Elektron mitbewegender Beobachter dieses Elektron als ruhend empfinden. Entsprechend nimmt dieser Beobachter auch kein magnetisches Feld wahr, im Gegensatz zu einem Beobachter, gegenüber dem sich das Elektron bewegt. Ein elektrisches Feld kann sich also beim Wechsel des Beobachters, d. h. beim Wechsel des Bezugssystems, teilweise in ein Magnetfeld verwandeln und umgekehrt. Wie wir später noch sehen werden, ist eines der zentralen Postulate der speziellen Relativitätstheorie, dass alle nicht beschleunigten Bezugssysteme völlig gleichberechtigt sind, sodass es auch keine Möglichkeit gibt, ein absolut ruhendes Bezugssystem anzugeben. Es ist daher angebracht, elektrische und magnetische Felder immer gemeinsam zu betrachten und sie als Facetten einer einzigen Wechselwirkung aufzufassen, die den Namen elektromagnetische Wechselwirkung trägt.

Aber auch ohne sich auf die spezielle Relativitätstheorie zu beziehen, ist klar, dass elektrische und magnetische Felder nur gemeinsam beschrieben werden können. Dies wird beispielsweise durch die Tatsache erzwungen, dass ein sich veränderndes Magnetfeld immer auch ein elektrisches Feld erzeugt, was die Erfindung des Dynamos ermöglicht hat. Umgekehrt erzeugt ein sich veränderndes elektrisches Feld ein Magnetfeld. Dadurch ist es möglich, dass ein oszillierendes elektrisches Feld ein ebenfalls oszillierendes magnetisches Feld erzeugt, das umgekehrt wiederum das oszillierende elektrische Feld erzeugt und so fort. Oszillierende elektrische und magnetische Felder können sich damit gegenseitig am Leben erhalten und ohne die Anwesenheit elektrischer Ladungen unbegrenzt durch den Raum fortpflanzen. Felder dieser

Art bezeichnet man als elektromagnetische Wellen, zu denen auch das Licht gehört.

Alle diese gegenseitigen Wechselbeziehungen zwischen elektrischen und magnetischen Feldern, Ladungen und Strömen können durch ein recht einfaches System von vier Gleichungen beschrieben werden, die im Jahre 1864 von James Clerk Maxwell aufgestellt wurden und daher den Namen Maxwell-Gleichungen tragen. Bei Einbeziehung der speziellen Relativitätstheorie lassen sich diese vier Gleichungen sogar in sehr eleganter Form auf nur zwei Gleichungen zurückführen. Hinzu kommt noch die Definition des elektrischen und des magnetischen Feldes. Wir wollen den physikalischen Inhalt dieser Gleichungen hier etwas vereinfacht in Worten wiedergeben:

Definition der elektromagnetischen Felder: Das elektrische Feld E wird durch seine Kraftwirkung F auf eine punktförmige elektrische Probeladungen Q definiert: $F = Q \cdot E$. Ebenso wird ein Magnetfeld B durch seine Kraftwirkung F auf eine punktförmige elektrische Probeladungen Q definiert, wobei F senkrecht zur Geschwindigkeit v der Probeladung und senkrecht zum Magnetfeld B gerichtet ist.

Coulomb'sches Kraftgesetz: Eine punktförmige Ladung q erzeugt ein elektrisches Feld $E = k\, q/r^2$. Dieses Feld ist radial von der Ladung weg orientiert.

Gauß'sches Gesetz des Magnetismus: Es gibt keine magnetischen Ladungen (Monopole), d. h. es gibt beispielsweise keinen Punkt, von dem aus die magnetischen Feldlinien alle radial nach außen zeigen.

Faraday'sches Induktionsgesetz: Ein sich verstärkendes oder abschwächendes Magnetfeld erzeugt ein elektrisches Feld, dessen Richtung senkrecht zum Magnetfeld orientiert ist. Je schneller die zeitliche Veränderung des Magnetfeldes ist, umso stärker ist das dadurch erzeugte elektrische Feld.

Ampère'sches Gesetz: Ein stromdurchflossener Leiter (genauer: die sich darin bewegenden elektrischen Ladungen) erzeugt ein magnetisches Feld, das den Leiter ringförmig umschließt und dessen Stärke proportional zur Stromstärke ist. Ebenso erzeugt ein sich verstärkendes oder abschwächendes elektrisches Feld ein Magnetfeld, dessen Richtung senkrecht zum elektrischen Feld orientiert ist. Je schneller die zeitliche Veränderung des elektrischen Feldes ist, umso stärker ist das dadurch erzeugte Magnetfeld.

Elektrische und magnetische Felder haben nun eine wichtige Eigenschaft: Sie lassen sich überlagern, ohne sich zu stören. Sie werden einfach linear auf-

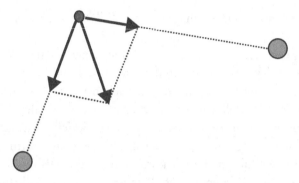

Abb. 1.11 Das Superpositionsprinzip für elektrische Kräfte besagt: Die Gesamtkraft, die zwei Ladungen auf eine Probeladung ausüben, ist gleich der Summe der Kraftpfeile, die von den einzelnen Ladungen herrühren. Oder allgemeiner: Elektrische und magnetische Felder lassen sich jeweils aufsummieren, so wie man Pfeile aneinanderfügt

addiert, genauso, wie man zwei Pfeile (Vektoren) aneinanderfügen kann und dann durch einen einzigen neuen Gesamtpfeil ersetzt (Abb. 1.11). Dass sich elektrische Felder nicht gegenseitig stören, merken wir schon daran, dass ein Lichtstrahl den leeren Raum immer geradlinig durchquert, auch wenn andere Lichtstrahlen denselben Raum in anderen Richtungen durchlaufen und sich die Strahlen dabei gegenseitig vorübergehend überschneiden. Man bezeichnet diese Eigenschaft der elektromagnetischen Wechselwirkung als *Superpositionsprinzip*. Mathematisch drückt es sich darin aus, dass die Maxwell-Gleichungen *linear* sind.

Mit der Gravitation und der elektromagnetischen Wechselwirkung haben wir nun bereits alle die Wechselwirkungen erfasst, die für uns Menschen unmittelbar erfahrbar sind. Erst bei der Ergründung der Struktur der Atomkerne und ihrer Zerfälle werden wir auf zwei weitere Wechselwirkungen stoßen, die sich aber erst mit den Mitteln der Quantenmechanik verstehen lassen. Dieser Quantenmechanik wollen wir uns daher im folgenden Kapitel zuwenden.

2

Seltsame Quantenwelt

Unser bereits recht detailliertes Bild vom inneren Aufbau der Atome besagt, dass ein Atom aus einem sehr kleinen, schweren, positiv geladenen Kern besteht, um den sich ein oder mehrere winzige, sehr leichte, negativ geladene Elektronen bewegen. Ansonsten besteht ein Atom nur aus leerem Raum. Wie können wir uns die Bewegung der Elektronen genauer vorstellen? Machen Sie sich auf eine Überraschung gefasst!

2.1 Das Problem der Stabilität der Atome

Die elektrische Anziehungskraft zwischen Elektronen und Atomkern besitzt die gleiche Abstandsabhängigkeit wie die gravitative Anziehungskraft zwischen den Planeten und der Sonne. Demnach sollte sich die Bewegung der Elektronen um den Atomkern genauso vollziehen wie die Bewegung der Planeten um die Sonne, nämlich auf Kreis- oder Ellipsenbahnen. Zwar ist die elektrische Kraft wesentlich stärker als die Gravitation, aber dies ändert die möglichen Formen der Bahnkurven nicht.

Bei der Vorstellung, dass ein Atom dem Sonnensystem ähnelt, tritt jedoch ein prinzipielles Problem auf. Nach den Maxwell'schen Gleichungen strahlen kreisende Ladungen immer Energie in Form elektromagnetischer Wellen ab. Da die Elektronen damit ständig Energie verlieren würden, müssten sie innerhalb sehr kurzer Zeit in den Atomkern stürzen, genauso, wie eine rotierende Roulettekugel schließlich in ein Zahlenkästchen fällt, da sie durch Reibung ständig Energie verliert. Das Elektron im Wasserstoffatom, welches in etwa einem halben Angström Abstand den Atomkern umkreisen sollte, würde in etwa 10^{-11} s (entsprechend einem Lichtweg von etwa drei Millimetern) auf den Atomkern herabstürzen. Atome wären damit keine stabilen Objekte.

Wie lässt sich dieses Problem nun lösen? Fassen wir zunächst zusammen, auf welchen Voraussetzungen unser Ergebnis beruht: Zum einen haben wir angenommen, dass die elektrische Kraft zwischen Atomkern und Elektron quadratisch mit dem Abstand abnimmt. Zum anderen sind wir von der

Gültigkeit der Newton'schen Grundgesetze der Mechanik und der Maxwell-Gleichungen in Bezug auf die Abstrahlung von Energie ausgegangen. Legen wir diese drei Voraussetzungen zugrunde, so ist unser Ergebnis zusammenstürzender Atome unausweichlich. Bei allen drei Voraussetzungen müssen wir uns aber darüber im Klaren sein, dass sie auf Beobachtungen im makroskopischen Bereich beruhen. Es ist daher keineswegs selbstverständlich, dass sie in dieser Form auch noch bei Abständen im Bereich unterhalb eines Angströms gelten. Tatsächlich werden wir noch sehen, dass alle drei Voraussetzungen bei unserem Vordringen in die Substrukturen der Materie nicht nur Modifikationen erfahren, sondern sogar durch völlig neue Konzepte ersetzt werden müssen. Um den Aufbau der Atome zu erklären, genügt es jedoch, nur eine von ihnen abzuändern, da die anderen beiden Voraussetzungen in der Welt der Atome in guter Näherung weiter gültig sind.

Überlegen wir daher, durch welche Modifikationen am elektrischen Kraftgesetz sich das Problem lösen ließe. Die einzige Möglichkeit wäre hier die Annahme, dass unterhalb eines gewissen Abstands die elektrische Kraft zwischen Atomkern und Elektronen nicht mehr anziehend, sondern abstoßend wirkt. Damit wäre dann zwar unser Problem gelöst, aber genauere Rechnungen zeigen schnell, dass dieses neue Kraftgesetz letztlich doch nicht alle Eigenschaften der Atome korrekt beschreiben könnte.

Die zweite Möglichkeit wäre, anzunehmen, dass aufgrund einer geeigneten Zusatzbedingung Elektronen in einem Atom keine Energie abstrahlen. Auf dieser Idee beruht eines der ersten Atommodelle, das von dem dänischen Physiker Niels Bohr (Abb. 2.1) im Jahre 1913 formuliert wurde.

Bohr stellte die Forderung auf, dass Elektronen den Atomkern nur auf Bahnen mit ganz bestimmten Energiewerten umkreisen konnten, wobei es eine energieärmste Bahn geben sollte. Das Newton'sche Bewegungsgesetz sollte also weiter gelten, aber nicht alle nach diesem Gesetz möglichen Bahnen sollten erlaubt sein, und insbesondere auf der energieärmsten Bahn sollte im Widerspruch zu den Maxwell-Gleichungen keine Energie mehr abgestrahlt werden. Trotz einiger Erfolge stellte sich bald heraus, dass dieses Modell insbesondere komplexere Atome nicht gut beschreiben konnte. Wir gehen daher hier nicht weiter darauf ein.

Bleibt als dritte Möglichkeit, dass Newtons Bewegungsgesetze im atomaren Bereich nicht mehr gültig sind (Abb. 2.2). Diese dritte Möglichkeit erscheint als der bizarrste und abwegigste Weg, aus dem Dilemma zu entkommen. Da die anderen Alternativen aber keine befriedigende Erklärung für den Aufbau der Atome liefern konnten, wollen wir uns diese Möglichkeit genauer ansehen. Die Frage *„Woraus besteht Licht?"* wird uns auf die richtige Fährte führen.

Abb. 2.1 Niels Bohr (links) und Albert Einstein (rechts) im Haus von Paul Ehrenfest um 1930. (© akg/Science Photo Library.)

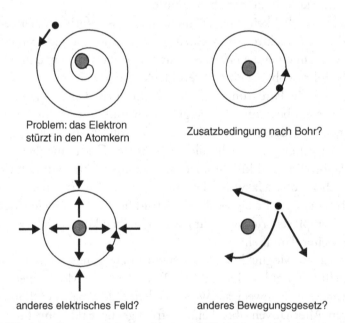

Abb. 2.2 Warum stürzt ein Elektron der Atomhülle nicht in den Atomkern? Gibt es eine Zusatzbedingung, wie von Niels Bohr vorgeschlagen, die das verhindert, oder sieht das elektrische Feld des Atomkerns in dessen Nähe anders aus, oder bewegt sich das Elektron nicht nach dem Newton'schen Bewegungsgesetz?

2.2 Licht besteht aus Teilchen

Erinnern wir uns: Lässt man Licht einer bestimmten Wellenlänge (also Licht einer bestimmten Farbe, sogenanntes monochromatisches Licht) im Vakuum auf eine Alkalimetalloberfläche fallen, so werden einzelne Elektronen aus ihr herausgeschlagen. Man bezeichnet dieses Phänomen als Photoeffekt. Analysiert man das Experiment genauer, so stößt man auf die folgenden Zusammenhänge:

* Erst unterhalb einer für das Alkalimetall charakteristischen Wellenlänge kann das Licht Elektronen herausschlagen.
* Je kürzer die Wellenlänge des Lichts ist, umso höher ist die Geschwindigkeit der herausgeschlagenen Elektronen.
* Je größer die Lichtintensität bei unveränderter Wellenlänge ist, d. h. je heller das Licht ist, umso mehr Elektronen werden herausgeschlagen.

Dieses Ergebnis ist sehr überraschend, wenn wir davon ausgehen, dass Licht eine elektromagnetische Welle ist. Je heller Licht ist, umso stärker sind seine oszillierenden elektrischen und magnetischen Felder, und umso heftiger sollte es daher in der Lage sein, ein Elektron im Alkalimetall hin- und herzuschütteln und schließlich aus dem zugehörigen Alkalimetallatom zu befreien. Dabei sollte das befreite Elektron umso mehr Bewegungsenergie aufweisen, je stärker das oszillierende Feld ist. Wir würden also erwarten, dass die Elektronen umso höhere Geschwindigkeiten aufweisen, je heller das Licht ist. Insbesondere sollten die Elektronen erst ab einer gewissen kritischen Feldstärke und damit ab einer gewissen Minimal-Helligkeit herausgeschlagen werden können. Genau dies geschieht aber stattdessen bei Unterschreitung einer gewissen Wellenlänge, völlig unabhängig von der Helligkeit und damit von der elektrischen Feldstärke. Wir müssen uns also der Tatsache stellen, dass die Vorstellung von Licht als elektromagnetischer Welle das Versuchsergebnis nicht ohne Weiteres erklären kann.

Vergessen wir daher für einen Moment einmal elektromagnetische Wellen und fragen uns ganz unbefangen, ob wir Licht nicht anders deuten können, sodass wir keine Mühe mehr haben, unsere Beobachtung zu erklären. Wir wollen uns daher der Ansicht von Isaac Newton aus dem Jahr 1675 anschließen und annehmen, Licht bestehe aus einem Strom kleiner Lichtteilchen, die wir *Photonen* nennen wollen. So ein Photon trifft nun also auf eines der Elektronen im Alkalimetall und schlägt es aus dem Metall heraus. Um unser Versuchsergebnis in allen Einzelheiten zu erklären, müssen wir die folgenden Annahmen machen:

- Je heller das Licht ist, umso mehr Photonen sind vorhanden und umso mehr Elektronen werden daher herausgeschlagen.
- Je blauer das Licht ist, was im Wellenbild einer kürzeren Wellenlänge bzw. höheren Frequenz entspricht, umso mehr Energie haben die einzelnen Photonen und umso energiereicher sind damit die von ihnen herausgeschlagenen Elektronen (Abb. 2.3).

Wie wir sehen, haben wir nicht die geringsten Schwierigkeiten, im Teilchenbild den Photoeffekt zu deuten. Newton wäre sicher darüber höchst erfreut gewesen.

Tatsächlich kann man auch direkt zeigen, dass Licht wirklich aus Teilchen besteht. Dazu verwendet man einen sogenannten *Photomultiplier*, der so empfindlich ist, dass er ein einzelnes Photon nachweisen kann. Das auftreffende Photon führt dabei zu einem elektrischen Impuls, den man beispielsweise als Knacken in einem Lautsprecher hörbar machen kann. Wenn sehr wenig Licht auf den Photomultiplier fällt, so knackt er in unregelmäßigen Abständen, was jeweils das Auftreffen eines Photons anzeigt. Erhöht man die Lichtintensität, so wird das Knacken häufiger, bis es schließlich in eine Art Rauschen übergeht.

Wäre unser Auge so empfindlich wie ein Photomultiplier, so hätten wir alle bereits Photonen als kleine Blitze gesehen. Es sind aber etwa fünf bis sechs Photonen notwendig, um eine Nervenzelle auf der Netzhaut zu aktivieren und ein Signal bis zu unserem Gehirn auszulösen.

Halten wir nochmals unmissverständlich fest: Jedes hinreichend empfindliche Instrument hat gezeigt, dass Licht aus Teilchen besteht!

Nun lassen sich aber andererseits viele Experimente hervorragend durch die Ausbreitung und Interferenz von Lichtwellen erklären. Ein Dilemma bahnt sich an! Beide Bilder, die wir uns von Licht machen, scheinen sich gegenseitig auszuschließen. Eine elektromagnetische Welle besteht aus oszillierenden elektrischen und magnetischen Feldern, die sich überlagern und zu Interferenzen führen können, so wie wir das bei der Beugung von Röntgenstrahlen am Kochsalzkristall beobachten konnten. Ein Teilchen wie das Photon dagegen sollte nach den Newton'schen Bewegungsgesetzen eine klar definierte Flugbahn besitzen. Mit dieser Vorstellung ist aber eine Erklärung von Interferenzerscheinungen kaum möglich, wie bereits Newton feststellen musste.

Doch Vorsicht! Auch bei den Elektronen in den Hüllen der Atome führte die Vorstellung von Flugbahnen gemäß den Newton'schen Gesetzen zu Problemen, sodass wir schließlich gezwungen waren, die Gültigkeit der Newton'schen Bewegungsgesetze infrage zu stellen. Was aber wäre die Alternative?

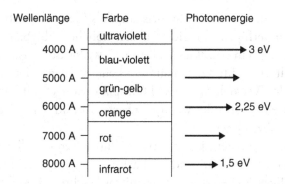

Abb. 2.3 Die Energie eines Photons nimmt proportional zur Lichtfrequenz zu bzw. antiproportional zur Lichtwellenlänge (hier in Angström angegeben) ab

2.3 Elektronen als Welle

Die revolutionäre Entwicklung der Quantenmechanik seit 1924 durch Louis de Broglie, Werner Heisenberg, Erwin Schrödinger, Niels Bohr, Wolfgang Pauli und viele andere zeigte, dass es gerade der Begriff der Flugbahn eines Teilchens ist, der die Probleme bereitet und auf den man sowohl beim Photon als auch bei den Elektronen der Atomhülle verzichten muss.

Licht besteht aus Teilchen, weist aber dennoch Wellencharakter auf. Die Umkehrung dieser Tatsache würde bedeuten, dass Elektronen nicht nur Teilchencharakter, sondern auch Wellencharakter besitzen. Falls dies so ist, so müssten mit Elektronen ähnliche Interferenzexperimente möglich sein wie bei Licht oder bei Röntgenstrahlen. Wir könnten z. B. versuchen, Elektronen auf einen Salzkristall zu schießen und so ein Interferenzbild der abgelenkten Elektronen zu erhalten. Dies ist in der Tat möglich. Allerdings dringen die Elektronen nur wenig in den Kristall ein, sodass nur die Atome an der Kristalloberfläche als Streuzentren für die Elektronen wirken.

Wir wollen stattdessen einen einfacheren Aufbau wählen, bei dem ein relativ breiter Strahl von Elektronen bestimmter Energie auf zwei sehr kleine, eng beieinanderliegende Spalte in einer ansonsten undurchlässigen Platte fällt. In einigen Zentimetern Abstand dahinter stellen wir einen Leuchtschirm auf, auf dem die auftreffenden Elektronen kleine Lichtfunken erzeugen. Alternativ können wir auch eine Photoplatte nehmen, bei der die auftreffenden Elektronen zu einer Schwärzung führen. Das ganze Experiment muss wie schon der Photoeffekt im luftleeren Raum durchgeführt werden, da ansonsten die Elektronen durch die Luft abgebremst und absorbiert werden würden.

In der Praxis ist es schwierig, einen entsprechend feinen Doppelspalt technisch herzustellen. Es lassen sich jedoch ähnliche Interferenzexperimente an scharfen Metallschneiden oder mit sehr dünnen Drähten ausführen, die zu denselben Schlussfolgerungen führen.

Was erwarten wir nun beim Doppelspalt, falls Elektronen über keine Welleneigenschaften verfügen und sich auf den üblichen Flugbahnen bewegen? In diesem Fall fliegt ein einzelnes Elektron entweder durch den rechten oder den linken Spalt und trifft danach auf den Leuchtschirm oder die Photoplatte. Lassen wir den Versuch mit einer Photoplatte einige Zeit laufen, so sollte sich schließlich ein mehr oder weniger scharfes Abbild der beiden Spalte auf der Photoplatte abzeichnen.

In Wirklichkeit geschieht jedoch etwas völlig anderes. Stellen wir dazu zunächst den Leuchtschirm auf und beobachten die einzelnen Lichtblitze. An scheinbar zufälligen Stellen des Leuchtschirms leuchten sie auf, ohne dass direkt ein Muster erkennbar wäre. Eines jedoch ist sicher: Ein Abbild der zwei Spalte entsteht offenbar nicht, da die Elektronen an vielen unterschiedlichen Stellen des Schirms auftreffen.

Wechseln wir nun den Leuchtschirm gegen die Photoplatte aus und lassen das Experiment eine Zeit lang laufen (stattdessen könnte man auch die Intensität der Elektronenquelle soweit erhöhen, dass sehr viele Elektronen pro Sekunde auf dem Leuchtschirm auftreffen). Wir sehen ein regelmäßiges Streifenmuster, wobei sich Streifen mit vielen Elektronentreffern mit solchen abwechseln, die kaum einmal von einem Elektron getroffen wurden. Dabei gehen diese Streifen ohne scharfe Begrenzungen fließend ineinander über.

Es ist interessant, dass man genau dieses Ergebnis auch für einfarbiges Licht (am besten Laserlicht) erhält, das durch einen kleinen Doppelspalt hindurch auf einen einige Meter dahinter stehenden Schirm fällt. Auch hier finden sich abwechselnd helle und dunkle Streifen. Die Wellennatur des Lichts liefert eine einfache Erklärung für dieses Phänomen. Nach dem Durchgang der Lichtwellen durch den Doppelspalt bilden sich hinter jedem der beiden Spalte annähernd halbkreisförmige Wellenfronten, die sich im Raum hinter den Spalten ausbreiten und überlagern. Voraussetzung für das Entstehen dieser halbkreisförmigen Wellenfronten ist dabei, dass die Spalte eine Größe haben, die nicht viel größer als die Wellenlänge sein darf. Bei größeren Spalten deformieren sich die Wellenfronten hinter dem Spalt, wobei der größte Teil der Intensität nach vorne geht. Im Grenzfall sehr großer Spalte würden wir schließlich das Ergebnis erhalten, welches wir von der Strahlenoptik her kennen. Nach der Lehre der Strahlenoptik breitet sich Licht immer entlang gerader Linien aus. Man spricht auch von Lichtstrahlen. In diesem Fall würden wir auf dem Schirm ein scharfes Abbild der Spalte erhalten. Die Strahlenoptik, nach der wir normalerweise das Verhalten von Licht beurteilen, ist aber nur für den Fall gültig, dass die Abmessungen der betrachteten Objekte viel größer als die Lichtwellenlängen sind. In unserer gewohnten Umgebung ist dies meist der Fall, allerdings nicht immer, wie das Farbenspiel in der sehr dünnen Haut einer Seifenblase zeigt, das in der Strahlenoptik nicht mehr erklärbar

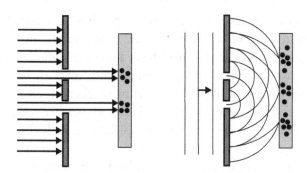

Abb. 2.4   Das Doppelspaltexperiment. Teilchen, die sich nach dem Newton'schen Bewegungsgesetz fortbewegen, fliegen geradlinig durch die Spalte hindurch, sodass sich zwei Streifen mit Treffern auf dem Leuchtschirm bilden. Bei einer Welle hingegen bilden sich hinter dem Doppelspalt durch Interferenz abwechselnd Streifen mit hoher und mit niedriger Wellenintensität, wobei eine hohe Intensität mit einer hohen Trefferwahrscheinlichkeit einhergeht

ist. Voraussetzung für unsere Doppelspaltexperimente ist also immer, dass die Breite der Spalte und ihr gegenseitiger Abstand nicht viel größer als die Wellenlänge sind. Dies gilt auch für unser Interferenzexperiment mit Elektronen.

Was passiert nun, wenn sich die beiden halbkreisförmigen Wellenfelder hinter den Spalten zu einer Gesamtwelle aufaddieren? In gewissen Richtungen weit weg vom Doppelspalt wird es so sein, dass Wellenberge vom einen Spalt mit Wellentälern des anderen Spaltes zusammentreffen und sich gegenseitig auslöschen. In anderen Richtungen dagegen verstärken sich Wellenberge des einen Spaltes mit denen des anderen. Insgesamt entstehen dadurch beim Auftreffen der Wellen auf einem Schirm Streifen mit großer Intensität, die sich mit Streifen geringer Intensität abwechseln (Abb. 2.4).

Auf genau die gleiche Weise lässt sich auch das Ergebnis bei unserem Doppelspaltversuch mit Elektronen erklären, vorausgesetzt, wir akzeptieren, dass den Elektronen auf irgendeine Weise ebenfalls Wellencharakter zukommt. Aus dem Interferenzmuster und dem Abstand der Spalte können wir die Wellenlänge der Elektronen ermitteln. Dabei stellt sich heraus, dass diese Wellenlänge umgekehrt proportional zur Geschwindigkeit der Elektronen ist, solange die Geschwindigkeit deutlich kleiner als die Lichtgeschwindigkeit bleibt. Bei Elektronen mit einer Geschwindigkeit von einem Zehntel der Lichtgeschwindigkeit (die etwa 300 000 km/s beträgt) ergibt sich eine Wellenlänge von ungefähr einem Viertel Angström. Bei einer so geringen Wellenlänge wird klar, dass wir beim konkreten Aufbau eines solchen Doppelspaltexperiments unsere Schwierigkeiten mit der Herstellung des Doppelspaltes haben werden (zum Vergleich: Atome hatten Radien im Bereich von Angström!).

Auch mit anderen Teilchen als Elektronen kann das beschriebene Experiment durchgeführt werden. Das Ergebnis zeigt, dass sich jedem Teilchen eine

Wellenlänge zuordnen lässt, die umgekehrt proportional dem Produkt aus seiner Masse und seiner Geschwindigkeit ist, vorausgesetzt, die Geschwindigkeit des Teilchens ist deutlich kleiner als die Lichtgeschwindigkeit. Bei allgemeinen (auch großen) Geschwindigkeiten gilt die universellere Aussage, dass die Wellenlänge umgekehrt proportional zum Teilchenimpuls ist, wobei man sich den Teilchenimpuls wie einen im Teilchen gespeicherten Kraftstoß vorstellen kann. Diese Aussage gilt dann beispielsweise auch für Lichtteilchen (Photonen).

Fassen wir das Ergebnis dieses entscheidenden Experiments noch einmal zusammen: Bei geringer Intensität des Elektronenstrahls und bei Verwendung des Leuchtschirms sehen wir, wie immer wieder an scheinbar zufälligen Stellen ein räumlich klar begrenzter Lichtblitz auftritt. Daraus schließen wir, dass es sich bei den auftreffenden Elektronen um einzelne Teilchen handeln muss. Genau das gleiche Ergebnis würden wir für Licht erhalten, das hinter einem Doppelspalt interferiert. Ein dort aufgestellter Photomultiplier würde in unregelmäßigen Abständen das Auftreffen eines einzelnen Photons registrieren. Nun erhöhen wir die Intensität des Elektronenstrahls, bis jede Sekunde viele Tausend Lichtblitze auftreten. Wir können nun sehr schön das Streifenmuster sehen, das die vielen Lichtblitze bilden. Ein solches Streifenmuster lässt sich aber nur erklären, wenn wir den Elektronen Welleneigenschaften zubilligen. Trotz dieser Streifen wird aber ein einzelnes Elektron immer an einem wohldefinierten Ort auf dem Leuchtschirm auftreffen und dort einen Lichtblitz erzeugen. Ein Elektron ist also im Gegensatz zu einer Welle ein räumlich klar abgegrenztes Objekt – eben ein Teilchen. Die Auftreffpunkte der einzelnen Elektronen scheinen dabei keinem genauen Gesetz zu folgen. Die Elektronen wählen ihren Auftreffpunkt scheinbar zufällig aus, wobei sie gewisse Gebiete (die Streifen) bevorzugen und die dazwischenliegenden Gebiete meiden.

Versuchen wir, eine physikalische einheitliche Beschreibung für Elektronen oder Licht zu finden, die in der Lage ist, Interferenzexperimente zu erklären, und die dennoch berücksichtigt, dass Elektronen und Photonen Teilchen sind.

Nehmen wir an, dass sich ein Strahl von Elektronen ähnlich wie eine Lichtwelle im Raum ausbreitet, wobei wir zunächst den Teilchencharakter nicht beachten. Die Elektronenwelle geht nun durch den Doppelspalt hindurch und bildet dahinter zwei halbkreisförmige Wellenzüge, die sich überlagern. An manchen Stellen auf dem Leuchtschirm werden sich die beiden ankommenden Wellenzüge gegenseitig verstärken, an anderen auslöschen. Um nun unser Versuchsergebnis zu erklären, müssen wir annehmen, dass an den Stellen, wo sich die Wellenzüge verstärken, viele Lichtblitze auftreten werden, an den anderen Stellen dagegen wenige. Die Zahl der Lichtblitze nimmt mit der Intensität der Elektronenwelle zu. Und hier kommt nun der Teilchencharakter ins Spiel: Je größer die Intensität der Elektronenwelle ist, umso mehr einzelne Elektronen treffen dort auf und umso größer ist daher die Wahrscheinlichkeit, ein einzelnes Elektron nachzuweisen.

Damit ist es uns zunächst gelungen, Teilchen und Welleneigenschaften miteinander zu verbinden. Die Bewegung eines Teilchens durch den Raum wird durch die Ausbreitung einer Welle dargestellt, deren lokale Intensität die Wahrscheinlichkeit dafür angibt, das Teilchen an diesem Ort nachzuweisen, z. B. durch Aufstellung eines Leuchtschirms.

Mit dieser Vorstellung sind wir nun in der Lage, das Ergebnis des Doppelspaltversuchs präzise zu beschreiben. Aber wir haben einen Preis dafür bezahlt: Wir benutzen den Begriff der Flugbahn eines Teilchens und damit das erste Newton'sche Bewegungsgesetz nicht mehr. Wir machen keine Aussage mehr darüber, wo sich das Elektron vor dem Auftreffen auf dem Schirm befindet. Es ist uns in diesem Bild daher unmöglich, anzugeben, durch welchen der beiden Spalte ein Elektron nun hindurchgegangen ist. Stattdessen müssen wir sagen, die Elektronenwelle ist durch beide Spalte hindurchgegangen. Es zeigt sich, dass jeder Versuch, nachzumessen, durch welchen Spalt ein einzelnes Elektron hindurchgegangen ist, sofort zu einer Zerstörung des Interferenzmusters führt. Sobald wir also das Interferenzmuster, das ja die Wellennatur der Elektronen nachweist, sehen können, wird es unmöglich, die Flugbahn eines Elektrons auch nur ansatzweise zu bestimmen, beispielsweise indem man nachzuweisen versucht, durch welchen Spalt es hindurchgegangen ist.

Das oben skizzierte Bild wurde in den Jahren nach 1924 mathematisch präzise formuliert und hat seitdem jeder experimentellen Überprüfung standgehalten. Die entsprechende Theorie trägt den Namen *Quantenmechanik* und bildet den theoretischen Rahmen jeder modernen Theorie über die Grundgesetze der Physik. Ich möchte im Folgenden versuchen, die Grundelemente dieser Theorie möglichst kompakt und präzise darzustellen, ohne dabei auf den mathematischen Formalismus zurückzugreifen. Dabei wollen wir uns zunächst auf die sogenannte *nichtrelativistische* Quantenmechanik beschränken, die Teilchen beschreibt, deren Geschwindigkeit deutlich unterhalb der Lichtgeschwindigkeit liegt (dies ist bei den Elektronen der Atomhülle der Fall). Bei Licht und anderen sehr schnellen Teilchen ist die genaue Form der Gesetzmäßigkeiten aufgrund der dort zu berücksichtigenden speziellen Relativitätstheorie im Detail komplizierter, auch wenn die wesentlichen Aspekte der in diesem Kapitel dargestellten Grundideen dort ebenfalls gelten.

Nach der Quantenmechanik besitzt jedes Teilchen in einer besonderen Weise zugleich Wellencharakter. Die Welle ersetzt dabei den Begriff der Flugbahn und beschreibt die Fortbewegung der Teilchen im Raum. Diese Welle wird auch als quantenmechanische Wellenfunktion bezeichnet. Mathematisch ist sie durch die Angabe einer oder auch mehrerer komplexer Zahlen an jedem Ort und für jeden Zeitpunkt gegeben, also durch eine oder mehrere komplexe

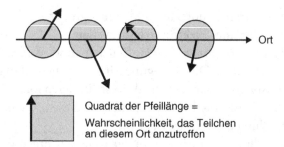

Quadrat der Pfeillänge =
Wahrscheinlichkeit, das Teilchen
an diesem Ort anzutreffen

Abb. 2.5 Die Wellenfunktion eines Elektrons (ohne Berücksichtigung des Spins) ist dadurch gegeben, dass man an jedem Ort einen Pfeil anheftet. Das Quadrat der Pfeillänge ist dann die Wahrscheinlichkeit, das Elektron an diesem Ort anzutreffen

Funktionen, die von Raum und Zeit abhängen. Dies hört sich Ehrfurcht gebietend an, bedeutet aber lediglich, dass an jeden Ort ein oder mehrere Uhrzeiger (d. h. Pfeile oder auch zweidimensionale Vektoren) unterschiedlicher Länge und Richtung angeheftet werden können, die bei fortschreitender Zeit sowohl ihre Länge als auch ihre Orientierung verändern können (Abb. 2.5).

Auch bei elektrischen und magnetischen Feldern ist jedem Raumpunkt ein Pfeil für das elektrische und ein Pfeil für das magnetische Feld zugeordnet. Es gibt jedoch einen wichtigen Unterschied zwischen dieser Art von Feldpfeilen und den Pfeilen einer Wellenfunktion: Ein elektrischer Feldpfeil zeigt von dem Punkt, zu dem er gehört, in eine bestimmte Richtung des dreidimensionalen Raumes. Er legt damit die Richtung der elektrischen Kraft fest, die auf eine Probeladung an diesem Ort wirkt.

Der Pfeil einer Wellenfunktion zeigt dagegen nicht in eine bestimmte Richtung des dreidimensionalen Raumes. Er lässt sich vielmehr mit dem Zeiger einer Uhr vergleichen, die an dem betrachteten Ort aufgestellt ist. Wie diese Uhr nun im dreidimensionalen Raum genau aufgestellt und gedreht ist, spielt dabei keine Rolle. Wichtig ist alleine, dass der Uhrzeiger zu einer bestimmten Zeit eine bestimmte Länge aufweist und auf eine bestimmte Stelle des Ziffernblatts der Uhr zeigt. Anders als ein Uhrzeiger kann der Pfeil einer Wellenfunktion dabei seine Länge verändern, und er muss auch nicht wie ein Uhrzeiger im Lauf der Stunden gleichmäßig rechts herum rotieren.

Die Zahl der Wellenfunktionspfeile, die an einem Raumpunkt angebracht werden müssen, hängt von der Zahl der Größen ab, die sich außer dem Ort noch bei dem betrachteten Teilchen messen lassen, ohne dass dabei die Information über eine Ortsmessung zerstört würde. Der einfachste Fall liegt vor, wenn sich außer dem Ort keine weiteren solchen Größen simultan mit dem Ort messen lassen oder wenn man auf die Betrachtung weiterer Messgrößen aus Vereinfachungsgründen verzichten kann. Dann genügt ein einziger Pfeil

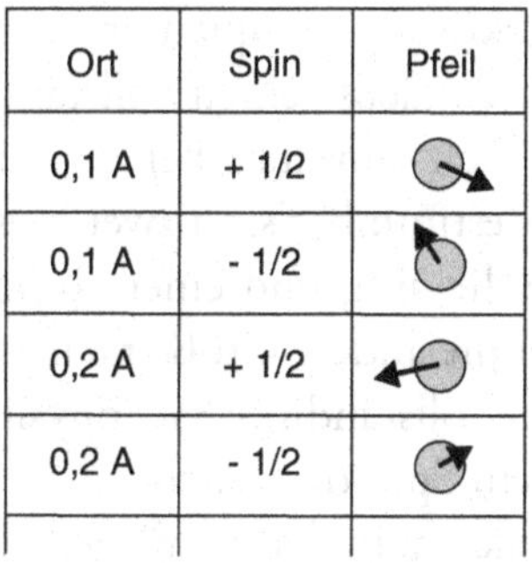

Ort	Spin	Pfeil
0,1 A	+ 1/2	
0,1 A	- 1/2	
0,2 A	+ 1/2	
0,2 A	- 1/2	

Abb. 2.6 Die Wellenfunktion eines Elektrons bei Berücksichtigung des Spins kann man sich als eine Tabelle vorstellen, in der zu jeder Kombination von Ort (angegeben in Angström) und Spin (angegeben als Vielfaches von $\hbar$) ein Pfeil eingetragen ist. Das Quadrat der Pfeillänge ist dann die Wahrscheinlichkeit, die entsprechende Kombination von Ort und Spin vorzufinden. Alternativ zum Ort kann man auch die Geschwindigkeit eintragen, mit entsprechend umgerechneten Pfeilen

pro Raumpunkt, dessen quadrierte Länge direkt die Wahrscheinlichkeit dafür angibt, an diesem Ort das Teilchen bei einer Ortsmessung anzutreffen.

Für die Beschreibung eines Elektrons sind an jedem Raumpunkt zwei Pfeile notwendig, um neben der Ortsinformation eine weitere Messgröße zu beschreiben, die als *Spin* bezeichnet wird und die sich simultan mit dem Ort bestimmen lässt (Abb. 2.6). Welche Bedeutung der Spin eines Teilchens hat, werden wir später noch genau unter die Lupe nehmen. Im Moment soll die Information genügen, dass diese Messgröße die beiden Werte $1/2\,\hbar$ und $-1/2\,\hbar$ annehmen kann, wobei $\hbar = h/(2\pi)$ das durch 2π dividierte Planck'sche Wirkungsquantum h ist, das wir später noch genauer kennenlernen werden. Die quadrierte Länge des ersten Pfeils gibt dann die Wahrscheinlichkeit dafür an, bei einer simultanen Orts-/Spinmessung ein Elektron mit Spinwert $1/2\,\hbar$ an dem zugehörigen Ort zu finden. Der zweite Pfeil ist entsprechend für den anderen Spinwert an diesem Ort zuständig. Damit haben wir bereits im Detail die Wellenfunktion eines einzelnen Elektrons beschrieben.

Wir wollen nun den allgemeinen Fall eines beliebig komplizierten quantenmechanischen Systems aus mehreren Teilchen betrachten und überlegen, wie die Wellenfunktion eines solchen Systems aussieht. Um die Ausgangslage etwas übersichtlicher zu gestalten, wollen wir den Raum mit einem feinmaschigen dreidimensionalen Netz überziehen und die Wellenfunktion nur an den Kreuzungspunkten der Netzfäden betrachten (man sagt, wir diskretisieren den Raum). Sollte uns diese Beschreibung irgendwann zu grob erscheinen, so können wir jederzeit zu einem feinmaschigeren Netz übergehen und so die Beschreibung beliebig genau werden lassen.

Wenn wir die Wellenfunktion eines quantenmechanischen Systems angeben wollen, so müssen wir zunächst einen vollständigen Satz physikalischer Messgrößen angeben, die sich simultan bei dem betrachteten System bestimmen lassen. Simultan bestimmbar sind zwei Messgrößen dann, wenn die Messung der einen Größe die aufgrund einer vorhergehenden Messung gewonnene Information über die andere Größe nicht zerstört. Für ein einzelnes Elektron besteht ein solcher vollständiger Satz physikalischer Messgrößen aus dem Aufenthaltsort und dem Spin des Teilchens.

Wir legen nun eine Tabelle an, in der wir für jede Messgröße des gewählten vollständigen Satzes eine Spalte vorsehen. Nun tragen wir in diese Tabelle alle im Prinzip möglichen Kombinationen von Messwerten ein, die bei einer simultanen Messung auftreten können. Um auch eine kontinuierliche Größe wie den Ort in dieser Tabelle unterbringen zu können, tragen wir nur die Ortskoordinaten der Kreuzungspunkte unseres feinmaschigen Netzes in die Tabelle ein.

Nun fügen wir eine weitere Spalte hinzu und tragen in jeder Zeile der Tabelle einen Pfeil in diese Spalte ein. Das Quadrat der Länge dieses Pfeils gibt dabei die Wahrscheinlichkeit dafür an, bei einer simultanen Messung der zugrunde gelegten Messgrößen gerade die in dieser Zeile eingetragene Kombination von Messwerten zu finden. Diese Tabelle ist genau das, was man als die Wellenfunktion eines quantenmechanischen Systems bezeichnet. Die eingetragenen Pfeile verändern dabei im Allgemeinen im Laufe der Zeit sowohl ihre Länge als auch ihre Orientierung.

Das Gesetz, das die zeitliche Veränderung der Pfeile in der nichtrelativistischen Quantenmechanik festlegt, ist durch die sogenannte *Schrödinger-Gleichung* gegeben, benannt nach Erwin Schrödinger (Abb. 2.7), der sie im Jahr 1925 formulierte. Das Wort *nichtrelativistisch* besagt dabei, dass die Schrödinger-Gleichung nur für Teilchen gilt, deren Geschwindigkeit wesentlich kleiner als die Lichtgeschwindigkeit ist. Für die Beschreibung der Elektronen in einem Atom reicht die nichtrelativistische Quantenmechanik aus, solange man nicht extrem genaue Berechnungen durchführen möchte.

Es gibt im Allgemeinen mehr als einen vollständigen Satz simultan messbarer Größen, die zur Aufstellung einer Wellenfunktion verwendet werden können. Man sagt, dass man verschiedene Darstellungen für die Wellenfunktion wählen kann.

Für die Wellenfunktion eines Elektrons können wir statt des Ortes alternativ die Geschwindigkeit verwenden. Die Tabelle besteht dann aus einer Spalte für die Geschwindigkeit, einer Spalte für den Spin und einer Spalte für die Pfeile, deren Längenquadrat hier die Wahrscheinlichkeit dafür angibt, bei dem Elektron die in der Zeile eingetragene Geschwindigkeit und den eingetragenen Spinwert zu messen. Ort und Geschwindigkeit können allerdings

Abb. 2.7   Erwin Schrödinger (1887–1961). (© akg/Science Photo Library. All rights reserved)

nicht gleichzeitig als Spalten in einer solchen Wellenfunktionstabelle vorkommen, da sie nicht gleichzeitig messbar sind.

Es ist letztlich egal, auf welchen Satz simultan messbarer Größen man eine
Wellenfunktion bezieht, da sich die verschiedenen Tabellen ineinander umrechnen lassen. Wie wir diese Umwandlung verschiedener Darstellungen ineinander genauer verstehen können, werden wir im Zusammenhang mit der
Heisenberg'schen Unschärferelation später noch genauer kennenlernen.

Mithilfe unseres Tabellenrezepts sind wir nun gerüstet, auch die Wellenfunktion für ein System aus zwei Elektronen aufzustellen, beispielsweise für
die beiden Elektronen eines Heliumatoms. Ein vollständiger Satz von Messgrößen besteht in einer Ortsangabe (also drei Ortskoordinaten) und einem
Spinwert für jedes Elektron. Die Tabelle für zwei Elektronen enthält also doppelt so viele Spalten für die Eintragung der Messwerte wie die Tabelle für ein
Elektron. Die quadrierte Länge des Pfeils in der letzten Spalte gibt nun die
Wahrscheinlichkeit dafür an, Elektron *A* am ersten in dieser Zeile eingetragenen Ort mit dem ersten Spinwert zu finden und gleichzeitig Elektron *B* am
zweiten eingetragenen Ort mit dem zweiten Spinwert.

Auf die Besonderheiten, die bei mehreren Teilchen gleichen Typs auftreten, werden wir später genauer eingehen (Stichwort: Pauli-Prinzip). Im Moment wollen wir uns eine wichtige allgemeine Eigenschaft genauer ansehen, die bei der quantenmechanischen Beschreibung mehrerer Teilchen auftritt. Wie wir gesehen haben, wird das quantenmechanische System aus zwei Elektronen durch eine einzige Tabelle beschrieben. Jede Zeile dieser Tabelle macht dabei eine Aussage, die immer beide Teilchen gleichzeitig betrifft.

Ist es vielleicht möglich, diese Tabelle durch irgendein formales Verfahren aus zwei kleineren Tabellen zu gewinnen, die jeweils nur eines der beiden Elektronen betreffen? Mit anderen Worten: Ist es möglich, die Wellenfunktion eines Systems aus zwei Elektronen aus zwei Ein-Elektron-Wellenfunktionen zusammenzusetzen?

Die Antwort hängt davon ab, ob die beiden Elektronen miteinander wechselwirken oder dies in der Vergangenheit einmal getan haben. Tun sie das nicht, so kann man tatsächlich die Wellenfunktion des Zwei-Elektronen-Systems aus zwei Ein-Elektron-Wellenfunktionen zusammensetzen. Dies ist im Grunde nicht schwer, führt aber hier zu weit.

Nun sind die beiden Elektronen elektrisch geladen und wechselwirken daher letztlich immer miteinander. Solange diese Wechselwirkung vernachlässigbar ist (z. B. wenn die Elektronen genügend weit voneinander entfernt sind), gilt das oben Gesagte. Ist sie aber nicht mehr vernachlässigbar, wie dies innerhalb einer Atomhülle der Fall ist, so kann die Wellenfunktion generell nicht mehr aus einzelnen Ein-Teilchen-Wellenfunktionen aufgebaut werden. Ein quantenmechanisches Viel-Teilchen-System mehrerer einander beeinflussender Teilchen kann nicht begrifflich in einzelne Einteilchensysteme aufgeteilt werden, sondern es bildet eine Einheit. Dies lässt unsere Hoffnung, die Welt aus einzelnen, wohl unterscheidbaren Bausteinen wie eine Mauer Stück für Stück zusammensetzen zu können, in einem neuen Licht erscheinen.

Nimmt man diese Erkenntnis sehr genau, so folgt aus ihr, dass die gesamte Welt durch eine einzige, gigantische Tabelle bzw. Wellenfunktion zu beschreiben sei. Ein solcher Ansatz zur Beschreibung der Natur ist natürlich nicht praktikabel. Darüber hinaus wirft er das Problem auf, dass eine Wellenfunktion immer nur Aussagen über den Ausgang physikalischer Messungen macht, bei der das Messinstrument bzw. der Beobachter außerhalb des Systems steht und nicht von der Wellenfunktion mit beschrieben wird. Wer aber beobachtet die Messung des quantenmechanischen Weltsystems dann von außen?

Zum Glück kann man in der Welt der Atome ein interessierendes physikalisches Objekt oft derart definieren, dass man die Wechselwirkung dieses Objektes mit seiner Außenwelt für die Beschreibung der relevanten physikalischen Effekte vernachlässigen kann. In diesem Fall genügt es, dieses Objekt durch eine separate Tabelle zu beschreiben. Man muss sich aber immer im Klaren darüber sein, dass man hier eine Vereinfachung vorgenommen hat, die selbst in der Leere des intergalaktischen Raumes nicht vollständig erfüllt ist (man denke beispielsweise an die allgegenwärtige kosmische Hintergrundstrahlung).

Vergisst man, dass immer eine – wenn auch manchmal sehr geringe – Restwechselwirkung eines quantenmechanischen Systems mit seiner Umgebung existiert, so kann man zu sehr absonderlichen Schlussfolgerungen gelangen.

Ein bekanntes Beispiel dafür ist Schrödingers berühmte Katze. Stellen wir uns eine verschlossene Kiste vor, in deren Inneren sich eine Katze sowie ein kleines Glasfläschchen mit Blausäure befinden. Über dem Fläschchen befindet sich ein Hammer und neben dem Hammer ein einziges Atom eines radioaktiven Elements sowie eine Messapparatur, die den Zerfall des Atoms nachweisen kann. Zerfällt das Atom, so wird ein Mechanismus ausgelöst, der den Hammer das Glasfläschchen zertrümmern lässt, worauf die Katze natürlich aufgrund der ausströmenden Blausäure stirbt (das Beispiel ist zugegebenermaßen ziemlich makaber, macht aber gerade dadurch den entscheidenden Punkt der folgenden Überlegung besonders deutlich). Denken wir uns nun den gesamten Kasten mit Katze, Blausäureflasche und radioaktivem Atom von der Außenwelt isoliert, so können wir ihn im Prinzip durch eine einzige Wellenfunktion beschreiben. Da das Gesamtsystem aus sehr vielen Atomen besteht, entspricht diese Wellenfunktion einer gigantischen Tabelle mit vielen Spalten für die möglichen Messwerte jedes Atoms (z. B. sämtliche Aufenthaltsorte) sowie einer letzten Spalte mit Pfeilen, deren Quadrate die Wahrscheinlichkeiten für die jeweilige Messwertkombination angeben.

Wir können nun den vollständigen Satz von Messgrößen zur Aufstellung der Tabelle so wählen, dass in einer Spalte als Messwert eingetragen ist, ob das radioaktive Atom zerfällt und die Katze damit tot ist oder nicht. Solange wir die Kiste nicht öffnen und nachsehen, ob die Katze noch lebt, gibt es sowohl Pfeile in den Zeilen, in denen das Atom noch nicht zerfallen ist und die Katze noch lebt, als auch Pfeile in den Zeilen, in denen das Atom zerfallen und die Katze tot ist. Solange wir nicht nachschauen, befindet sich die Katze demnach in einem merkwürdigen Zwischenzustand zwischen Leben und Tod, und erst unser Nachschauen entscheidet über ihr Schicksal.

Offensichtlich liefert dieser Ansatz keine geeignete Beschreibung der Realität, denn wir können getrost davon ausgehen, dass die Katze auch bei geschlossener Kiste entweder lebt oder tot ist. Wo also liegt der Fehler?

Der Hauptfehler liegt darin, dass wir die Kiste als abgeschlossenes System ohne Wechselwirkung mit der Außenwelt betrachtet haben, denn nur dann ist die Aufstellung der obigen Tabelle zulässig. Es zeigt sich, dass die durch die

Tabelle dargestellte Wellenfunktion extrem empfindlich auf jede Störung von außen reagiert. Schon ein einziges Photon der allgegenwärtigen kosmischen Hintergrundstrahlung bringt die Tabelle und die darin eingetragenen Pfeile so gründlich durcheinander, dass eine sinnvolle Beschreibung des Kastens durch sie unmöglich wird. Die Wellenfunktion wird damit ungültig. Man spricht in diesem Zusammenhang auch von Dekohärenz.

Ein zweiter Fehler besteht darin, dass wir zur Aufstellung einer so gigantischen Tabelle zuvor eine entsprechend große Menge von Informationen über die Kiste samt Inhalt hätten sammeln müssen, um die einzelnen Pfeile überhaupt korrekt in die Tabelle eintragen zu können. Solange diese detaillierte Information nicht vorliegt, kann auch die Wellenfunktion nicht aufgestellt werden. In diesem Fall wird das System nicht durch eine Wellenfunktion, sondern durch eine sogenannte Dichtematrix beschrieben, die nur die tatsächlich bekannten Informationen enthält. Wir wollen uns hier nicht genauer mit diesen Dichtematrizen beschäftigen. Bei einer sinnvollen Dichtematrix für den Kasten wird es jedoch niemals zu einer Koexistenz von lebender und toter Katze kommen.

Wie wir sehen, fordert die Quantenmechanik Missverständnisse häufig geradezu heraus. Wir sollten uns daher noch einmal klar machen, dass sich die Quantenmechanik grundsätzlich nur mit Wahrscheinlichkeiten befasst. Sie kann die Frage beantworten, welche Ergebnisse eine bestimmte Messung haben kann und mit welchen Wahrscheinlichkeiten die einzelnen Messergebnisse eintreten werden. Dabei gelten die gleichen Voraussetzungen wie in der üblichen Wahrscheinlichkeitsrechnung: Die Frage muss sehr präzise gestellt werden (d. h. das Experiment muss sorgfältig ausgeführt und interpretiert werden), und jeder Gewinn von Zusatzinformation (z. B. die Messung, durch welchen Spalt das Elektron gegangen ist) verändert sofort die Fragestellung und damit auch die ab diesem Moment berechenbaren und messbaren Antworten (zerstört beispielsweise das Interferenzmuster). Sobald der Aufenthaltsort eines Elektrons gemessen wurde, darf die ursprüngliche Wellenfunktion nicht weiterverwendet werden, sondern es muss ab diesem Moment eine neue Welle zugrunde gelegt werden, die ihren Ausgangspunkt am gefundenen Aufenthaltsort hat. Man findet häufig das verwirrende Bild, dass sich bei einer Ortsmessung eine Wellenfunktion momentan auf einen Punkt zusammenzieht. Das Bild ist dann missverständlich, wenn man die Wellenfunktion mit dem Teilchen selbst identifiziert. Interpretiert man die Welle aber korrekt als Wahrscheinlichkeitswelle, so bedeutet das Zusammenschnurren dieser Welle nichts weiter, als dass wir eine Zusatzinformation erhalten haben und daher die Wahrscheinlichkeiten für zukünftige Messungen neu zu berechnen sind. Das Teilchen wird dabei nicht unbedingt durch die Ortsmessung in seiner bisherigen Bewegung irgendwie gestört, sodass deswegen zukünftige Messungen zu veränderten Ergebnissen führen würden.

In der Quantenmechanik gibt es einen grundlegenden Unterschied zur gewöhnlichen Wahrscheinlichkeitsrechnung. Sie arbeitet nicht direkt mit Wahrscheinlichkeiten, sondern mit Wellenfunktionen, also mit Pfeilen oder Uhrzeigern, deren quadrierte Länge erst die Wahrscheinlichkeit für eine Beobachtung angibt. Man bezeichnet die Wellenfunktionspfeile daher auch als Wahrscheinlichkeitsamplituden. Wenn ein Messergebnis auf verschiedene ununterscheidbare Weise eintreten kann, so addiert man in der gewöhnlichen Wahrscheinlichkeitsrechnung die einzelnen Wahrscheinlichkeiten zur Gesamtwahrscheinlichkeit dieses Ereignisses auf. In der Quantenmechanik dagegen addiert man die beiden zugehörigen Pfeile, deren quadrierte Länge die Wahrscheinlichkeit für das Eintreffen der beiden Alternativen angeben, d. h. man fügt das Ende des einen Pfeils an die Spitze des anderen Pfeils an und ersetzt beide Pfeile durch einen neuen Gesamtpfeil. Erst das Quadrat der Länge dieses Pfeils gibt die Gesamtwahrscheinlichkeit für das betrachtete Ereignis an. Genauso multipliziert man die Pfeile (d. h. man multipliziert die entsprechenden komplexen Zahlen), wenn man normalerweise die Wahrscheinlichkeiten multipliziert. Wir werden später noch einmal genauer auf diese Zusammenhänge eingehen.

Die Wirkungsweise der Quantenmechanik genauer zu beschreiben, würde ein eigenes Buch erfordern. Es gibt sehr viele Dinge, die noch gesagt werden müssten, um dem Leser einen genaueren Einblick in die Wirkungsweise der Quantentheorie zu ermöglichen. Dies soll aber nicht das Thema des vorliegenden Buches sein. Ich möchte daher an dieser Stelle nicht weiter auf die Details der Quantentheorie eingehen und stattdessen demjenigen Leser, der ein etwas flaues Gefühl im Magen verspürt, sagen, dass dieses Gefühl durchaus berechtigt ist.

Betrachtet man die Quantenmechanik, so taucht überall der Begriff der Wahrscheinlichkeit auf. Man könnte den Eindruck gewinnen, die Quantenmechanik sei lediglich eine vergröberte statistische Theorie, der eine fundamentalere und genauere Beschreibung der Physik zugrunde liegen müsse. Diese genauere Theorie würde dann wieder präzise Berechnungen für den Ausgang von Messungen ermöglichen und nicht bloß mit Wahrscheinlichkeiten hantieren.

Ob es eine solche tiefer liegende Theorie unterhalb der Quantentheorie geben kann, werden wir in einem späteren Kapitel noch genauer betrachten. Zunächst jedoch wollen wir uns mit zwei weiteren wichtigen Aspekten der Quantentheorie beschäftigen: dem Planck'schen Wirkungsquantum und der Heisenberg'schen Unschärferelation.

2.4 Das Planck'sche Wirkungsquantum

Wir haben bereits eine bei einem Teilchen messbare Größe (den Ort) mit
einer typischen Welleneigenschaft (dem Quadrat der Wellenfunktions-Pfeil-
länge) verknüpft, wobei der Begriff der Wahrscheinlichkeit ins Spiel gekommen ist. Wie wir bereits gesehen haben, lässt sich eine weitere Teilcheneigenschaft, die Geschwindigkeit, mit einer Welleneigenschaft, der Wellenlänge,
verknüpfen, wobei wir uns hier wie auch im übrigen Teil dieses Kapitels auf
Teilchen beschränken, die wesentlich langsamer als das Licht sind. Die Wellenlänge der Welle, die die Fortbewegung des Teilchens im Sinne der Quantenmechanik beschreibt, ist umgekehrt proportional zum Produkt aus Masse
und Geschwindigkeit dieses Teilchens. Kennt man Masse und Geschwindigkeit eines beliebigen Teilchens, so lässt sich daher seine Wellenlänge angeben.
Der entsprechende Umrechnungsfaktor stellt eine universelle Naturkonstante
dar, die Teilchen- und Welleneigenschaften miteinander verknüpft und deren
Wert im Experiment bestimmt werden muss. Diese Naturkonstante trägt den
Namen *Planck'sches Wirkungsquantum*.

Um den numerischen Wert dieser Naturkonstante anzugeben, ist es zunächst sinnvoll, für die Masse atomarer Teilchen eine Einheit zu verwenden,
die der atomaren Welt angepasst ist. Dazu ist ein kleiner Vorgriff auf Einsteins
spezielle Relativitätstheorie nötig, nach der man unter gewissen Voraussetzungen Masse in Energie verwandeln kann und umgekehrt. Die Energiemenge
E, die dabei aus einer bestimmten Masse *m* entsteht, lässt sich durch Multiplikation der Masse mit dem Quadrat der Lichtgeschwindigkeit *c* berechnen, wie es Einsteins berühmte Formel $E = mc^2$ angibt. Dabei ist die Lichtgeschwindigkeit als Umrechnungsfaktor zu verstehen, der dazu gebraucht wird,
die Einheit *Kilogramm* für die Masse in die Einheit *Joule* gemäß der Formel
$1 \, J = 1 \, kg \, (m/s)^2$ umzurechnen.

In der Physik der Elementarteilchen ist es nun günstig, Teilchenmassen
gleich in Energieeinheiten anzugeben, d. h. anzugeben, wie viel Energie bei
einer vollständigen Umwandlung der Teilchenmasse frei werden würde. Dadurch spart man sich häufiges Umrechnen von Massen in Energien und umgekehrt. Die Energieeinheit, die in der Atomphysik geeignet ist, kennen wir
bereits: das *Elektronenvolt (eV)*, wobei ein Elektronenvolt die Energie ist, die
ein Teilchen mit einer Elementarladung, beispielsweise ein Elektron, beim
Durchlaufen einer elektrischen Spannung von einem Volt aufnimmt. Aus
dem Elektronenvolt leiten sich wie üblich die Einheiten Kilo-Elektronenvolt
(1 keV = 1 000 eV), Mega-Elektronenvolt (1 MeV = 1 000 keV), Giga-Elektronenvolt (1 GeV = 1 000 MeV) und Tera-Elektronenvolt (1 TeV = 1 000 GeV)
ab. So beträgt die mittlere Bewegungsenergie eines Moleküls aufgrund der

Wärmebewegung bei Zimmertemperatur etwa 0,04 eV, die bei der Bildung eines Wasserstoffatoms freiwerdende Energie liegt bei 13,6 eV und ein Photon des sichtbaren Lichts hat zwischen 1,5 eV und 3 eV. Der Large Hadron Collider (LHC) am Europäischen Kernforschungszentrum CERN bei Genf kann Wasserstoffkerne (Protonen) auf bis zu 7 TeV beschleunigen.

Drückt man die Masse des Elektrons in diesen Energieeinheiten aus, so erhält man den Wert 511 keV. Die Masse des Wasserstoffkerns beträgt 938 MeV und ist damit etwa um das 2 000-fache größer als die Elektronmasse.

Mithilfe dieser Einheiten ergibt sich der Wert des Planck'schen Wirkungsquantums, das mit dem Buchstaben h abgekürzt wird, zu

$$h = 3717 \text{ Å (MeV/c}^2\text{) (km/s)}$$

(gibt man die Masse etwas schlampig gleich in MeV und nicht in MeV/c^2 an, so kann man die Division durch c^2 weglassen). Die Fortbewegung eines Teilchens mit einer Masse von einem MeV und einer Geschwindigkeit von einem Kilometer pro Sekunde würde demnach durch eine Welle beschrieben, deren Wellenlänge 3717 Angström (abgekürzt durch den Buchstaben Å) beträgt. Da das Produkt aus Wellenlänge, Masse und Geschwindigkeit immer gleich dem Planck'schen Wirkungsquantum h sein muss, ist es nun kein Problem mehr, auch für andere Massen und Geschwindigkeiten die Wellenlänge zu ermitteln. Dazu stellt man den Zusammenhang am besten in der folgenden Form dar:

$$\text{Wellenlänge} = \text{h/(Masse} \times \text{Geschwindigkeit)}$$

In Kurzschreibweise lautet diese Formel $\lambda = h/(mv)$. Dabei ist das Produkt „Masse × Geschwindigkeit" ($m \cdot v$) gerade der nichtrelativistische Teilchenimpuls p, sodass wir auch $\lambda = h/p$ schreiben können. Diese Darstellung mit dem Impuls p hat den Vorteil, dass sie auch gilt, wenn die Geschwindigkeiten nicht mehr klein gegenüber der Lichtgeschwindigkeit sind, denn bei großen Geschwindigkeiten gilt $p = mv$ nicht mehr. Die Formel $\lambda = h/p$ gilt also universell für beliebige Teilchenimpulse (sogar für masselose Teilchen wie Photonen).

Neben dem Impuls p ist die Energie E eine weitere wichtige Teilchen-Messgröße. Sie lässt sich ebenfalls über das Planck'sche Wirkungsquantum mit einer weiteren wichtigen Wellen-Messgröße in Beziehung setzen: der Zeitperiode (zeitlichen Schwingungsdauer) T, also der Zeit, die an einem Ort zwischen einem Wellenberg und dem nächsten Wellenberg vergeht. Analog zur Wellenlänge gilt

$$\text{Zeitperiode} = \text{h/Energie}$$

In Kurzschreibweise lautet diese Formel dann $T = h/E$. Meist verwendet man statt der Zeitperiode T deren Kehrwert, die Frequenz $f = 1/T$. Damit kann man den Zusammenhang auch als $E = h \cdot f$ schreiben.

Sehr oft wird statt h die Größe $\hbar = h/(2\pi)$ (sprich: h-quer) verwendet, wobei π die Kreiszahl 3,1415… ist. Es ist häufig nützlich, sich den Wert des Produktes aus $\hbar$ und der Lichtgeschwindigkeit c zu merken, denn relativ genau ist $\hbar \cdot c = 200$ MeV $\cdot$ fm $= 2\,000$ eV $\cdot$ Å.

Mit dem Planck'schen Wirkungsquantum ist uns ein allgemeines Prinzip begegnet, auf das wir immer wieder stoßen werden. Beim Vordringen in die tieferen Strukturen der Materie werden Teilgebiete der klassischen Physik miteinander verknüpft und so modifiziert, dass sie zusammen eine neue begriffliche und mathematische Struktur bilden. Dabei werden vorher nicht zusammenhängende physikalische Begriffe aus den einzelnen Teilgebieten miteinander in Beziehung gesetzt und lassen sich in dem neuen umfassenderen Rahmen ineinander umrechnen. So werden in der Quantenmechanik Teilcheneigenschaften wie Masse und Geschwindigkeit mit Welleneigenschaften wie der Wellenlänge in eine quantitative Beziehung zueinander gebracht. Der dazu nötige Umrechnungsfaktor stellt eine universelle Naturkonstante dar. Da die Quantenmechanik einen völlig neuen Bereich der Physik eröffnet, ist das Planck'sche Wirkungsquantum eine neue, in der klassischen Physik nicht vorhandene Naturkonstante.

Die Verknüpfung verschiedener Teilgebiete der Physik wird uns bei der speziellen Relativitätstheorie erneut begegnen, in der Raum und Zeit miteinander in enger Beziehung stehen. Eine Konsequenz der Zusammenführung von Raum und Zeit wird die mögliche Umwandlung von Masse in Energie sein. Als universelle Naturkonstante erweist sich hier die Lichtgeschwindigkeit. Sie ermöglicht die Umrechnung von Masse in Energie.

2.5 Die Heisenberg'sche Unschärferelation

Der Zusammenhang zwischen Wellenlänge und Teilchengeschwindigkeit bzw. Impuls ist prinzipiell bei jedem Teilchen gegeben. Bei makroskopischen Objekten, z. B. einem Sandkorn, muss man jedoch bei der Verallgemeinerung dieses Zusammenhangs sehr vorsichtig sein, wie wir am Beispiel von Schrödingers Katze bereits gesehen haben. Prinzipiell ist es so, dass ein physikalisches System nur dann durch eine einzige Wahrscheinlichkeitswelle (Wellenfunktion) beschrieben werden kann, wenn ein vollständiger Satz gleichzeitig messbarer Größen dieses Objektes vorher auch vermessen wurde, beispielsweise die Geschwindigkeit und der Spin jedes Atoms im Sandkorn. Selbst wenn dies gelänge, wäre diese Sandkorn-Wellenfunktion extrem empfindlich gegen jede noch so winzige Störung von außen. Ein einziges Photon könnte die Wellenfunktion und damit die Information aus der aufwendigen Messung bereits zerstören (man sagt, die Kohärenz geht verloren). Ein makroskopisches System ist jedoch nie völlig von der Außenwelt abgeschirmt. Sogar im Weltraum würde es ständig von Photonen der kosmischen Hintergrundstrahlung, einer Art Echo des Urknalls, getroffen. Makroskopische Objekte lassen sich daher im Allgemeinen nicht durch eine einzige Wellenfunktion beschreiben, sondern man verwendet für sie ein mathematisches Objekt, das Eigenschaften von Wellenfunktionen mit Prinzipien der üblichen Wahrscheinlichkeitsrechnung verknüpft (man spricht von der sogenannten Dichtematrix, die wir bereits kurz erwähnt hatten).

Die Quantenmechanik ersetzt im atomaren Bereich die Newton'schen Bewegungsgleichungen der klassischen Mechanik. Daran ändert auch die Feinheit mit der Dichtematrix nichts. Andererseits beschreibt die klassische Mechanik die Bewegung von Objekten im makroskopischen Bereich sehr gut. Offenbar geht die Quantenmechanik bei hinreichend großen Abständen in die klassische Physik über, d. h. die klassische Mechanik stellt für diesen Bereich eine gute Näherung zur Quantenmechanik dar.

Die genauen Bedingungen für den Übergang der Quantenmechanik zur klassischen Mechanik sind nicht ganz einfach darzustellen. Wir wollen im Folgenden daher nur einen wichtigen Gesichtspunkt herausgreifen.

Bisher haben wir uns fast nur mit ebenen Wellen befasst, oder zumindest mit Wellen, bei denen die Wellenlänge viel kleiner als die Ausdehnung des Wellenfeldes war. Ebene Wellen stellen dabei den idealisierten Prototyp einer Welle dar. Sie sind durch eine unendliche Abfolge von immer den gleichen Wellenbergen und Wellentälern gegeben, die sich senkrecht zu ihrer Bewegungsrichtung unendlich weit ausdehnen. Bei einer Wellenfunktion wollen wir dabei einen in 3-Uhr-Richtung orientierten Pfeil als Wellenberg und einen entgegengesetzt orientierten Pfeil als Wellental bezeichnen. Eine ebene Welle bedeutet für eine Wellenfunktion, dass sich die Orientierung der Pfeile wellenförmig ändert, während ihre Länge konstant bleibt. Die einzelnen Pfeile an verschiedenen Orten drehen sich also ständig, wobei benachbarte Pfeile leicht unterschiedlich orientiert sind. Macht man eine Momentaufnahme der Welle und bewegt sich in dieser Aufnahme senkrecht zu den Wellenfronten, so ist jeder neue Pfeil im Vergleich zu dem vorherigen Pfeil um einen bestimmten Winkel verdreht. Da die Pfeile überall gleich lang sind, ist die Aufenthaltswahrscheinlichkeit für das Elektron überall gleich groß.

Die Wellen vor dem Durchgang durch den Doppelspalt kommen dieser Idealisierung recht nahe. Nur bei ebenen Wellen hat die Wellenlänge bzw. Frequenz einen klar definierten eindeutigen Wert. Schließlich sollte die

Ermittlung der Wellenlänge nicht davon abhängen, an welcher Stelle der Abstand zweier Wellenberge gemessen wird.

Betrachten wir eine ebene Elektronenwelle, die die Ausbreitung eines einzelnen Elektrons beschreibt. Da das Wellenfeld einer ebenen Welle viel größer als die Wellenlänge sein muss, ist der Aufenthaltsort des Elektrons weitgehend unbestimmt, denn die Pfeile im Wellenfeld sind überall gleich lang, nur unterschiedlich verdreht. Den Aufenthaltsort des Elektrons können wir also nicht angeben. Eine andere Teilchengröße dagegen lässt sich hier exakt bestimmen, nämlich die Geschwindigkeit v des Elektrons, die mit der Wellenlänge λ nach der Formel $\lambda = h/(mv)$ eindeutig zusammenhängt. Dabei ist die Flugrichtung des Elektrons mit der Fortbewegungsrichtung der Welle identisch.

Der Betrag der Geschwindigkeit äußert sich z. B. in der Intensität des Lichtblitzes beim Auftreffen des Elektrons auf einem Leuchtschirm. Obwohl wir den genauen Wert der Geschwindigkeit kennen, können wir aber dennoch keine Flugbahn angeben, da wir dazu gleichzeitig auch den Aufenthaltsort des Elektrons brauchen. Messen wir diesen jedoch, so zeigt sich, dass durch diesen Messvorgang die Information über seine Geschwindigkeit verloren geht, d. h. nach der Ortsmessung kann das Elektron nicht mehr durch eine ebene Welle beschrieben werden. Die durch die Ortsmessung gewonnene Information zwingt uns, das zukünftige Verhalten des Elektrons durch eine andere Wahrscheinlichkeitswelle zu beschreiben. Diese neue Wahrscheinlichkeitswelle ist aber keine ebene Welle mehr, sondern lässt sich mit einem anfangs sehr spitzen Berg vergleichen, dessen Spitze sich am gemessenen Aufenthaltsort des Elektrons befindet. Die Pfeillänge entspricht dabei der Höhe des Bergs. Dieser Berg ist aber nicht stabil, sondern er zerfließt immer mehr, sodass der Aufenthaltsort des Elektrons immer unbestimmter wird. Da nur ebene Wellen eine exakte Wellenlänge sowie eine eindeutige Fortbewegungsrichtung besitzen, kann bei der neuen Wahrscheinlichkeitswelle keine genaue Aussage über die Geschwindigkeit und Flugrichtung des Elektrons mehr gemacht werden.

Außer ebenen Wellen gibt es offenbar viele andere Wellenformen, z. B. die gerade angesprochene zerfließende bergförmige Welle. Eine andere Wellenform wären beispielsweise große Flutwellen, bei denen im Wesentlichen ein großer wandernder Wellenberg auftritt. Für diesen Wellenberg lässt sich dann natürlich keine scharfe Wellenlänge mehr angeben.

Es ist jedoch immer möglich, jede beliebige Wellenform durch Überlagerung von (meist sogar unendlich vielen) ebenen Wellen mit verschiedenen Wellenlängen aufzubauen. Entsprechend können wir für eine zerfließende Bergwelle oder eine Flutwelle zwar keine feste Wellenlänge mehr angeben, wohl aber ein Spektrum von vielen Wellenlängen. Dabei geben wir einfach an, wie groß die Beiträge der einzelnen ebenen Wellen mit ihrer Wellenlänge sind.

Durch Überlagerung sehr vieler ebener Wellen kann man sogar sehr kleine Wellenpakete herstellen, beispielsweise sehr kurze Laser-Lichtpulse. Auch
für Elektronen gibt es solche Wellenpakete, die im Extremfall sogar nur aus
einem einzigen Wellenberg bestehen. Unser zerfließender Berg für ein Elektron, dessen Aufenthaltsort gerade bestimmt wurde, ist so eine Welle.

Wenn so ein Wellenpaket mit hoher Geschwindigkeit durch eine Nebelkammer fliegt, so wird es dabei relativ stabil und kompakt bleiben (Feinheiten
aufgrund der Wechselwirkung des Wellenpaketes mit seiner Umgebung lassen
wir hier einmal außer Acht). Bei seinem Durchgang wird das Wellenpaket
aufgrund seiner elektrischen Ladung eine Spur von winzigen Wassertröpfchen
hinterlassen, die den Weg des Wellenpaketes sichtbar machen. Das Wellenpaket ist dabei normalerweise klein genug, sodass man aus der Tröpfchenspur
den Eindruck gewinnt, hier wäre ein Teilchen auf einer scharf definierten
Bahn hindurchgeflogen. Analog hat man ja auch bei Licht normalerweise den
Eindruck, es breite sich entlang von Lichtstrahlen geradlinig aus, denn die
Wellenlänge ist meist zu klein, um merklich in Erscheinung zu treten.

Aus welchem Wellenlängenbereich benötigen wir nun ebene Wellen, um
ein Wellenpaket aufzubauen? Man muss umso mehr verschiedene Wellenlängen überlagern, je kleiner das Wellenpaket werden soll. Nun wissen wir andererseits, dass eine ebene Welle wegen ihrer festen Wellenlänge eine bestimmte
Geschwindigkeit für das Teilchen bedeutet. Welche Geschwindigkeit hat aber
nun das Teilchen in dem Wellenpaket? Es zeigt sich, dass dem Teilchen überhaupt keine feste Geschwindigkeit mehr zugeordnet werden kann, genauso,
wie dies bereits beim Ort der Fall war. Bei einer Messung der Geschwindigkeit
gibt vielmehr der Beitrag der einzelnen ebenen Welle die Wahrscheinlichkeit
dafür an, den entsprechenden Wert für die Geschwindigkeit auch tatsächlich
zu messen.

Die Wellenfunktion eines Elektrons hatten wir durch eine Tabelle dargestellt. Dazu hatten wir einen vollständigen Satz gleichzeitig messbarer Größen ausgewählt und zu jeder möglichen Kombination von Messwerten dieser
Größen einen Pfeil in die Tabelle eingetragen. Die quadrierte Pfeillänge gibt
dann die Wahrscheinlichkeit dafür an, diese Wertekombination auch tatsächlich zu messen. Dabei hatten wir bereits festgestellt, dass es mehr als einen
vollständigen Satz gleichzeitig messbarer Größen gibt. Für ein Elektron wird
ein solcher Satz aus den Messgrößen Ort und Spin gebildet. Wir können
also eine Wellenfunktion als eine dreispaltige Tabelle aufschreiben, die je eine
Spalte für den Ort, den Spin und den Wellenfunktionspfeil enthält. Man
spricht davon, dass man die Wellenfunktion in der Ortsdarstellung notiert.

Ein weiterer vollständiger Satz simultan messbarer Größen wird durch
die Geschwindigkeit und den Spin des Elektrons gebildet. Demnach könnten wir den Ort in der Tabelle durch die Geschwindigkeit ersetzen und die

Wellenfunktion in der sogenannten Geschwindigkeits- oder Impulsdarstellung notieren. Dabei müssen natürlich auch andere Pfeile in die dritte Spalte eingetragen werden.

Es gibt noch mehr Möglichkeiten (man denke an den Drehimpuls). Welche dieser Möglichkeiten wir wählen, ist letztlich egal, da sich aus der einen Tabelle die jeweils andere immer berechnen lässt. Den Hintergrund für die Umrechnung zwischen Orts- und Impulsdarstellung verstehen wir jetzt aber etwas besser: Um ein räumlich lokalisiertes Wellenpaket (Ortsdarstellung) zu erhalten, müssen entsprechend viele ebene Wellen (Geschwindigkeitsdarstellung) überlagert werden.

Je genauer wir den Ort des Teilchens durch Verkleinerung des Wellenpaketes eingrenzen wollen, umso mehr verschiedene Wellenlängen benötigen wir zum Aufbau dieses Wellenpaketes, und umso größer wird der Bereich der möglichen Messergebnisse für die Geschwindigkeit des Teilchens. Umgekehrt führt eine Einschränkung des Geschwindigkeitsbereichs zu einer Vergrößerung des Wellenpaketes und damit zu einer zunehmenden Ungewissheit über das Ergebnis einer Ortsmessung.

Um diesen Zusammenhang mathematisch zu erfassen, definiert man die Ortsunsicherheit (abgekürzt Δx) sowie die Geschwindigkeitsunsicherheit (abgekürzt durch Δv) als die jeweilige statistische Standardabweichung der Messwerte von ihrem Mittelwert. Die Ortsunsicherheit Δx ist also ungefähr gleich der räumlichen Ausdehnung des Wellenpaketes, und die Geschwindigkeitsunsicherheit Δv gibt ungefähr die Größe des Geschwindigkeitsintervalls an, das man braucht, um durch Überlagerung der zugehörigen ebenen Wellen das Wellenpaket aufzubauen.

Es zeigt sich nun, dass das Produkt aus Ortsunsicherheit Δx und Geschwindigkeitsunsicherheit Δv multipliziert mit der Masse m des Teilchens sich niemals unter einen bestimmten Wert drücken lässt. Dieser Wert ist durch das Planck'sche Wirkungsquantum mal einem Zahlenfaktor gegeben.

Man bezeichnet diesen Zusammenhang zwischen Orts- und Geschwindigkeitsunsicherheit als *Heisenberg'sche Unschärferelation*. Sie ist durch die Formel

$$\Delta x \cdot m \cdot \Delta v \geq \hbar/2$$

mit $\hbar = h/(2\pi)$ gegeben. Oft fasst man auch den Term $m \cdot \Delta v$ zur nichtrelativistischen Impulsunschärfe Δp zusammen und schreibt $\Delta x \cdot \Delta p \geq \hbar/2$.

Man kann eine ähnliche Diskussion auch für die Teilchenenergie E und die Wellen-Zeitperiode T führen, denn beide Größen hängen genauso miteinander zusammen wie der Teilchenimpuls p und die Wellenlänge λ. Es ergibt sich so die *Energie-Zeit-Unschärferelation*

$$\Delta E \cdot \Delta t \geq \hbar/2$$

Eine Welle mit scharfem Energiewert muss also zeitlich lange laufen, und zeitlich kurze Wellenpulse brauchen die Überlagerung vieler Energiewerte.

Die Heisenberg'sche Unschärferelation ist eine unmittelbare Folge der Überlagerungseigenschaften von Wellen und der Tatsache, dass sich eine Wellenlänge in der Quantenmechanik in eine Teilchengeschwindigkeit übersetzen lässt. Sie macht uns klar, warum wir niemals eine genaue Teilchenbahn angeben können. Dafür benötigen wir nämlich gleichzeitig den präzisen Ort und die genaue Geschwindigkeit des Teilchens. Beides ist jedoch nicht gleichzeitig mit beliebiger Genauigkeit bekannt, da es keine Wahrscheinlichkeitswelle gibt, die eine feste Wellenlänge besitzt und an einem einzigen Punkt startet. Man kann durchaus eine der beiden Größen beliebig genau messen. Nach einer genauen Ortsmessung hat man jedoch immer einen an einem Punkt startenden Wellenberg, also eine Überlagerung vieler Wellenlängen und daher viele mögliche Geschwindigkeiten. Nach einer genauen Geschwindigkeitsmessung hat man eine ebene Welle und daher viele mögliche Aufenthaltsorte.

Man bezeichnet solche Messgrößen, die nicht gleichzeitig präzise bekannt sein können, in der Quantenmechanik als *komplementär*. Außer Ort und Geschwindigkeit gibt es weitere solche komplementäre Größen, von denen wir später einige weitere kennenlernen werden.

Eine beliebig präzise Teilchenbahn kann also niemals angegeben werden, da Ort und Geschwindigkeit des Teilchens dafür zugleich bekannt sein müssen. Es kann aber durchaus vorkommen, dass man *annähernd* eine Teilchenbahn angeben kann, beispielsweise für eine Teilchenspur in einer Nebelkammer. Betrachten wir dazu ein 0,1 mm großes Wellenpaket, von dem wir annehmen wollen, dass es mit einer Geschwindigkeit von etwa 10 000 km/s durch die Nebelkammer rast. Mithilfe der Unschärferelation können wir nun ausrechnen, wie genau die Geschwindigkeit des Elektrons festgelegt ist. Wir finden, dass wir die Geschwindigkeit für dieses Wellenpaket bis auf eine Unsicherheit von etwa 0,5 m/s genau festlegen können. Diese Unsicherheit fällt bei einer Geschwindigkeit von 10 000 km/s nicht ins Gewicht. Die Geschwindigkeit des Wellenpaketes entspricht dabei der mittleren Geschwindigkeit des Elektrons. Außerdem bewirkt die geringe Geschwindigkeitsunschärfe, dass das Wellenpaket recht stabil bleibt und nur langsam zerfließt. Es ist also durchaus möglich, für den Durchflug eines schnellen Elektrons durch eine Nebelkammer eine hinreichend genaue Bahn anzugeben, bei der wir in unserem Beispiel stets mit einer Genauigkeit von einem zehntel Millimeter wissen, wo sich das Elektron gerade befindet (von Störungen durch die Wechselwirkung mit der Umgebung einmal abgesehen).

Überlegen wir nun, ob sich auch im Bereich der Atome eine Elektronenbahn noch sinnvoll definieren lässt. Dazu starten wir mit einem Wellenpaket, das einen Durchmesser von 0,1 Angström hat und somit etwa fünfmal kleiner ist als der Radius des Wasserstoffatoms. In diesem Fall beträgt die Unsicherheit in der Geschwindigkeit des Elektrons bereits etwa 5 800 km/s. Die mittlere Geschwindigkeit des Elektrons muss also sehr viel größer als dieser Wert sein, damit diese Unschärfe nicht mehr ins Gewicht fällt. Die typische mittlere Bewegungsenergie der Elektronen in den Atomhüllen beträgt einige Elektronenvolt, was einer Geschwindigkeit von einigen Hundert Kilometern pro Sekunde entspricht. Damit ist klar, dass die Bewegung von Elektronen in den Hüllen der Atome niemals durch die Angabe einer Bahnkurve beschrieben werden kann, da die Heisenberg'sche Unschärferelation die hinreichend genaue Kenntnis von Ort und Geschwindigkeit verbietet. Und damit ist auch klar, warum die Analogie zwischen Atomen und dem Sonnensystem den Aufbau der Atome nicht korrekt widerspiegeln kann. Elektronen besitzen eben keine Bahnkurven innerhalb eines Atoms! Würde man ein sehr kleines Wellenpaket mit einer anfänglichen mittleren Elektronengeschwindigkeit von einigen Hundert Kilometern pro Sekunde in der Atomhülle auf die Reise schicken, so würde es sehr schnell zerfließen und jede Angabe einer Flugbahn wäre illusorisch.

2.6 Die Bewegung der Elektronen in der Atomhülle

Wie haben wir uns nun die Bewegung der Elektronenwelle im anziehenden elektrischen Feld eines Atomkerns vorzustellen?

Wegen der elektrischen Anziehungskraft wird diese Welle bestrebt sein, sich dem Kern möglichst weit anzunähern. Sie wird dabei so lange Energie in Form von Licht abgeben, bis sie die Wellenform mit der niedrigsten möglichen Energie angenommen hat, die im elektrischen Feld des Atomkerns möglich ist.

Die Lösung der Schrödinger-Gleichung zeigt, dass für Zentralkräfte, bei denen die Kraft nicht stärker als mit der dritten Potenz des Abstands zum Zentrum hin ansteigt, eine solche Wellenform mit minimaler Energie existiert. Dies ist in den Atomen der Fall, da die Anziehungskraft zwischen Elektron und Atomkern nur mit der zweiten Potenz des Abstands anwächst. Damit hätten wir das Problem der Stabilität der Atome also gelöst!

Wir wollen versuchen, uns diesen Punkt besser klarzumachen und eine anschauliche Vorstellung von der Form dieser Elektronenwelle zu bekommen. Schauen wir uns dazu nach Beispielen um, bei denen ebenfalls eine Welle auf kleinem Raum gefangen ist, ähnlich wie dies für die Elektronenwelle im Feld des Atomkerns der Fall ist. Betrachten wir zu diesem Zweck eine straff gespannte Gitarrensaite. Auf ihr können sich mechanische Wellen ausbreiten. Da die Saite aber an beiden Enden fest eingespannt ist, kann ein kleiner, an ihr entlanglaufender Wellenberg nicht über das Ende hinauslaufen, sondern er wird an dieser Stelle wie an einem Spiegel reflektiert. Die einfachste Welle, die sich auf so einer Gitarrensaite ausbilden kann, ist eine sogenannte stehende Welle, bei der die Saite regelmäßig auf und abschwingt, wobei die Stärke der Schwingung in der Mitte am größten ist und zum Rand hin abnimmt, bis sie schließlich an den eingespannten Enden gleich null wird.

Es mag etwas überraschend sein, eine solche Bewegung der Saite als Welle zu bezeichnen. Die Bezeichnung ist jedoch sinnvoll, da die regelmäßige Auf- und Ab-Schwingung der Saite durch die gleiche Bewegungsgleichung beschrieben wird wie ein kleiner, an der Saite entlanglaufender Wellenberg.

Übertragen wir dieses Beispiel auf das Atom. Auch hier wird die Wellenform mit der niedrigsten Energie durch eine stehende Welle beschrieben, die eine gewisse Analogie zur stehenden Welle auf der Gitarrensaite aufweist. Wir wollen versuchen, uns diese stehende Welle zu veranschaulichen. Dazu sollten wir uns zunächst noch einmal klar machen, was in einem Atom eigentlich schwingt.

Bei der Gitarrensaite ist der Fall klar: Der Wert der Welle an einem Ort zu einer Zeit beschreibt die seitliche Auslenkung der Saite aus ihrer Ruhelage. Bei der Elektronenwelle dagegen schwingt kein physikalisches Objekt in irgendeiner Raumrichtung. Stattdessen ordnen wir jedem Punkt im Raum einen sich mit der Zeit verändernden Wellenfunktionspfeil zu (den Spin des Elektrons lassen wir zunächst weg, da wir sonst zwei Pfeile an jedem Ort betrachten müssen). Die physikalische Interpretation dieses Pfeils ist dadurch gegeben, dass sein Längenquadrat die Aufenthaltswahrscheinlichkeit des Elektrons an diesem Ort angibt.

Betrachten wir die Elektronenwelle mit der niedrigsten Energie im Atom, den sogenannten Grundzustand. Den Raum um den Atomkern können wir uns mit kleinen Wellenfunktionspfeilen gespickt vorstellen, die nahe am Atomkern die größte Länge aufweisen. Mit zunehmendem Abstand vom Kern schrumpfen die Pfeile sehr schnell und sind im Abstand von einigen Angström nicht mehr zu erkennen (eine scharfe Grenze gibt es aber nicht). Für alle diejenigen, die es ganz genau wissen wollen: Beim Wasserstoffatom nimmt die Pfeillänge mit zunehmendem Abstand r vom Kern proportional zu $e^{-r/a}$ ab, wobei $a = 0,53$ Angström der sogenannte Bohr'sche Radius ist. Alle Pfeile drehen sich dabei synchron im gleichen Rhythmus. Dieses synchrone Drehen entspricht dem Schwingen der Gitarrensaite.

Die Aufenthaltswahrscheinlichkeit des Elektrons ist stationär, d. h. die Länge der Uhrzeiger verändert sich nicht. Damit wird verständlich, warum das Elektron keine Energie verliert, denn dazu wäre nach den klassischen Maxwell'schen Gleichungen der Umlauf einer Ladung erforderlich. Das Elektron umkreist aber keineswegs den Atomkern, sondern sein Aufenthaltsort ist gar nicht definiert, und die Aufenthaltswahrscheinlichkeit bleibt zeitlich unverändert.

Wir können auch verstehen, wieso es einen niedrigsten Energiezustand für die Elektronenwelle im Atom geben kann, sodass jede Veränderung an dieser stehenden Welle Energie kostet.

Zieht sich eine Elektronenwelle näher um den Atomkern zusammen, so wird zunächst Energie dadurch frei, dass sich das Elektron nun im Mittel näher am Atomkern befindet. Man bezeichnet diese Energie als potenzielle Energie. Eine Verkleinerung eines Wellenpaketes bedeutet aber gleichzeitig, dass der Bereich möglicher Geschwindigkeiten für das Elektron größer wird und daher seine mittlere Bewegungsenergie anwächst.

Umgekehrt kostet das Vergrößern des Wellenpaketes aufgrund der dann größeren Entfernung des Elektrons vom Atomkern Energie, aber es wird andererseits Energie dadurch gewonnen, dass das Elektron im Mittel langsamer ist.

Man kann sich nun vorstellen, dass es einen optimalen Kompromiss zwischen Bewegungsenergie und potenzieller Energie gibt, bei dem die Gesamtenergie minimal ist und jede Veränderung auf die eine oder andere Art Energie kostet. Diese Vermutung wird durch die explizite Berechnung bestätigt.

Eine kleine Randbemerkung ist hier angebracht, um Missverständnisse zu vermeiden. Da weder der Aufenthaltsort noch die Geschwindigkeit für ein Elektron im Grundzustands-Wellenpaket angegeben werden können, kann man auch nicht von der kinetischen oder potenziellen Energie des Elektrons sprechen. Lediglich der statistische Mittelwert dieser Größen lässt sich angeben, wie er sich aus einer Vielzahl von Ortsmessungen und Geschwindigkeitsmessungen ergibt. Insofern darf die obige Veranschaulichung nicht als strenge Begründung missverstanden werden. Eine solche Begründung ist nur durch Analyse der Schrödinger-Gleichung möglich. Was sich aber exakt angeben lässt, ist die Gesamtenergie des Grundzustands sowie angeregter Zustände.

Analog zu den verschiedenen Oberschwingungen einer Gitarrensaite kann auch die Elektronenwelle in einem Atom auf vielfältige Weise schwingen, wobei sich im Raum analog zu den Schwingungsknoten der Gitarrensaite ganze Schwingungsknotenflächen ausbilden, auf denen die Pfeillänge gleich null wird (Abb. 2.8). Man sagt, dass ein Atom mit einer derart schwingenden Elektronenwelle sich in einem angeregten Zustand befindet. Die Energien dieser Oberschwingungen liegen dabei über der Grundzustandsenergie, ohne dass diese Energien für ein Zerbrechen des Atoms ausreichen. Ein Atom kann beispielsweise durch die Absorption von Licht in einen solchen angeregten Zustand geraten, und es kehrt zumeist innerhalb einer sehr kurzen Zeit (typischerweise in etwa 10^{-8} s) unter Aussendung von Licht wieder in seinen Grundzustand zurück.

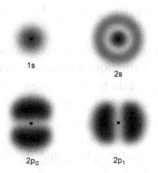

Abb. 2.8 Aufenthaltswahrscheinlichkeit des Elektrons in einem Wasserstoffatom. Neben dem Grundzustand (1s) sind auch drei angeregte Zustände (2s, $2p_0$, $2p_1$) für die stehende Elektronenwelle dargestellt

Kehren wir zurück zu dem Ausgangspunkt unserer Diskussion: dem Problem der Stabilität der Atome. Es ist uns mithilfe der Quantenmechanik gelungen, dieses Problem zu lösen. Dabei mussten wir uns von den gewohnten Newton'schen Bewegungsgesetzen verabschieden und zu einer Wellenbeschreibung für die Ausbreitung von Wahrscheinlichkeiten für Messwerte übergehen.

Die Wellen der Quantenmechanik sind Wahrscheinlichkeitsamplituden, die sich durch Pfeile verschiedener Länge und Orientierung an jedem Ort darstellen lassen. In der Quantenmechanik ist es im Allgemeinen nicht mehr möglich, den Ausgang von Experimenten exakt vorauszusagen und beispielsweise anzugeben, wo sich ein Elektron zu einer bestimmten Zeit befindet und wie schnell es dabei ist. Die Quantenmechanik gibt an, welche Messergebnisse in einem Experiment vorkommen können und mit welcher Wahrscheinlichkeit sie eintreten. Diese Wahrscheinlichkeiten werden durch die quadrierte Länge von Pfeilen dargestellt, die das physikalische System im jeweiligen Experiment unter der jeweiligen Fragestellung repräsentieren. Die Gesamtheit der Pfeile zu den einzelnen möglichen Messwertkombinationen ist die Wellenfunktion des betrachteten physikalischen Systems.

Diese Situation erscheint uns ziemlich unbefriedigend zu sein. Wie kann eine Wissenschaft, die geradezu der Inbegriff einer präzisen Naturwissenschaft ist, sich mit Wahrscheinlichkeiten begnügen? Viele große Physiker dieses Jahrhunderts wollten sich damit nicht abfinden, unter ihnen Albert Einstein. Einstein versuchte immer wieder zu beweisen, dass die Quantenmechanik eine unvollständige Theorie ist, die auf einer umfassenderen Theorie aufbauen muss. In dieser umfassenderen Theorie sollte das Elektron selbst wenigstens wissen, wo es sich zu einem Zeitpunkt befindet und wie schnell es ist, auch wenn wir diese Informationen vielleicht prinzipiell nicht experimentell ermitteln können. „Gott würfelt nicht!" gehört zu Einsteins bekanntesten Aussagen.

Es stellt sich also die Frage, ob die Quantenmechanik alle über ein Objekt prinzipiell vorhandenen Informationen bereits korrekt widerspiegelt, oder ob es so etwas wie verborgene lokale Informationen gibt, die sich einem Objekt als innere Eigenschaften zuordnen lassen und die dann Grundlage für eine über die Quantenmechanik hinausgehende Theorie sein könnten. Mit anderen Worten: Verfügt ein Teilchen wie das Elektron prinzipiell über Eigenschaften wie Aufenthaltsort und Geschwindigkeit, die zu jeder Zeit existieren? Oder weiß das Elektron selbst nicht, wie es sich bei einer Messung beispielsweise des Ortes entscheiden wird, bis es durch die Messung zu einer Entscheidung gezwungen wird und diese Entscheidung dann gewissermaßen selbst würfelt? Wir werden bald sehen, wie die Antwort auf diese Frage lautet. Zuvor jedoch wollen wir uns mit einer typisch quantenmechanischen Teilcheneigenschaft auseinandersetzen: dem Spin.

2.7 Spin und Pauli-Prinzip

Bisher haben wir uns das Elektron als ein punktförmiges oder zumindest sehr kleines Teilchen vorgestellt, dem eine Masse und eine elektrische Ladung zugeordnet werden kann. Ort und Geschwindigkeit sind bei einem Elektron zwar im Prinzip messbar; es ist jedoch bis jetzt unklar, ob sie sich als innere, d. h. dem Elektron selbst bekannte Eigenschaften verstehen lassen.

Das Elektron besitzt neben Masse und Ladung eine weitere Eigenschaft, die den Aufbau der Atome entscheidend mitbestimmt und für die es kein Analogon in der klassischen Physik gibt: den Spin. Am ehesten lässt sich der Spin mit einem inneren Drehimpuls vergleichen, d. h. das Elektron verhält sich in bestimmten Situationen so, als würde es rotieren. Diese Aussage vermittelt allerdings nur eine grobe Vorstellung von der Bedeutung des Spins. So stellt sich unmittelbar die Frage, wie denn ein punktförmiges Teilchen überhaupt rotieren kann.

Der Spin ist eine typische Erscheinung der Quantenmechanik mit all den daraus folgenden Schwierigkeiten für unsere Anschauung. So kann man zwar die sogenannte Maximalkomponente des Spins als innere Eigenschaft des Elektrons ansehen, bezüglich der räumlichen Orientierung des Spins treten jedoch die gleichen Fragen auf wie im Zusammenhang mit Ort und Geschwindigkeit. Wir werden darauf noch genauer eingehen.

Bei einer Messung des Spins gibt man zunächst eine beliebige Richtung im Raum vor, typischerweise durch Anlegen eines Magnetfeldes. Man misst auf diese Weise die sogenannte Spinkomponente parallel zur vorgegebenen

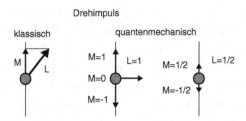

Abb. 2.9   Bei einem rotierenden Teilchen mit einem Drehimpuls vom Betrag L kann nach den Regeln der klassischen Mechanik die Drehimpulskomponente M in einer beliebig vorgegebenen Richtung alle kontinuierlichen Werte von $-L$ bis $+L$ annehmen, je nach dem Winkel zwischen der Rotationsachse und der vorgegebenen Richtung. In der Quantentheorie dagegen kann bei einem Teilchen mit Spin $L = 1$ (mal $\hbar$) diese Komponente nur die drei Werte 1, 0 und -1 (mal $\hbar$) annehmen, so als ob nur drei Einstellungsmöglichkeiten für die Rotationsachse erlaubt wären. Außerdem lässt sich die Rotation nicht stoppen, d. h. L hat immer den gleichen Wert. Bei $L = 1/2$ kann M sogar nur zwei Werte annehmen: $1/2$ und $-1/2$

Achse. Um dies besser zu verstehen, betrachten wir den klassischen Drehimpuls eines starren rotierenden Objektes, wie er sich nach den Regeln der klassischen Mechanik ergibt. Der klassische Drehimpuls ist ein Maß für den Rotationsschwung. Man kann ihn durch einen Pfeil parallel zur Drehachse darstellen, wobei die Pfeilspitze so ausgerichtet ist, dass von ihrem Ende aus gesehen der Körper entgegen dem Uhrzeigersinn rotiert. Die Länge des Pfeils gibt den Betrag des Drehimpulses an, der proportional zur Drehgeschwindigkeit des Objektes anwächst. Wichtig ist, dass der Drehimpuls eines rotierenden Objektes so lange unverändert bleibt, wie keine Drehkräfte auf das Objekt einwirken.

Wir können nun eine beliebige Richtung im Raum vorgeben und die senkrechte Projektion des Drehimpulspfeils auf diese Raumrichtung vornehmen (Abb. 2.9). Wir erhalten einen kürzeren oder gleich langen Pfeil, der in oder entgegen der vorgegebenen Raumrichtung zeigen kann. Diesen Pfeil nennt man die Komponente des Drehimpulses in der vorgegebenen Raumrichtung. Diese Komponente wird negativ gerechnet, wenn der Pfeil entgegen der vorgegebenen Richtung orientiert ist. Nennen wir die Länge des Drehimpulspfeils L und die Länge der Drehimpulskomponente M inklusive Vorzeichen, so kann M alle kontinuierlichen Werte zwischen $-L$ und L annehmen, je nach gewählter Raumrichtung, bezüglich der die Komponente ermittelt wird. Die Drehimpulskomponente ist dann am größten, wenn die vorgegebene Richtung zufällig mit der Richtung des Drehimpulspfeils übereinstimmt ($M = L$) oder entgegengesetzt orientiert ist ($M = -L$).

Misst man nun die Komponente des Elektronenspins entlang einer beliebig vorgegebenen Raumrichtung, so macht man eine verblüffende Entdeckung: Die Spinkomponente M kann nur zwei Werte annehmen, nämlich die Werte $+L$ und $-L$, wobei L für jedes Elektron und jede vorgegebene Raumrichtung immer den Wert $1/2\,\hbar$ hat. Man sagt, das Elektron besitzt den *Spin 1/2*. In der Deutung des Spins durch eine klassische Rotation würde das bedeuten, dass das Elektron immer mit der gleichen Drehgeschwindigkeit um jede beliebige vorgegebene Achse rotiert, und zwar entweder rechts oder links herum. Das klassische Bild eines rotierenden Teilchens kann den Spin also nur unvollkommen beschreiben. Im Rahmen der Quantenmechanik lässt er sich dagegen problemlos mathematisch darstellen. Wir müssen dazu in die Wellenfunktionstabelle eines Elektrons lediglich eine zusätzliche Spalte für den Spin einfügen, in der die beiden möglichen Messwerte $1/2$ und $-1/2$ eingetragen werden (den Faktor $\hbar$ lässt man meist einfach weg, was wir hier auch tun werden).

In Analogie zum klassischen Drehimpuls wollen wir mit L im Folgenden die maximal mögliche Spinkomponente eines Teilchens bezeichnen. Die Regeln der Quantenmechanik bewirken, dass die maximale Spinkomponente eines beliebigen Teilchens und generell jeder Drehimpuls ein ganzzahliges Vielfaches von $1/2$ (natürlich multipliziert mit $\hbar$) sein muss, also $L = n/2$, wobei n irgendeine positive ganze Zahl einschließlich Null sein kann. Die gemessene Drehimpulskomponente M kann dann die Werte $-L$, $-L+1$, …, $L-1$, L annehmen, d. h. die möglichen Werte laufen mit jeweils einer Einheit Abstand alle Zahlen zwischen $-L$ und L durch. Für das Elektron mit $L = 1/2$ sind für M daher nur die Werte $-1/2$ und $1/2$ möglich, für ein Teilchen mit $L = 1$ die Werte -1, 0, 1 und für ein spinloses Teilchen ($L = 0$) nur der Wert $M = 0$. Man sagt daher, der Drehimpuls der Quantenmechanik sei gequantelt, wobei das Wort Drehimpuls aber nicht den klassischen Drehimpuls meint, sondern einen neuen Begriff der Quantenmechanik repräsentiert, der nur in gewissen Grenzfällen in den aus der klassischen Mechanik gewohnten Drehimpuls übergeht (nämlich für sehr große Werte von L).

Bisher erscheint uns der Begriff des Drehimpulses oder Spins in der Quantenmechanik sicher noch etwas mysteriös. Betrachten wir daher eine seiner physikalischen Auswirkungen.

Der Spin eines Teilchens beeinflusst dessen Verhalten in Magnetfeldern. Lässt man einen Strahl elektrisch neutraler Teilchen mit Spin L durch ein inhomogenes Magnetfeld laufen, so teilt sich dieser Strahl in $2L+1$ Teilstrahlen auf, die jeweils durch einen festen Wert der Spinkomponente M in Richtung des Magnetfeldes gekennzeichnet sind. Bei einem Teilchen mit Spin $1/2$ erhält man also zwei Teilstrahlen, einen mit $M = 1/2$ und einen mit $M = -1/2$. Dieses Phänomen veranschaulicht unmittelbar den grundlegenden Unterschied zwischen einem klassischen Drehimpuls und dem quantenmechanischen Spin. Wir kommen später ausführlich auf dieses Phänomen zurück und werden (vergeblich) versuchen, eine befriedigende Erklärung im Rahmen der klassischen Nicht-Quantenphysik dafür zu finden.

Für Teilchen mit halbzahligem Spin (z. B. Spin 1/2) gilt nun das sogenannte *Pauli-Prinzip*, das eine entscheidende Rolle für den Aufbau der Atome spielt und das wir hier kurz erläutern wollen.

Wie wir bereits wissen, kann die Elektronen-Wellenfunktion im elektrischen Feld eines Atomkerns neben dem Grundzustand auch angeregte Zustände annehmen, die energetisch höher liegen als der Grundzustand. Diese angeregten Zustände sind das dreidimensionale Analogon zu den Oberschwingungen einer Gitarrensaite. Eine Elektronen-Wellenfunktion kann von einem angeregten Schwingungszustand in den Grundzustand wechseln und dabei Energie aussenden, typischerweise in Form von Licht. Genau so wird das Licht in einer Neonröhre oder einer Energiesparlampe erzeugt. Umgekehrt kann eine Elektronenwelle auch Energie aufnehmen und in einen angeregten Zustand übergehen, analog zu einer geschickt angezupften Gitarrensaite.

Was geschieht nun, wenn man in das elektrische Feld eines Atomkerns mit vielen positiven Elementarladungen nach und nach immer mehr Elektronen hineinbringt und so die Atomhülle des entsprechenden Atoms schrittweise aufbaut? Das erste Elektron wird nach kurzer Zeit unter Abstrahlung von Energie in den Grundzustand übergehen, ebenso das zweite Elektron, wobei aber die Spins der beiden Elektronen entgegengesetzt ausgerichtet sein werden. Ein drittes Elektron dagegen wird sich im nächsten energetisch darüber liegenden Niveau wiederfinden, ganz so, als sei der Grundzustand besetzt. Dies ist eine Folge des *Pauli-Prinzips*, das in einer vereinfachten Formulierung besagt:

> In jedem Elektronenzustand, d. h. in jeder möglichen Schwingungsform der Elektronenwelle unter Berücksichtigung der zwei Einstellmöglichkeiten des Spins, kann sich nur ein einziges Elektron aufhalten.

Bei einem größeren Atom können sich also nicht alle Elektronen im Grundzustand befinden, sondern sie füllen nach und nach die verschiedenen möglichen Schwingungszustände auf. Dabei entsteht in der Elektronenhülle eine Struktur mit nacheinander aufgefüllten Schalen, wobei sich die Wellenfunktionen dieser Schalen durchaus gegenseitig durchdringen können. Diese Schalenstruktur ist verantwortlich für die chemischen Eigenschaften der Atome.

Dieses Bild der Schalenstruktur ist insbesondere in der Chemie weit verbreitet, um eine anschauliche Vorstellung von der Struktur der Elektronenhülle eines Atoms zu gewinnen. Es macht viele chemische und physikalische Eigenschaften der Atome verständlich. Dennoch darf man nicht vergessen, dass das Schalenbild der Elektronenhülle eine Vereinfachung gegenüber der tatsächlichen Situation darstellt. Ein System mehrerer Elektronen wird in der Quantenmechanik durch eine Viel-Teilchen-Wellenfunktion beschrieben, die sich nicht nach einzelnen Elektronenzuständen zerlegen lässt. Daher macht es auch keinen Sinn, Aussagen über einzelne Elektronen aufzustellen.

Die präzise Formulierung des Pauli-Prinzips besagt, dass diese Viel-Teilchen-Wellenfunktion der Elektronen antisymmetrisch bezüglich der Vertauschung von Elektronmesswerten ist. Wir wollen versuchen, diese Aussage ein wenig genauer zu verstehen.

Betrachten wir als Beispiel die Wellenfunktionstabelle zweier Elektronen. In die Spalten tragen wir alle Kombinationen der möglichen Messwerte für den Ort x_1 und den Spin M_1 des ersten Elektrons sowie für den Ort x_2 und den Spin M_2 des zweiten Elektrons ein. In der letzten Spalte werden dann die Pfeile eingetragen, die zur jeweiligen Messwertkombination hinzugehören.

Nun ist es im Experiment prinzipiell unmöglich, zu entscheiden, welches der beiden Elektronen an einem bestimmten Ort aufgefunden wurde. Man kann keines der beiden Elektronen irgendwie markieren, um es später eindeutig zu identifizieren. Ein gefundenes Elektron wird gewissermaßen niemals behaupten: *„Ich bin Elektron Nr. 1."* Alles, was es uns mitzuteilen hat, lautet: *„Ich bin ein Elektron am Ort x mit Spin A."*

Das bedeutet weiter, dass die Wahrscheinlichkeit, Elektron 1 am Ort x mit Spin A und Elektron 2 am Ort y mit Spin B vorzufinden, genauso groß sein muss wie die Wahrscheinlichkeit, umgekehrt Elektron 2 am Ort x mit Spin A und Elektron 1 am Ort y mit Spin B vorzufinden. Der Pfeil in der Tabellenspalte mit $x_1 = x$ und $M_1 = A$ sowie $x_2 = y$ und $M_2 = B$ muss also genauso lang sein wie der Pfeil in der Tabellenspalte mit $x_1 = y$ und $M_1 = B$ sowie $x_2 = x$ und $M_2 = A$. Vergleicht man also die Pfeile zweier Zeilen der Tabelle, in denen die Messwerte von Elektron 1 und 2 zueinander vertauscht sind, so stellt man fest, dass die Pfeile die gleiche Länge haben, denn das Quadrat der Pfeillänge gibt die Wahrscheinlichkeit dafür an, die entsprechende Messwertkombination im Experiment zu finden. Wegen der Ununterscheidbarkeit von Elektron 1 und 2 müssen diese Wahrscheinlichkeiten gleich groß sein.

Dieser Zusammenhang zwischen den Zeilen einer Wellenfunktionstabelle für mehrere Teilchen gleichen Typs gilt allgemein für beliebige Teilchen. Dabei haben wir lediglich eine Bedingung für die Pfeillänge, nicht aber für die Pfeilrichtung erhalten.

Das Pauli-Prinzip besagt nun, dass bei Teilchen mit halbzahligem Spin (insbesondere $L = 1/2$) die Pfeile zweier Zeilen mit vertauschten Messwerten gerade entgegengesetzt zueinander orientiert sind. Man bezeichnet diese Eigenschaft als *Antisymmetrie der Wellenfunktion* (Abb. 2.10). Bei Teilchen mit ganzzahligem Spin (insbesondere $L = 0$ oder 1) sind dagegen die Pfeile genau gleich orientiert, d. h. die Wellenfunktion ist bei diesen Teilchen symmetrisch.

Teilchen 1		Teilchen 2		
Ort	Spin	Ort	Spin	Pfeil
0,1A	+1/2	0,1A	+1/2	◯
0,1A	+1/2	0,1A	-1/2	◯→
0,1A	-1/2	0,1A	+1/2	←◯
0,1A	-1/2	0,1A	-1/2	◯
0,2A	+1/2	0,1A	-1/2	◯↗
0,1A	-1/2	0,2A	+1/2	↙◯

Abb. 2.10 Ausschnitt aus der Wellenfunktionstabelle eines Zwei-Elektronen-Systems (Teilchen 1 und 2), z. B. in der Atomhülle eines Heliumatoms, wobei der Ort wieder in Angström und der Spin als Vielfaches von $\hbar$ angegeben ist. Die Pfeile von Zeilen mit vertauschten Elektronenmesswerten sind gleich lang, aber entgegengesetzt orientiert. Man sagt, die Wellenfunktion ist antisymmetrisch

Warum gilt das Pauli-Prinzip? Was zwingt die Wellenfunktion mehrerer Teilchen gleichen Typs dazu, je nach Spin symmetrisch oder antisymmetrisch zu sein? Leider ist dies eines der seltenen Beispiele, wo eine einfache Regel keine einfache Begründung hat (so hat es der Physiker Richard Feynman einmal ausgedrückt). Man stößt auf das Pauli-Prinzip, wenn man Quantentheorie und spezielle Relativitätstheorie zu einem konsistenten Gesamtgebäude verbindet, das man als relativistische Quantenfeldtheorie bezeichnet (siehe Kap. 5). Sowohl die Gesetze der Quantentheorie als auch die der speziellen Relativitätstheorie sind also notwendig, um das Pauli-Prinzip zu begründen, und die Erklärung steckt tief inmitten der Synthese dieser beiden Grundpfeiler der modernen Physik.

Die scheinbar so nebensächliche Symmetrie oder Antisymmetrie der Wellenfunktionen hat weitreichende Konsequenzen. Wie sieht beispielsweise bei zwei Elektronen der Pfeil in einer Spalte aus, in der die beiden Orte und die beiden Spins die gleichen Werte besitzen? In diesem Fall muss man die Zeile offenbar mit sich selbst vergleichen, da sich beim Vertauschen der Werte von Elektron 1 und 2 nichts ändert. Der einzutragende Pfeil muss also identisch mit einem Pfeil gleicher Länge, aber umgekehrter Richtung sein. Dies ist nur bei einem Pfeil der Länge null möglich, d. h. es ist gar kein Pfeil mehr da. Die Wahrscheinlichkeit, dass sich zwei Elektronen mit gleicher Spinkomponente am gleichen Ort aufhalten, ist also null!

So bewirkt das Pauli-Prinzip, dass sich Elektronen mit gleicher Spinkomponente gegenseitig meiden, was nichts mit ihrer gegenseitigen elektrischen Abstoßung zu tun hat. Wir erkennen hier die weiter oben wiedergegebene vereinfachte Formulierung des Pauli-Prinzips wieder.

Die Berechnung einer Viel-Teilchen-Wellenfunktion für die gesamte Elektronenhülle eines Atoms ist ein sehr schwieriges Unterfangen und lässt sich nur mithilfe von aufwendigen Computerberechnungen näherungsweise durchführen. Es ist daher sinnvoll, sich nach geeigneten Näherungsverfahren umzusehen, die den Rechenaufwand verringern und die dennoch die jeweils gerade betrachteten atomaren Eigenschaften hinreichend genau beschreiben können.

Häufig lässt sich ein quantenmechanisches Viel-Teilchen-Problem durch ein sogenanntes effektives Einteilchenmodell relativ gut approximieren. Im Fall der Atomhülle erreicht man dies dadurch, dass man die gegenseitige elektrische Abstoßung der Elektronen nicht exakt berücksichtigt, sondern ihren Einfluss nur durch eine nach außen zunehmende Abschirmung der Ladung des Atomkerns modelliert. In diesem vereinfachten Modell der Atomhülle machen die oben gemachten Aussagen über die Schalenstruktur dann Sinn, denn die Schalen sind gerade die Ein-Elektron-Wellenfunktionen.

Die Approximation eines Viel-Teilchen-Problems durch ein effektives Einteilchenmodell ist eine der am meisten verwendeten Methoden in der Viel-Teilchen-Quantenmechanik. Häufig stellt es die einzige Möglichkeit dar, überhaupt irgendwelche Aussagen über ein Viel-Teilchen-System zu machen. Weitere Beispiele für die Anwendung dieser Methode finden sich in der Festkörperphysik, wo sie zu Begriffen wie *Phonon* führen, aber auch in der Physik der Atomkerne und der Physik der Quarks, auf die wir noch eingehen werden. So resultiert der Begriff des Konstituentenquarks, der uns noch begegnen wird, letztlich aus dieser Methode.

Wir sind nun gerüstet, uns einer der ganz großen Fragen der modernen Physik zuzuwenden: Ist die Quantentheorie mit ihren Wahrscheinlichkeiten die einzige Möglichkeit, die Naturgesetze und damit die Struktur der Materie zu beschreiben, oder fehlt uns bloß ein tieferer Blick hinter die Kulissen, um das unbefriedigende Hantieren mit Wahrscheinlichkeiten loszuwerden?

2.8 John Stewart Bell und die Suche nach verborgenen Informationen

Erfasst die Quantenmechanik alle über ein Teilchen prinzipiell vorhandenen Informationen korrekt, oder verfügt ein Teilchen über lokale innere Eigenschaften, die die Quantenmechanik nicht erfasst, sodass sie aufgrund dieses Mangels nur Wahrscheinlichkeitsaussagen machen kann? Existieren solche inneren Eigenschaften, auch verborgene Variablen genannt? Ist es vielleicht sogar so, dass es uns aufgrund der Natur des Messvorgangs prinzipiell unmöglich ist, alle Werte der verborgenen Variablen gleichzeitig zu messen, obwohl sie in der Realität tatsächlich vorhanden sind und nur für uns verborgen bleiben? Beeinflusst der Messprozess die Teilchen einfach nur derart, dass die gleichzeitige Messung von Ort und Geschwindigkeit unmöglich wird, obwohl das Teilchen selbst sehr wohl einen festen Ort und eine definierte Geschwindigkeit besitzt?

Versuchen wir, diesen Fragen anhand einer typisch quantenmechanischen Erscheinung auf den Grund zu gehen: dem Spin!

Wir hatten bereits den Spin eines Teilchens mit dem Drehimpuls einer rotierenden Kugel verglichen. Der Drehimpuls einer solchen Kugel kann als Pfeil dargestellt werden, wobei die Kugel von der Pfeilspitze aus gesehen links herum rotiert. Die Länge des Pfeils ist dabei ein Maß für die Wucht der Drehbewegung. Stellen wir uns in diesem klassischen Bild das Elektron einmal als kleine elektrisch geladene rotierende Kugel vor. Durch die rotierende elektrische Ladung der Kugel wird ein Magnetfeld erzeugt analog zu dem einer Magnetnadel in einem Kompass. Umgekehrt wirken auf die rotierende Kugel in einem äußeren Magnetfeld ähnliche Kräfte wie auf eine kleine Magnetnadel, wobei allerdings aufgrund der Gesamtladung der Kugel noch die Lorentzkraft hinzukommt. Abgesehen von dieser Lorentzkraft können wir uns in vielen Fällen also eine rotierende elektrisch geladene Kugel wie eine Magnetnadel vorstellen, die parallel zur Drehachse ausgerichtet ist.

Die Frage, die sich nun stellt, lautet: Wie weit trägt dieses klassische Bild? Lässt sich der Spin eines Elektrons tatsächlich analog zum Drehimpuls einer rotierenden Kugel verstehen, oder lässt sich dieses Bild zumindest so modifizieren, dass sich der Spin als innere Eigenschaft des Elektrons ergibt, so wie der Drehimpuls eine Eigenschaft der rotierenden Kugel ist?

Zur Beantwortung dieser Fragen wollen wir Experimente betrachten, bei denen ein Teilchen mit Spin durch ein inhomogenes Magnetfeld geschossen und durch dieses abgelenkt wird. Elektrisch geladene Teilchen sind dabei ungeeignet, da sie aufgrund der Lorentzkraft in einem Magnetfeld immer abgelenkt werden, sodass die Ablenkung aufgrund des Spins nur schwer sichtbar ist. Wir wollen uns daher elektrisch neutrale Objekte mit Spin ansehen, bei denen die Ablenkung alleine vom Spin und nicht von der elektrischen Gesamtladung herrührt. Manche Atome, z. B. Silberatome, besitzen genau diese Eigenschaft.

Um unsere rotierende elektrisch geladene Kugel insgesamt elektrisch neutral zu machen, ersetzen wir sie durch eine elektrisch geladene rotierende Hohlkugel, in deren Zentrum sich eine nicht rotierende Gegenladung befindet, sodass das ganze Objekt von außen gesehen elektrisch neutral erscheint (Abb. 2.11). Diese Kugel besitzt damit weiterhin einen Drehimpuls und die magnetischen Eigenschaften einer Magnetnadel. Wir werden uns daher im

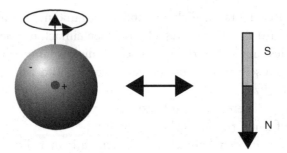

Abb. 2.11 Eine rotierende, außen elektrisch geladene Hohlkugel mit einer zentralen Gegenladung (sodass die Kugel insgesamt elektrisch neutral ist) verhält sich in einem Magnetfeld ähnlich wie eine Magnetnadel

Folgenden die Kugel immer dann durch eine Magnetnadel ersetzt denken, sobald die auf sie wirkenden magnetischen Kräfte betrachtet werden.

Was erwarten wir nun anhand dieses klassischen Bildes, wenn man ein solches neutrales Objekt mit Spin durch ein inhomogenes Magnetfeld schickt? Zunächst einmal würde das Magnetfeld versuchen, die Kugel wie eine Magnetnadel so auszurichten, dass der Südpol zum Nordpol des Magneten zeigt, ähnlich wie bei einer Kompassnadel. Während sich aber eine Magnetnadel drehen lässt und nach einigen Schwingungen schließlich parallel zum Magnetfeld zur Ruhe kommt, lässt sich die Drehachse einer rotierenden Kugel nicht ohne Weiteres verdrehen. Stattdessen wird sich die rotierende Kugel ähnlich wie ein schräg stehender reibungsfreier Kreisel verhalten, bei dem die Schwerkraft diesen zu Boden zwingen will. Der Winkel zwischen der Drehachse und den magnetischen Feldlinien wird sich im Wesentlichen nicht ändern, sondern die Rotationsachse wird um die Feldlinien wie ein Kreisel rotieren.

Da unser Magnetfeld leicht inhomogen ist, wird eine weitere Kraft auf die Kugel bzw. Magnetnadel ausgeübt. Nehmen wir an, die Magnetnadel sei zufällig so ausgerichtet, dass sich ihr Südpol näher am Nordpol des Magneten befindet als ihr Nordpol und dass das Magnetfeld zum Nordpol hin stärker wird. Die Anziehungskraft vom Nordpol des Magneten auf den Südpol der Nadel wird dann etwas stärker sein als die Anziehungskraft des Magnet-Südpols auf den Magnetnadel- Nordpol, da wir angenommen haben, dass das Magnetfeld zum Nordpol hin stärker wird. Die Magnetnadel erfährt daher eine Anziehungskraft zum Nordpol hin. Für die andere Orientierungsmöglichkeit der Magnetnadel dagegen entsteht eine Anziehungskraft zum Südpol hin.

Diese Kräfte sind umso stärker, je besser die Magnetnadel parallel zu den Feldlinien ausgerichtet ist. Je nach Ausrichtung der Magnetnadeln, d. h. je nach Orientierung der Rotationsachsen, werden die einzelnen Teilchen beim

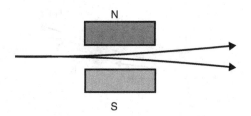

Abb. 2.12   Ein Teilchenstrahl mit Spin 1/2 teilt sich beim Durchgang durch ein inhomogenes Magnetfeld in zwei Teilstrahlen auf (Stern-Gerlach-Experiment)

Durchgang durch das Magnetfeld also mehr oder weniger in Richtung Nordpol oder in Richtung Südpol abgelenkt. Die maßgebende Größe für diese Ablenkung ist dabei der Winkel zwischen Magnetnadel bzw. Drehachse und Magnetfeld. Diese Größe ändert sich beim Durchgang durch das Magnetfeld nicht, wie wir oben bereits gesehen haben!

Wir orientieren das Magnetfeld nun so, dass der Nordpol oben und der Südpol unten liegt. Schicken wir nun einen Strahl von Teilchen mit zufällig ausgerichteten Rotationsachsen durch dieses Magnetfeld, so sollten diese Teilchen auf einem hinter dem Magnet aufgestellten Schirm einen senkrechten Streifen einzelner Trefferpunkte erzeugen, da sie je nach Lage der Rotationsachse unterschiedlich stark in Richtung Nordpol oder Südpol abgelenkt werden. Im realen Experiment mit neutralen Spin-1/2-Teilchen sehen wir jedoch etwas anderes, wie die Physiker Otto Stern und Walther Gerlach im Jahr 1922 erstmals beobachteten. Die Teilchen werden immer um einen festen Winkel nach oben oder nach unten abgelenkt, sodass zwei eng umgrenzte Bereiche mit Treffern auf dem Schirm sichtbar werden (Abb. 2.12).

Unser klassisches Bild des Spins als rotierende Kugel bzw. Magnetnadel gerät dadurch in erste Schwierigkeiten. Aber vielleicht lässt sich dieses Bild etwas abändern, sodass wir doch noch eine anschauliche Deutung des Spins erhalten.

Versuchen wir es einmal mit der Annahme, dass es in unserem Teilchenstrahl nur Teilchen gibt, deren Drehachse entweder parallel oder antiparallel zum Magnetfeld ausgerichtet ist. Tatsächlich lässt sich unser Versuchsergebnis so leicht erklären, denn nun wirkt auf alle Teilchen eine Kraft mit gleichem Betrag, die je nach Orientierung der Drehachse entweder nach oben oder nach unten gerichtet ist. Abgesehen von der merkwürdigen Voraussetzung, die keine beliebigen Orientierungen für die Drehachsen mehr zulässt, scheint unser modifiziertes Modell gut zu funktionieren.

Ein Modell sollte in der Physik aber mehr als einem Test unterzogen werden, um es auf seine Brauchbarkeit und Tragweite hin zu überprüfen. Wir wollen daher unseren experimentellen Aufbau erweitern und zwischen Ma-

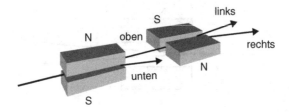

Abb. 2.13 Verhalten eines Teilchenstrahls mit Spin 1/2 beim Durchgang durch zwei inhomogene, senkrecht zueinander orientierte Magnetfelder

gnet und Schirm einen weiteren Magneten aufstellen, dessen Magnetfeld im Vergleich zum ersten Magneten um 90 Grad gekippt sein soll. Außerdem positionieren wir ihn so, dass nur die Teilchen hindurchgehen können, die vom ersten Magneten nach oben abgelenkt wurden, wobei wir die leichte Schräglage der abgelenkten Strahlen vernachlässigen (Abb. 2.13).

Wie werden sich nun die Teilchen, die vom ersten Magneten nach oben (in Richtung Nordpol) abgelenkt wurden, beim Durchgang durch den zweiten Magneten verhalten? Nach unserem obigen Erklärungsversuch besteht der nach oben abgelenkte Strahl nur aus Teilchen, deren Rotationsachse so orientiert ist, dass der Südpol der äquivalenten Magnetnadel nach oben zeigt. Da die Nadeln damit senkrecht zu den Magnetfeldlinien des zweiten Magneten orientiert sind, sollten sie von diesem überhaupt nicht abgelenkt werden. Im realen Experiment beobachten wir stattdessen, dass die Hälfte der Teilchen beim Durchgang durch den zweiten Magneten um einen bestimmten Winkel nach rechts abgelenkt wird, die andere Hälfte dagegen eine entsprechende Ablenkung um den gleichen Winkel nach links erfährt. Wie schon beim ersten Magneten wird also auch hier der Teilchenstrahl in zwei Teilstrahlen aufgeteilt.

Unser zunächst erfolgreicher Erklärungsversuch versagt also bereits bei dieser etwas komplexeren Situation vollständig. Unternehmen wir daher einen weiteren Versuch, der auch die neue Situation zufriedenstellend erklären kann. Dazu lassen wir zunächst die Einschränkung für die Anfangsorientierung der Rotationsachsen wieder fallen und nehmen stattdessen an, dass die Rotationsachsen zufällig orientiert sind. Um nun das Ergebnis beim Durchgang durch den ersten Magneten erklären zu können, wollen wir das Kraftgesetz ändern, das die Wirkung des Magnetfeldes auf eine rotierende Ladung bzw. eine Magnetnadel beschreibt. Wir wollen die Annahme machen, dass auf die Magnetnadeln immer dann eine bestimmte konstante Kraft nach oben in Richtung Nordpol wirkt, sobald sich der Südpol der Magnetnadel näher am Nordpol des Magneten befindet. Andernfalls soll eine Kraft gleicher Stärke nach unten wirken. Dabei soll die Kraft ansonsten nicht weiter von der genauen Ausrichtung der Magnetnadel abhängen. Die Ablenkungskraft ändert sich also sprunghaft, sobald der Winkel zwischen Rotationsachse und Magnetfeld die 90-Grad-Marke erreicht.

Zugegeben: Dieses neue Kraftgesetz ist ein recht bizarres Konstrukt, und wir wollen erst gar nicht den Versuch machen, es zu rechtfertigen. Unser Ziel ist es lediglich, irgendeine Erklärung für das Verhalten des Spins zu finden, die auf einer inneren Eigenschaft des Teilchens beruht. Dabei soll uns egal sein, wie merkwürdig diese Erklärung ausfallen mag.

Tatsächlich ist es nun möglich, auch das Ergebnis unseres Experiments mit zwei Magneten zu erklären. Der erste Magnet lenkt alle Teilchen nach oben ab, deren Südpol sich weiter oben als der Nordpol befindet. Diese Teilchen durchfliegen nun den zweiten Magneten, der die Teilchen nach rechts oder links ablenkt, je nachdem, ob sich der Südpol zufällig weiter rechts oder links befindet.

Es ist interessant, dass dieses einfache Bild sogar in der Lage ist, eine weitere Eigenschaft des Spins zu erklären, die man normalerweise für ein typisch quantenmechanisches Phänomen hält, nämlich die Komplementarität von Messgrößen, wie wir sie bereits bei Ort und Geschwindigkeit kennengelernt haben. Dazu erinnern wir uns daran, dass die Drehachse eines Teilchens in unserem Bild eine Kreiselbewegung um die magnetischen Feldlinien durchführt. Beim Durchgang durch den ersten Magneten werden alle die Teilchen ausgewählt, bei denen der Südpol weiter oben als der Nordpol ist. Beim Durchgang durch den zweiten Magneten bewirkt nun die Kreiselbewegung um die horizontal verlaufenden magnetischen Feldlinien, dass der Südpol wieder nach unten wandern kann. Die Information *„Südpol liegt weiter oben"* geht also bei der Messung von *„Südpol weiter rechts oder links"* verloren. Die beiden Informationen *Südpol oben oder unten* sowie *Südpol rechts oder links* sind also komplementär und können zumindest mit diesem experimentellen Aufbau nicht gleichzeitig bestimmt werden. Die Gewinnung der einen Information zerstört die andere Information, da die Messung der einen Größe das Teilchen so stört, dass der Wert der jeweils anderen Größe sich unkontrolliert verändert. Es mag überraschend sein, dass die Komplementarität von zwei Messgrößen in einem solchen einfachen Bild erklärt werden kann! Im Hinblick auf die Ergebnisse, die wir im weiteren Verlauf dieses Kapitels erhalten werden, wirft dies ein neues Licht auf die weitverbreitete Meinung, die Komplementarität von Messgrößen und die damit eng verbundene Heisenberg'sche Unschärferelation seien die fundamentalen Bestandteile der Quantenmechanik. Wir werden sehen, dass eine andere Eigenschaft der Quantenmechanik viel fundamentaler ist!

Untersuchen wir daher, was für Folgen es hätte, falls dieses einfache Bild vom Spin tatsächlich zutreffend wäre. Wir könnten dann im Prinzip für ein

Teilchen jederzeit vorausberechnen, in welche Richtung es in einem Magnetfeld abgelenkt wird, sobald wir die Lage seiner Rotationsachse zu irgendeinem Zeitpunkt kennen. Auch während des Durchgangs durch das Magnetfeld könnten wir berechnen, wie sich diese Ausrichtung der Achse aufgrund der Kreiselbewegung verändern wird. Daher könnten wir vorhersagen, wie sich das Teilchen beim Durchgang durch ein weiteres Magnetfeld verhalten wird. Es wäre dann möglich, die Quantenmechanik zu erweitern und den Spin durch ein rotierendes Teilchen zu beschreiben.

Nun wäre es ja denkbar, dass es prinzipiell unmöglich ist, die Rotationsachse eines atomaren Teilchens vollständig zu bestimmen. Dies wäre der Fall, falls der Durchgang durch ein Magnetfeld die einzige Möglichkeit darstellen würde, Informationen über die Rotationsachse zu gewinnen. Dann wären nur noch statistische Aussagen über das Ergebnis eines Teilchendurchgangs durch ein Magnetfeld möglich, so wie es in der Quantenmechanik der Fall ist. Lediglich aufgrund der Unmöglichkeit, die Rotationsachse zu bestimmen, wären wir bei der Vorhersage von Experimenten auf statistische Aussagen beschränkt. Das Teilchen selbst weiß jedoch ganz genau, wie es sich verhalten wird. Es trägt diese Information ständig mit sich herum, gespeichert in der Ausrichtung seiner Drehachse. Die Information ist als innere Eigenschaft des Teilchens präsent, bleibt uns allerdings teilweise verborgen. Man spricht deshalb von verborgenen inneren Eigenschaften, verborgenen Informationen oder verborgenen lokalen Variablen in der Quantenmechanik.

Wiederholen wir noch einmal die entscheidende Frage: Gibt es tatsächlich solche verborgenen inneren Eigenschaften der Teilchen? Dann wäre die Quantenmechanik lediglich ein aus der Not geborenes Werkzeug zur Berechnung von Wahrscheinlichkeiten, das deswegen notwendig ist, da die an sich vorhandenen Informationen nicht vollständig zugänglich sind. Es wäre aber denkbar, dass sich eines Tages doch noch ein Weg findet, an diese Informationen heranzukommen. Die Quantenmechanik könnte dann durch eine Theorie ersetzt werden, die diese Informationen zur exakten Vorausberechnung von Experimenten nutzt.

Kein Geringerer als Albert Einstein vertrat energisch die Auffassung, dass solche verborgenen lokalen Variablen existieren müssen. Zu seinen Gegnern in der Diskussion gehörte der Physiker und Mitbegründer der Quantenmechanik, Niels Bohr. Von ihm und seinen Mitarbeitern stammt die sogenannte Kopenhagener Deutung der Quantenmechanik, in der die Existenz verborgener Informationen bestritten wird. Zwischen diesen beiden großen Physikern und vieler ihrer Kollegen entbrannte über viele Jahre hinweg eine intensive Debatte, in der beide Seiten mit immer raffinierteren Ideen und sogenannten Gedankenexperimenten versuchten, die Gegenseite von der Richtigkeit ihres

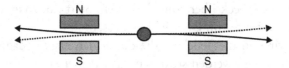

Abb. 2.14 Man kann Teilchenquellen aufbauen, die Teilchenpaare mit Spin 1/2 in jeweils entgegengesetzte Richtungen aussenden und bei denen sich die Teilchen beim Durchgang durch ein inhomogenes Magnetfeld entgegengesetzt zueinander verhalten

Standpunktes zu überzeugen. Im Laufe der Zeit endete die Debatte immer häufiger in Missverständnissen. Erst im Jahre 1964 konnte diese Frage durch den damals am CERN bei Genf arbeitenden jungen englischen Physiker John Stewart Bell weitgehend geklärt werden. Der wesentliche Punkt seiner Argumentation lässt sich auch ohne aufwendige Mathematik verstehen und soll daher im Folgenden im Detail dargestellt werden.

Es scheint auf den ersten Blick ein hoffnungsloses Unterfangen zu sein, die Frage nach verborgenen Informationen überhaupt klären zu wollen. Wie soll man gegebenenfalls ihre Nichtexistenz beweisen, wenn man doch immer behaupten kann, die Informationen seien nun einmal verborgen und daher nicht messbar?

Einstein, Rosen und Podolsky schlugen 1935 einen Versuchsaufbau vor, dessen Idee als Einstein-Rosen-Podolsky-Paradoxon bekannt geworden ist und das von Einstein zur Untermauerung seines Standpunktes verwendet wurde. Kernstück dieses Aufbaus ist eine Teilchenquelle, aus der immer wieder Teilchenpaare ausgesendet werden, wobei die beiden Teilchen jeweils in genau entgegengesetzte Richtungen auseinanderfliegen. Wir wollen uns hier auf elektrisch neutrale Teilchen mit Spin 1/2 beschränken, ohne dass wir diese Teilchen genauer zu spezifizieren brauchen.

Um die Teilchenquelle herum stellen wir eine Abschirmung auf, die zwei gegenüberliegende Löcher aufweist, sodass wir die Flugrichtungen eines durchgehenden Teilchenpaares möglichst genau kennen. Hinter jedem Loch befindet sich ein Magnet, dessen Nordpol oben liegt, sodass die magnetischen Feldlinien von oben nach unten verlaufen (Abb. 2.14). Dabei soll das Magnetfeld zum Nordpol hin stärker werden. Dies entspricht genau unserer Anordnung zur Bestimmung der Spinorientierung eines Teilchens, nur dass wir jetzt zur Erfassung des zweiten Teilchens einen weiteren Magneten aufgestellt haben.

In den realen Experimenten kann man beispielsweise bestimmte Quecksilberatome (das sogenannte Isotop ^{199}Hg) verwenden. Ein auseinanderfliegendes Teilchenpaar wird dabei durch Photodissoziation von Molekülen erzeugt, die aus zwei dieser Quecksilberatome bestehen. Statt mit Magneten wird die Spineinstellung mithilfe von Laserlicht gemessen.

Betrachten wir nun die Teilchen, die durch den ersten Magneten fliegen. Wie wir bereits wissen, werden sie durch das Magnetfeld mal nach oben, ein anderes Mal nach unten abgelenkt. Genau die gleiche Beobachtung machen wir auf der gegenüberliegenden Seite. Vergleichen wir das Verhalten der beiden Teilchen eines Teilchenpaares, so machen wir eine interessante Entdeckung. Jedes Mal, wenn eines der beiden Teilchen nach oben abgelenkt wird, so wird das andere Teilchen nach unten abgelenkt und umgekehrt. Man sagt, der Spin der beiden Teilchen ist entgegengesetzt orientiert. Die entgegengesetzte Orientierung der Spins kann man beispielsweise dadurch erreichen, dass man die beiden Teilchen aus dem Zerfall eines spinlosen Objektes ($L = 0$) gewinnt.

In unserem Bild der rotierenden Kugel können wir dieses Ergebnis zwanglos erklären. Offenbar werden in unserer Teilchenquelle die Teilchenpaare gerade so erzeugt, dass das eine Teilchen genau entgegengesetzt zu seinem Partnerteilchen rotiert. Die entsprechenden Magnetnadeln sind also genau entgegengesetzt ausgerichtet.

Das Ergebnis dieses Versuches legt die Interpretation nahe, dass die Teilchen die Information für ihr Verhalten im Magnetfeld seit ihrer Entstehung mit sich herumtragen. Sie haben sich gewissermaßen bei ihrer Entstehung auf eine Orientierung der Rotationsachse geeinigt und rotieren nun zueinander entgegengesetzt um diese Achse.

Wir wollen uns nun die Frage stellen, ob wir dieses Ergebnis auch verstehen können, wenn die Teilchen diese Information nicht bereits seit ihrer Entstehung mit sich herumtragen, sich also beim Erreichen des Magneten spontan und zufällig für eine der beiden Ablenkungsmöglichkeiten entscheiden müssen. In diesem Fall ist es offenbar notwendig, dass dasjenige Teilchen, das zuerst seinen Magneten erreicht und sich entscheiden muss, sofort das andere Teilchen über seine Entscheidung in Kenntnis setzt, damit dieses sich für die entgegengesetzte Alternative entscheiden kann. Da wir die beiden Magneten so aufstellen können, dass beide Teilchen praktisch gleichzeitig ihren Magneten erreichen, muss diese Information letztlich ohne jede Zeitverzögerung übermittelt werden.

Nun wäre es aber denkbar, in einem gigantischen Versuchsaufbau irgendwo im Weltraum die beiden Magneten viele Lichtjahre voneinander entfernt aufzubauen. Abgesehen von technischen Problemen wird sich dadurch das Versuchsergebnis nicht ändern. Die Information über die Entscheidung des Teilchens, das zuerst seinen Magneten erreicht hat, muss dann ohne Zeitverzögerung eine Strecke überwinden, für die selbst das Licht mehrere Jahre benötigt. Nach den Gesetzen der speziellen Relativitätstheorie, auf die wir in einem späteren Kapitel im Detail eingehen werden, kann jede physikalische

Wirkung maximal mit Lichtgeschwindigkeit übermittelt werden, sei sie nun ein Teilchen, Licht oder eine Information. Nun ist die spezielle Relativitätstheorie eine der am besten bestätigten Theorien, sodass an der Gültigkeit dieser Tatsache kaum zu zweifeln ist. Daraus folgerte Einstein, dass die beiden Teilchen keine Möglichkeit mehr haben können, sich nachträglich noch zu verabreden, und schloss daraus, dass die Teilchen bereits seit ihrer Entstehung die Information über ihr Verhalten in irgendeiner Form mit sich führen müssen. In der Quantenmechanik kommt jedoch eine solche mit den Teilchen mitgeführte Information nicht vor.

Als scheinbar unausweichliche Schlussfolgerung bleibt dann nur übrig, dass die Quantenmechanik keine vollständige Beschreibung der Natur liefert und dass es verborgene Informationen gibt, die von ihr nicht erfasst werden. Mit anderen Worten: Auch wenn wir nicht wissen, wie sich ein Teilchen am Magneten entscheiden wird, das Teilchen selbst weiß es ganz bestimmt!

Um Missverständnisse zu vermeiden, sollten wir an dieser Stelle noch einmal ganz klar machen, unter welchen Voraussetzungen diese Schlussfolgerung gilt. Zum einen nehmen wir an, dass die spezielle Relativitätstheorie gilt, sodass die Lichtgeschwindigkeit die maximale Geschwindigkeit für jede Informationsübermittlung darstellt. Zum anderen gehen wir davon aus, dass wir die beiden Teilchen als getrennte, unterscheidbare und sich nicht unmittelbar beeinflussende Objekte betrachten dürfen. Diese zweite Voraussetzung bezeichnet man als Lokalität. Sie erscheint uns bei zwei Teilchen, die mehrere Lichtjahre voneinander entfernt sind, so selbstverständlich, dass wir fast vergessen hätten, sie zu erwähnen. Entweder ist also die Quantenmechanik unvollständig, oder sie verletzt eine der beiden obigen Voraussetzungen.

Da die Quantenmechanik, wie sie durch die Schrödinger-Gleichung beschrieben wird, keine relativistische Theorie ist, muss man eigentlich das Experiment im Rahmen der Quantenfeldtheorie betrachten, in der die spezielle Relativitätstheorie berücksichtigt ist. Genau genommen verletzt also die nichtrelativistische Quantenmechanik *per se* bereits eine der Voraussetzungen, nämlich die spezielle Relativitätstheorie. Da wir aber nirgendwo explizit auf die Schrödinger-Gleichung oder die nichtrelativistische Dynamik der Quantenmechanik Bezug genommen haben, stellt sich das Problem im Rahmen der relativistischen Quantenfeldtheorie in derselben Form. So einfach ist des Rätsels Lösung also nicht!

Wir haben bei diesen Überlegungen keinen Bezug darauf genommen, in welcher Form sich eventuell vorhandene verborgene Informationen lokal an den Teilchen manifestieren. Ein Beispiel wäre die Realisierung dieser verborgenen Information als Eigenrotation des Teilchens. Im Folgenden werden wir die Überlegungen allgemein halten und rotierende Teilchen dann jeweils als Beispiel betrachten.

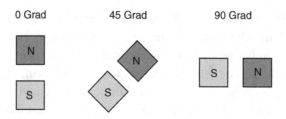

Abb. 2.15 Darstellung der drei betrachteten Magnetfeldorientierungen aus der Sicht des heranfliegenden Teilchenstrahls

Versuchen wir, experimentell die Existenz verborgener Informationen nachzuweisen oder zu widerlegen. Wir beginnen unsere Überlegung mit einem einzigen Teilchenstrahl, den wir durch ein Magnetfeld schicken, wobei wir den Magneten so lagern, dass wir ihn beliebig um die Achse des durchlaufenden Strahls drehen können. Im Folgenden benötigen wir drei verschiedene Orientierungen für das Magnetfeld. Als Referenzorientierung wählen wir zunächst diejenige Orientierung, bei der der Nordpol genau über dem Südpol liegt, sodass die Linien des Magnetfeldes senkrecht von oben nach unten verlaufen. Dieses Magnetfeld werden wir als das um null Grad (also gar nicht) gedrehte Feld bezeichnen. Weiterhin benötigen wir ein Magnetfeld, dessen Feldlinien aus der Sicht des heranfliegenden Teilchenstrahls um 45 Grad im Uhrzeigersinn gegenüber dem senkrecht orientierten Magnetfeld gedreht sind, sowie eine dritte Orientierung, bei der die Feldlinien um 90 Grad im Uhrzeigersinn gedreht sind und damit aus der Sicht eines ankommenden Teilchenstrahls senkrecht zu unserer Referenzorientierung stehen (Abb. 2.15). Dabei soll das Magnetfeld wie bisher zum Nordpol hin stärker werden. Unabhängig von der gewählten Orientierung bringen wir hinter dem betrachteten Magneten eine Abschirmung an, die den zum Südpol abgelenkten Strahl absorbiert, sodass nur der in Richtung Nordpol abgelenkte Teilstrahl den Magneten passieren kann.

Falls es verborgene Teilcheneigenschaften gibt, die im Voraus bereits festlegen, wie sich ein Teilchen beim Durchgang durch ein Magnetfeld verhält, so lassen sich diese Teilchen anhand dieser Eigenschaften in verschiedene Gruppen aufteilen, wobei ein Teilchen gleichzeitig zu mehreren Gruppen gehören kann, d. h. die Gruppen können einander überlappen.

Wir wollen nun die Teilchengruppe 1 als die Gruppe aller Teilchen festlegen, die ein um null Grad gedrehtes Magnetfeld passieren können (d. h. von diesem nach oben in Richtung Nordpol abgelenkt werden), nicht aber ein um 90 Grad im Uhrzeigersinn gedrehtes Magnetfeld (d. h. von diesem nach links in Richtung Südpol abgelenkt werden). Wie wir diese Gruppeneinteilung experimentell durchführen wollen, soll uns dabei erst später interessieren.

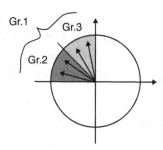

Abb. 2.16 Einteilung der Teilchen nach ihrer Rotationsachse in drei Gruppen. Der Pfeil gibt die Richtung der Rotationsachse an, wobei die Pfeilspitze in Richtung des Südpols der gleichwertigen Magnetnadel zeigt

Es ist leicht, die Auswahlbedingung für Gruppe 1 in eine Ausrichtung der Rotationsachse bzw. der zugehörigen Magnetnadel zu übersetzen: Gruppe 1 umfasst alle Teilchen, deren Südpol in Flugrichtung gesehen in den linken oberen Quadranten zeigt, also nach oben und gleichzeitig nach links.

Neben dieser ersten Gruppe wollen wir zwei weitere Gruppen von Teilchen betrachten, die auch mit der obigen Gruppe 1 überlappen dürfen. Gruppe 2 umfasst dabei alle Teilchen, die den ungedrehten Magneten passieren können, nicht aber den um 45 Grad gedrehten Magneten. Bei ihnen zeigt der Südpol in die untere Hälfte des linken oberen Quadranten.

Die dritte Gruppe umfasst schließlich alle Teilchen, die den um 45 Grad gedrehten Magneten passieren können, dafür aber nicht den um 90 Grad gedrehten Magneten. Entsprechend zeigt bei ihnen der Südpol in die obere Hälfte des linken oberen Quadranten (Abb. 2.16).

Wie wir sehen, ergeben in unserem Magnetnadelbild Gruppe 2 und 3 zusammen gerade Gruppe 1. Wir brauchen uns bei unseren Überlegungen aber gar nicht auf das Magnetnadelbild festlegen. Generell ergibt sich nämlich allein aus der Voraussetzung, dass die Teilchen über verborgene Eigenschaften verfügen und sich damit in Gruppen einteilen lassen, das folgende Ergebnis:

Jedes Teilchen der ersten Gruppe (d. h. es kommt bei null Grad durch, aber nicht bei 90 Grad) gehört, falls es auch bei 45 Grad durchkommt, zugleich zur dritten Gruppe (kommt bei 45 Grad durch, nicht aber bei 90 Grad) oder andernfalls zur zweiten Gruppe (kommt bei null Grad durch, aber nicht bei 45 Grad).

Die Gruppen 2 und 3 umfassen zusammen also alle Teilchen der Gruppe 1 und sind damit zusammen genommen mindestens so groß wie diese Gruppe (in unserem Magnetnadelbild sogar gleich groß). Fassen wir unser Ergebnis noch einmal möglichst präzise zusammen:

Wir betrachten irgendeine beliebig vorgegebene Menge von Teilchen und nehmen an, dass es lokale innere Eigenschaften dieser Teilchen gibt, die ihr

Verhalten beim Durchgang durch ein Magnetfeld festlegen. Anhand dieser Eigenschaften können wir die Teilchen in Gruppen einteilen, wobei ein Teilchen auch gleichzeitig zu mehreren Gruppen gehören darf. Bei unserer speziellen Gruppeneinteilung oben ergibt sich dann für die Teilchen in der vorgegebenen Menge:

die Zahl der Teilchen, die bei 0 Grad durchkommen und nicht bei 45 Grad (Gruppe 2)

+

die Zahl der Teilchen, die bei 45 Grad durchkommen und nicht bei 90 Grad (Gruppe 3)

≥

die Zahl der Teilchen, die bei 0 Grad durchkommen und nicht bei 90 Grad (Gruppe 1)

Der Grund dafür liegt darin, dass jedes Teilchen aus Gruppe 1 entweder auch zu Gruppe 2 oder zu Gruppe 3 gehört. Wir sollten uns klar machen, dass die obige Feststellung im Grunde eine Trivialität darstellt. Sie lässt sich auch auf ganz alltägliche Dinge übertragen, z. B. auf Familien mit drei Kindern (auch wenn dies heute vielleicht nicht mehr ganz so oft vorkommt). Zur Gruppe 1 würden wir dann beispielsweise alle die Familien zählen, deren erstes Kind ein Junge und deren drittes Kind ein Mädchen ist. Gruppe 2 umfasst alle Familien, deren erstes Kind ein Junge und deren zweites Kind ein Mädchen ist. In Gruppe 3 schließlich finden wir die Familien, bei denen das zweite Kind ein Junge und das dritte Kind ein Mädchen ist. Gruppe 2 und 3 ergeben damit zusammen gerade Gruppe 1.

Kommen wir zurück zu unseren Teilchen. Um experimentell bei einem Teilchen zu bestimmen, welchen Gruppen wir es zuordnen können und welchen nicht, müssten wir drei Experimente an ihm durchführen, denn wir müssen testen, wie es sich beim Durchgang durch jede der drei Magnetfeldorientierungen verhält. Nun wäre es aber möglich, dass sich die Eigenschaften des Teilchens beim Durchgang durch ein Magnetfeld in unkontrollierter Weise ändern, so wie dies in unserem Magnetnadelmodell ja tatsächlich der Fall war (man denke an die Kreiselbewegung der Magnetnadeln). Das zweite Experiment würde daher lediglich die durch das erste Experiment bereits verfälschten Eigenschaften messen können, sodass die gewünschte Gruppeneinteilung nicht mehr möglich ist.

An dieser Stelle hilft uns unsere Beobachtung weiter, die wir bei gleichzeitig erzeugten Teilchenpaaren gemacht haben. Diese speziellen Teilchenpaare verhalten sich wie eineiige Zwillinge, allerdings nicht mit identischem, sondern genau gegensätzlichem Verhalten. Wir erinnern uns: Immer wenn eines der beiden Teilchen durch einen Magneten nach oben abgelenkt wurde, so wurde das Partnerteilchen durch einen zweiten genauso orientierten Magneten nach unten abgelenkt. Blockieren wir wieder den Weg für die in Richtung Südpol abgelenkten Teilchen, so folgt daraus: Kommt eines der beiden Teilchen durch, so kommt das andere Teilchen nicht durch.

Damit haben wir nun die Möglichkeit, jedes der beiden Teilchen einer anderen Messung zu unterziehen. Da aus dem Verhalten des einen Teilchens auch das Verhalten des anderen Teilchens bei einem gleich orientierten Magneten folgt, können wir durch diesen Trick zwei der drei notwendigen Messungen gleichzeitig an einem Teilchen durchführen und damit beispielsweise prüfen, ob es zu Gruppe 1 gehört.

Ein Teilchen gehört genau dann zu Gruppe 1, wenn es beim ungedrehten Magneten durchkommt und sein Partnerteilchen einen um 90 Grad gedrehten Magneten ebenfalls passiert. Dann können wir nämlich sicher sein, dass das bei null Grad durchgekommene Teilchen einen um 90 Grad gedrehten Magneten nicht hätte durchfliegen können. Analog können wir auch testen, ob ein Teilchen zu einer der anderen beiden Gruppen gehört. Wir wollen das Ergebnis unserer obigen Überlegungen für Teilchenpaare umformulieren:

Wir betrachten eine vorgegebene Menge von Teilchenpaaren. Falls Teilchen über lokale innere Eigenschaften verfügen, die festlegen, ob das Teilchen in Richtung des Nord- oder Südpols abgelenkt wird, so ist bei den entsprechenden Teilchenpaaren:

die Zahl der Teilchenpaare, bei denen das erste Teilchen bei 0 Grad und das Partnerteilchen bei 45 Grad durchkommt (Gruppe 2)

+

die Zahl der Teilchenpaare, bei denen das erste Teilchen bei 45 Grad und das Partnerteilchen bei 90 Grad durchkommen (Gruppe 3)

≥

die Zahl der Teilchenpaare, bei denen das erste Teilchen bei 0 Grad und das Partnerteilchen bei 90 Grad durchkommt (Gruppe 1)

Allerdings lässt sich immer nur eine Gruppenzugehörigkeit pro Teilchenpaar messen. Bauen wir die Magneten z. B. so auf, dass wir auf Zugehörigkeit zu Gruppe 1 testen, so können durch diese Messung die Teilcheneigenschaften unkontrollierbar verändert werden. Es ist daher sinnlos, anschließend bei demselben Teilchenpaar zu überprüfen, ob es auch (oder stattdessen) zu Gruppe 2 gehört. Daher lässt sich auch der obige Zusammenhang für Teilchenpaare immer noch nicht im realen Experiment testen.

An dieser Stelle kommt uns das Gesetz der großen Zahl zu Hilfe. Überlegen wir uns, was passiert, wenn wir eine sehr große Menge von Teilchenpaaren betrachten, sagen wir 900 000. Greifen wir uns zufällig ein Drittel dieser

Teilchenpaare heraus (also 300 000 Teilchenpaare) und testen sie einzeln darauf, ob sie zu Gruppe 1 gehören. Nehmen wir dazu an, von den ursprünglichen 900 000 Teilchenpaaren würden exakt zehn Prozent (also 90 000 Paare) zu Gruppe 1 gehören. Dann sollten sich unter den zufällig herausgefischten 300 000 Teilchenpaaren etwa 30 000 Teilchenpaare aus Gruppe 1 befinden. Es ist wegen der großen Zahl an Teilchenpaaren extrem unwahrscheinlich, dass wir nur solche Teilchenpaare herausgreifen, die zu Gruppe 1 gehören. Die Zahl der Teilchenpaare, die zu Gruppe 1 gehören, wird bei dem zufällig herausgegriffenen Drittel praktisch immer relativ nahe bei 30 000 liegen und beispielsweise 30 173 oder 29 878 betragen. Dies liegt einfach daran, dass wir sehr viele Teilchenpaare betrachten, sodass sich Auswahleffekte sehr stark wegmitteln. Die Folge davon ist, dass es kaum einen Unterschied macht, welche der 900 000 Teilchenpaare wir für unsere Untersuchung herausnehmen, solange wir dies zufällig tun. Das Ergebnis wird sein, dass ungefähr 30 000 Paare der herausgefischten 300 000 Paare zur Gruppe 1 gehören.

Diese Tatsache erlaubt es uns nun, aus unserem Dilemma zu entkommen. Wir erinnern uns: Um unsere obige Feststellung über die Gruppenzugehörigkeit der Teilchenpaare zu überprüfen, müssen wir mehr als eine Messung an jedem Teilchenpaar durchführen. Da aber die erste Messung bereits die inneren Eigenschaften der Teilchen verändern kann, ergibt die zweite Messung ein verfälschtes Ergebnis. Nach dem Gesetz der großen Zahl sind wir nun aber nicht mehr gezwungen, alle Tests an den gleichen Teilchen durchzuführen. Wir untersuchen einfach eine sehr große Anzahl von Teilchenpaaren, wobei wir ein Drittel davon auf Zugehörigkeit zu Gruppe 1 testen, ein Drittel auf Gruppe 2 und ein Drittel auf Gruppe 3. Dabei sollte es keine Rolle spielen, dass wir jeden Test mit anderen Teilchenpaaren durchführen, solange wir nur genügend viele Paare testen.

Durch die Betrachtung sehr vieler Teilchenpaare erhält man Aussagen über die Wahrscheinlichkeit dafür, dass ein neu herausgesuchtes Teilchenpaar zu einer der drei Gruppen gehört. Wir wollen daher unsere Überlegung über die Gruppenzugehörigkeit von Teilchenpaaren erneut umformulieren:

die Wahrscheinlichkeit dafür, dass bei einem Teilchenpaar das erste Teilchen bei 0 Grad und das Partnerteilchen bei 45 Grad durchkommt (Gruppe 3)

+

die Wahrscheinlichkeit dafür, dass bei einem Teilchenpaar das erste Teilchen bei 45 Grad und das Partnerteilchen bei 90 Grad durchkommt (Gruppe 2)

≥

Die Wahrscheinlichkeit dafür, dass bei einem Teilchenpaar das erste Teilchen bei 0 Grad und das Partnerteilchen bei 90 Grad durchkommt (Gruppe 1)

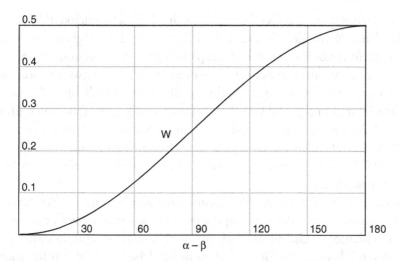

Abb. 2.17 Die Wahrscheinlichkeit W gibt an, wie oft im Durchschnitt in unserem Versuchsaufbau ein Teilchen einen um den Winkel α gedrehten Magneten passiert und sein Partnerteilchen den gegenüberliegenden, um den Winkel β gedrehten Magneten ebenfalls passiert. In der Quantenmechanik ist W durch die dargestellte Kurve gegeben

Diese Ungleichung trägt den Namen *Bell'sche Ungleichung*. Sie lässt sich durch Messungen an einer großen Zahl von Teilchenpaaren experimentell überprüfen. Wenn wir die einzelnen Schritte unserer Überlegung noch einmal rekapitulieren, so erkennen wir, wie selbstverständlich diese Aussage uns erscheint. Sie gilt unausweichlich, falls die Teilchen über lokale innere Eigenschaften verfügen, die ihr Verhalten im Magnetfeld physikalisch eindeutig bestimmen, unabhängig davon, ob wir in der Lage sind, diese Eigenschaften alle vollständig zu messen.

Die Wahrscheinlichkeit für den Ausgang der einzelnen Messungen lässt sich im Rahmen der Quantenmechanik leicht ausrechnen. Wir dürfen gespannt sein, ob das Ergebnis mit der Bell'schen Ungleichung im Einklang steht und damit die Beschreibung des Spins durch innere Eigenschaften der Teilchen (z. B. ihre Eigenrotation) prinzipiell möglich ist.

Die Wahrscheinlichkeit W dafür, dass in unserem Versuchsaufbau ein Teilchen einen um den Winkel α gedrehten Magneten passiert und sein Partnerteilchen den gegenüberliegenden, um den Winkel β gedrehten Magneten ebenfalls passiert, ist in der Quantenmechanik gegeben durch die Formel

$$W = 1/2 \, [\sin((\alpha - \beta)/2)]^2$$

Es ist nicht allzu schwer, diese Formel in der Quantenmechanik herzuleiten, aber das würde den Rahmen dieses Kapitels sprengen. In Abb. 2.17 ist diese Wahrscheinlichkeit grafisch dargestellt.

Berechnen wir nach dieser Formel nun die Wahrscheinlichkeit W für die verschiedenen Werte der Verdrehungswinkel der beiden Magneten, so erhalten wir das folgende Ergebnis: Für Gruppe 2 mit $\alpha = 0$ Grad und $\beta = 45$ Grad ergibt sich die Wahrscheinlichkeit W zu etwa 0,0732, ebenso für Gruppe 3 ($\alpha = 45$ Grad und $\beta = 90$ Grad), während die Wahrscheinlichkeit für Gruppe 1 ($\alpha = 0$ Grad und $\beta = 90$ Grad) genau 0,25 ist, d. h. bei sehr vielen untersuchten Teilchenpaaren wird ziemlich genau ein Viertel zu Gruppe 1 gehören. Die Wahrscheinlichkeit für Gruppe 2 und Gruppe 3 zusammen beträgt aber nur $2 \cdot 0{,}0732 = 0{,}1464$ und liegt damit deutlich unter der geforderten Mindestmarke von 0,25.

Die experimentellen Ergebnisse stimmen vollständig mit dem Ergebnis der quantenmechanischen Berechnung überein. Daraus müssen wir entnehmen, dass die Quantenmechanik und mit ihr die Natur selbst eine Erklärung des Spins durch lokale innere Eigenschaften der Teilchen (z. B. deren Rotationsachse) ausschließt. Ein Teilchen hat in der Quantenmechanik keine Rotationsachse! Halten wir dieses überraschende Ergebnis noch einmal fest:

Der Ausgang bestimmter physikalischer Experimente lässt sich nicht auf die Existenz lokaler innerer Eigenschaften der untersuchten Objekte zurückführen! Die Quantenmechanik ist also nicht unvollständig, nur weil sie solche lokalen inneren Eigenschaften der Teilchen nicht enthält. Im Gegenteil: Die Natur bestätigt in jedem Experiment die Voraussagen der Quantenmechanik, während sie die Voraussagen der Bell'schen Ungleichung verletzt, die sich aus Theorien mit lokalen verborgenen Teilcheneigenschaften zwangsläufig ergibt.

Es gibt heute keinen Grund mehr, an der Nichtexistenz verborgener lokaler Eigenschaften zu zweifeln. Im Gegenteil: Gerade in den letzten Jahren wurden große Anstrengungen unternommen, die Frage nach der Existenz verborgener Informationen von allen denkbaren Seiten her mit ausgeklügelten Experimenten zu durchleuchten. Dabei wurde die Nichtexistenz verborgener lokaler Eigenschaften ausnahmslos bestätigt.

Außer dem Spin eines Teilchens gibt es weitere beobachtbare Größen, die sich nicht auf innere Eigenschaft des Teilchens zurückführen lassen. Dazu gehören der Ort und die Geschwindigkeit eines Teilchens. Man könnte sagen, dass das Teilchen selbst noch nicht weiß, was für ein Messwert sich bei einer Messung seines Ortes, seiner Geschwindigkeit oder seiner Spinkomponente ergeben wird. Die Quantenmechanik macht nur Aussagen darüber, welche Messwerte auftreten können und mit welcher Wahrscheinlichkeit sie eintreten werden, und liefert dennoch nach heutigem Wissen die bestmögliche Beschreibung der Naturgesetze. Es gibt keinerlei Anzeichen für irgendwelche verborgenen lokalen Informationen, aber viele Hinweise, die dagegen sprechen.

Kehren wir noch einmal zurück zu unserem Experiment mit den Teilchenpaaren und den verschiedenen Magnetfeldern und versuchen wir, ein anschauliches Bild zu gewinnen, ohne den Spin eines Teilchens durch innere Teilcheneigenschaften wie eine Eigenrotation zu interpretieren. Wir wollen versuchen, den Spin als eine Art speziellen Würfel zu interpretieren, den jedes Teilchen mit sich herumträgt und den es bei einer Messung dazu verwendet, sich spontan für einen Messwert zu entscheiden. Der Würfel soll dabei die jeweils möglichen Messwerte entsprechend ihrer quantenmechanischen Wahrscheinlichkeit auswürfeln.

Betrachten wir unser Teilchenpaar. Das Teilchen, das nach seiner Entstehung zuerst seinen Magneten erreicht, verwendet seinen Würfel, um eine Entscheidung zu fällen. Die Wahrscheinlichkeit dafür, in Richtung Nord- oder Südpol abgelenkt zu werden, ist dabei gleich groß. Der Würfel wirkt hier wie eine Münze: Kopf oder Zahl.

In dem Moment, in dem es sich entschieden hat, scheint nun das womöglich bereits weit entfernte Partnerteilchen sofort über die Entscheidung des ersten Teilchens informiert zu sein und seinen Würfel wegzuwerfen bzw. durch einen neuen Würfel zu ersetzen. Ist z. B. sein Magnet genauso orientiert wie der Magnet für das erste Teilchen, so wird es sich für die genau entgegengesetzte Ablenkrichtung entscheiden, also gar nicht mehr würfeln. Bei einer anderen Magnetfeldorientierung dagegen sieht es so aus, als würde das Teilchen einen recht komplizierten Würfel verwenden. Wenn es auf ein Magnetfeld trifft, teilt es seinem Würfel dessen Orientierung relativ zum Magnetfeld des ersten Teilchens mit, worauf dieser die einzuschlagende Ablenkungsrichtung würfelt. Die Wahrscheinlichkeiten für die beiden Ablenkungsrichtungen sind für das zweite Teilchen nun nicht mehr gleich groß, sondern hängen von der relativen Orientierung der beiden Magnetfelder zueinander ab.

Dieses Bild mit den Würfeln scheint nun in der Lage zu sein, die experimentellen Messergebnisse korrekt wiederzugeben. Dennoch können wir auch mit diesem Bild nicht zufrieden sein. Der kritische Punkt liegt darin, dass wir die Annahme machen mussten, dass die spontane Entscheidung des zuerst durch einen Magneten gehenden Teilchens sofort dem Partnerteilchen bekannt sein muss und zu einem Wechsel in dessen Verhalten führt. Da die beiden Teilchen aber beliebig weit voneinander entfernt sein können, wäre dazu eine Informationsübertragung mit Überlichtgeschwindigkeit nötig. Das wäre ein Widerspruch zur speziellen Relativitätstheorie, nach der sich Informationen maximal mit Lichtgeschwindigkeit ausbreiten können.

Ein zweiter damit zusammenhängender Mangel des Würfelbildes liegt in der Annahme eines Ursache-Wirkungs-Zusammenhangs. Die Ursache ist dabei die spontane Entscheidung des Teilchens, das zuerst seinen Magneten erreicht, und die Wirkung ist der sofortige Wechsel im Verhalten des Partnerteilchens. Es ist jedoch völlig gleichgültig, welches Teilchen zuerst einen Magneten erreicht und welches Teilchen wir als erstes Teilchen bezeichnen wollen.

Greifen wir beispielsweise alle Messungen heraus, bei denen am ersten Magneten die Teilchen durchgekommen sind, unabhängig davon, ob sie vor oder nach dem Partnerteilchen das jeweilige Magnetfeld erreicht haben. Dann werden die Partnerteilchen am zweiten Magneten mit einer Häufigkeit durchgekommen sein, wie sie der komplizierte Würfel produzieren würde. Ein entsprechendes Ergebnis erhalten wir für die Durchgangshäufigkeit am ersten Magneten, wenn wir alle die Messungen herausgreifen, bei denen die Partnerteilchen den zweiten Magneten passiert haben. Die Bezeichnungen *Teilchen* und *Partnerteilchen* sowie *erster* und *zweiter Magnet* sind also austauschbar, und die Ankunftszeit am Magneten spielt keine Rolle.

Der Fehler in dem Würfelbild liegt darin, dass beide Teilchen als räumlich separate Objekte mit jeweils eigenem Würfel behandelt werden. Das Würfelbild ist damit ein sogenanntes *lokales* Modell. Ein solches lokales Modell führt automatisch zu der Forderung, dass die beiden Teilchen durch den Austausch von Informationen ihr Verhalten aufeinander abstimmen müssen, um die experimentellen Resultate erklären zu können.

Der Ausweg aus diesem Dilemma besteht darin, sowohl auf innere Eigenschaften als auch auf eine lokale Beschreibung der Teilchen zu verzichten. Die Quantenmechanik beschreitet genau diesen Weg! Sie macht nur eine Aussage über die Wahrscheinlichkeit dafür, dass eines der Teilchen einen Magneten A mit Magnetfeldorientierungswinkel α und das andere Teilchen einen Magneten B mit der Orientierung β passiert. Dabei spielt die Ankunftszeit keine Rolle und der Zusammenhang zwischen Ursache und Wirkung verschwindet, da nur eine Aussage über beide Teilchen zusammen gemacht wird, wobei beide Teilchen völlig gleichberechtigt sind.

Schauen wir uns im Detail an, wie die Quantenmechanik dieses Kunststück fertigbringt. Wie wir wissen, werden die beiden auseinanderfliegenden Teilchen durch eine bestimmte Wellenfunktion beschrieben, die sich in Form einer Tabelle darstellen lässt. Dabei müssen wir zunächst einen sogenannten vollständigen Satz gleichzeitig messbarer Größen auswählen. Wir wollen uns hier für die Geschwindigkeit und die Spinkomponente entlang einer bestimmten Raumrichtung entscheiden. Dabei müssen wir irgendeine Raumrichtung festlegen, auf die wir die Spinkomponente beziehen wollen. Welche Raumrichtung wir auswählen, ist letztlich egal, da sich die Wellenfunktionen bei der Wahl verschiedener Raumrichtungen ineinander umrechnen lassen. Um diese Umrechnung zu vermeiden, wählen wir die Richtung des Magnetfeldes im ersten Magneten. Die Spinkomponente des ersten Teilchens gibt dann direkt an, ob es beim Durchgang durch den ersten Magneten nach oben oder nach unten abgelenkt wird.

Spin 1	Spin 2	Pfeil
+ 1/2	+ 1/2	⬤
+ 1/2	- 1/2	⬤→
- 1/2	+ 1/2	←⬤
- 1/2	- 1/2	⬤

Abb. 2.18 Spinwellenfunktion des auseinanderfliegenden Teilchenpaares

Unsere Tabelle hat also je eine Spalte für die Geschwindigkeit sowie je eine Spalte für den Spin jedes der beiden Teilchen. Zusammen mit der Spalte für die Pfeile besitzt unsere Tabelle damit fünf Spalten.

Um uns die Angelegenheit etwas zu erleichtern, berücksichtigen wir, dass die beiden Teilchen immer mit derselben Geschwindigkeit in entgegengesetzte Richtungen von der Teilchenquelle ausgesendet werden. In den Spalten für die Teilchengeschwindigkeit ist damit immer derselbe Wert eingetragen. Wir wollen uns diesen Wert merken und zur Vereinfachung die Geschwindigkeitsspalten einfach weglassen, da wir dadurch keine Information verlieren. Die Tabelle besitzt dann nur noch die beiden Spalten für die Spinkomponenten der beiden Teilchen sowie die Spalte für die Pfeile (Abb. 2.18).

Da die Teilchen in unserem Experiment den Spin 1/2 tragen, kann die Spinkomponente jedes der beiden Teilchen die Werte $+1/2$ und $-1/2$ annehmen. Unsere Tabelle wird daher nur vier Zeilen lang sein, wobei die Wertekombinationen $(+1/2, +1/2)$, $(+1/2, -1/2)$, $(-1/2, +1/2)$ und $(-1/2, -1/2)$ für die beiden Spinkomponenten auftreten. Die Wertekombination $(+1/2, +1/2)$ würde dabei bedeuten, dass die Teilchen durch zwei gleich orientierte Magnete beide nach oben abgelenkt werden. Da dies in unserem Experiment niemals vorkommt, besitzt der Pfeil in dieser Zeile die Länge null und sagt damit aus, dass die Wahrscheinlichkeit für das Eintreten dieser Wertekombination für die Teilchenspins gleich null ist. Auch in der Zeile mit der Wertekombination $(-1/2, -1/2)$ ist die Pfeillänge gleich null.

Die Wertekombinationen $(+1/2, -1/2)$ und $(-1/2, +1/2)$ treten in unserem Experiment dagegen sehr wohl auf. Wenn wir uns an die Diskussion des Pauli-Prinzips erinnern, so wissen wir, dass die Pfeile für diese beiden Zeilen die gleiche Länge haben müssen, da Teilchen 1 und 2 nicht unterschieden werden können. Beide Zeilen zusammen sagen also aus: Immer wenn eines der Teilchen nach oben abgelenkt wird, wird das andere Teilchen in einem gleich orientierten Magnetfeld nach unten abgelenkt und umgekehrt. Zusätzlich sagt uns das Pauli-Prinzip sogar, dass die Wellenfunktion der beiden

Teilchen antisymmetrisch sein muss. Daher müssen die Pfeile in den beiden Zeilen zueinander entgegengesetzt orientiert sein (Abb. 2.18).

Das Verhalten des Teilchenpaares beim Durchgang durch die beiden Magneten wird in der Quantenmechanik ausschließlich durch diese einfache Tabelle mit gerade einmal drei Spalten und vier Zeilen beschrieben. Dabei benötigt man allerdings zusätzlich noch eine Rechenvorschrift, die es einem erlaubt, aus dieser Tabelle eine neue Tabelle zu berechnen, in der sich die Spinkomponenten auf eine andere Raumrichtung beziehen, um damit die Wahrscheinlichkeiten für die Teilchenablenkung in einem gedrehten Magnetfeld zu berechnen. Diese Rechenvorschrift ist sehr einfach und wird von der Quantenmechanik gleich mitgeliefert. Es würde hier aber zu weit führen, näher darauf einzugehen.

Diese Wellenfunktion beschreibt das Teilchenpaar als untrennbare Einheit, als ein einziges nichtlokales Gebilde, das nur in seiner Gesamtheit sinnvolle Aussagen liefert. Von einer Informationsübertragung von einem auf das andere Teilchen ist hier nirgendwo die Rede.

Nun stellt sich natürlich die Frage, ob man das Verhalten der beiden Teilchen nicht dazu benutzen kann, um Informationen über sehr weite Distanzen in beliebig kurzer Zeit zu übertragen und damit ein grundlegendes Postulat der speziellen Relativitätstheorie außer Kraft zu setzen, nach dem sich jede Information maximal mit Lichtgeschwindigkeit ausbreiten kann.

Stellen wir uns also vor, zwei Raumschiffe A und B befänden sich irgendwo weit voneinander entfernt in den leeren Weiten des Weltalls, und zwischen ihnen befände sich unsere Teilchenquelle. Von den dort erzeugten Teilchenpaaren wird jeweils das eine Teilchen Raumschiff A und das Partnerteilchen Raumschiff B erreichen. Jedes Raumschiff besitzt einen Magneten und kann so das ankommende Teilchen zu einer Entscheidung über die Ablenkungsrichtung zwingen. Wir wissen, dass die Entscheidungen der beiden Teilchen nicht unabhängig voneinander sind. Können wir dies zur verzögerungsfreien Nachrichtenübertragung nutzen?

Was beobachtet ein Insasse von Raumschiff A? Er sieht, dass scheinbar völlig zufällig die Teilchen mal in Richtung Nordpol, mal in Richtung Südpol abgelenkt werden, und zwar mit jeweils gleicher Wahrscheinlichkeit. Genau das Gleiche beobachtet ein Insasse von Raumschiff B. Nehmen wir weiter an, die Magneten der beiden Raumschiffe seien genau parallel zueinander ausgerichtet. Wenn ein Insasse von Raumschiff A seinem Kollegen in Raumschiff B seine Messergebnisse zufunken würde, so könnte dieser erkennen, dass die Ablenkung der Teilchen in den beiden Raumschiffen genau entgegengesetzt zueinander erfolgt ist. Dennoch gibt es keine Möglichkeit, diese Erkenntnis irgendwie zur Nachrichtenübertragung zu nutzen, da jeder Insasse immer nur einen zufälligen Wechsel von Ablenkungen zur einen oder anderen Richtung beobachtet. Die Gültigkeit der speziellen Relativitätstheorie bleibt also in diesem Sinn unangetastet.

Es gibt aber eine andere Möglichkeit, das Verhalten solcher Teilchenpaare technisch zu nutzen, und zwar um Informationen absolut abhörsicher zu übermitteln. Man spricht hier von Quantenkryptografie. Erste Versuche in diese Richtung wurden bereits erfolgreich unternommen, aber es würde zu weit führen, hier ins Detail zu gehen.

Wie wir oben gesehen haben, werden die Teilchenpaare in der Quantenmechanik durch ein einziges mathematisches Objekt beschrieben, selbst wenn die Entfernung zwischen den beiden Teilchen Lichtjahre beträgt. In diesem Sinne ist die Quantenmechanik eine nichtlokale Theorie. Einstein, dem in seiner Diskussion mit Niels Bohr die Ideen John Stewart Bells natürlich noch nicht bekannt sein konnten, sagte einmal sinngemäß zur Untermauerung seines Standpunktes in einem Brief an Max Born (eigene Übersetzung aus dem Englischen mit kleinen Anpassungen, siehe Max Born (ed.): *The Born-Einstein Letters*, New York, Walker 1971, S. 170–171):

Es ist charakteristisch für physikalische Objekte, dass man sie sich in Raum und Zeit angeordnet vorstellt. Ein wesentlicher Gesichtspunkt dieser Anordnung liegt darin, dass die Objekte zu jeder Zeit unabhängig voneinander existieren, solange sie sich an verschiedenen Stellen im Raum befinden. Wenn man eine solche Annahme über die unabhängige Existenz räumlich weit entfernter Objekte nicht macht, so werden physikalische Gedankengänge im gewohnten Sinn unmöglich. Es ist überhaupt schwierig, sich irgendeinen Weg zur Formulierung und Überprüfung physikalischer Gesetze vorzustellen, solange man eine solche klare Unterscheidung der Objekte nicht vornimmt.

Wären Einstein die Bell'schen Überlegungen schon bekannt gewesen, so hätte er sicherlich nicht mehr in dieser Weise über lokale Objekte sprechen können, die zu jeder Zeit unabhängig voneinander existieren. Die Teilchen unserer Teilchenpaare können nicht als voneinander unabhängige Objekte in Raum und Zeit beschrieben werden. Die einzige Möglichkeit, etwas über ihr Verhalten auszusagen, besteht in der Angabe einer nichtlokalen gemeinsamen Wellenfunktion, die Aussagen über beide Teilchen zugleich macht. Nur in diesem Sinne ist das Teilchenpaar physikalisch erfassbar.

Andererseits steckt in Einsteins Überlegung auch viel Wahres! So gilt auch in der relativistischen Quantenfeldtheorie, dass entfernt voneinander ausgeführte Experimente sich normalerweise nicht gegenseitig beeinflussen, denn sonst würde ja der Ausgang eines Experiments am CERN in Genf womöglich von einem zugleich ausgeführten Experiment in Hamburg abhängen. Man spricht hier formal vom sogenannten *cluster decomposition principle* (Cluster-

Zerlegungs-Prinzip). Gälte dieses Prinzip nicht, so wäre Naturwissenschaft fast unmöglich, denn man könnte nie den Ausgang eines Experiments vorhersagen, ohne alles über das gesamte Universum zu wissen. Dabei wird der Zusammenhang von Messergebnissen wie bei unseren Teilchenpaaren aber nicht unbedingt ausgeschlossen, solange diese Teilchen sich irgendwann einmal räumlich nahe gewesen sind. Unser Teilchenpaar hat einen gemeinsamen Entstehungsort, und nur deswegen kann das Verhalten des einen Teilchens mit dem des anderen Teilchens zusammenhängen. Diese gegenseitige Abhängigkeit ist allerdings sehr empfindlich gegenüber äußeren Störungen, sodass sie in unserer Umwelt nur unter sehr speziellen und kontrollierten Bedingungen auftritt.

Niels Bohr hat einmal gesagt, dass es unterhalb einer gewissen klassischen, makroskopischen Stufe keine Realität im gewohnten Sinne mehr gibt. Es sieht so aus, als hätte er recht gehabt. So haben wir gesehen, dass es keine verborgenen lokalen Eigenschaften gibt, die das Verhalten von Teilchen in der Quantenmechanik im Voraus festlegen können. Dennoch können zwei weit voneinander entfernte Teilchen sich einzeln absolut zufällig, aber zusammen garantiert entgegengesetzt verhalten, sofern sie einander einmal nahe waren. Wir wären damit in der Tat bei unserer Suche nach einer fundamentalen Theorie der Naturgesetze auf eine grundlegende Grenze der Erkenntnismöglichkeit gestoßen. Es ist diese Grenze, die das Verständnis der tieferen Wirkungsweise der Natur für uns so schwer macht.

3

Atomkerne und spezielle Relativitätstheorie

Die Physik der Atomhülle lässt sich mit den Mitteln der nichtrelativistischen Quantenmechanik mit hoher Genauigkeit beschreiben. Die Elektronen, die diese Atomhülle aufbauen, sind nach heutigem Wissen sehr klein (kleiner als 0,0001 fm, wobei 1 fm $= 10^{-5}$ Å $= 10^{-15}$ m ist) und ohne eine erkennbare Substruktur. Sie können uns also bei unserer Suche nach der inneren Struktur der Materie zunächst nicht weiterhelfen. Wir wollen uns daher dem Mittelpunkt der Atome zuwenden, dem Atomkern.

3.1 Der Atomkern

Rutherford hatte in seinen berühmten Experimenten nachgewiesen, dass beim Beschuss einer Metallfolie mit schnellen Alphateilchen (also Helium-Atomkernen) einige wenige dieser Alphateilchen beträchtlich aus ihrer Flugbahn abgelenkt werden. Dieses Resultat kann dadurch erklärt werden, dass man im Zentrum der Atome einen sehr kleinen, positiv elektrisch geladenen Atomkern annimmt, der die ebenfalls positiv geladenen Alphateilchen abstößt und sie so aus ihrer Bahn lenkt. Interessanterweise haben die negativ geladenen Elektronen der Atomhülle keinen entsprechenden Einfluss auf die Alphateilchen. Dies kann man verstehen, wenn man davon ausgeht, dass Elektronen sehr viel leichter als die Atomkerne sind und dem Alphateilchen deshalb keinen nennenswerten Widerstand entgegenbringen. Die Atomkerne müssen dagegen mindestens ähnlich schwer wie die Alphateilchen sein, um zu einer nennenswerten Ablenkung dieser Teilchen führen zu können. Weitere Experimente zeigen, dass sich tatsächlich fast die gesamte Masse eines Atoms in seinem Kern konzentriert.

Bei den von Rutherford von 1911 bis 1913 durchgeführten Experimenten besaßen die verwendeten Alphateilchen nicht genügend Energie, um nahe genug an die Atomkerne heranzukommen, sodass sie Informationen über die Kerne liefern konnten. Erst 1919 verwendete Rutherford genügend hochenergetische Alphastrahlen, wodurch die Alphateilchen bis in die Atomkerne eindringen konnten. Dazu wurde statt einer Metallfolie Wasserstoff als Ziel-

Wasserstoff   Helium   Lithium

Abb. 3.1 Die Atomkerne der drei leichtesten Elemente, die bei diesen Elementen am häufigsten vorkommen. Die Protonen sind durch dunkle, die Neutronen durch helle Kugeln dargestellt. Die Zahl der Protonen ist für ein chemisches Element festgelegt, während die Zahl der Neutronen variieren kann

objekt gewählt. Da Wasserstoffkerne die niedrigste elektrische Ladung aller Atomkerne aufweisen (nur eine Elementarladung), sind die Abstoßungskräfte zwischen Atomkern und Alphateilchen bei Wasserstoff am geringsten.

Mit solchen und vielen weiteren Experimenten gelang es im Laufe der Zeit, sich ein immer detaillierteres Bild von den Atomkernen zu machen. Das Ergebnis sieht folgendermaßen aus:

Atomkerne sind keine elementaren Objekte, sondern sie besitzen eine Ausdehnung von wenigen Fermi (fm) und sind damit etwa 10 000-mal kleiner als die Atome, die eine Ausdehnung von einem halben bis zu einigen Angström haben. Atomkerne bestehen aus mehreren Teilchen, den sogenannten Protonen und Neutronen, die wir uns zunächst als etwa ein Fermi große, relativ kompakte Kugeln vorstellen können und die sich dicht an dicht zum Atomkern zusammenlagern (Abb. 3.1).

Während Neutronen elektrisch neutrale Teilchen sind, tragen Protonen eine positive Elementarladung und bestimmen damit die positive Gesamtladung eines Atomkerns. In elektrisch neutralen Atomen ist die Zahl der Protonen gerade gleich der Zahl der Elektronen in der Atomhülle. Oft fasst man Protonen und Neutronen unter dem Begriff *Nukleonen* zusammen, wobei *Nukleon* soviel wie Kernbaustein bedeutet. Neutronen und Protonen sind ebenso wie das Elektron Teilchen mit Spin 1/2, d. h. ein Strahl aus Neutronen spaltet sich beim Durchgang durch ein inhomogenes Magnetfeld in zwei Teilstrahlen auf. Wie für alle Fermionen (so bezeichnet man allgemein Teilchen mit halbzahligem Spin) gilt auch für Protonen und Neutronen das Pauli-Prinzip, sodass sich die Nukleonen im Atomkern nicht beliebig dicht zusammenballen können.

Der Kern des Wasserstoffatoms besteht in 99,985 % aller Fälle aus nur einem Proton, in den übrigen Fällen dagegen aus einem Proton und einem Neutron. Man sagt, die beiden verschiedenen Atomsorten bilden zwei *Isotope* desselben chemischen Elements. In jedem Fall beträgt die Ladung des Atomkerns bei Wasserstoff eine positive Elementarladung, die durch ein negativ geladenes Elektron in der Atomhülle kompensiert wird. Da die chemischen

Eigenschaften eines Atoms durch seine Elektronenhülle bestimmt werden, unterscheiden sich die beiden Isotope des Wasserstoffatoms chemisch praktisch nicht.

Ein Heliumkern dagegen besteht in 99,99987 % aller Fälle aus zwei Protonen und zwei Neutronen. Nur in 0,00013 % aller Fälle tritt lediglich ein Neutron auf. Und der Kern des nächsten Elements, Lithium, enthält im Normalfall drei Protonen und vier Neutronen.

In Analogie zu den Elektronen der Atomhülle wollen wir zunächst annehmen, dass sich auch Nukleonen im Atomkern nach den Gesetzen der nichtrelativistischen Quantenmechanik verhalten, sodass im Atomkern unterschiedliche Schwingungsformen der zugehörigen Wellenfunktion auftreten. Zusammen mit dem Pauli-Prinzip folgt daraus, dass wir ähnlich wie in der Atomhülle auch im Atomkern eine gewisse Schalenstruktur erwarten können.

Da Protonen elektrisch positiv geladen sind, stoßen sie sich gegenseitig ab. Was also hält eigentlich Protonen und Neutronen im Atomkern zusammen?

Die elektrische Kraft kann es nicht sein, denn sie treibt den Atomkern sogar auseinander! Wie sieht es mit der Gravitationskraft aus? Immerhin wissen wir ja, dass sich Objekte aufgrund ihrer Masse gegenseitig anziehen, so wie Erde und Mond dies tun. Da der Atomkern fast die gesamte Masse des Atoms in sich vereint, werden auch Protonen und Neutronen eine beträchtliche Masse aufweisen.

Tatsächlich lassen sich diese Teilchen aus dem Atomkern herausbrechen, sodass sich ihre Masse gut bestimmen lässt. Die Messungen zeigen, dass Protonen und Neutronen fast gleich schwer sind und etwa das Zweitausendfache der Elektronenmasse aufweisen, wobei das Neutron etwas schwerer als das Proton ist. Die Masse des Protons beträgt 938,272 MeV, die des Neutrons 939,566 MeV (zur Erinnerung: Die Elektronmasse liegt bei 0,511 MeV).

Protonen und Neutronen werden sich also tatsächlich aufgrund ihrer Masse gegenseitig gravitativ anziehen. Wir wissen allerdings auch, dass die Gravitation wesentlich schwächer als die elektromagnetische Kraft ist. Eine kleine Rechnung zeigt: Die anziehende Schwerkraft zwischen zwei Protonen ist um den Faktor $8 \cdot 10^{-37}$ schwächer als die abstoßende elektrische Kraft. Mit anderen Worten: Die Schwerkraft spielt in der Welt der Atome und Atomkerne keine Rolle! Erst bei der Betrachtung sehr viel kleinerer Abstände als ein Fermi kommt die Gravitation über die Hintertür wieder ins Spiel. Wir kommen im Kapitel über Quantengravitation noch einmal im Detail auf diesen Punkt zurück.

Da weder die Gravitation noch die elektromagnetische Kraft den Zusammenhalt der Atomkerne erklären kann, muss es eine weitere Kraft zwischen Protonen und Neutronen geben, die stärker als die elektrische Abstoßung wirkt. Diese Kraft muss zudem eine sehr kurze Reichweite haben, denn wir haben bisher nichts von ihr bemerkt. Sogar die Alphateilchen bemerken so lange nichts von dieser neuen Kraft, bis sie dem Atomkern auf wenige Fermi nahe kommen oder sogar in ihn eindringen.

Genauere experimentelle Untersuchungen bestätigen diese Vermutung. Zwischen den Bausteinen der Atomkerne wirkt eine anziehende Kraft, die bei den sehr kleinen Abständen, wie sie zwischen den Nukleonen im Atomkern auftreten, etwa 100-mal stärker ist als die elektrische Kraft. Wir wollen diese Kraft im Folgenden *starke Kernkraft* oder auch *starke Kern-Wechselwirkung* nennen. Diese Kraft macht zwischen Protonen und Neutronen keinen Unterschied, sodass aus Sicht dieser Kraft einfach nur mehrere Nukleonen im Atomkern existieren.

Die starke Kernkraft wirkt im Allgemeinen anziehend zwischen Nukleonen. Sobald sich aber die Nukleonen etwas voneinander entfernen, erlischt die starke Kernkraft sehr schnell. Schon bei einem Abstand von wenigen Nukleondurchmessern ist von ihr kaum noch etwas zu spüren. Daher bemerken wir auch normalerweise nichts von der Existenz dieser unvorstellbar starken Kraft. Eine einfache Abschätzung, die von dem japanischen Physiker Yukawa Hideki bereits im Jahre 1935 durchgeführt wurde, ergibt für die Abstandsabhängigkeit der starken Kernkraft die Formel

$$F \sim (1/(br) + 1/r^2)\, e^{-r/b}$$

mit $b = 1,4$ fm und $e = 2,71828\ldots$ (Abb. 3.2). Man bezeichnet b auch als Reichweite der starken Kernkraft. Gemeint ist damit, dass wenn der Abstand r zwischen zwei Nukleonen um dem Betrag $b = 1,4$ fm vergrößert wird, die starke Kernkraft zwischen ihnen aufgrund des Faktors $e^{-r/b}$ auf weniger als etwa ein Drittel ihres ursprünglichen Wertes abfällt, unabhängig davon, wie groß der Abstand bereits ist. Vergrößert man den Abstand beispielsweise um das Zehnfache der Reichweite b, also um nur 14 fm, so fällt die starke Kernkraft mindestens um den Faktor $(1/3)^{10} = 0,000017$ (also 17 Millionstel) ab. Die Atomkerne benachbarter Atome, die sich im Abstand von einigen Angström (1 Å = 100 000 fm) voneinander befinden, spüren von der starken Kernkraft zwischen ihnen daher praktisch nichts.

Die Untersuchung der Struktur der Atomkerne hat uns somit bisher die Existenz zweier neuer Teilchen, Proton und Neutron, sowie einer neuen Wechselwirkung zwischen diesen Teilchen enthüllt. Aber bleibt ansonsten wirklich alles beim Alten? Reicht die nichtrelativistische Quantenmechanik, die wir so erfolgreich bei der Beschreibung der Atomhülle verwendet haben, auch zur Beschreibung der Atomkerne aus? Oder stoßen wir in der Welt der Atomkerne auf neue, unerwartete Phänomene, die uns erneut zum Nachdenken zwingen? Immerhin sind wir beim Schritt von den Atomen zu den

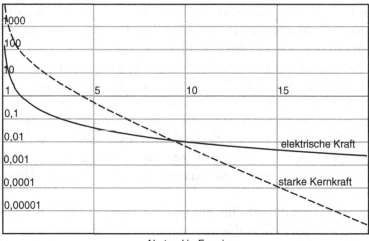

Abstand in Fermi

Abb. 3.2 Vergleich zwischen starker Kernkraft und elektrischer Kraft. Auch wenn bei kurzen Abständen, also bei einigen wenigen Fermi, die starke Kernkraft bis zu 100-mal stärker als die elektrische Kraft ist, so ist sie bei 20 Fermi Abstand bereits 1 000-mal schwächer. Man beachte, dass die y-Achse in dieser Darstellung logarithmisch skaliert ist und keine absolute Maßeinheit trägt

Atomkernen zu Strukturen vorgedrungen, die 10 000-mal kleiner als die Atome sind. Und auch die Kraft zwischen den Nukleonen ist mehr als 100-mal stärker als die Kraft, die für den Zusammenhalt zwischen Atomkern und Elektronen verantwortlich ist.

Tatsächlich macht man in den Experimenten eine sehr interessante Beobachtung: Ein Heliumkern, der aus zwei Protonen und zwei Neutronen zusammengesetzt ist, besitzt eine Masse von 3 727,4 MeV. Die Masse eines Protons beträgt etwa 938,28 MeV, die eines Neutrons etwa 939,57 MeV. Addiert man die Massen von zwei Protonen und zwei Neutronen, so ergibt sich ein Wert von 3 755,7 MeV. Dies sind 28,3 MeV mehr als die im Experiment gemessene Masse des Heliumkerns!

Beim Zusammenschluss der beiden Protonen und Neutronen sind offenbar 28,3 MeV an Masse verloren gegangen. Das sind etwa 0,7 % der Masse des Heliumkerns. Beim Zusammenschluss zum Heliumkern wird aber kein massives Teilchen nach außen weggeschleudert. Lediglich Energie wird frei aufgrund der starken gegenseitigen Anziehungskraft der vier Nukleonen. Die Menge der frei werdenden Energie lässt sich messen: Sie beträgt 28,3 MeV! Es sieht also ganz danach aus, als hätte sich die verloren gegangene Masse gemäß der Formel $E = mc^2$ vollständig in Energie umgewandelt, denn diese Formel hatten wir verwendet, um Massen in Energieeinheiten auszudrücken. Man bezeichnet dieses Phänomen als *Massendefekt*. Ein derartiges Phänomen ist uns in der Welt der Atome bisher zumindest nicht aufgefallen.

Mit den bisher besprochenen physikalischen Theorien sind wir nicht in der Lage, dieses Phänomen zu erklären. Im Gegenteil: Die Beobachtung widerspricht unserer Alltagserfahrung, nach der beispielsweise ein Auto gerade soviel wiegt wie die Summe seiner Bauteile. Die gleiche Erfahrung machen wir bei chemischen Reaktionen, bei denen die Massensumme der Stoffe vor und nach der chemischen Reaktion im Rahmen der üblichen Messgenauigkeit gleich groß ist.

Die Lösung des Rätsels ergibt sich aus Albert Einsteins spezieller Relativitätstheorie, die er bereits im Jahr 1905 formulierte (das Neutron wurde dagegen erst im Jahr 1932 von James Chadwick entdeckt). Mit den Ideen dieser Theorie wollen wir uns nun etwas näher beschäftigen.

3.2 Die spezielle Relativitätstheorie

Über die spezielle Relativitätstheorie könnte man leicht ein eigenes Buch schreiben. Dies ist bereits mehrfach getan worden und soll hier nicht wiederholt werden. Wir wollen aber wenigstens soweit auf diese Theorie eingehen, wie es zum Verständnis der subatomaren Strukturen der Materie notwendig ist, denn die spezielle Relativitätstheorie bildet neben der Quantenmechanik den zweiten wichtigen Stützpfeiler für unser heutiges Verständnis der Struktur der Materie, sodass wir auf die wesentlichen Ideen dieser Theorie nicht verzichten können und wollen.

Albert Einstein (Abb. 3.3) beschäftigte sich in den Jahren bis 1905 mit Fragen, die zunächst gar nichts mit dem Phänomen des Massendefekts bei der Bildung eines Heliumkerns zu tun haben. Er stellte sich die Frage, was wohl passieren würde, wenn man versucht, einem Lichtstrahl hinterherzulaufen. Ist es eigentlich möglich, einen Lichtstrahl zu überholen?

Diese Frage wurde von Michelson bereits im Jahre 1881, also 24 Jahre vor der Formulierung der speziellen Relativitätstheorie, experimentell untersucht. Als Fahrzeug, das möglichst schnell einem Lichtstrahl hinterhereilen sollte, benutzte er die Erde selbst, die sich mit einer Geschwindigkeit von etwa dreißig Kilometern in der Sekunde um die Sonne bewegt. Michelson baute eine Messanordnung auf, mit der sich die Geschwindigkeit von Licht relativ zum Erdboden sowohl in als auch gegen die Richtung der Erdflugbahn messen ließ.

Wir wollen hier nicht im Detail auf den experimentellen Aufbau von Michelson eingehen, sondern sein Experiment durch ein gleichwertiges, etwas futuristisches Experiment ersetzen, um die wesentlichen Aspekte besser überblicken zu können.

Abb. 3.3   Albert Einstein in New York 1930. (© akg-images. All rights reserved)

Stellen wir uns dazu zwei Raumschiffe A und B vor, die bewegungslos irgendwo in den Weiten des Weltalls verharren und die genau 299 792 458 m voneinander entfernt sein sollen. Von Raumschiff A schicken wir einen kurzen Lichtblitz zu Raumschiff B und lassen uns über Funk mitteilen, wann genau dieser Lichtblitz angekommen ist. Solche Lichtblitze lassen sich heute problemlos mit Lasern erzeugen. Wir stellen fest, dass der Lichtblitz genau eine Sekunde lang unterwegs gewesen ist und schließen daraus, dass er sich mit einer Geschwindigkeit von 299 792 458 m/s von Raumschiff A nach Raumschiff B bewegt hat. Genau genommen wird die Maßeinheit *Meter* heute sogar dadurch *definiert*, dass man sagt, ein Lichtstrahl lege in einer Sekunde exakt 299 792 458 m zurück.

Wir wollen versuchen, einem solchen Lichtblitz hinterherzufliegen. Dazu zünden wir für eine gewisse Zeit die Triebwerke der beiden Raumschiffe und bringen sie auf eine möglichst hohe Geschwindigkeit, wobei Raumschiff A hinter Raumschiff B fliegen soll. Nach Abschalten der Triebwerke soll der Abstand zwischen den beiden Raumschiffen wieder 299 792 458 m betragen (gesehen von den Raumschiffen aus). Nun schicken wir erneut einen Lichtblitz von Raumschiff A zu dem vor ihm fliegenden Raumschiff B. Da Raumschiff B nun aber vor dem Lichtblitz davonfliegt, erwarten wir, dass der Lichtblitz nun später als vorher bei Raumschiff *B* eintrifft. Das Licht sollte sich von den Raumschiffen aus betrachtet mit geringerer Geschwindigkeit als vorher von Raumschiff *A* in Richtung Raumschiff *B* bewegen.

Die obige Überlegung scheint im Grunde genommen eine Trivialität zu sein, über die es sich kaum nachzudenken lohnt. Doch wir sollten vorsichtig sein. Viele große Entdeckungen in der Physik sind dadurch zustande gekommen, dass solche scheinbaren Trivialitäten einer genauen Prüfung durch das Experiment unterzogen wurden. Auch wir wollen dies tun und uns den Ankunftszeitpunkt des Lichtblitzes von Raumschiff *B* übermitteln lassen. Das Ergebnis ist verblüffend! Genau eine Sekunde ist der Lichtblitz zwischen den beiden Raumschiffen unterwegs gewesen, so als hätten wir die Triebwerke zwischenzeitlich gar nicht gezündet. Die Geschwindigkeit, mit der sich der Lichtblitz relativ zu den beiden Raumschiffen bewegt, ist also 299 792 458 m/s, egal mit welcher Geschwindigkeit sich die beiden Raumschiffe gleichförmig bewegen. Bei der Messung der Lichtgeschwindigkeit merken wir offenbar überhaupt nichts davon, ob wir uns in Ruhe befinden, ob wir dem Licht hinterher oder sogar vor ihm wegfliegen. Wüssten wir nicht, dass sich die Raumschiffe am Anfang in Ruhe und nachher in Bewegung befunden haben, so gäbe uns zumindest die Messung der Lichtgeschwindigkeit keine weitere Möglichkeit, unsere absolute Geschwindigkeit zu bestimmen. Doch halt: Was soll eigentlich mit dem Begriff der absoluten Geschwindigkeit gemeint sein? Was heißt es, wenn wir behaupten, die Raumschiffe hätten sich anfangs in Ruhe befunden? In Ruhe in Bezug auf was?

Dies ist genau der entscheidende Punkt, der zuerst von Albert Einstein in seiner vollen Tragweite erkannt und formuliert wurde, gut 20 Jahre, nachdem Michelson sein Experiment durchgeführt hatte. Die große Zeitspanne zwischen der Entdeckung des physikalischen Phänomens und seiner korrekten Deutung gibt uns einen sehr vielsagenden Einblick in die Funktionsweise unseres menschlichen Geistes. Es ist für uns Menschen keineswegs einfach, aus gewohnten Denkstrukturen auszubrechen und durch die Veränderung unseres Blickwinkels die Dinge im richtigen Licht zu sehen.

Wie also müssen wir unseren Blickwinkel ändern, um hinter das Geheimnis der immer gleichbleibenden Lichtgeschwindigkeit zu kommen? Wir müssen uns vom Begriff der absoluten Geschwindigkeit trennen und erkennen, dass es immer nur möglich ist, die Bewegung eines Objektes relativ zu einem anderen Objekt anzugeben. Die Bewegung relativ zum leeren Raum, d. h. die absolute Bewegung, ist dagegen ein leerer Begriff, da sich eine solche Geschwindigkeit prinzipiell nicht durch Messung bestimmen lässt. Es war Einsteins Verdienst, diese Tatsache als Erster erkannt und formuliert zu haben.

Machen wir uns noch einmal die Tragweite dieser Entdeckung klar: Nehmen wir an, wir sitzen in einem großen Raumschiff, das sich völlig ungestört ohne Antrieb irgendwo durch das Weltall bewegt, weitab von irgendwelchen Sternen. Da der uns umgebende Raum praktisch leer ist, gibt es keinen Luftwiderstand, der unseren Flug bremsen könnte, und so gleiten wir lautlos und mit unveränderlicher Geschwindigkeit durch das All. Nun hat unser Raumschiff bedauerlicherweise keine Fenster oder irgendwelche sonstigen Geräte, mit denen wir nach draußen blicken können, und so fragen wir uns, wie schnell wir wohl an den in der Ferne leuchtenden Sternen vorbeidriften mögen. Glücklicherweise ist unser Raumschiff innen mit gut ausgestatteten Labors versehen, und wir versuchen, ein Geschwindigkeits-Messgerät zu entwickeln, mit dessen Hilfe wir unsere Geschwindigkeit messen können, ohne dabei auf Signale aus der Außenwelt angewiesen zu sein. Die Messung der Lichtgeschwindigkeit innerhalb des Raumschiffs wird dabei allerdings nichts bringen, wie wir ja bereits wissen. Wir würden lediglich feststellen, dass sich das Licht innerhalb des Raumschiffs in allen Richtungen gleich schnell fortbewegt. Nun wollen wir aber nicht gleich den Mut verlieren. Schließlich wissen wir, dass es durchaus physikalische Bewegungsgrößen gibt, die sich ohne Referenzobjekte außerhalb des Raumschiffs messen lassen, z. B. die Beschleunigung. Allein aus der Tatsache, dass wir nicht in unsere Sessel gedrückt werden, können wir nämlich bereits schließen, dass sich das Raumschiff beschleunigungsfrei bewegt. Die Beschleunigung lässt sich in diesem Sinne also absolut definieren, wobei wir Gravitationseffekte außen vor lassen, d. h. alle Sterne und Planeten sollen weit entfernt sein.

Mit der Geschwindigkeit dagegen haben wir so unsere Probleme. Alle Ideen, die wir realisieren, scheinen nicht zu funktionieren, und irgendwann geben wir entmutigt auf. Es bleibt uns zu guter Letzt nichts anderes übrig, als ein Loch in die Außenwand des Raumschiffs zu schweißen und unsere Geschwindigkeit relativ zu den vorbeiziehenden Sternen zu bestimmen. Die Messung unserer absoluten Geschwindigkeit ohne Bezugnahme auf solche externen Vergleichsobjekte ist fehlgeschlagen.

Einstein hat im Jahre 1905 dieses Phänomen in Form eines Postulates formuliert und es zur Grundlage seiner speziellen Relativitätstheorie gemacht. Das Postulat besagt, dass es prinzipiell kein physikalisches Experiment geben kann, mit dessen Hilfe sich die absolute Geschwindigkeit eines Objektes definieren und messen lässt. Es können immer nur relative Geschwindigkeiten zwischen Objekten gemessen werden. Insbesondere ist die Lichtgeschwindigkeit in allen sich beschleunigungsfrei bewegenden Bezugssystemen (so wie unser Raumschiff) in allen Richtungen gleich groß.

Im Licht dieser Erkenntnis ist es vielleicht überraschend, dass es durchaus die Möglichkeit gibt, ein universelles Bezugssystem im Weltall zu definieren, relativ zu dem sich eine Geschwindigkeit leicht messen lässt. Dieses Bezugssystem wird durch die kosmische Mikrowellen-Hintergrundstrahlung gegeben, die als Echo des Urknalls den gesamten Weltraum gleichmäßig in alle Richtungen durchdringt. Die Geschwindigkeitsmessung erfolgt dabei durch Messung des Dopplereffekts an dieser Strahlung. Mikrowellen, die in Fahrtrichtung auf uns zukommen, erscheinen zu höheren Frequenzen hin verschoben. Dieser Effekt ist uns von der Tonhöhenveränderung einer Sirene auf einem vorbeifahrenden Krankenwagen her wohlbekannt. Einsteins Überlegungen werden aber durch die Existenz eines global definierbaren Bezugssystems mithilfe der kosmischen Hintergrundstrahlung nicht beeinträchtigt. Schließlich muss man auch hier zur Messung der Geschwindigkeit mit irgendwelchen Messinstrumenten aus dem Raumschiff herausschauen.

Licht ist eine besondere Erscheinungsform des elektromagnetischen Feldes, nämlich eine regelmäßige Schwingung, die sich mit der Zeit durch den Raum fortpflanzt. Lässt sich aus der endlichen Lichtgeschwindigkeit vielleicht schließen, dass sich jede Veränderung des elektromagnetischen Feldes immer nur maximal mit Lichtgeschwindigkeit im Raum ausbreiten kann? Eine genaue Analyse der Maxwell-Gleichungen bestätigt diese Vermutung. Das elektrische Feld in einem gewissen Abstand von einer elektrischen Ladung ist nicht durch deren momentane Position bestimmt, sondern durch die Position, die die Ladung vor der Zeitspanne eingenommen hat, die ein Lichtstrahl zur Überbrückung der Entfernung bis zur Ladung benötigen würde. Mit anderen Worten: Versucht man, die Position einer elektrischen Ladung durch Messung ihres elektrischen Feldes in einem gewissen Abstand zu ermitteln, so erhält man nur Informationen über die Position der Ladung in der Vergangenheit. Das elektrische Feld überträgt die Information über die Position der felderzeugenden Ladung immer nur mit Lichtgeschwindigkeit.

Wie aber steht es dann mit anderen Wechselwirkungen, beispielsweise mit der Gravitation? Breitet auch sie sich mit einer endlichen Geschwindigkeit aus? Falls dies tatsächlich so wäre, so müsste Newtons Gravitationsgesetz modifiziert werden, denn nach diesem Gesetz hängt die Gravitationswirkung einer Materieansammlung von deren momentaner Position im Raum ab. Auch das Coulomb'sche Gesetz für die elektrische Kraft zwischen Ladungen gilt nur bei unbewegten Ladungen und muss bei sich bewegenden Ladungen modifiziert werden. Das Ergebnis dieser Modifikation des Coulomb'schen Gesetzes sind die Maxwell-Gleichungen. Wir werden noch sehen, dass auch Newtons Gravitationsgesetz modifiziert werden muss. Das Ergebnis ist die allgemeine Relativitätstheorie.

Einstein stellte nun das Postulat auf, dass sich jede beliebige physikalische Wirkung, sei es nun eine Kraft, Licht oder allgemein irgendeine Form von Information (z. B. die Positionsinformation), immer nur mit einer endlichen Geschwindigkeit im Raum ausbreiten kann.

Eine präzise Formulierung der beiden Postulate Einsteins lautet:

1. Die physikalischen Gesetze gelten in allen Inertialsystemen (z. B. unser Raumschiff ohne Antrieb) in der gleichen Form (Relativitätsprinzip).
2. Es gibt eine endliche maximale Ausbreitungsgeschwindigkeit für physikalische Wirkungen.

Ein Inertialsystem ist dabei ein Bezugssystem, in dem ein sich kräftefrei bewegender Körper eine konstante Geschwindigkeit besitzt. Der Begriff Bezugssystem bedeutet dabei, dass Referenzpunkte im Raum existieren, relativ zu denen sich Entfernungen und Winkel bestimmen lassen. Dabei wird angenommen, dass sich diese Punkte nicht relativ zueinander bewegen. Die Wände eines Raumschiffs bilden ein solches Bezugssystem. Zusätzlich fordert man, dass sich in diesem Bezugssystem eine Uhr befindet, die sich relativ zu den räumlichen Referenzpunkten nicht bewegt. Diese Uhr liefert den Zeitmaßstab für das Bezugssystem. Dabei muss man sich nicht unbedingt eine wirkliche Uhr vorstellen, sondern man fordert genau genommen nur, dass man Zeitintervalle irgendwie messen kann.

Unter physikalischen Wirkungen sind alle physikalischen Prozesse gemeint, mit denen sich im Prinzip Informationen durch den Raum übermitteln lassen, also jede Art von Wechselwirkung zwischen Objekten, aber auch die Bewegung von Objekten selbst. Die maximale Ausbreitungsgeschwindigkeit für Wirkungen ist damit gleichzeitig eine maximale Bewegungsgeschwindigkeit für jedes physikalische Objekt wie Raumschiffe, Elementarteilchen oder Photonen.

Aus Postulat 2 folgt wegen Postulat 1, dass die maximale Ausbreitungsgeschwindigkeit für Wirkungen in jedem Inertialsystem die gleiche sein muss. Diese maximale Geschwindigkeit stellt eine zu messende universelle Naturkonstante dar, deren Wert aber nicht durch die Postulate festgelegt ist. Wie man mithilfe der Gleichungen für das elektromagnetische Feld – den Maxwell-Gleichungen – zeigen kann, bewegen sich alle elektromagnetischen ebenen Wellen inklusive Licht im leeren Raum gerade mit dieser maximalen Ausbreitungsgeschwindigkeit, die damit der Lichtgeschwindigkeit entspricht.

Es ist interessant, dass das erste Postulat auch auf die durch Newton begründete klassische Mechanik zutrifft. Legt man Newtons Bewegungsgesetze zugrunde, so lässt sich auch hier keine absolute Geschwindigkeit definieren. Allerdings gibt es dabei keine obere Grenze für die Geschwindigkeit einer Bewegung, und Licht wird durch die Newton'schen Gesetze der Mechanik sowieso nicht beschrieben.

Treffen Einsteins Postulate in der Realität auch wirklich zu? Bis zum heutigen Tag geben alle Experimente darauf eine positive Antwort. Darüber hinaus haben Einsteins Postulate weitreichende Konsequenzen für jede physikalische

Theorie, denn sie muss im Einklang mit den Postulaten stehen. Dies führt zu strengen Einschränkungen in den mathematischen Formulierungsmöglichkeiten für physikalische Theorien und hat bestimmte physikalische Effekte zur Folge, die sich experimentell überprüfen lassen. Das Paradebeispiel dafür ist das magnetische Feld. Will man eine Theorie für das elektrische Feld aufstellen, die in Einklang mit Einsteins Postulaten ist und die bei statischen Ladungen das Coulomb'sche Kraftgesetz reproduziert, so ist man bei der mathematischen Formulierung dieser Theorie zur Einführung eines Magnetfeldes gezwungen.

Ähnlich (wenn auch im Detail deutlich anders) verhält es sich mit dem Gravitationsfeld. Da Newtons Gravitationsgesetz nicht im Einklang mit Einsteins Postulaten ist, muss diese Beschreibung durch eine andere Theorie ersetzt werden, die im statischen Grenzfall, d. h. bei sehr langsamen Bewegungen und schwachen Feldern, in Newtons Gravitationsgesetz übergeht. Einstein selbst war es, der durch die allgemeine Relativitätstheorie diese verallgemeinerte Theorie der Gravitation schuf. Man kann den Unterschied zwischen spezieller und allgemeiner Relativitätstheorie vielleicht am kürzesten so charakterisieren: Die spezielle Relativitätstheorie ist eine Theorie in Raum und Zeit, denn physikalische Dynamik wird hier durch Objekte in Raum und Zeit beschrieben. Die allgemeine Relativitätstheorie ist hingegen eine Theorie über Raum und Zeit, denn Raum und Zeit werden dort auch selbst zu dynamischen Objekten. Wir werden in Kapitel 7 noch ausführlich auf die allgemeine Relativitätstheorie zurückkommen.

Die Beweise für die Richtigkeit der Einstein'schen Postulate sind so überwältigend, dass es heute keinen Zweifel mehr an ihrer Gültigkeit gibt. Somit stellt die darauf begründete spezielle Relativitätstheorie zusammen mit der Quantenmechanik eines der wichtigsten Fundamente dar, auf der jede physikalische Theorie der Materie aufgebaut sein muss.

Denken wir zurück an den Austausch von Lichtblitzen zwischen den beiden Raumschiffen in unserem Gedankenexperiment. Unsere Anschauung hat uns die Vorstellung nahegelegt, dass es möglich sein sollte, einem Lichtblitz hinterherzufliegen und diesen vielleicht sogar zu überholen. Zumindest sollte er sich aber langsamer von uns entfernen, wenn wir ihm hinterhereilen. In der physikalischen Realität geschieht aber etwas anderes: Egal, wie sehr wir einem Lichtstrahl auch hinterhereilen, er wird sich aus unserer Sicht immer mit Lichtgeschwindigkeit von uns entfernen. Ein Überholen ist damit natürlich ausgeschlossen. Und damit ist wiederum klar, dass nichts auf der Welt sich schneller als mit Lichtgeschwindigkeit bewegen kann. Dass dies wirklich so ist, wird jeden Tag an den großen Teilchenbeschleunigern der Welt immer wieder bestätigt. So wurden im LEP-Speicherring am europäischen CERN-Forschungslabor bei Genf Elektronen extrem stark beschleunigt und auf Bewegungsenergien von bis zu 200 000 MeV gebracht. Ihre Endgeschwindigkeit war von der Lichtgeschwindigkeit kaum noch zu unterscheiden. Analog ist es bei den Protonen am Large Hadron Collider LHC. Man kann diese Teilchen noch so sehr beschleunigen, schneller als Licht werden sie niemals. Dies liegt daran, dass jedes beliebige Materiepartikel umso schwieriger weiter beschleunigt werden kann, je schneller es bereits ist. Die zu beschleunigende Masse eines Partikels scheint mit zunehmender Geschwindigkeit immer größer zu werden, sodass weitere Energiezufuhr sich immer weniger in einer steigenden Geschwindigkeit äußert.

Um Missverständnissen vorzubeugen: Unter der Masse m eines Teilchens werden wir in diesem Buch immer seine Ruhemasse verstehen, also die Masse, die dem Teilchen zukommt, wenn es sich nicht oder nur sehr langsam bewegt. Eine Sonderrolle spielen hier die sogenannten masselosen Teilchen, die sich immer mit Lichtgeschwindigkeit bewegen und für die es daher natürlich keine Ruhemasse gibt. Wir sagen, dass diese Teilchen die Masse null besitzen. Ein Beispiel für so ein Teilchen kennen wir bereits: das Photon.

Aus der speziellen Relativitätstheorie ergeben sich eine ganze Reihe merkwürdiger Phänomene. Erscheinen z. B. zwei Ereignisse aus einem Inertialsystem heraus betrachtet als gleichzeitig, so gilt dies keineswegs automatisch für alle anderen Inertialsysteme. Andere Phänomene sind die sogenannte *Zeitdilatation* und die *Längenkontraktion*. Ein Raumschiff, das sehr schnell an uns vorüberfliegt, ist aus unserer Sicht kürzer als ein baugleiches, aber ruhendes Raumschiff. Man muss hier jedoch vorsichtig mit der genauen Interpretation dieser Tatsachen sein und sich vergewissern, in welchem Sinn das Raumschiff kürzer geworden ist. So würde unser Auge keineswegs ein kürzeres vorbeifliegendes Raumschiff sehen, sondern ein merkwürdig verdrehtes Raumschiff.

Wie schon bei der Quantenmechanik müssen wir einsehen, dass sich unsere Anschauung über die Bewegung von Körpern in Raum und Zeit nicht mit der physikalischen Wirklichkeit deckt. Solange die betrachteten Geschwindigkeiten deutlich kleiner als die Lichtgeschwindigkeit sind, bemerken wir von den Phänomenen der speziellen Relativitätstheorie praktisch nichts und alles verhält sich wie gewohnt. Sobald aber größere Geschwindigkeiten ins Spiel kommen, versagt unsere Anschauung. Wir können dann lediglich die Realität akzeptieren und uns ein wenig an sie gewöhnen, ohne dass wir sie wirklich im eigentlichen Sinne des Wortes *begreifen* können.

Der Vergleich mit den Verständnisschwierigkeiten bei der Quantenmechanik drängt sich auf. Dennoch sind die Schwierigkeiten beim Verständnis der speziellen Relativitätstheorie anderer Natur als bei der Quantenmechanik. Dies zeigt alleine schon die Tatsache, dass der Schöpfer der speziellen Relativitätstheorie, Albert Einstein, sich mit der Quantenmechanik nie so recht anfreunden konnte. In der speziellen Relativitätstheorie wird nämlich die Exis-

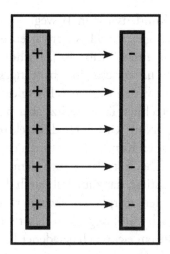

Abb. 3.4 Kondensator, bestehend aus einer positiv und einer negativ elektrisch geladenen Platte sowie einem elektrisch leitenden Metallkasten, der das elektrische Feld
nach außen hin abschirmt

tenz einer für sich existierenden Realität mit lokal wohldefinierten Objekten
in Raum und Zeit nicht geleugnet.

Ein bekanntes Ergebnis der speziellen Relativitätstheorie ist die *Äquivalenz
von Energie und Masse*, wie sie Einsteins berühmte Formel $E = mc^2$ ausdrückt.
Was verbirgt sich genauer dahinter?

Betrachten wir einen ruhenden elektrisch aufgeladenen Kondensator, bestehend aus einer positiv und einer negativ elektrisch geladenen Kondensator-
platte mit einem sehr starken statischen elektrischen Feld dazwischen. Die einander gegenüberstehenden Platten sollen sich in einem elektrisch leitenden
Metallkasten befinden, der das elektrische Feld nach außen hin abschirmt
(Abb. 3.4). Dieses elektrische Feld kann durch die Maxwell-Gleichungen beschrieben werden. Wichtig ist nun, dass die Maxwell-Gleichungen den beiden
Einstein'schen Postulaten genügen, d. h. elektromagnetische Felder werden in
jedem beliebigen Inertialsystem durch diese Gleichungen beschrieben. Dies
bedeutet, dass wir den Kondensator auf einen fahrenden Zug stellen können, und das mitgeführte elektromagnetische Feld ist ebenso eine Lösung der
Maxwell-Gleichungen wie das elektrische Feld des ruhenden Kondensators,
wobei automatisch die Einstein'schen Postulate gelten.

Wir nehmen an, dass wir die Massen der Kondensatorplatten und die Energie, die in dem elektrischen Feld steckt, genau kennen. Um den wesentlichen
Aspekt der nun folgenden Überlegung klar herauszuarbeiten, wollen wir annehmen, dass die Masse der Kondensatorplatten gleich null ist. Sie dienen
praktisch nur zur Erzeugung des elektrischen Feldes durch die auf den Platten
vorhandenen elektrischen Ladungen.

Wir wollen nun den Kondensator in Bewegung versetzen. Da die Masse der Kondensatorplatten gleich null ist, erwarten wir, dass dazu keinerlei Energie nötig ist. Der Kondensator selbst ist ja leichter als eine Feder, und das elektrische Feld erscheint uns sowieso ein sehr luftiges Gespinst zu sein. Das elektrische Feld speichert zwar eine gewisse Energiemenge, die sich mit den Maxwell-Gleichungen berechnen lässt, besitzt aber nach unserem bisherigen Verständnis keine Masse. Nun wird auch das elektromagnetische Feld des sich gleichförmig bewegenden Kondensators durch die Maxwell-Gleichungen beschrieben. Wir stellen dabei fest, dass neben dem elektrische Feld nun zusätzlich ein Magnetfeld existiert, das zum Teil durch die sich nun bewegenden elektrisch geladenen Kondensatorplatten erzeugt wird, zum Teil aber auch seinen Ursprung in dem sich mitbewegenden elektrischen Feld hat. Die elektromagnetischen Felder, die ein elektrisch geladener Körper aussendet, hängen also vom Bezugssystem ab, von dem aus man den Körper betrachtet. Eine bewegte elektrische Ladung erzeugt ein Magnetfeld, eine ruhende Ladung dagegen nicht.

Wir können mithilfe der Maxwell-Gleichungen ausrechnen, welche Energie in dem elektromagnetischen Feld des bewegten Kondensators steckt. Dabei stellen wir fest, dass der Energieinhalt dieses Feldes im Vergleich zum ruhenden Kondensator zugenommen hat. Nun gilt aber bei den Maxwell-Gleichungen der Satz von der Erhaltung der Energie, d. h. der Energiezuwachs im elektromagnetischen Feld muss irgendwo hergekommen sein. Er muss zur Beschleunigung des Kondensators mitsamt seinem elektromagnetischen Feld aufgewendet werden. Daraus schließen wir, dass das elektromagnetische Feld sich keineswegs wie ein luftiges Gespinst verhält, sondern dass es sich ähnlich wie eine Masse benimmt, zu deren Beschleunigung auf eine höhere Geschwindigkeit eine gewisse Energiemenge erforderlich ist. Tatsächlich kann man mithilfe der Maxwell-Gleichungen sogar nachrechnen, dass der Kondensator bei einer Beschleunigung eine Trägheit besitzt, ganz analog zu einem massiven Körper, der einer Beschleunigung einen gewissen Widerstand entgegenbringt.

Wir hatten einen elektrisch leitenden Metallkasten um die beiden Kondensatorplatten und das dazwischenliegende elektrische Feld herum gebaut, wobei wir die Platten innerhalb dieses Kastens befestigt haben. Das elektrische Feld kann die Wände dieses Kastens nicht durchdringen, d. h. wir wissen nichts von seiner Existenz. Versuchen wir nun, diesen Kasten in Bewegung zu versetzen, so ist dazu eine gewisse Energie notwendig. Nach unseren obigen Überlegungen ist dies sogar dann der Fall, wenn wir annehmen, dass sowohl Platten als auch Kastenwände keine Masse besitzen, denn der Energiezuwachs des eingeschlossenen Feldes muss bei der Beschleunigung aufgebracht werden. Von außen sehen wir aber nichts von irgendeinem Feld. Der Kasten scheint für uns einfach nur eine bestimmte Masse zu besitzen, zu deren Beschleunigung Energie aufgewendet werden muss. Diese Quasi-Masse kann man berechnen. Sie ist gerade gegeben durch die Masse von Platten und Kasten zuzüglich der Energie des eingeschlossenen Feldes, dividiert durch das Quadrat der Lichtgeschwindigkeit (genau genommen muss man zusätzlich noch die Kräfte berücksichtigen, die die Kondensatorplatten und Kastenwände an ihren Plätzen halten).

Wir beginnen zu ahnen, dass Masse und Energie offenbar eng miteinander verknüpft sind. Nicht nur Masse, sondern auch Energie besitzt eine gewisse Trägheit. Es ist sogar zumindest in größerer Entfernung unmöglich, zu entscheiden, ob die Trägheit bei unserem Kasten von einem darin eingeschlossenen massiven Gewicht oder von einem eingeschlossenen elektromagnetischen Feld herrührt. Es ist allgemein nicht zu entscheiden, ob die von außen sichtbare Masse eines Objektes von massiven Komponenten oder von irgendwelchen eingeschlossenen Energien herrührt. Es beschleicht uns der Verdacht, dass dies auch für unsere Untersuchungsobjekte, die atomaren und subatomaren Teilchen, gelten könnte. Wer weiß, vielleicht ist beispielsweise das Elektron nichts anderes als ein auf kleinstem Raum in sich verknäultes, noch unbekanntes Kraftfeld, dessen Feldenergie wir von außen als die Masse des Elektrons wahrnehmen! Wir werden im Verlauf dieses Buches sehen, dass diese Idee tatsächlich sehr weit trägt, auch wenn heute noch unklar ist, wie weit genau. So kann man fast die gesamte Masse des Protons als Folge eines sehr starken Kraftfeldes verstehen, das drei relativ leichte Bausteine (die sogenannten Quarks) zusammenhält.

Stellen wir uns vor, wir würden ein kleines Loch in unseren Kasten mit dem Kondensator hineinbohren und einen Teil der darin verborgenen Feldenergie nach außen entlassen, indem wir die Kondensatorplatten wie die Pole einer Batterie als Stromquelle nutzen. Dies würde uns so erscheinen, als ob der Kasten an Masse verlieren würde, die in Form von Energie nach außen entweicht. Ein gewisser Massenanteil des Kastens hätte sich in außen verfügbare Energie verwandelt. Umgekehrt ließe sich durch Energiezufuhr für das eingeschlossene Feld die Masse des Kastens erhöhen. Wir gewinnen von außen den Eindruck, dass Masse und Energie ineinander umwandelbar sind, da wir die Masse des Kastens als Energiespeicher verwenden können.

Wir sind hier auf ein neues Naturgesetz gestoßen, das eine ganz allgemeine Gültigkeit besitzt. Es handelt sich dabei nicht um eine Besonderheit unseres speziellen Versuchsaufbaus, sondern um eine Auswirkung der Einstein'schen Postulate. Nicht die explizite Form der Maxwell-Gleichungen führt zu unserem Ergebnis, sondern die Tatsache, dass diese Gleichungen den Postulaten Einsteins genügen. In jeder beliebigen physikalischen Theorie, die den Einstein'schen Postulaten genügt, gilt die Äquivalenz von Masse und Energie.

Die Fusion von zwei Protonen und zwei Neutronen zu einem Heliumkern stellt die Gültigkeit dieser Äquivalenz eindrucksvoll unter Beweis. Der bei der Fusion eintretende Massenverlust von 28,3 MeV entspricht genau der frei werdenden Energiemenge. Aus genau dieser Quelle schöpft die Sonne bereits seit mehreren Milliarden Jahren ihre Leuchtkraft.

Wie aber steht es mit anderen Reaktionen, bei denen uns bisher diese Umwandlung von Masse in Energie nicht aufgefallen war? Betrachten wir beispielsweise ein Proton und ein Elektron, die sich zu einem Wasserstoffatom vereinen. Befindet sich das Wasserstoffatom am Schluss im Grundzustand, so sind bei dieser Reaktion insgesamt 13,6 Elektronenvolt (eV) Energie frei geworden, also nur etwa ein Zweimillionstel der Energiemenge, die bei der Entstehung eines Heliumkerns frei wird. Der Grund für diesen extremen Unterschied liegt darin, dass die Kernkraft zwischen den Nukleonen im Heliumkern weitaus stärker ist als die elektrische Anziehungskraft zwischen Proton und Elektron im Wasserstoffatom.

Die Masse eines Wasserstoffatoms liegt bei etwa 1 000 MeV, d. h. die frei werdende Energiemenge entspricht nur etwa einem Hundertmillionstel dieser Masse. Nun lässt sich die Masse des Wasserstoffatoms auf etwa 100 eV genau experimentell messen, sodass ein Massenverlust von 13,6 eV im Experiment gar nicht mehr messbar ist. Dennoch besteht kein Zweifel, dass dieser Massenverlust bei der Bildung eines Wasserstoffatoms ebenso auftritt wie bei der Bildung eines Heliumkerns. Er fällt lediglich wegen der relativ geringen frei werdenden Energiemenge buchstäblich nicht ins Gewicht. Erst die starken Kernkräfte und die dadurch frei werdenden enormen Energiemengen machen die Masse-Energie-Äquivalenz unmittelbar sichtbar.

Bisher hatten wir immer als selbstverständlich angenommen, dass bei jeder physikalischen oder chemischen Reaktion zwei voneinander getrennte Erhaltungssätze gelten: der Satz von der Erhaltung der Energie sowie der Satz von der Erhaltung der Masse. Die Summe der Massen aller Reaktionspartner sollte vor und nach der Reaktion unverändert sein, ebenso wie die Energie, wobei man den einzelnen Reaktionspartnern bei chemischen Reaktionen eine Art innerer Energie zuordnet.

Nun haben wir herausgefunden, dass diese beiden Erhaltungssätze nicht unabhängig voneinander gelten. Sie sind lediglich umso besser erfüllt, je schwerer die beteiligten Reaktionspartner und je geringer die beteiligten Energiemengen sind. Allgemein gilt in der Natur statt dieser beiden Erhaltungsätze ein neuer, universeller Erhaltungssatz für eine neue Größe, die ich *relativistische Gesamtenergie* oder auch kürzer *relativistische Energie* nennen möchte. Die relativistische Gesamtenergie ist dabei gegeben durch die Summe aller Massen der Reaktionspartner, umgerechnet in Energieeinheiten durch Multiplikation mit c^2, plus die Summe aller Energien, die an der Reaktion beteiligt sind. Diese relativistische Gesamtenergie bleibt bei der Reaktion erhalten.

Die relativistische Gesamtenergie E eines einzelnen, ruhenden Objektes der Masse m ist gegeben durch Einsteins Formel $E = mc^2$. Die Masse von einem Gramm entspricht also der ungeheuren relativistischen Gesamtenergie von 90 Mrd. kJ oder 25 Mio. kWh. Mit dieser Energiemenge könnte eine 100-Watt-Glühbirne immerhin etwa 29 000 Jahre lang leuchten. Dazu wäre es aber notwendig, eine Reaktion zu finden, bei der diese Masse tatsächlich auch vollständig in Energie umgewandelt wird. Chemische Reaktionen kommen dazu nicht infrage. Dennoch gibt es solche Reaktionen tatsächlich: Die gegenseitige Vernichtung von Materie und Antimaterie (wir gehen später noch genauer darauf ein). Nach heutigem Wissen lässt sich damit jedoch keine ewig sprudelnde Energiequelle realisieren, da die Energie vorher zur Bildung der Antimaterie erst hineingesteckt werden muss.

Einsteins Theorie erlaubt die Existenz einer kuriosen Spezies von Objekten, die die *Masse null* aufweisen. Ein masseloses Objekt ist uns bereits begegnet: das Photon, also das Teilchen des Lichts. Teilchen mit der Masse null unterscheiden sich deutlich von massiven Teilchen wie dem Elektron. Ihre Existenz ist ohne die spezielle Relativitätstheorie nicht zu verstehen. Denn was wäre in der klassischen Newton'schen Physik, also ohne die spezielle Relativitätstheorie, ein Teilchen mit Masse null? Es hätte weder einen Impuls noch eine Energie, da in der klassischen Physik die Masse in beide Größen multiplikativ eingeht. Und es könnte durch beliebig schwache Kräfte sofort auf unendliche Geschwindigkeit beschleunigt werden, da zu seiner Beschleunigung keine Energie aufgewendet werden muss. Die Ursache für diese Kuriositäten liegt darin, dass die klassische Newton'sche Bewegungsgleichung (Kraft = Masse · Beschleunigung oder kurz $F = ma$) für ein masseloses Teilchen ihren Sinn verliert.

In der speziellen Relativitätstheorie gilt jedoch eine andere Bewegungsgleichung, die auch für Teilchen mit der Masse null ihren Sinn behält. Masselose Teilchen bewegen sich demnach immer mit der maximal möglichen Geschwindigkeit, also mit Lichtgeschwindigkeit. Man kann daher Photonen nicht zum Stillstand bringen.

Obwohl Photonen keine Masse besitzen, besitzen sie dennoch physikalische Eigenschaften, die sie zu mehr machen als zu einem geisterhaften, nicht greifbaren Phänomen. So transportiert ein Photon eine gewisse Energiemenge, wobei es keinen Sinn macht, diese Energie mit der Bewegungsenergie eines massiven Teilchens gleichzusetzen. Der Begriff der Bewegungsenergie macht nur Sinn für Teilchen, die sich auch zum Stillstand bringen lassen. Die Energie eines masselosen Teilchens ist dagegen identisch mit seiner relativistischen Gesamtenergie. Weiterhin kann ein Photon mit anderen Teilchen kollidieren und z. B. ein Elektron aus einer Metalloberfläche herausschlagen, wie wir beim Fotoeffekt gesehen haben. Falls das Photon dabei seine gesamte Energie verliert, so verschwindet es einfach, denn ein masseloses Teilchen ohne Energie ist genauso viel Wert wie gar kein Teilchen (ähnlich wie ein Lichtstrahl mit unendlich langer Wellenlänge).

Was aber geschieht, wenn das Photon nur einen Teil seiner Energie auf das Elektron überträgt und dann in irgendeine Richtung davonfliegt? Es fliegt dann nicht etwa langsamer als vor der Kollision, so wie wir das von einem Elektron erwarten würden. Die fehlende Energie macht sich dadurch bemerkbar, dass das Photon nun zu einer Lichtwelle mit größerer Wellenlänge gehört. Gleichzeitig hat sich auch sein Impuls vermindert.

Impuls und Energie bilden in der relativistischen Physik wie auch in der Quantenmechanik die geeigneten Größen zur Kennzeichnung der Bewegung eines Teilchens. Anders als in der nichtrelativistischen Physik ist die Geschwindigkeit in der relativistischen Physik keine allgemein geeignete Größe mehr, da sich masselose Teilchen immer mit Lichtgeschwindigkeit fortbewegen, aber dennoch unterschiedliche Energien aufweisen können.

Der Impuls ist uns schon mehrfach in diesem Buch begegnet. Er ist nicht so bekannt wie die Energie, aber eine genauso fundamentale physikalische Größe. Wie die Geschwindigkeit ist auch der Impuls eines Teilchens ein Vektor, also eine gerichtete Größe, die einen Betrag sowie eine Richtung im Raum besitzt und sich durch einen Pfeil darstellen lässt (nicht zu verwechseln mit den Pfeilen für die Werte von Wellenfunktionen in der Quantenmechanik). Die Richtung des Impulses gibt dabei die Bewegungsrichtung des Teilchens an. Die Energie ist dagegen eine ungerichtete Größe, also eine Zahl.

Man kann sich den Impuls als einen gespeicherten Kraftstoß vorstellen. Wirkt eine konstante Kraft F über einen Zeitraum Δt auf einen Körper ein, so wächst dessen Impuls um den Betrag $\Delta p = F \Delta t$ an. Dies bedeutet, dass der Impuls eines anfangs ruhenden Körpers während der konstanten Krafteinwirkung proportional zur verstrichenen Zeit anwächst. Wirkt dagegen keine Kraft, so ändert sich auch der Impuls des Körpers nicht. Man definiert heute sogar häufig die Kraft, die auf einen Körper wirkt, als die zeitliche Änderung seines Impulses, sodass nicht mehr die Beschleunigung, sondern die Impulsänderung die fundamentalere Größe ist. Das ist besonders in der relativistischen Physik nützlich, denn ein masseloses Teilchen kann man nicht beschleunigen, wohl aber seinen Impuls ändern.

Genauso wie für die relativistische Gesamtenergie gilt auch für den Impuls ein Erhaltungssatz, d. h. die Summe der Impulse aller Teilchen hat vor und nach einem Stoßprozess, einem Teilchenzerfall oder allgemein einer Reaktion zwischen Teilchen denselben Wert. Dabei wird die Summe der Impulse durch Aneinanderfügen der entsprechenden Impulspfeile bestimmt. Letztlich spiegelt der Impulserhaltungssatz Newtons zweites Bewegungsgesetz *Actio gleich*

Reactio in verallgemeinerter Form wider. Energie- und Impulserhaltungssatz legen zusammen das kinematische Verhalten bei allen Teilchenreaktionen fest.

In der nichtrelativistischen Mechanik ist der Zusammenhang zwischen Energie E, Masse m und Geschwindigkeit v eines Teilchens gegeben durch $E = mv^2/2$ und $p = mv$, woraus sich der Zusammenhang $E = p^2/(2m)$ zwischen Energie, Masse und Impuls ergibt. Für masselose Teilchen verlieren diese Gleichungen ihren Sinn.

In der relativistischen Mechanik dagegen gilt für massebehaftete wie masselose Teilchen die wichtige Beziehung

$$E^2 = (pc)^2 + (mc^2)^2$$

zwischen der relativistischen Gesamtenergie E, dem Impuls p und der Masse m, wobei alle diese Größen positiv sind. Für den Spezialfall ruhender massiver Objekte (also Impuls null) ergibt sich daraus die bekannte Formel $E = mc^2$. Für masselose Teilchen ergibt sich dagegen $E = pc$, d. h. Energie und Impuls eines masselosen Teilchens sind bis auf den Einheiten-Umrechnungsfaktor c gleich groß.

Für massebehaftete Teilchen kann man eine Beziehung zwischen Impuls p bzw. Energie E und der Geschwindigkeit v angeben, die mit der obigen Formel verträglich ist und die den richtigen nichtrelativistischen Grenzfall ergibt:

$$p = m\gamma v \text{ und } E = m\gamma c^2 \text{ mit } \gamma^2 = 1/(1 - (v/c)^2)$$

Dabei ist c wie immer die Lichtgeschwindigkeit und γ ist der sogenannte *Lorentzfaktor*. Dieser Lorentzfaktor ist bei der Geschwindigkeit null zunächst gleich eins und wächst dann immer weiter an, je mehr sich die Geschwindigkeit v der Lichtgeschwindigkeit c nähert. Manchmal fasst man auch das Produkt $m \cdot \gamma$ als *relativistische Masse* M_v des Teilchens auf, die bei zunehmender Geschwindigkeit immer größer wird, sodass es immer schwieriger wird, das Teilchen weiter zu beschleunigen, je schneller es bereits ist. Die obigen Formeln lauten dann einfach $p = M_v v$ und $E = M_v c^2$. Um Verwirrung zu vermeiden halten wir uns hier aber an die übliche Konvention, nur die Ruhemasse m des Teilchens als *die* Teilchenmasse zu bezeichnen, denn m ist damit eine innere Eigenschaft des Teilchens, unabhängig von seiner Geschwindigkeit.

Masselose Teilchen bewegen sich immer mit Lichtgeschwindigkeit, sodass kein Zusammenhang mehr zwischen Impuls bzw. Energie und Teilchengeschwindigkeit besteht. Man erkennt dies auch an den obigen Formeln für Teilchen mit Masse, wenn man darin die Teilchenmasse m immer kleiner werden lässt. Dazu setzt man γ in die Formel $E = m\gamma c^2$ ein, quadriert und löst dann nach der Geschwindigkeit v auf, mit dem Ergebnis

$$v^2 = c^2(1 - (mc^2/E)^2)$$

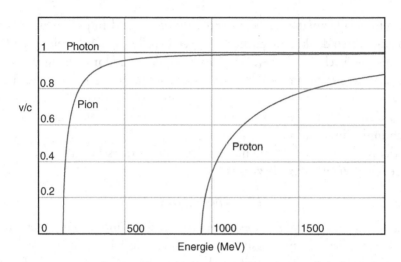

Abb. 3.5 Der Zusammenhang zwischen relativistischer Gesamtenergie E und Geschwindigkeit v eines Teilchens mit Masse m ist hier für das masselose Photon, das etwa 940 MeV schwere Proton und das nur etwa 140 MeV schwere Pion dargestellt. Wie man sieht, nähert sich die Teilchengeschwindigkeit bei zunehmender Energie immer mehr der Lichtgeschwindigkeit, ohne sie aber je zu überschreiten. Das masselose Photon bewegt sich dagegen bei jeder Energie immer mit Lichtgeschwindigkeit

Mit dieser Formel kann man direkt die Geschwindigkeit v eines Teilchens mit Masse m und Energie E berechnen (Abb. 3.5). Wenn man nun die Energie E festhält und die Teilchenmasse m gegen null gehen lässt, dann wächst die Teilchengeschwindigkeit v gegen die Lichtgeschwindigkeit c und für masselose Teilchen wird schließlich $v = c$. Man kann andererseits auch die Teilchenmasse m fest vorgeben und sich ansehen, wie die Teilchengeschwindigkeit v mit wachsender Energie E zunimmt. Egal wie groß die Energie E dabei wird: Die Geschwindigkeit v überschreitet nie die Lichtgeschwindigkeit c. Einsteins zweites Postulat zeigt sich hier: Nichts kann schneller als das Licht sein!

Die Nichtexistenz eines separaten Erhaltungssatzes für die Masse hat weitreichende Konsequenzen. Es sollte beispielsweise möglich sein, dass ein ruhendes Objekt mit einer bestimmten Masse sich plötzlich in zwei oder mehr masselose Objekte verwandelt, deren Gesamtenergie genau der Masse des verschwundenen Objektes entspricht. Dabei verbietet der Impulserhaltungssatz übrigens den Zerfall in nur ein einziges masseloses Objekt, denn die Impulse der masselosen Objekte müssen zusammen null ergeben, da sie aus einem ruhenden Objekt hervorgegangen sind. Tatsächlich finden wir in der Natur Beispiele für diesen merkwürdigen Vorgang. Greifen wir ein wenig vor und betrachten ein spezielles Teilchen, das wir später noch genauer kennenlernen werden: das neutrale Pion. Dieses Teilchen hat den Spin 0 und ist mit einer Masse von 135 MeV etwa 200-mal schwerer als das Elektron oder

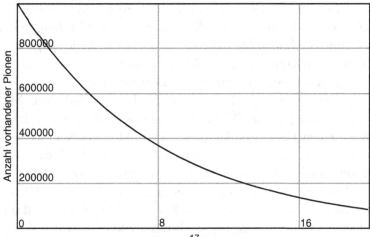

Zeit in 10^{-17} Sekunden

Abb. 3.6 Beispiel für einen Zerfallsprozess: Neutrale Pionen zerfallen mit einer mittleren Lebensdauer von $8 \cdot 10^{-17}$ Sekunden bevorzugt in zwei Photonen. Dies bedeutet, dass nach Ablauf dieser Zeit von den noch vorhandenen Pionen etwa zwei Drittel zerfallen sind, sodass nur noch etwa ein Drittel diese Zeit überlebt hat. Von diesem Drittel bleibt nach Ablauf von weiteren $8 \cdot 10^{-17}$ Sekunden wiederum nur ein Drittel übrig, d. h. die Pionenzahl hat sich nun auf ein Neuntel reduziert. Wann ein einzelnes Pion zerfällt, ist dabei nicht vorherbestimmt: Ein Pion altert nicht

achtmal leichter als das Proton. Das Pion ist kein stabiles Teilchen, sondern kann nur für sehr kurze Zeit erzeugt werden. Es zerfällt nach einer mittleren Lebensdauer von einigen zehntausend Milliardstel Millisekunden (genauer $8 \cdot 10^{-17}$ s) bevorzugt in zwei masselose Photonen. Dabei lässt sich der genaue Zerfallszeitpunkt wie auch bei allen anderen Teilchenzerfällen prinzipiell nicht vorhersagen, denn letztlich ist der Zerfall eines Teilchens ein quantenmechanischer Prozess. Die mittlere Lebensdauer gibt daher an, wie lange es dauert, bis von sehr vielen instabilen Teilchen nur noch etwa ein Drittel (genauer $1/e = 0{,}36788\ldots$) übrig ist, und macht somit eine Wahrscheinlichkeitsaussage. Gebräuchlich ist auch die sogenannte *Halbwertszeit*, nach der die Hälfte der Teilchen zerfallen ist. Die Wahrscheinlichkeit P, dass ein Teilchen mit mittlerer Lebensdauer τ eine Zeitspanne t überlebt, ist allgemein durch die Formel $P = e^{-t/\tau}$ gegeben.

Einem einzelnen Teilchen ist es dabei egal, wie lange es schon lebt, denn dies hat keinen Einfluss auf sein zukünftiges Verhalten. Ein Pion altert nicht! Oder um es im Sinne der Bell'schen Erkenntnisse auszudrücken: Es gibt keine verborgene Eigenschaft namens Alter bei einem Pion, irgendeinem anderen zerfallenden Teilchen oder einem radioaktiven Atomkern. Der Zerfall erfolgt rein zufällig mit einer gewissen Wahrscheinlichkeit pro Zeiteinheit (Abb. 3.6).

Die beim Pionzerfall entstandenen beiden Photonen sind mit je 67,5 MeV sehr energiereich. Die zugehörige elektromagnetische Strahlung bezeichnet man als Gammastrahlung. Sie hat eine noch kürzere Wellenlänge als Röntgenstrahlung. Man kann sagen, dass sich die gesamte Masse des Pions in reine Energie in Form von Gammastrahlen umgewandelt hat.

Das vielleicht bekannteste Beispiel für die Umwandlung von Masse in Energie ist die Kernspaltung. Bei der Kernspaltung trifft ein relativ langsames Neutron auf einen Uran-Atomkern aus 235 Nukleonen. Man kann sich in einem vereinfachten Bild vorstellen, dass der Urankern durch das Auftreffen des Neutrons wie ein Wassertropfen in Schwingungen gerät. Dabei kann es passieren, dass der Kern sich soweit verformt, dass die kurzreichweitige starke Kernkraft zwischen den Nukleonen den Kern nicht mehr genügend stark zusammenhalten kann. Die elektrische Abstoßungskraft zwischen den positiv geladenen Protonen im Kern kann diesen dann auseinanderreißen. Sobald der Kern in zwei Bruchstücke zerplatzt ist, hat die starke Kernkraft aufgrund ihrer geringen Reichweite keine Chance mehr, die Bruchstücke wieder zusammenzuführen, und die elektrische Abstoßungskraft treibt die beiden Bruchstücke mit großer Gewalt auseinander. Diese werden dabei sehr stark beschleunigt und gewinnen eine enorme Bewegungsenergie. Es ist diese Bewegungsenergie, die zu der ungeheuren Explosionskraft einer Atombombe führt.

Bei der Spaltung eines Urankerns wird eine Energie von etwa 200 MeV freigesetzt. Diese Energie fehlt bei der Aufsummierung der Massen der beiden Bruchstücke und der wenigen zusätzlich frei werdenden Neutronen. Etwa ein Tausendstel der Urankernmasse hat sich somit in Energie umgewandelt.

Man findet häufig die Aussage, Einsteins Formel $E = mc^2$ wäre für die enormen bei der Kernspaltung frei werdenden Energiemengen verantwortlich. Schließlich reiche schon die Umwandlung von nur einem Tausendstel der Urankernmasse aus, um gewaltige Energiemengen zu erzeugen. Dies sei auf den Faktor c^2 zurückzuführen, der dazu führt, dass schon die Masse von nur einem Gramm einer Energiemenge von etwa 25 Mio. kWh entspricht.

Diese Schlussfolgerung ist jedoch irreführend, denn sie erklärt nicht, warum der Massenverlust bei der Kernspaltung 200 MeV, bei der Entstehung eines Wasserstoffatoms jedoch nur 13,6 eV beträgt. Auch beim ruhenden Wasserstoffatom ist $E = mc^2$ gültig, nur dass der Massenverlust und somit die Energiefreisetzung hier viel geringer ausfällt. Einsteins Formel sagt lediglich aus, dass wegen des Erhaltungssatzes der relativistischen Gesamtenergie jede Energiefreisetzung mit einem entsprechenden Massenverlust einhergeht, egal ob es sich um Pionen, Atomkerne, Atome oder eine Kerzenflamme handelt.

Die Ursache für die unterschiedlichen Energiefreisetzungen liegt in der unterschiedlichen Stärke der jeweils wirkenden Kräfte. So ist die elektrische Abstoßungskraft zwischen den beiden Bruchstücken des Urankerns aufgrund ihres anfangs sehr geringen Abstands und ihrer hohen elektrischen Ladung mehrere Millionen Mal stärker als die elektrische Anziehungskraft zwischen Elektron und Proton im Wasserstoffatom. Analog ist es die enorme Stärke der starken Kernkraft, die zu der hohen Energiefreisetzung bei der Entstehung eines Heliumkerns aus vier Nukleonen führt. Auch ohne die Ergebnisse der speziellen Relativitätstheorie wäre die Freisetzung großer Energiemengen also durchaus möglich, sobald nur die wirkenden Kräfte stark genug sind.

Eine der wesentlichen Folgerungen aus den Postulaten Einsteins besteht darin, dass Energie und Masse gemeinsam in einen einzigen Erhaltungssatz für die relativistische Gesamtenergie eingehen. Damit wurden die zwei unabhängigen Erhaltungssätze für Energie und Masse aus der nichtrelativistischen Physik durch nur einen neuen Erhaltungssatz ersetzt. Es erschließen sich damit neue Möglichkeiten für physikalische Prozesse, die vorher ausgeschlossen waren. So ist es auf einmal möglich geworden, dass ein Teilchen wie das neutrale Pion vollständig zerstrahlt und sich in Energie umwandelt. Dieser Prozess hätte vorher dem Erhaltungssatz für die Masse widersprochen. Auch der umgekehrte Prozess, nämlich die Umwandlung von Energie in Masse, ist möglich und wird an den großen Teilchenbeschleunigern zur Erzeugung von kurzlebigen Teilchen wie dem Pion millionenfach angewendet.

Das große Wunder ist, dass all dies aus nur zwei einfachen Postulaten folgt. Hier zeigt sich die ungeheure Kraft der mathematischen Sprache, die es uns Menschen ermöglicht, fundamentale Erkenntnisse unabhängig von unserer Anschauungskraft zu gewinnen und damit Zugang zu völlig neuen physikalischen Phänomenen zu erhalten.

3.3 Maßstäbe der Natur

Sowohl in der Quantenmechanik als auch in der speziellen Relativitätstheorie werden zwei verschiedene, vorher nicht zusammenhängende Bereiche der Physik miteinander zu einem umfassenderen theoretischen Konzept verbunden.

In der Quantenmechanik wird die Beschreibung von Wellen mit der Beschreibung von Teilchen verknüpft. Machen wir uns noch einmal klar, an welcher Stelle die Vereinigung von Wellen- und Teilchenbeschreibung stattfindet: Eine typische physikalische Größe zur Beschreibung eines Teilchens ist seine Geschwindigkeit oder besser sein Impuls. Ebene Wellen sind dagegen durch ihre Wellenlänge charakterisiert. Die Vereinigung von Wellen- und Teilchenbild kommt dadurch zustande, dass man einem bestimmten Teilchenimpuls eine feste Wellenlänge zuordnet und umgekehrt. Dabei sind Impuls und Wellenlänge umgekehrt proportional zueinander, d. h. die Wellenlänge wird umso kleiner, je größer der Teilchenimpuls ist. Hinzu kommt der Zusammenhang zwischen Teilchenenergie und Wellenfrequenz.

Zur Umrechnung von Impulsen oder Geschwindigkeiten in Wellenlängen benötigt man eine Umrechnungskonstante: das Planck'sche Wirkungsquantum h. Sein Wert beträgt $h = 1\,239$ (MeV/c) fm, wobei c die Lichtgeschwindigkeit ist (wir haben hier h in etwas anderen Einheiten angegeben als früher, da wir den Teilchenimpuls statt der Teilchengeschwindigkeit mit der Wellenlänge in Beziehung setzen wollen).

Das Planck'sche Wirkungsquantum gibt für jedes Teilchen das Produkt aus Teilchenimpuls p (gemessen in MeV/c) und zugehöriger Wellenlänge λ (gemessen in fm) an, d. h. es gilt $h = \lambda p$, wobei diese Beziehung auch für sehr schnelle Teilchen und sogar für masselose Teilchen gilt. Für Teilchen mit Masse bei kleinen Geschwindigkeiten erhalten wir mit $p = mv$ die uns bereits bekannte Beziehung $\lambda = h/(mv)$. Einem Teilchen mit einem Impuls von 1 MeV/c ist also eine ebene Welle mit einer Wellenlänge von 1 239 fm zugeordnet, die seine Fortbewegung beschreibt. Dabei ist es egal, ob es sich um ein masseloses Photon, ein Elektron oder ein Proton handelt. Hier erkennt man den Vorteil, den die Verwendung des Impulses gegenüber der Geschwindigkeit bei der Beschreibung von Teilchen bietet.

Vielleicht verwundert es ein wenig, dass eine so fundamentale Größe wie das Planck'sche Wirkungsquantum durch eine so krumme Zahl gegeben ist. Das liegt daran, dass wir für die Wellenlänge und für Teilchenimpulse bereits Maßeinheiten definiert hatten, bevor wir etwas von der Existenz der Quantenmechanik wussten. Das Planck'sche Wirkungsquantum übersetzt die eine Maßeinheit lediglich in die andere. Hätten wir von Anfang an um den natürlichen Zusammenhang zwischen Wellenlänge und Impuls gewusst, so wären wir vermutlich anders vorgegangen. Vielleicht wären wir gar nicht auf die Idee gekommen, eine Längeneinheit wie *Meter* durch die Länge irgendeines vorgegebenen Metallstabes zu definieren. Viel einfacher wäre es gewesen, Längen durch die Wellenlänge eines Teilchens mit einem bestimmten Impuls festzulegen. Wir würden dann Längen statt in Metern generell in der Einheit $h/$(MeV/c) angegeben, der wir dann einen schönen neuen Namen geben könnten. Das Planck'sche Wirkungsquantum fungiert dabei selbst als eine physikalische Maßeinheit, die nicht durch andere Maßeinheiten ausgedrückt werden muss und daher auch keinen krummen Zahlenwert mehr hat.

Die Idee, mithilfe von Naturkonstanten aus vorgegebenen Einheiten neue Maßeinheiten für andere physikalische Größen abzuleiten, haben wir oben bereits für den Teilchenimpuls angewendet, indem wir aus der Energieeinheit MeV mithilfe der Lichtgeschwindigkeit c die Impuls-Maßeinheit MeV/c definiert haben. Auch hier fungiert die Lichtgeschwindigkeit c wie eine Maßeinheit. Dass dieses Vorgehen legitim ist, wird deutlich, wenn wir uns daran

erinnern, dass eine Maßeinheit nichts anderes darstellt als einen Vergleichsmaßstab. Die Lichtgeschwindigkeit liefert einen solchen natürlichen Vergleichsmaßstab, ebenso wie das Planck'sche Wirkungsquantum.

Immer wenn zwei Teilbereiche der Physik durch eine umfassendere Theorie miteinander verbunden werden, existiert eine Naturkonstante, die die
Umrechnung der bisher verwendeten Maßeinheiten des einen Teilbereichs
in die des anderen Teilbereichs erlaubt. In der speziellen Relativitätstheorie
werden Raum und Zeit miteinander verknüpft. Die Einstein'schen Postulate
fordern die Existenz einer endlichen maximalen Ausbreitungsgeschwindigkeit
für physikalische Wirkungen. Diese Geschwindigkeit ist gerade die Lichtgeschwindigkeit. Sie ist die neue Naturkonstante, die die Umrechnung von Zeiten in Längen und umgekehrt erlaubt. Man könnte daher beispielsweise die
Einheit *Meter* weglassen und Strecken über die Zeit vermessen, die das Licht
zu ihrer Überwindung braucht. Die entsprechende Maßeinheit, die man als
Lichtsekunde bezeichnen könnte, wäre $c \cdot s$. Genau so geht man in der Astro-
nomie vor, wenn man große Entfernungen in *Lichtjahren* angibt.

Bei Verwendung des Längenmaßes Lichtsekunde oder Lichtjahr ist die
Lichtgeschwindigkeit selbst eine Maßeinheit geworden. Zusammen mit dem
Planck'schen Wirkungsquantum bezeichnet man sie daher auch als *natürliche
Maßeinheiten*. Man kann heute Zeitintervalle und die Lichtgeschwindigkeit
sehr genau experimentell messen, und zwar viel genauer, als man die Länge
des sogenannten Urmeters messen kann. Dieses Urmeter wird durch einen
Stab aus einer speziellen Metall-Legierung dargestellt. Es lag daher nahe, die
Längeneinheit Meter nicht mehr als die Länge dieses Stabes zu definieren,
sondern die Lichtgeschwindigkeit dazu zu verwenden, um aus der Zeiteinheit
Sekunde eine Längeneinheit abzuleiten. Diese neue Längeneinheit trägt weiterhin den Namen Meter und wurde möglichst so gewählt, dass der Urmeter-
stab innerhalb der Messgenauigkeit gerade einen Meter lang ist. Die genaue
Definition des Meters ist seit 1983 gegeben durch die Strecke, die das Licht
im Vakuum in $1/299\,792\,458$ s zurücklegt. Gleichwertig dazu kann man auch
sagen, dass die Lichtgeschwindigkeit den exakten Wert von $299\,792\,458$ m/s
hat, wodurch ebenfalls bei Vorgabe der Maßeinheit Sekunde die Maßeinheit
Meter definiert wird. Dies mag zunächst etwas merkwürdig erscheinen. Viel
klarer wäre die Angelegenheit, wenn man anstatt die Länge des Urmeterstabes
möglichst gut wiederzugeben, die Längeneinheit ohne den krummen Vorfaktor $1/299\,792\,458$ definiert hätte und ihr den Namen Lichtsekunde gegeben
hätte. Natürlich hat dann die Lichtgeschwindigkeit den exakten Wert von
einer Lichtsekunde pro Sekunde, denn gerade so war ja die Längeneinheit
Lichtsekunde definiert.

Eine Konsequenz der Verknüpfung von Raum und Zeit in der speziellen
Relativitätstheorie ist die Möglichkeit, Masse in Energie umzuwandeln und

umgekehrt. Auch hier verbindet die Lichtgeschwindigkeit c die entsprechenden Einheiten über die Formel $E = mc^2$ miteinander. Wir haben diese Tatsache dazu verwendet, um Massen direkt in Energieeinheiten anzugeben, sodass die lästige Umrechnung von Massen in Energien entfällt. Die Energieeinheit Elektronenvolt (eV) generiert mithilfe der natürlichen Maßeinheit c unmittelbar die Masseneinheit eV/c^2, wobei wir aus Bequemlichkeit die Division durch c^2 meist einfach weglassen.

3.4 Neue Rätsel

Einsteins spezielle Relativitätstheorie konnte das Rätsel um die verschwundene Masse bei der Bildung eines Heliumkerns lösen, aber sie wirft auch neue Fragen auf.

Ein erstes Problem ergibt sich aus der kleinen Masse des Elektrons. Das Elektron erscheint bei der heutigen Messgenauigkeit als punktförmiges Teilchen. Seine Ausdehnung liegt zumindest unterhalb von 0,0001 Fermi. Es ist negativ geladen und daher von einem elektrischen Feld umgeben, dessen Stärke sich jeweils vervierfacht, halbiert man den Abstand zum Elektron. Das elektrische Feld des Elektrons trägt eine gewisse Energie, deren Wert sich berechnen lässt. Falls das Elektron tatsächlich punktförmig wäre, so wäre die Energie seines elektrischen Feldes sogar unendlich groß. Nun lässt sich das Elektron nicht von seinem elektrischen Feld abtrennen. Das physikalische Elektron ist also eine untrennbare Einheit von elektrischem Feld und der winzigen Quelle des Feldes in dessen Zentrum. Die Masse des Elektrons ergibt sich aufgrund der speziellen Relativitätstheorie als Summe seiner elektrischen Feldenergie plus der Masse der zentralen Feldquelle. Ein punktförmiges Elektron hätte damit eine unendlich große Masse.

Nun wissen wir allerdings nicht, ob das Elektron nicht doch eine Ausdehnung besitzt. Man weiß aus den Messungen nur, dass es kleiner als ein zehntausendstel Fermi sein muss. Das elektrische Feld hätte damit aber bereits eine Energie von mehr als 7 000 MeV, wobei sich diese Energie antiproportional zur Ausdehnung des Elektrons vergrößert. Die Masse des Elektrons inklusive umgebendem Feld beträgt aber nur etwa 0,5 MeV. Wir haben also in jedem Fall ein neues Problem! In der unmittelbaren Nähe des Elektrons, also dort, wo das elektrische Feld gemäß den Maxwell-Gleichungen sehr stark wird, muss ein neues Phänomen auftreten, das nicht durch die spezielle Relativitätstheorie und durch die Maxwell-Gleichungen beschrieben wird und durch welches sich das beschriebene Problem lösen lässt.

Die mögliche Umwandlung von Masse in Energie stellt uns vor ein weiteres Problem: Warum ist Materie stabil? Warum verwandelt sich die gesamte

Materie im Universum nicht plötzlich in reine Energie? In einem gewaltigen Blitz aus Gammastrahlen wäre auf einmal alles verschwunden. Dass dies tatsächlich bei Teilchen so geschehen kann, beweist das neutrale Pion, das nach sehr kurzer Zeit in zwei Photonen zerfällt. Der Erhaltungssatz für die relativistische Energie schützt Materie nicht vor dem Zerfall. Er sagt lediglich aus, wie viel Energie aus ihr hervorgehen muss. Ohne die spezielle Relativitätstheorie hätten wir diese Sorge nicht gehabt, denn in der nichtrelativistischen Physik bewahrt uns der Erhaltungssatz für die Masse vor der Zerstrahlung.

Es muss also in der Natur weitere Regeln neben dem Erhaltungssatz der relativistischen Gesamtenergie und dem Impulserhaltungssatz geben, die für die Stabilität der Materie sorgen. Es muss weitere Erhaltungssätze geben, die einen Zerfall verhindern. Eine solche erhaltene Größe kennen wir bereits: die elektrische Ladung. Die Summe der positiven und negativen elektrischen Ladungen ändert sich bei physikalischen Prozessen nicht. In diese Summe geht auch das Vorzeichen der elektrischen Ladung ein. Positive und negative elektrische Elementarladungen können also immer nur paarweise erzeugt werden oder sich umgekehrt paarweise vernichten. Ein Elektron kann sich daher nicht in Photonen verwandeln.

Was aber verhindert, dass sich in einem Wasserstoffatom Proton und Elektron gegenseitig vernichten und sich das gesamte Atom in einem Blitz aus Photonen auflöst? Weder der Erhaltungssatz für die relativistische Gesamtenergie oder der Impulserhaltungssatz noch die Ladungserhaltung wären dabei verletzt. Es muss also neben der Ladungserhaltung weitere Erhaltungsgrößen geben. Um diese Erhaltungsgrößen aufzuspüren, müssen wir versuchen, einen tieferen Einblick in die Struktur der Materie zu gewinnen.

4

Teilchenzoo, Quarks und Wechselwirkungen

Versetzen wir uns zurück in das Jahr 1932. Das Proton, das Neutron, das Elektron und das Photon waren bekannt. Albert Einstein hatte 27 Jahre zuvor seine spezielle Relativitätstheorie veröffentlicht, und Schrödinger, Heisenberg, Bohr und viele andere hatten in den Jahren seit 1925 die Quantenmechanik entwickelt. Der Aufbau der Atome und der Atomkerne war weitgehend bekannt und ließ sich im Rahmen der Quantenmechanik zusammen mit den Maxwell-Gleichungen und einigen Modellvorstellungen zur starken Kernkraft recht gut beschreiben. Es gab zwar noch einige unbeantwortete Fragen, insbesondere bezüglich des sogenannten Betazerfalls einiger Atomkerne, doch insgesamt schien das physikalische Weltbild relativ abgeschlossen zu sein. Es gab nur wenig Anlass, nach weiteren Substrukturen der Materie zu suchen. Doch man täuschte sich!

4.1 Neue Teilchen und eine neue Wechselwirkung

Die meisten Physiker nahmen um das Jahr 1932 an, dass die vier bekannten Teilchen Proton, Neutron, Elektron und Photon elementare Objekte sind und über keinerlei weitere Substruktur verfügen. Für Elektron und Photon gilt diese Vorstellung bis zum heutigen Tag, denn für keines dieser beiden Teilchen konnte bisher eine messbare Ausdehnung oder eine erkennbare Substruktur nachgewiesen werden.

Proton und Neutron dagegen besitzen eine Größe von etwa einem Fermi. Dies ist zwar noch kein Beweis für irgendeine Substruktur, aber immerhin ein erstes Indiz dafür.

Im Laufe der Jahre nach 1932 wurde der Glaube, die vier elementaren Bausteine der Materie gefunden zu haben, immer wieder erschüttert. Bereits zwei Jahre zuvor, im Jahre 1930, hatte Wolfgang Pauli die Existenz eines weiteren Teilchens, des Neutrinos, gefordert, um ein Problem beim Betazerfall der Atomkerne zu lösen. Es dauerte allerdings noch mehr als 20 Jahre, bis sich dieses Teilchen experimentell nachweisen ließ.

Ein weiteres Indiz für die Existenz noch unentdeckter Teilchen lieferten die kurzreichweitigen starken Kernkräfte. Nach den Regeln der Quantenfeldtheorie, auf die wir im weiteren Verlauf dieses Buches noch genauer eingehen werden, ließe sich die starke Kernkraft in einem einfachen Modell recht gut durch den Austausch eines oder mehrerer neuer Teilchen zwischen den Nukleonen verstehen. Aus der Reichweite der starken Kernkraft kann man auf die Masse dieser Austauschteilchen schließen: Sie sollte ungefähr 150 MeV betragen. Der Physiker Yukawa Hideki schlug im Jahr 1935 vor, nach diesen Teilchen in den Schauern der kosmischen Teilchenstrahlung zu suchen, die ununterbrochen vom Weltraum auf unsere Erde herniedergeht. Im Jahre 1937 entdeckten Neddermeyer und Anderson ein Teilchen in der kosmischen Strahlung, das Myon, das mit einer Masse von 105 MeV etwa 200-mal so schwer wie das Elektron ist und mit einer Halbwertszeit von etwa einer millionstel Sekunde wieder zerfällt. Wie sich jedoch bald herausstellte, konnte das Myon nicht für die starken Kernkräfte verantwortlich sein, war also nicht eines der von Yukawa geforderten Teilchen.

Im Jahre 1947 fanden Powell und seine Mitarbeiter schließlich zwei der gesuchten Teilchen: das elektrisch positiv und das elektrisch negativ geladene Pion. Diese beiden Teilchen besitzen eine Masse von etwa 140 MeV und zerfallen mit einer mittleren Lebensdauer von $2{,}6 \cdot 10^{-8}$ s fast ausschließlich in ein Myon und ein Myon-Antineutrino bzw. die entsprechenden Antiteilchen (je nach Pionladung). Zum Vergleich: Ein Lichtstrahl legt in dieser Zeit weniger als zehn Meter zurück! 1950 wurde dann auch das neutrale Pion entdeckt, das etwa 135 MeV schwer ist und nach einer mittleren Lebensdauer von $8 \cdot 10^{-17}$ s (entsprechend einem Lichtweg von 250 Angström, also einigen Hundert Atomdurchmessern) bevorzugt in zwei Photonen zerfällt.

Nun waren die drei Pionen bereits erwartet worden, um die starken Kernkräfte zu erklären. Das Myon war dagegen völlig unerwartet aufgetaucht, und die Frage *„Wer hat das Myon bestellt?"* machte unter den Physikern die Runde. Genauere Untersuchungen zeigten, dass das Myon sehr viele Eigenschaften mit dem Elektron gemeinsam hat, insbesondere seinen halbzahligen Spin. Das Myon ist gleichsam der 200-mal schwerere Bruder des Elektrons.

Das Myon blieb nicht die einzige Überraschung. Im Laufe der Zeit wurde ein ganzer Zoo von Teilchen entdeckt. Manche von ihnen wurden intensiv gesucht, andere kamen wie unerwartete Gäste. Die Geschichte der Entdeckungen dieser Teilchen zieht sich bis in unsere Tage und wäre sicher ein eigenes Buch wert.

Wie aber war es möglich, dass all diese Teilchen so lange unentdeckt geblieben waren und erst nach 1932, dann aber Schlag auf Schlag, entdeckt wurden? Offenbar kommen diese Teilchen in unserer Umwelt nur sehr selten vor, oder aber sie können kaum mit der vorhandenen Materie in Wechselwirkung treten und bleiben deswegen unerkannt. Letzteres ist für die Neutrinos der Fall, Ersteres für alle anderen neu entdeckten Teilchen. Diese Teilchen kommen deswegen so selten vor, weil sie extrem instabil sind und mit mittleren Zerfallszeiten unterhalb einer millionstel Sekunde in andere Teilchen zerfallen. Damit ist klar, dass diese Teilchen immer erst erzeugt werden müssen, um entdeckt werden zu können.

Eine Quelle für die Erzeugung dieser instabilen Teilchen ist die kosmische Höhenstrahlung, die aus den Tiefen des Weltalls auf unsere Erde trifft. Diese Strahlung besteht zu 85 % aus energiereichen Protonen (einige GeV und mehr), die in den oberen Schichten der Atmosphäre mit den Luftmolekülen kollidieren, wobei aus einem Teil der mitgeführten Bewegungsenergie instabile Teilchen erzeugt werden können, insbesondere geladene und neutrale Pionen, die wiederum in Myonen, Neutrinos und energiereiche Photonen zerfallen.

Die heute bevorzugte Methode zur Erzeugung sehr kurzlebiger Teilchen besteht darin, in großen Teilchenbeschleunigern elektrisch geladene Teilchen, beispielsweise Protonen oder Elektronen, auf sehr hohe Energien zu beschleunigen und diese entweder auf andere Teilchenstrahlen oder direkt auf Materie (z. B. Wasserstoff) auftreffen zu lassen.

In beiden Fällen ermöglicht Einsteins Satz von der Erhaltung der relativistischen Gesamtenergie die Erzeugung neuer Teilchen. Betrachten wir als Beispiel den Large Hadron Collider (LHC) am CERN bei Genf. Dort gewinnt man zunächst Protonen aus Wasserstoff, indem man die Elektronen der Atomhülle entfernt. Diese Protonen bündelt man zu einem Strahl und beschleunigt sie mithilfe oszillierender elektrischer Felder auf sehr hohe Energien von bis zu 7 TeV (7 000 GeV), also auf das bis zu 7 000-fache der Energie, die in der Masse des Protons bereits enthalten ist. Die Geschwindigkeit dieser hochenergetischen Protonen ist von der Lichtgeschwindigkeit kaum noch zu unterscheiden, bleibt aber immer unter diesem Grenzwert, wie wir wissen.

Lässt man nun zwei Protonen mit dieser Energie am LHC frontal zusammenprallen, so entstehen aus der verfügbaren Energie von bis zu 14 TeV sehr viele neue Teilchen, die nach allen Seiten auseinanderfliegen. Die verfügbare Energie materialisiert sich also zum Teil.

Die Flugbahnen der nach der Kollision auseinanderfliegenden Teilchen lassen sich mithilfe großer Detektoren vermessen. Dabei zerfallen die meisten gerade erzeugten Teilchen sehr schnell wieder, bis zuletzt nur noch stabile Teilchen übrig sind, also Protonen, Elektronen, Photonen und Neutrinos. Die meisten der entstandenen Teilchen sind so kurzlebig, dass sie praktisch noch an ihrem Entstehungsort wieder zerfallen, sodass nur die Flugbahnen der stabileren Zerfallsprodukte sichtbar werden, insbesondere die Bahnen von Protonen, Elektronen, Myonen, Pionen und Photonen.

Betrachten wir ein Beispiel: Bei der Kollision zweier Protonen entstehen je nach Energie unter anderem meist mehrere Pionen, die elektrisch positiv, negativ oder neutral sein können. Nach etwa $8 \cdot 10^{-17}$ s sind bereits etwa zwei Drittel der neutralen Pionen zerfallen, nach noch einmal der gleichen Zeit sind wieder etwa zwei Drittel des überlebenden Drittels zerfallen usw. Dieses für alle Zerfallsprozesse im Reich der Quantenmechanik typische Verhalten kennen wir bereits aus dem vorherigen Kapitel. Nachdem die mittlere Zerfallszeit der neutralen Pionen einige Male abgelaufen ist, sind praktisch alle vorhandenen neutralen Pionen in jeweils zwei hochenergetische Photonen zerfallen, die sich mit Teilchendetektoren nachweisen lassen. Weit können die neutralen Pionen innerhalb ihrer kurzen Lebensspanne nicht gelangen. So legt ein Lichtstrahl innerhalb der mittleren Lebensdauer neutraler Pionen nur etwa 250 Angström zurück, also einige Hundert Atomdurchmesser. Zwar kann sich aufgrund der Gesetze der speziellen Relativitätstheorie die Lebensdauer für ein hochenergetisches Teilchen deutlich verlängern, doch ist die Lebensdauer der neutralen Pionen auch dann normalerweise noch viel zu kurz, als dass sie einen Detektor erreichen oder eine sichtbare Flugbahn hinterlassen könnten. Nur anhand der entstandenen Photonen kann auf die Existenz der neutralen Pionen zurückgeschlossen werden.

Neben diesem sehr einfachen Zerfallsprozess können auch ganze Zerfallskaskaden auftreten. So zerfallen die bei der Kollision entstandenen elektrisch negativ geladenen Pionen mit einer mittleren Zerfallszeit von $2,6 \cdot 10^{-8}$ s (entsprechend einem Lichtweg von etwa 7,8 m) zumeist in ein Myon und ein Myon-Antineutrino. Während das Myon-Antineutrino unbemerkt das Weite sucht, zerfällt das Myon wiederum mit einer mittleren Zerfallszeit von $2,2 \cdot 10^{-6}$ s (dem entspricht ein Lichtweg von 660 m) in ein Elektron, ein Myon-Neutrino und ein Elektron-Antineutrino (Abb. 4.1). Damit ist die Zerfallskaskade beendet, denn Elektronen und Neutrinos sind stabile Teilchen. Die relativ lange Lebensdauer der geladenen Pionen ermöglicht es den meisten von ihnen, bis zu den Teilchendetektoren vorzudringen, sodass sie direkt nachgewiesen werden können, bevor sie zerfallen.

Warum aber zerfallen einige Teilchen, andere dagegen nicht? Nach Einstein spricht zunächst nichts dagegen, dass jedes beliebige Teilchen unter Abgabe von Energie in immer leichtere Teilchen zerfällt, bis schließlich nur noch masselose Photonen übrig sind, die unbehelligt das Weite suchen. Wäre das so, so würde die gesamte uns umgebende Materie zerstrahlen und sich in reine Energie in Form von Photonen umwandeln.

Nach den Gesetzen der speziellen Relativitätstheorie ist zu erwarten, dass der Zerfall von Teilchen in immer leichtere Teilchen unter Energieabgabe so lange weitergeht, bis irgendwelche Naturgesetze einen weiteren Zerfall verbieten. Einen Kandidaten für ein solches Naturgesetz kennen wir bereits: die

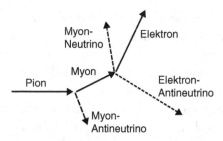

Abb. 4.1 Beispiel für eine Zerfallskaskade: Ein elektrisch negativ geladenes Pion zerfällt bevorzugt in ein negativ geladenes Myon und ein Myon-Antineutrino. Das Myon zerfällt weiter in ein Elektron, ein Elektron-Antineutrino und ein Myon-Neutrino

Erhaltung der elektrischen Ladung. Sie allein reicht jedoch nicht aus, um z. B. die Stabilität des Protons zu erklären, denn dieses könnte ja beispielsweise in ein Positron und einige Photonen zerfallen. Wir wollen versuchen, die noch unbekannten Naturgesetze aufzuspüren, die solche Zerfälle verhindern.

Nach allem, was wir heute wissen, sind die einzigen stabilen Teilchen das Proton, das Elektron und die drei nahezu masselosen Neutrinos, die man Elektron-, Myon- und Tau-Neutrino nennt, sowie vermutlich noch ein oder mehrere bisher unbekannte Teilchen, die die dunkle Materie im Universum bilden und nach denen am LHC intensiv gesucht wird (siehe Kap. 8). Hinzu kommen noch die jeweiligen Antiteilchen sowie das Photon, das aber eine gewisse Sonderrolle spielt, wie wir noch sehen werden.

Wir treffen hier zum ersten Mal auf das Phänomen, dass es in der Natur zu jedem Teilchen ein entsprechendes Antiteilchen gibt, das gleiche Masse und gleichen Spin, aber entgegengesetzte Ladung aufweist. Das Antiteilchen beispielsweise des Elektrons ist das positiv geladene Positron. Andere Teilchen dagegen sind mit ihrem Antiteilchen identisch. Dies ist z. B. beim Photon der Fall.

Stabile Teilchen besitzen generell stabile Antiteilchen. Erst wenn sie in Berührung mit ihrem entsprechenden Partnerteilchen kommen, vernichten sich Teilchen und Antiteilchen gegenseitig, wobei sich aus der dabei frei werdenden Energie wieder neue Teilchen bilden können.

Die Existenz von Antiteilchen folgt direkt aus den Gesetzen der speziellen Relativitätstheorie und der Quantenmechanik, die sich im Rahmen der relativistischen Quantenfeldtheorie miteinander vereinen. Wir werden später genauer auf das Zusammenwirken von Relativitätstheorie und Quanteneffekten eingehen und wollen das Thema daher hier nicht weiter vertiefen.

In unserer Liste der stabilen Teilchen ist erstaunlicherweise ein Teilchen nicht vorgekommen, das einen beträchtlichen Teil der stabilen Materie ausmacht: das Neutron. Tatsächlich zerfällt ein frei herumfliegendes Neutron mit einer Halbwertszeit von 10 min und 14 s in ein Proton, ein Elektron und ein Elektron-Antineutrino. Ein Neutron ist mit einer Masse von 939,566 MeV um etwa 0,783 MeV schwerer als ein Proton (938,272 MeV), ein Elektron (0,511 MeV) und ein nahezu masseloses Neutrino zusammen. Die Erhaltung der relativistischen Gesamtenergie ist also gewährleistet, d. h. es werden 0,783 MeV an Energie bei diesem Zerfall frei, die in Form von Bewegungsenergie auf die drei Zerfallsprodukte verteilt wird. Auch die elektrische Ladung ist erhalten, da Proton und Elektron zusammen elektrisch neutral sind, ebenso wie das Neutrino und das Neutron. Offenbar gibt es in der Natur kein Gesetz, das den Zerfall des Neutrons verbieten könnte, und so zerfällt es eben im Einklang mit dem Erhaltungssatz der relativistischen Gesamtenergie.

Warum aber gibt es dann stabile Neutronen in vielen Atomkernen? Die Antwort liegt darin, dass innerhalb der Atomkerne auch die Bindungsenergie der Nukleonen eine Rolle spielt und mit in die Bilanz der relativistischen Gesamtenergie eingerechnet werden muss. Wenn z. B. ein Neutron innerhalb eines Atomkerns zerfallen möchte und der dabei entstehende Atomkern hätte zusammen mit dem beim Zerfall entstehenden Elektron und Antineutrino eine etwas größere Masse als der ursprüngliche Atomkern, so wäre der Zerfall nicht möglich. Dies ist in allen stabilen Atomkernen der Fall. Es gibt aber auch Atomkerne, bei denen der Zerfall eines Neutrons möglich ist und auch geschieht. Man bezeichnet diesen Zerfall dann als radioaktiven Betazerfall.

Schauen wir uns die stabilen Teilchen genauer an:

Das masselose Photon haben wir bisher aus unseren Betrachtungen weitgehend ausgeklammert, da es eine Sonderrolle spielt. Photonen sind mit der Ausbreitung elektromagnetischer Wellen verknüpft und hängen deshalb mit der elektromagnetischen Wechselwirkung unmittelbar zusammen. Wie wir später noch sehen werden, gehören auch zu den anderen Wechselwirkungen gewisse Teilchen analog zum Photon. Dies können wir jedoch erst im Rahmen der relativistischen Quantenfeldtheorie besser verstehen, sodass wir die genauere Betrachtung der Photonen noch aufschieben wollen. Wenden wir uns daher den Neutrinos zu.

Neutrinos sind sehr ungewöhnliche Teilchen, die wie kaum greifbare Schatten den Raum durchfliegen. Sie sind elektrisch neutral, d. h. elektromagnetische Felder haben keinen Einfluss auf sie. Ebenso wenig werden sie durch die starke Kernkraft beeinflusst. Dennoch aber gibt es sie, und die Erde einschließlich wir selbst werden jede Sekunde von etwa 70 Mrd. Neutrinos pro Quadratzentimeter durchbohrt, wobei diese Neutrinos typischerweise Energien zwischen 0,5 MeV und 7 MeV aufweisen. Sie entstehen bei den Kernfusionsprozessen im Inneren der Sonne. Da sie weder von der starken Kernkraft noch von der elektromagnetischen Wechselwirkung beeinflusst werden, und da die Atome der Materie im Wesentlichen aus leerem Raum bestehen, durchqueren Neutrinos sowohl die äußeren Schichten der Sonne als auch die Erde praktisch ungestört.

Aufgrund ihrer extrem geringen Masse sind Neutrinos stabil. Ihre genauen Massen sind schwer zu messen, und man weiß bis heute nur, dass sie nicht masselos sind, aber zugleich leichter als 2 eV sein müssen. Sie sind also mindestens 200 000-mal leichter als das ohnehin schon leichte Elektron. Die meisten Eigenschaften der Neutrinos ändern sich durch das Vorhandensein ihrer winzigen Masse nur geringfügig, sodass man sie oft in guter Näherung als masselos betrachten kann.

Neutrinos werden bei Fusionsprozessen im Sonneninneren in großen Mengen erzeugt und lassen sich mithilfe großer Detektoren und viel Geduld experimentell nachweisen. Wie aber treten sie mit der Welt überhaupt in Kontakt? Falls sie wirklich von gar keiner Kraft in der Natur beeinflusst werden könnten, wäre es unmöglich, sie im Experiment aufzuspüren. Wie wir noch sehen werden, gibt es nämlich so etwas wie einen direkten Zusammenstoß zwischen Teilchen ähnlich dem bei Billardkugeln gar nicht. Wie sollte es einen solchen Zusammenstoß auch geben, wenn der Begriff der Flugbahn gar nicht anwendbar ist! Man muss sich vielmehr vorstellen, dass sich hier quantenmechanische Wellen gegenseitig durchdringen und dass sich dadurch Wahrscheinlichkeiten berechnen lassen, mit denen es zu einer gegenseitigen Beeinflussung der Teilchen kommt.

Teilchen treten immer nur über eine Wechselwirkung miteinander physikalisch in Beziehung, beispielsweise über die elektromagnetische Kraft oder die starke Kernkraft. In der Welt der Elementarteilchen gibt es keine harten Billardkugeln. Würde überhaupt keine Wechselwirkung auf Neutrinos einwirken, so könnten sie im Inneren der Sonne noch nicht einmal erzeugt werden, denn auch dafür (ebenso wie für die Vernichtung von Teilchen) ist eine Wechselwirkung notwendig.

Wenn Neutrinos entstehen, und man sie auch experimentell nachweisen kann, muss es in der Natur neben der elektromagnetischen Wechselwirkung und der starken Kernkraft eine weitere Wechselwirkung geben, die auf Neutrinos einwirkt.

Einen Kandidaten dafür kennen wir bereits: die Gravitation. Wie Einstein im Rahmen seiner allgemeinen Relativitätstheorie gezeigt hat, wirkt die Gravitation nicht nur auf massive Teilchen, sondern auch auf masselose Teilchen wie das Photon oder das nahezu masselose Neutrino. Es zeigt sich jedoch, dass die Gravitation als die schwächste der bekannten Wechselwirkungen viel zu schwach ist, als dass sie den Nachweis der Neutrinos oder deren Entstehung mit der beobachteten Rate im Sonneninneren erlauben würde. Die Gravitation spielt aufgrund ihrer geringen Stärke bei der Physik der Elementarteilchen keine Rolle, solange man nicht Teilchenenergien betrachtet, wie sie unmittelbar nach dem Urknall geherrscht haben müssen. Solche enormen Energien liegen jedoch weit jenseits aller heute durchführbaren Experimente und werden es womöglich auch immer bleiben.

Es muss also eine weitere Wechselwirkung geben, die stärker als die Gravitation ist, zumindest bezüglich der betrachteten Neutrinos. Gleichzeitig sollte sie schwächer als die elektromagnetische Wechselwirkung sein, da Neutrinos fast ungehindert große Materieansammlungen wie die Erde durchqueren können. Ein Elektron wäre dagegen schon nach wenigen Zentimetern in Materie gestoppt worden, da es aufgrund seiner elektromagnetischen Wechselwirkung mit den Atomkernen und Elektronenhüllen sehr schnell seine Energie verlieren würde.

Die Untersuchung der seltenen Reaktionen von Neutrinos mit Materie, sowie viele weitere Experimente bestätigen, dass es die vermutete neue Wechselwirkung tatsächlich gibt. Sie wird als *schwache Wechselwirkung* bezeichnet.

Die schwache Wechselwirkung weist einige Besonderheiten auf, die sie deutlich von den uns bisher begegneten Kräften unterscheidet. Zum genaueren Verständnis benötigt man allerdings Begriffe aus der relativistischen Quantenfeldtheorie, sodass wir eine genauere Betrachtung dieser merkwürdigen Kraft auf ein späteres Kapitel verschieben müssen. An dieser Stelle sei nur Folgendes bemerkt:

Die schwache Wechselwirkung wirkt auf sogenannte schwache Ladungen ein, die eine vergleichbare Größe wie die elektrische Ladung besitzen. Andererseits besitzt die schwache Wechselwirkung eine extrem kurze Reichweite, was ihren geringen Einfluss erklärt.

Bei vielen Teilchenzerfällen spielt die schwache Wechselwirkung eine entscheidende Rolle, z. B. beim sogenannten Betazerfall radioaktiver Atomkerne, beim Zerfall freier Neutronen oder beim Zerfall geladener Pionen in Myonen und Neutrinos. Sie ist neben der Gravitation die einzige Kraft, die auf Neutrinos einwirken kann. Darüber hinaus wirkt sie auch auf Elektronen, Myonen, Nukleonen und alle anderen uns bisher begegneten Teilchen außer dem Photon ein. Dabei fällt sie aber neben den anderen Wechselwirkungen oft nicht ins Gewicht, da diese zu viel stärkeren Effekten führen. Nur bei Zerfällen, die über die elektromagnetische Wechselwirkung oder die starke Kernkraft alleine nicht möglich wären, wird ihre universelle Wirkung sichtbar.

Wir sehen, dass die Lage im Jahr 1935 offenbar ziemlich falsch eingeschätzt wurde. Neben Proton, Neutron, Elektron und Photon gibt es eine Vielzahl weiterer Teilchen, und sogar eine weitere Wechselwirkung ist uns begegnet. Die Situation beginnt allmählich, unübersichtlich zu werden. Im nächsten Kapitel wollen wir daher nach einem Rundgang durch den Teilchenzoo versuchen, etwas Ordnung in das sich anbahnende Chaos zu bringen.

4.2 Ordnung im Teilchenzoo: Quarks und Leptonen

Bis heute wurden in den Experimenten an den großen Beschleunigern mehrere Dutzend verschiedener Teilchen entdeckt, von denen die meisten sehr kurzlebig sind und schnell in andere Teilchen zerfallen. Dies geschieht teilweise in regelrechten Zerfallskaskaden, und zwar so lange, bis nur noch stabile Teilchen übrig sind, also Protonen, Elektronen, Neutrinos und Photonen sowie deren jeweilige Antiteilchen. Diese Antiteilchen treffen wiederum meist sehr bald auf ein entsprechendes Teilchen der uns umgebenden Materie und zerstrahlen mit diesem. Neu entstandene Neutronen zerfallen entweder oder lagern sich an irgendwelche Atomkerne an.

Die Vorstellung, dass die vielen neu entdeckten Teilchen alle elementare Objekte sein sollen, erschien mit jeder neuen Entdeckung zunehmend absurd. Vielleicht mag es sich bei manchem der entdeckten Teilchen tatsächlich um ein elementares Objekt handeln, sicher aber nicht bei allen. Also versuchte man, ein System zu finden, in das sich die Teilchen einordnen ließen, ähnlich wie es im Jahre 1868 Mendelejew gelungen war, ein Ordnungsschema für die chemischen Elemente aufzustellen. Man suchte also nach einer Art Periodensystem der Teilchen. Überlegen wir uns, nach welchen Teilcheneigenschaften man den Teilchenzoo ordnen könnte.

Zunächst einmal stellt man fest, dass die Teilchen unterschiedliche elektrische Ladungen aufweisen, wobei zu jedem Teilchen ein entsprechendes Antiteilchen mit entgegengesetzter Ladung gehört. Bei neutralen Teilchen können Teilchen und Antiteilchen identisch sein, müssen es aber nicht. Die elektrische Ladung der Teilchen beträgt immer ein ganzzahliges Vielfaches der Elementarladung. Die höchste gefundene Ladung besitzt dabei das Delta-Baryon mit zwei Elementarladungen. Es gibt also Teilchen mit keiner, einer oder zwei Elementarladungen (zumindest wurde bis heute nichts anderes entdeckt), wobei zu jedem positiv geladenen Teilchen ein entsprechendes negativ geladenes Antiteilchen existiert. Teilchen mit einer halben Elementarladung oder anderen krummen Ladungswerten findet man nicht.

Eine weitere wichtige Eigenschaft der Teilchen ist ihr Spin. Wir erinnern uns: Der Spin ist eine typisch quantenmechanische Eigenschaft, zu der es kein Analogon in der klassischen Physik gibt. Wir können uns diese Eigenschaft also nicht unmittelbar veranschaulichen, auch wenn das Bild eines rotierenden Teilchens einige Eigenschaften des Spins widerspiegelt. Der Spin bewirkt beispielsweise, dass in einem inhomogenen Magnetfeld ein Strahl neutraler Teilchen mit Gesamtspin L in $2L + 1$ verschiedene Teilstrahlen aufgeteilt wird. Der Gesamtspin L ist dabei eine für einen Teilchentyp charakteristische, feststehende Größe. Er kann bei verschiedenen Teilchentypen im Prinzip die Werte 0, 1/2, 1, 3/2, 2 usw. annehmen. Bei elektrisch geladenen Teilchen ist dieser Effekt leider nicht unmittelbar beobachtbar, da hier das Magnetfeld auch über die sogenannte Lorentzkraft auf die Teilchen einwirkt und sie senkrecht zu ihrer Bewegungsrichtung ablenkt.

Betrachtet man die verschiedenen Teilchen, so stellt man fest, dass nur die Spinwerte 0, 1/2, 1 und 3/2 auftreten. Werte oberhalb von 3/2 wurden dagegen bis heute nicht gefunden. Man bezeichnet Teilchen mit halbzahligem Spin (1/2, 3/2) als *Fermionen* und Teilchen mit ganzzahligem Spin (0, 1) als *Bosonen*. Fermionen unterliegen dabei im Gegensatz zu den Bosonen dem Pauli-Prinzip, das wir bereits kennengelernt haben. Etwas vereinfacht sagt es: Zwei Fermionen des gleichen Teilchentyps können sich nicht im selben quantenmechanischen Zustand befinden. Fermionen des gleichen Teilchentyps vertragen sich gewissermaßen nicht gut miteinander und bleiben daher lieber auf Abstand. Ein Resultat des Pauli-Prinzips ist der schalenförmige Aufbau der Elektronenhülle der Atome und damit das chemische Verhalten der Elemente.

Ein weiteres Unterscheidungsmerkmal, das sich als sehr fruchtbringend erweisen wird, liegt in der Frage, ob ein Teilchen von der starken Kernkraft beeinflusst wird oder nicht (Abb. 4.2). Erstere Teilchen werden *Hadronen* genannt. Zu ihnen gehören die meisten Bewohner des Teilchenzoos.

Für die zweite Gruppe gibt es keinen zusammenfassenden Namen. Sie teilt sich in zwei Untergruppen auf: Teilchen mit Spin 1/2 und Teilchen mit Spin 1. Interessanterweise treten also die Spinwerte 0 und 3/2 nur bei den Hadronen auf.

Bei den Teilchen aus Gruppe 2 mit Spin 1 finden wir vier Exemplare in unserem Teilchenzoo: das masselose Photon (das auch oft mit dem griechischen Buchstaben γ bezeichnet wird) sowie die sehr schweren Teilchen W^+, W^- und Z^0 (oft auch einfach Z genannt). Alle diese Teilchen haben direkt etwas mit der Ausbreitung von Wechselwirkungen zu tun und sollen erst später genauer unter die Lupe genommen werden.

Betrachten wir die Teilchen mit Spin 1/2, die nichts von der starken Kernkraft spüren. Diese Teilchen werden als *Leptonen* bezeichnet. Gehen wir den Teilchenzoo durch, so können wir sechs Exemplare dieser Gattung aufspüren, nämlich das Elektron (e), das Myon (μ) und das Tauon (τ) sowie die zugehörigen Neutrinos (Elektron-, Myon- und Tau-Neutrino, abgekürzt durch ν_e, ν_μ und ν_τ). Zu jedem dieser Teilchen gehört ein Antiteilchen, das auch bei den Neutrinos nicht mit dem Teilchen identisch ist. Wir wollen im Folgenden die Antiteilchen nicht immer explizit erwähnen, da wir uns an ihre Existenz ja langsam gewöhnt haben.

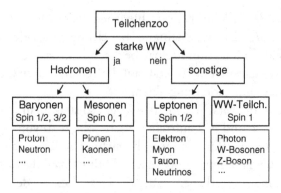

Abb. 4.2 Einteilung der Teilchen nach ihrem Spin sowie danach, ob sie etwas von der starken Wechselwirkung (WW) spüren

Während die Neutrinos fast masselos und elektrisch neutral sind, tragen die drei anderen Leptonen jeweils eine Elementarladung. Analog zum Elektron trifft man allgemein die Konvention, den Leptonen die negative und den Antileptonen die positive Ladung zuzuordnen.

Das Myon ist mit einer Masse von 106 MeV der schwere Bruder des Elektrons (0,511 MeV), ebenso wie das noch schwerere Tauon (1 777 MeV). Das Elektron ist stabil, während die beiden schwereren Leptonen aufgrund ihrer großen Masse schnell zerfallen. Ansonsten unterscheiden sich die drei Teilchen kaum voneinander.

Alle sechs Leptonen werden durch die schwache Wechselwirkung beeinflusst. Von der elektromagnetischen Kraft merken natürlich nur die drei geladenen Leptonen etwas, nicht aber die Neutrinos.

Über die Neutrinos haben wir bereits einiges erfahren. Wir wissen aber nicht, was die drei Neutrinosorten voneinander unterscheidet und wodurch sich Neutrino und Antineutrino unterscheiden. Schließlich sind sowohl die Massen (zumindest annähernd) als auch die Ladungen aller Neutrinos und Antineutrinos gleich null.

Die einzige Kraft, die (neben der Gravitation) auf die Neutrinos einwirkt, ist die schwache Wechselwirkung. Nur sie kann ein Unterscheidungsmerkmal liefern, sofern wir die winzigen und kaum messbaren Neutrinomassen außer Acht lassen. Aufgrund der schwachen Wechselwirkung ist es bei Teilchenkollisionen möglich, dass sich ein Elektron-Neutrino in ein Elektron umwandelt und umgekehrt. Beispielsweise könnte man ein energiereiches Elektron auf ein Proton auftreffen lassen. Ist seine Energie groß genug, so kann sich das Elektron mit einer gewissen Wahrscheinlichkeit in ein Elektron-Neutrino umwandeln, wobei sich das Proton in ein Neutron verwandelt. Auch der umgekehrte Prozess ist möglich. So kann ein aus dem Sonneninneren kommendes Elektron-Neutrino zufällig auf einen Atomkern treffen, dort ein Neutron finden und dieses in ein Proton umwandeln, wobei es sich selbst in ein Elektron verwandelt. Mit diesem sehr seltenen Prozess ist es z. B. möglich, Sonnenneutrinos aufzuspüren. Niemals wird sich jedoch ein Elektron-Neutrino direkt in ein Myon verwandeln. Entsprechendes gilt auch für die anderen Leptonen. Die schwache Wechselwirkung ist in der Lage, ein geladenes Lepton (bzw. Antilepton) in das zugehörige Neutrino (bzw. Antineutrino) umzuwandeln und umgekehrt. Damit haben wir eine Möglichkeit zur Unterscheidung der Neutrinos gefunden.

Wenn man die sehr geringe Masse der Neutrinos berücksichtigt, so bietet diese Masse im Prinzip ein zusätzliches Unterscheidungskriterium für die verschiedenen Neutrinos. Daher können sich die verschiedenen Neutrinosorten mit gewissen Wahrscheinlichkeiten ineinander umwandeln, was zu den sogenannten Neutrino-Oszillationen führt. Mehr dazu in Abschn. 6.1.

Es bietet sich an, die sechs Leptonen in drei sogenannte Leptonfamilien einzuordnen, die wir als Spalten einer Tabelle schreiben wollen. In diese Spalten tragen wir jeweils unten das geladene Lepton und oben das zugehörige Neutrino ein, wobei die schwereren Leptonen weiter rechts stehen sollen:

Leptonen:		
ν_e	ν_μ	ν_τ
e	μ	τ

In der unteren Spalte stehen also Elektron, Myon und Tauon und darüber die zugehörigen Neutrinos. Für keines dieser Teilchen ist bis heute eine Substruktur bekannt, sodass wir damit bereits unsere erste Tabelle mit elementaren Objekten erstellt haben, zumindest nach heutigem Wissen.

Wenden wir uns nun dem Rest des Zoos zu, also dem Reich der *Hadronen*. Im Gegensatz zu den sechs Leptonen und den vier Kraftfeldteilchen Photon, W^+, W^- und Z^0 werden die Hadronen durch die starke Kernkraft beeinflusst.

Die Situation bei den Hadronen erscheint auf den ersten Blick sehr unübersichtlich. Es gibt sehr viel mehr Hadronen als Nicht-Hadronen, und es treten alle ganzzahligen Ladungswerte zwischen −2 und +2 Elementarladungen auf sowie alle halb- und ganzzahligen Spinwerte von 0 bis 3/2.

Ähnlich wie bei den Nicht-Hadronen wollen wir auch die Hadronen nach ihrem Spin in zwei Gruppen einteilen. Hadronen mit ganzzahligem Spin (0 oder 1) nennen wir *Mesonen*, solche mit halbzahligem Spin (1/2 oder 3/2) *Baryonen*, zu denen auch Protonen und Neutronen gehören. Zu jeder dieser Gruppen können wir nun eine Tabelle oder eine Grafik anlegen, in der wir die Teilchen nach ihrer Masse sortiert auflisten, wobei wir je nach Ladung die Teilchen in verschiedenen Spalten eintragen (Abb. 4.3).

Es fällt auf, dass sehr häufig Gruppen von Teilchen mit sehr ähnlicher Masse existieren, z. B. bei den Pionen (π^+, π^0 und π^-), den Rho-Mesonen

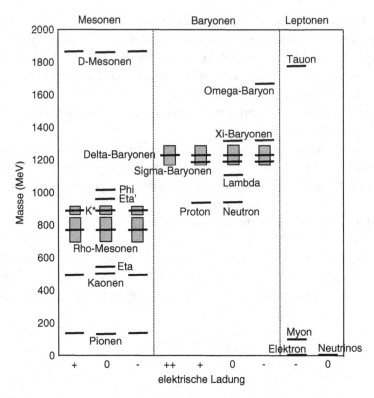

Abb. 4.3 Die Massen einiger Mesonen, Baryonen und Leptonen. Die *grauen Recht-ecke* symbolisieren die sogenannte Resonanzbreite besonders instabiler Teilchen (hier die Rho-Mesonen, K*-Mesonen und Delta-Baryonen). Wir werden später noch genau-er kennenlernen, was das bedeutet. Hier genügt es zu wissen, dass Teilchen mit einer hier gut sichtbaren Resonanzbreite praktisch sofort nach ihrer Entstehung wieder zer-fallen

(ρ^+, ρ^0 und ρ^-) oder bei Proton (p) und Neutron (n). Die einzelnen Mitglie-der der Gruppe unterscheiden sich dabei durch ihre elektrische Ladung, die oft hochgestellt hinter dem Buchstaben für den Teilchennamen angegeben ist (z. B. π^+).

Die Hadronen lassen sich zusätzlich durch weitere Eigenschaften klassi-fizieren. Diese Eigenschaften treten bei Zerfällen zutage, die durch die starke Kernkraft vermittelt werden. Was mit dieser Aussage genau gemeint ist, kön-nen wir erst in einem späteren Kapitel dieses Buches genauer spezifizieren, da hierzu die Mittel der relativistischen Quantenfeldtheorie benötigt werden. Wir können aber allgemein solche Zerfälle daran erkennen, dass sie zu einer viel geringeren mittleren Lebensdauer der zerfallenden Teilchen führen als Zerfälle durch die schwache oder elektromagnetische Wechselwirkung. Fast immer, wenn sich unter den Zerfallsprodukten eines Hadrons bevorzugt wei-

tere Hadronen befinden, wurde der Zerfall durch die starke Kernkraft ausgelöst. Die meisten schweren Hadronen können über die starke Kernkraft zerfallen. Sie sind daher extrem instabil und zerfallen praktisch noch im Moment
ihrer Erzeugung wieder.

Bei Zerfällen aufgrund der starken Kernkraft stellt man fest, dass man den
Hadronen ladungsartige Zahlen zuordnen kann, deren Summe über alle Hadronen vor und nach einer Reaktion oder einem Zerfall gleich sein muss.
Man nennt diese Zahlen Isospin-, Strange-, Charm-, Bottom- und Top-Inhalt
des jeweiligen Hadrons. Eine Zahl, die diesen Zahlen ähnlich ist, kennen wir
bereits: die elektrische Ladung. Nun ist die elektrische Ladung eines Teilchens
andererseits direkt aufgrund des dazugehörigen elektrischen Feldes messbar,
denn sie ist Quelle dieses Feldes. Ein ähnliches Feld scheint nach heutigem
Wissen aber nicht von den neuen ladungsartigen Zahlen auszugehen. Sie
spielen vielmehr die Rolle von Einträgen in einer peniblen Buchhaltung für
Zerfallsprozesse, die aufgrund der starken Kernkraft geschehen.

Bei den Leptonen ist uns ein entsprechendes Phänomen bereits begegnet, auch wenn wir darauf verzichtet haben, die zugehörigen Buchhal-
tungszahlen explizit einzuführen. Es handelt sich dabei um die sogenannten
Leptonenzahlen, von denen es drei Stück gibt: die Elektron-, Myon- und Tau-
on-Leptonenzahl. So ist die Elektron-Leptonenzahl für das Elektron und sein
Neutrino jeweils +1 und für die entsprechenden Antiteilchen −1. Die Summe
der Leptonenzahlen der Teilchen vor und nach einer physikalischen Reaktion
muss für jede der drei Leptonenzahltypen getrennt unverändert bleiben. Ein
Beispiel dafür ist der Zerfall des Myons in ein Myon-Neutrino plus ein Elektron und ein Elektron-Antineutrino.

Wir wollen hier nicht weiter auf die Details dieser merkwürdigen Buch-
haltungszahlen eingehen und uns lediglich merken, dass die Vielfalt der nach
dem relativistischen Energie-Erhaltungssatz möglichen Reaktionen durch gewisse Zusatzregeln eingeschränkt wird, die wir in Form einer Zahlenbuchhaltung formal erfassen können. Warum diese Zusatzregeln gelten, bleibt aber
zunächst unklar. Erst mit den Mitteln der Quantenfeldtheorie sowie tieferen
Einsichten in die Struktur der Hadronen wird es uns gelingen, hinter die Kulissen der Zahlenbuchhaltung zu schauen.

Versuchen wir, mehr über die innere Struktur der Hadronen herauszu-
bekommen. Dazu listen wir erst einmal die Fakten auf, die auf eine innere
Struktur der Hadronen hindeuten:

- Es gibt sehr viele verschiedene Hadronen.
- Für einige Hadronen wie das Proton, das Neutron oder das geladene Pion
  ist bekannt, dass sie eine Ausdehnung im Bereich von etwa einem halben
  bis einem Fermi besitzen.

- Es fällt auf, dass Hadronen immer wieder in Gruppen mit ähnlicher Masse auftreten.

Aufgrund dieser Fakten sowie aufgrund einer weitergehenden detaillierten Analyse der bekannten Hadronen und ihrer Eigenschaften stellten Gell-Mann, Zweig und andere im Jahre 1963 die Hypothese auf, dass alle Hadronen aus nur wenigen Bausteinen aufgebaut sind, den sogenannten *Quarks*. Diese Quarks, falls sie denn existieren, müssen recht seltsame Objekte sein. Insbesondere müssen sie drittelzahlige Ladungen aufweisen, z. B. +2/3 oder −1/3 Elementarladungen. Das Proton bestünde dann aus zwei sogenannten *up*-Quarks (Ladung +2/3) und einem *down*-Quark (Ladung −1/3). Addiert man diese Ladungen, so ergibt sich gerade +1 für die Ladung des Protons.

Als die Quarkhypothese aufgestellt wurde, regte sich nicht nur Zustimmung in der Gemeinde der Physiker. Viele lehnten die Existenz solch merkwürdiger Objekte einfach ab. Andere wiederum blieben skeptisch. Sie gaben zwar zu, dass die Quarkhypothese auf elegante Weise viele Charakteristika der Hadronen zumindest qualitativ erklären konnte. Andererseits gaben sie zu bedenken, dass zunächst Quarks nichts weiter seien als formale Objekte in gewissen mathematischen Ausdrücken, denen man nicht ohne Weiteres eine physikalische Existenz in Form von Teilchen zugestehen könne.

Wie so oft wiederholt sich hier ein bekanntes Schauspiel: Trotz überzeugender Indizien dafür, dass eine Idee wohl kaum aufgrund des reinen Zufalls gut zu funktionieren scheint, bleibt ein beträchtliches Maß an Überzeugungsarbeit zu leisten, besonders wenn die neue Idee gegen bisher als gesichert geltendes Lehrbuchwissen verstößt, beispielsweise gegen die bisher gewohnte Ganzzahligkeit der Teilchenladung. So hat es ebenfalls relativ lange gedauert, bis die Richtigkeit der Atomhypothese offiziell anerkannt war, und lange Zeit gab es die Ansicht, Atome seien zwar ein reizvolles physikalisches Modell, ihnen komme aber keine reale physikalische Existenz zu.

Andererseits hat eine gewisse konservative Grundhaltung in der Physik auch ihre Berechtigung, denn eine physikalische Theorie muss sehr viele Tests bestehen können, um in das Gebäude der Physik endgültig eingebaut zu werden. Nur so kann man wilden Spekulationen entgegenwirken.

Man muss in der Tat zugeben, dass es nicht ganz einfach gewesen sein kann, an die Existenz von Quarks zu glauben, denn bis auf den heutigen Tag ist es nicht gelungen, auch nur ein einziges Quark als freies Teilchen in einem Detektor nachzuweisen, und es gibt Grund zu der Annahme, dass dies auch nie gelingen wird. Bleibt damit das Quark wirklich nur ein mathematisches Konstrukt, oder lassen sich Quarks im Inneren der Hadronen konkret aufspüren?

Vergleichen wir die Situation mit der Suche nach den Atomen. Mithilfe hinreichend kurzwelliger elektromagnetischer Strahlung gelang es, Atome in der Materie nachzuweisen, wie wir gesehen haben. Bei der Untersuchung der inneren Struktur von Atomen hatte Rutherford dagegen statt Photonen schnelle Alphateilchen, also Heliumkerne, verwendet. Es ist also möglich, die Struktur der Materie sowohl mithilfe elektromagnetischer Wellen (Photonen) als auch mithilfe kleiner, hochenergetischer Partikel auszuleuchten.

Die Quantenmechanik sagt uns, dass zwischen diesen beiden Methoden ein enger Zusammenhang besteht, denn Teilchen- und Welleneigenschaften vereinen sich hier zu einer umfassenderen Beschreibung. Elektromagnetische Wellen weisen gewisse Charakteristika von Teilchen auf, ebenso wie ein Strahl aus Alphateilchen Charakteristika von Wellen aufweist. Dabei korrespondieren hohe Teilchenimpulse mit kurzen Wellenlängen, wobei das Planck'sche Wirkungsquantum den Umrechnungsfaktor liefert.

Je kleiner die Strukturen sind, die wir untersuchen wollen, umso kleinere Wellenlängen und somit umso größere Teilchenimpulse und Teilchenenergien müssen wir verwenden.

Man könnte versuchen, das Innere eines Hadrons mit sehr kurzwelligen elektromagnetischen Wellen, also sehr harter Gammastrahlung, auszuleuchten. Ebenso sollte es möglich sein, mit einem Strahl sehr hochenergetischer Teilchen das Innere eines Hadrons zu erkunden. Wenden wir uns dieser zweiten Methode zu, da sie in der Praxis bevorzugt wird. Als zu untersuchendes Hadron bietet sich das Proton an, denn es ist ein stabiles Teilchen und ist als Bestandteil von Atomkernen relativ leicht verfügbar. Man kann beispielsweise Wasserstoff als Target (das ist der Fachausdruck für das zu untersuchende Zielobjekt) verwenden.

Welche Teilchen bieten sich als Erkundungsgeschosse an? Alphateilchen oder Protonen erscheinen hier wenig geeignet, da sie selbst nach der Quarkhypothese als Hadronen über eine Substruktur verfügen. Die Ergebnisse des Experiments werden sicher übersichtlicher sein, wenn man stattdessen einen Strahl aus strukturlosen, nach heutigem Wissen elementaren Teilchen verwendet. Das Teilchen, das sich hier anbietet, ist das Elektron.

Genau diese Idee verfolgte man, als man in den 1970er-Jahren ein großes Beschleunigerlabor in der Nähe von San Francisco baute, das den Namen SLAC (Stanford Linear Accelerator Center) trug. Mit dem dort gebauten Elektronenbeschleuniger wurde es möglich, Elektronen auf Energien von mehr als 20 GeV zu beschleunigen, was einer Wellenlänge von einigen Hundertstel Fermi entspricht. Diese Wellenlänge sollte kurz genug sein, um Informationen über das Innenleben des etwa ein Fermi großen Protons zu gewinnen.

In den Jahren um 1970 begannen die ersten Experimente. Genau wie beim Rutherford-Experiment wurde die Winkelverteilung und Energie der durch die Protonen abgelenkten Elektronen gemessen. Das Auftreten relativ vieler stark abgelenkter Elektronen würde dabei auf kleine, elektrisch geladene Objekte im Inneren des Protons schließen lassen, da nur in deren unmittelbarer Nähe die elektrischen Felder stark genug sein können, um starke Ablenkungen der Elektronen zu bewirken. Ist dagegen die elektrische Ladung des Protons recht gleichmäßig über sein Volumen verteilt, so wären keine hinreichend starken elektrischen Felder vorhanden, und die Elektronen würden generell nur wenig abgelenkt werden.

Die Experimente zeigten, dass tatsächlich einige Elektronen stark abgelenkt wurden. Aus der genaueren Analyse des Experiments schloss man, dass sehr kleine, elektrisch geladene Teilchen im Inneren des Protons existieren sollten, die man zunächst Partonen nannte, um sie nicht sofort mit den ominösen Quarks gleichzusetzen.

Es folgten viele weitere Experimente, um genau herauszufinden, was für Eigenschaften die Partonen aufweisen. Dabei stellte sich zunehmend heraus, dass die experimentell gefundenen Partonen und die theoretisch postulierten Quarks identische Eigenschaften aufwiesen, sodass man schließlich die Zurückhaltung aufgab und Partonen mit Quarks identifizierte. Es war damit gelungen, Quarks zumindest indirekt nachzuweisen. Quarks waren damit zu mehr als einem abstrakten mathematischen Konstrukt geworden. Sie existieren als reale Objekte im Inneren des Protons und vermutlich auch im Inneren der anderen Hadronen. Auch wenn sich dies aufgrund ihrer kurzen Lebensdauer für die meisten Hadronen nicht direkt beweisen lässt, so zweifelt heute niemand mehr an der Quarkstruktur aller Hadronen.

Wie viele verschiedene Quarks werden als Bausteine gebraucht? Zunächst nur zwei: das *up*- und das *down*-Quark (meist kurz mit den Buchstaben u und d bezeichnet). Mit ihnen lassen sich Protonen (*uud*) und Neutronen (*udd*) aufbauen. Im Laufe der Zeit wurden allerdings vier weitere Quarks entdeckt, die man *strange*-, *charm*-, *bottom*- und *top*-Quark nannte (abgekürzt: s, c, b und t). Das Schwerste unter ihnen, das *top*-Quark, wurde zwar bereits im Jahr 1973 vorhergesagt, aber aufgrund seiner großen Masse erst 1995 nachgewiesen.

Nach allem, was wir heute wissen, ist die Zahl der verschiedenen Quarks auf sechs beschränkt, ebenso wie die Zahl der Leptonen. Quarks tragen wie die Leptonen den Spinwert 1/2. Es ist bemerkenswert, dass sich die sechs Quarks analog zu den Leptonen in einem einfachen Schema zu drei Quarkfamilien anordnen lassen:

Quarks:		
u	*c*	*t*
d	*s*	*b*

Man bezeichnet *up*, *down* usw. als den *Flavor* des Quarks, wobei das englische Wort *flavor* so viel wie Geschmack bedeutet und natürlich nicht wörtlich zu nehmen ist. Die im obigen Schema jeweils oben eingetragenen Quarks tragen die Ladung +2/3 (bzw. −2/3 für die entsprechenden Antiquarks), die unteren die Ladung −1/3 (bzw. +1/3 bei den Antiquarks). Der Ladungsunterschied zwischen den oben und den unten eingetragenen Quarks beträgt dabei analog zu den Leptonen eine Elementarladung.

Obwohl die Ladung der Quarks drittelzahlig ist, tragen alle heute bekannten Hadronen ganzzahlige Ladungen. Offenbar finden sich die Quarks immer in geeigneter Weise zu Hadronen zusammen, sodass sich ihre Ladungen entsprechend aufaddieren. Wie sich herausstellt, bestehen alle Baryonen (Hadronen mit halbzahligem Spin) aus drei Quarks oder drei Antiquarks, alle Mesonen (Hadronen mit ganzzahligem Spin) dagegen aus einem Quark und einem Antiquark (Abb. 4.4). Dadurch ist die Ganzzahligkeit der Hadronenladung gesichert.

Versuchen wir als Nächstes, die Masse der Quarks zu ermitteln. Die Masse von Protonen (Quarks *uud*) und Neutronen (Quarks *udd*) ist ja bekannt. Sollte sich daraus nicht einfach die Masse von *up*- und *down*-Quark ermitteln lassen? Doch Vorsicht! Erinnern wir uns an den Heliumkern: Die Masse eines Objektes ist nicht einfach die Summe der Massen seiner Bestandteile! Diese Einsicht wird umso wichtiger, je stärker die Kräfte sind, die die Bestandteile zusammenhalten.

Machen wir uns zunächst noch einmal klar, wie die Masse eines Teilchens überhaupt definiert ist. Im Alltag verstehen wir unter der Masse eines Körpers gewöhnlich seine sogenannte schwere Masse, die wir mithilfe einer Waage bestimmen können. Sie entspricht gewissermaßen der Ladung der Gravitation, da sie angibt, welche Kraft ein Gravitationsfeld auf einen Körper ausübt. Nun ist es praktisch unmöglich, ein winziges Teilchen zu wiegen. Zum einen sind die meisten Hadronen dazu viel zu kurzlebig, und zum anderen wäre das Wiegen elektrisch geladener Teilchen ein extrem aufwendiges Unternehmen, da bereits die überall in unserer Umgebung vorhandenen schwachen elektrischen Felder eine weit größere Kraft auf diese Teilchen ausüben würden, als es die Gravitation tut.

Wir kennen einen zweiten Massenbegriff: die träge Masse. Die träge Masse gibt an, welche Beschleunigung ein Körper unter der Einwirkung einer Kraft erfährt. Ein Güterwaggon ist nicht so leicht in Bewegung zu setzen wie ein

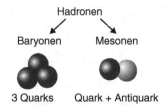

Abb. 4.4 Baryonen (wie z. B. Proton und Neutron) bestehen aus drei Quarks; Mesonen (wie z. B. das Pion) aus einem Quark und einem Antiquark

Tennisball. Diese träge Masse ist zunächst gemeint, wenn man von der Masse eines Teilchens spricht.

Man hat in sehr genauen Experimenten versucht, einen Unterschied zwischen schwerer und träger Masse festzustellen. Es wurde kein Unterschied gemessen. Dass dies kein Zufall sein kann, sondern eine grundlegende Erkenntnis darstellt, wurde zuerst von Albert Einstein erkannt. Einstein forderte, dass in einer grundlegenden physikalischen Theorie schwere und träge Masse nicht als zwei verschiedene Begriffe verwendbar sind, sondern dass in einer solchen Theorie nur ein Massenbegriff vorkommen dürfe, der sich sowohl in einem Gravitationsfeld als auch bei einer Beschleunigung in gleicher Weise bemerkbar macht. Wir werden in Kap. 7 ausführlich auf diesen Gedanken zu sprechen kommen, der das Fundament der allgemeinen Relativitätstheorie bildet.

Wie kann man nun in der Praxis vorgehen, um die Masse eines Teilchens zu bestimmen? Man könnte es einem Kraftfeld aussetzen und seine Beschleunigung messen. Alternativ dazu kann man seine Energie und seine Geschwindigkeit bzw. seinen Impuls messen. Dies kann man bei elektrisch geladenen Teilchen mit einem speziellen elektrischen und magnetischen Feld tun, indem man die Ablenkung des Teilchens beim Durchgang durch dieses Feld misst. Bei elektrisch neutralen Teilchen steht diese Methode nicht zur Verfügung, und es ist daher tatsächlich nicht einfach, die Masse dieser Teilchen überhaupt zu messen.

Aus Energie E und Impuls p lässt sich die Masse m eines Teilchens leicht mithilfe der Beziehung $E^2 = (mc^2)^2 + (pc)^2$ berechnen, die wir dazu nach der Masse freistellen können. Wir müssen also lediglich die Energie und den Impuls eines Quarks genau messen, um seine Masse zu ermitteln. Nun gilt aber bereits in der nichtrelativistischen Quantenmechanik eine besondere Unschärferelation: die Energie-Zeit-Unschärferelation (wir sind im Kapitel zur Heisenberg'schen Unschärferelation bereits kurz darauf eingegangen). Sie besagt, dass man zur Erreichung einer gewissen Messgenauigkeit in der Energie eine gewisse Mindestmesszeit benötigt, während der sich diese Energie natürlich möglichst wenig ändern sollte. Die genaue Form dieser Unschärferelation lautet $\Delta E \cdot \Delta t > \hbar/2$, wobei ΔE die bestmögliche Messgenauigkeit für die Energie darstellt, Δt die Mindestmessdauer und $\hbar$ das (durch 2π dividierte)

Planck'sche Wirkungsquantum ist. In der relativistischen Quantenfeldtheorie, die man eigentlich zur Beschreibung der Quarks im Inneren der Hadronen anwenden muss, verschärft sich die Situation sogar noch, da hier eine ähnliche Unschärferelation auch für Impuls und Messdauer gilt.

Wie wir noch sehen werden, schweißt eine sehr starke Kraft die Quarks in den Hadronen zusammen. In einem klassischen Bild können wir uns vorstellen, dass sich die Energie der Quarks unter dem Einfluss dieser Kraft ständig stark ändert. Es zeigt sich, dass diese ständige Änderung der Energie eine ausreichend lange Messzeit für Energie und Impuls nicht zulässt, sodass sich Energie und Impuls eines Quarks nicht genügend genau bestimmen lassen, um eine Quarkmasse daraus zu berechnen.

Die obige Argumentation verwendet der Anschaulichkeit halber ein klassisches Bild von der Bewegung der Quarks. Dieses Bild suggeriert, dass die Quarks über die inneren Eigenschaften Energie und Geschwindigkeit verfügen. Seit Bell wissen wir, dass dies nicht der Fall ist, sondern dass die Information über diese Größen erst im Moment ihrer Messung entsteht. Dennoch gibt das obige Bild sicherlich eine gute Vorstellung davon, warum die Masse eines Quarks im Inneren eines Hadrons so schwer greifbar ist.

Am besten lässt sich die Masse immer dann definieren und bestimmen, wenn sich das betrachtete Teilchen kräftefrei bewegt oder wenn die wirkenden Kräfte so schwach sind, dass die Bewegung des Teilchens zumindest annähernd durch eine klassische Flugbahn beschrieben werden kann. Man müsste zur Bestimmung der Quarkmasse daher versuchen, ein Quark aus dem Inneren eines Hadrons herauszulösen, ähnlich wie man Elektronen aus einem Atom oder Nukleonen aus einem Atomkern herauslöst.

Um ein Elektron aus einem Atom herauszulösen, benötigt man einige Elektronenvolt an Energie. Ein Nukleon aus einem Atomkern herauszulösen erfordert bereits Energien im MeV-Bereich, also millionenfach mehr Energie. Die Elektronen im Strahl des SLAC-Beschleunigers verfügten über eine Energie von etwa 20 000 MeV, und an neueren Beschleunigern lassen sich Elektronen mit noch höheren Energien erzeugen. Dennoch ist es bis heute weder am SLAC noch an irgendeinem anderen Beschleuniger der Welt gelungen, auch nur ein einziges freies Quark nachzuweisen, obwohl diese aufgrund ihrer drittelzahligen Ladung sofort auffallen würden.

Quarks scheinen auf geheimnisvolle Weise im Inneren der Hadronen eingesperrt zu sein und allen Befreiungsversuchen zu widerstehen. Man bezeichnet dieses Phänomen als *Confinement*. Eine anschauliche Deutung dieses Phänomens werden wir etwas später noch kennenlernen.

Mit der Entdeckung des Confinement haben wir bei der Suche nach den fundamentalen Bausteinen der Materie eine qualitativ neue Stufe erreicht.

Man kann zwar die Bausteine der Hadronen in ihrem Inneren nachweisen, aber es ist nicht mehr möglich, die Bausteine selbst als freie Objekte zu untersuchen. Quarks als Bausteine der Hadronen besitzen damit eine andere Qualität als Nukleonen in einem Atomkern. Quarks sind als isolierte Objekte nicht lebensfähig, und daher ist für sie der Begriff der Masse zunächst gar nicht in aller Strenge definiert.

Es zeigt sich aber, dass es zwei Möglichkeiten gibt, dem Massenbegriff für Quarks einen gewissen Sinn zu geben.

Versuchen wir zunächst, uns ganz naiv dem Massenbegriff für Quarks zu nähern. Dazu wollen wir alles vergessen, was wir über die Äquivalenz von Masse und Energie gehört haben: Wir nehmen an, dass sich die Massen der Quarks in einem Hadron gerade zu dessen Masse aufsummieren. Kleine Abweichungen seien dabei zugelassen. Unsere Aufgabe besteht also darin, die Massen der sechs Quarks so festzulegen, dass die Massen der Hadronen als Summe der jeweiligen Quarkmassen möglichst gut herauskommen. Dies wird vermutlich nicht für alle Hadronen gleich gut funktionieren. Deshalb wollen wir hier zunächst nur solche Hadronen betrachten, bei denen es recht gut funktioniert.

Beginnen wir mit Protonen (*uud*) und Neutronen (*udd*). Da beide Teilchen fast die gleiche Masse aufweisen, nämlich etwa 940 MeV, wird dies vermutlich auch für die *up*- und *down*-Quarks gelten. Die Masse dieser Quarks sollte etwa ein Drittel der Masse des Protons bzw. Neutrons betragen, also etwa 320 MeV. Das ergibt dann zwar 960 MeV für die Nukleonen, klappt aber für die anderen Hadronen etwas besser. Dabei sei hier erneut betont, dass wir nicht erwarten sollten, in diesem naiven Modell Quarkmassen auf ein MeV genau bestimmen zu können. Zehn bis 20 % Abweichung müssen wir sicher hinnehmen.

Auf analogem Weg können wir auch für die übrigen vier Quarks Massen ermitteln. Die so gefundenen Massenwerte wollen wir als *Konstituenten-Quarkmassen* bezeichnen, da wir uns die Hadronen hier ganz anschaulich als aus einzelnen Quark-Konstituenten zusammengeklebt vorstellen. Das Ergebnis sieht ungefähr so aus:

Quark	Masse in MeV
u, d	320
s	500
c	1 600
b	4 800
t	170 000

Wie gut man viele Hadronenmassen in diesem Modell nun tatsächlich beschreiben kann, zeigt die folgende Tabelle (die Massen sind jeweils in MeV angegeben):

Hadron	Quarks	Spin	Teilchenmasse	Summe der Quarkmassen
p, n	*uud, udd*	1/2	ca. 940	960
Λ	*uds*	1/2	1 116	1 140
Σ⁺, Σ⁰, Σ⁻	*uus, uds, dds*	1/2	ca. 1 190	1 140
Ξ⁰, Ξ⁻	*uss, dss*	1/2	ca. 1 320	1 320
Ω⁻	*sss*	3/2	1 672	1 500
Λ$_c$	*udc*	1/2	2 282	2 240
Λ$_b$	*udb*	1/2	5 641	5 440
ρ⁺	*u$\bar{d}$*	1	769	640
Φ	*s$\bar{s}$*	1	1 020	1 000
K*⁺	*u$\bar{s}$*	1	982	820
J/Ψ	*c$\bar{c}$*	1	3 097	3 200
D*⁺	*c$\bar{d}$*	1	2 010	1 920
D$_s$*⁺	*c$\bar{s}$*	1	2 110	2 100
Y	*b$\bar{b}$*	1	9 460	9 600
B$_b$*⁺	*u$\bar{b}$*	1	5 325	5 120
B$_s$⁰	*s$\bar{b}$*	0	5 369	5 300

Dabei ist in den Mesonen wie beispielsweise dem Φ-Meson das zweite Quark jeweils ein Antiquark, das natürlich dieselbe Masse wie das entsprechende Quark besitzt. Wir haben das Antiquark durch einen kleinen Strich über dem Quark-Buchstaben gekennzeichnet.

Es ist erstaunlich, wie gut sich diese Hadronenmassen in diesem einfachen Modell beschreiben lassen, insbesondere bei den Baryonen (bestehend aus drei Quarks).

Andererseits gibt es auch Hadronen, bei denen die Summe unserer gerade ermittelten Quarkmassen deutlich von der experimentell gefundenen Hadronmasse abweicht. Dies ist beispielsweise bei den Pionen (z. B. π⁺, Quarks u$\bar{d}$, Masse 140 MeV, Spin 0) und Kaonen (z. B. K⁺, Quarks u$\bar{s}$, Masse 494 MeV, Spin 0) der Fall, ebenso wie beim einfach positiv geladenen Delta-Baryon (Δ⁺), das wie das Proton aus zwei *up*- und einem *down*-Quark besteht, aber eine Masse von 1 230 MeV aufweist. Es wäre auch sehr erstaunlich gewesen, wenn unser einfaches Modell wirklich alle Hadronen hätte beschreiben können, denn aufgrund der recht starken Kräfte zwischen den Quarks sind enorme Bindungsenergien zu erwarten, die laut Einstein ebenfalls zur Gesamtmasse eines Hadrons beitragen und die wir bisher vernachlässigt haben.

Es gibt eine relativ einfache Erweiterung des obigen Modells, das bereits recht gute Einblicke in den inneren Aufbau der Hadronen erlaubt: das sogenannte *nichtrelativistische Quarkmodell.* Ziel dieses Modells ist es, die Bindungsenergien zwischen den Konstituentenquarks abzuschätzen, sodass diese bei der Bestimmung der Gesamtmasse eines Hadrons mit berücksichtigt werden können. Man tut dies, indem man relativistische Effekte für die Dynamik der Quarks vernachlässigt und ihre Bewegung mithilfe der nichtrelativistischen Quantenmechanik, also der Schrödinger-Gleichung, berechnet. Ein Baryon stellt sich dann dar als eine stehende quantenmechanische Welle von drei Quarks, die sich gegenseitig anziehen. Ebenso ist ein Meson eine stehende Welle oder Wolke aus Quark und Antiquark. Hadronen werden in diesem Modell ganz genau so beschrieben, wie wir es von der Elektronenhülle der Atome her kennen. Die spezielle Relativitätstheorie wird nur dadurch berücksichtigt, dass man die Bindungsenergie der Quarks bei der Berechnung der Hadronenmasse mit berücksichtigt. Die Masse eines Hadrons ist in diesem Modell demnach gegeben durch die Summe aller Quarkmassen zuzüglich der Bindungsenergie, die man mithilfe der Schrödinger-Gleichung näherungsweise berechnet.

Die Kraft zwischen den Quarks kann allerdings nicht im Detail angegeben werden. Man muss daher im nichtrelativistischen Quarkmodell versuchen, mithilfe geeigneter Ansätze für die Kraft zwischen Quarks zu einer möglichst guten Beschreibung der Hadronenmassen zu gelangen.

Dabei stellt man fest, dass man mit einem ziemlich einfachen Kraftansatz bereits recht weit kommt. In diesem Ansatz ist die Kraft zwischen zwei Quarks im Wesentlichen konstant und damit unabhängig vom Abstand, auch für beliebig große Abstände. Die Quarks können sich daher niemals aus ihrer gegenseitigen Anziehung befreien. Bei kleinen Quarkabständen modifiziert man diesen Kraftansatz zumeist noch dadurch, dass man eine inverse quadratische Abhängigkeit der Kraft vom Abstand annimmt, analog zur elektrischen Kraft zwischen zwei Ladungen. Um auch leichte Mesonen wie die Pionen und Kaonen beschreiben zu können, benötigt man zusätzlich noch eine weitere kurzreichweitige Kraftkomponente, die aber nur bei ganz bestimmten Wellenfunktionen (z. B. bei Pionen und Kaonen) stark anziehend zwischen den Quarks wirkt. Die starke Anziehung zwischen den Quarks bewirkt dann einen großen Massendefekt, sodass Pionen und Kaonen wesentlich leichter sind, als es die Summe ihrer Konstituenten-Quarkmassen zunächst erwarten lässt.

In diesem einfachen Modell erhält man bereits eine erste qualitative Beschreibung sowohl der Mesonen als auch der Baryonen. Insbesondere lassen sich alle bei den Hadronen gemessenen Quantenzahl-Kombinationen erklären. Diese Quantenzahlen sind gegeben durch den Gesamtdrehimpuls oder Spin des Hadrons sowie weitere, nicht direkt anschauliche Zahlen wie Parität, Ladungsparität und Isospin. Von diesen Quantenzahlen treten in der Natur immer nur ganz bestimmte Kombinationen auf, und genau diese Kombinationen ergeben sich auch im nichtrelativistischen Quarkmodell durch das Zusammenspiel von Pauli-Prinzip, Quarkflavors, Quarkspins und dem relativen Drehimpuls der Quarks zueinander.

Die Quantenmechanik macht auch verständlich, warum es mehrere Hadronen mit verschiedenen Massen geben kann, die aus den gleichen Quarks bestehen. So bestehen sowohl das Proton als auch das positive Δ-Baryon aus den Quarks *uud*, aber die jeweilige Wellenfunktion weist unterschiedliche Schwingungszustände auf, analog zu den verschiedenen Schwingungszuständen der Elektronen-Wellenfunktion im Feld eines Atomkerns. Bei Hadronen sind die zugehörigen Schwingungsenergien von ähnlicher Größenordnung wie die *up*- und *down*-Quarkmassen und machen sich daher stark in den Massen der Hadronen bemerkbar. Im Δ-Baryon befindet sich die Quarkwellenfunktion demnach in einem höheren Schwingungszustand als im Proton oder Neutron.

Es ist interessant, dass es in diesem einfachen Modell Hadronen gibt, deren Masse über der Summe der Quarkmassen liegt. Etwas Derartiges ist uns bisher noch nicht begegnet. So würde ein Wasserstoffatom, dessen Masse über der Summe von Proton- und Elektronmasse liegt, sehr schnell auseinanderfliegen, denn das Elektron hätte dann genug Energie zur Verfügung, um sich aus dem Anziehungsfeld des Protons zu befreien.

Allgemein ist ein zusammengesetztes Objekt wie ein Atom oder Atomkern immer dann stabil, wenn seine Masse geringer als die Summe der Massen seiner Bausteine ist, sofern die Bausteine selbst stabil sind. Es muss dann nämlich zur Zerlegung des Objektes Energie aufgewendet werden, um die fehlende Masse zu schaffen.

Anders bei den Hadronen: Hier ist es für die Quarks unmöglich, wegzufliegen, denn sie unterliegen dem Confinement. Ein Hadron mit einer Masse, die größer als die Summe der Quarkmassen ist, kann also nicht einfach in einzelne Quarks auseinanderfliegen. Dies bedeutet aber nicht, dass ein solches Hadron stabil wäre, denn das einzige stabile Hadron ist das Proton. Es kann lediglich nicht in einzelne Quarks zerfallen, wohl aber z. B. in andere, leichtere Hadronen. Das nichtrelativistische Quarkmodell wäre aber überstrapaziert, wollte man es auf solche Details anwenden.

Fassen wir unsere Beobachtungen noch einmal zusammen: Da Quarks nicht als freie Teilchen existieren, lassen sich Quarkmassen nicht auf dem üblichen

Weg definieren. Man kann stattdessen beispielsweise versuchen, in einfachen Modellen die Quarkmassen als Parameter zu verwenden und diese so zu bestimmen, dass die Massen der Hadronen möglichst gut beschrieben werden. Für viele Hadronen genügt bereits das bloße Aufsummieren der Quarkmassen. In einem etwas aufwendigeren Modell, dem nichtrelativistischen Quarkmodell, versucht man zusätzlich, Bindungsenergien zu berücksichtigen. Die auf diese Weise erhaltenen Massenwerte für die Quarks bezeichnet man als Konstituenten-Quarkmassen.

Es ist bis heute nicht gelungen, befriedigend zu erklären, warum diese einfachen Modelle überhaupt so gut funktionieren, denn relativistische Effekte spielen eine große Rolle bei der Struktur der Hadronen, sodass die Verwendung der Schrödinger-Gleichung nicht gerechtfertigt ist. Es scheint, als ob Hadronenmassen recht unempfindlich gegenüber solchen Einwänden sind. Dies sieht jedoch anders aus, wenn man versucht, auch andere Eigenschaften der Hadronen im nichtrelativistischen Quarkmodell zu berechnen, z. B. die Lebensdauer der Pionen. Hier geht die Sache dann gründlich schief.

Wenden wir uns der zweiten Möglichkeit zu, dem Massenbegriff für Quarks einen Sinn zu geben. Diese Möglichkeit beruht auf einer merkwürdigen Eigenschaft der Wechselwirkung, die die Quarks in Hadronen zusammenbindet. Man bezeichnet diese Wechselwirkung allgemein als *starke Wechselwirkung*. Sie ist wie die Gravitation, die elektromagnetische und die schwache Wechselwirkung eine grundlegende Wechselwirkung zwischen den Bausteinen der Materie. Wie der Name andeutet, besteht eine enge Beziehung zwischen starker Wechselwirkung und starker Kernkraft: Die starke Kernkraft zwischen den Hadronen und dabei insbesondere zwischen den Nukleonen ist ein Nebeneffekt der starken Wechselwirkung zwischen den Quarks, ähnlich wie die Anziehungs- und Abstoßungskräfte zwischen Atomen ein Nebeneffekt der elektromagnetischen Wechselwirkung zwischen den Elektronenhüllen und den Kernen dieser Atome sind.

Die starke Wechselwirkung besitzt eine Eigenschaft, die *asymptotische Freiheit* genannt wird. Dabei bedeutet asymptotische Freiheit nicht, dass die starke Wechselwirkung abnimmt, sobald sich Quarks sehr nahe beieinander befinden. Diese Veranschaulichung kann zwar so manchen Effekt recht überzeugend erklären, ist aber leider nicht korrekt. Die Kraft zwischen zwei Quarks sollte bei kleinen Abständen zunehmen, ähnlich wie die elektrische Kraft zwischen geladenen Teilchen. Was dagegen bei kleinen Abständen abnimmt, ist die sogenannte effektive Farbladung der Quarks, die wie die elektrische Ladung zusammen mit dem Abstand die Stärke der Wechselwirkung zwischen den Teilchen bestimmt. Präziser müsste man sogar sagen, dass diese Ladung bei großen Energie- bzw. Impulsüberträgen klein wird. Solche hohen

Energie- bzw. Impulsüberträge können bei der Wechselwirkung eines sehr hochenergetischen Elektrons mit einem Quark auftreten, also dann, wenn man mithilfe eines solchen schnellen Elektrons versucht, ein Quark aus einem Hadron herauszuschießen. Bei hinreichend kleinen Farbladungen ist es möglich, mithilfe der Quantenfeldtheorie zumindest die Anfangsphase dieses Herausschießens näherungsweise zu berechnen. In diesen Berechnungen wird ein Parameter gebraucht, der sich als Masse des Quarks interpretieren lässt und den wir als *Stromquarkmasse* bezeichnen wollen. Dieser Begriff ist nicht direkt anschaulich begründet, sondern entstammt dem mathematischen Formalismus der Quantenfeldtheorie. Aus dem Vergleich der Ergebnisse der Berechnungen mit den experimentellen Daten erhält man dann Wertebereiche für diese Stromquarkmassen. Diese Wertebereiche sind in der folgenden Tabelle wiedergegeben:

Quark	Stromquarkmasse (MeV)
u	1,5–3,3
d	3,5–6
s	70–130
c	1 200–1 400
b	4 100–4 400
t	169 000–173 000

Man erkennt, wie ungenau diese ermittelten Werte teilweise sind. Dies liegt daran, dass die entsprechenden Rechnungen und Experimente sehr aufwendig und fehleranfällig sind und nur mit einer gewissen Ungenauigkeit durchgeführt werden können.

Vergleicht man die so ermittelten Stromquarkmassen mit den oben erhaltenen Konstituenten-Quarkmassen, so fallen besonders bei den leichten Quarks deutliche Unterschiede auf. Die Stromquarkmassen sind generell kleiner als die Konstituenten-Quarkmassen, wobei dieser Unterschied ungefähr 300 bis 500 MeV beträgt (das *top*-Quark spielt eine Sonderrolle, da es extrem schwer ist und bereits wieder zerfällt, bevor sich ein entsprechendes Hadron überhaupt bilden kann).

Eine Vorstellung, die diesen Unterschied anschaulich deutet, ist die folgende: Konstituentenquarks sind Stromquarks mit einer etwa 300 bis 500 MeV schweren Hülle, in der das Stromquark gleichsam eingepackt ist. Trifft man das Stromquark im Inneren dieser Hülle mit großer Wucht, so vergisst es seine Hülle gewissermaßen. Es schießt aus ihr hervor, wobei die Hülle zumindest für kurze Zeit zurückbleibt und damit bei der Bestimmung der Stromquarkmasse nicht mit erfasst wird. Liegen die Quarks dagegen relativ ruhig beieinander, so trägt die Masse der Hülle zur Gesamtmasse des Hadrons bei und geht damit in die Bestimmung der Konstituenten-Quarkmassen ein.

Bleibt die Frage, woraus diese Hüllen bestehen. Die Antwort lautet: aus virtuellen Quark-Antiquark-Paaren und Gluonen. Diese Antwort können wir allerdings erst später genauer verstehen, wenn wir etwas über relativistische Quantenfeldtheorie erfahren haben.

4.3 Die starke Wechselwirkung

Die starke Wechselwirkung ist nach der Gravitation, der elektromagnetischen und der schwachen Wechselwirkung die vierte fundamentale Wechselwirkung zwischen den Bausteinen der Materie. Alle sechs Quarks werden durch sie beeinflusst, im Gegensatz zu den sechs Leptonen, die nichts von der Existenz der starken Wechselwirkung bemerken.

Ein Nebenprodukt der starken Wechselwirkung ist die starke Kernkraft, die zwischen den Hadronen wirkt und die Protonen und Neutronen im Atomkern zusammenhält. Somit ist die starke Kernkraft keine unabhängige Wechselwirkung. Wir werden im Folgenden nicht immer streng zwischen starker Kernkraft und starker Wechselwirkung unterscheiden und einfach den Begriff starke Wechselwirkung als einen Oberbegriff für beides verwenden.

Wie stellt sich nun die starke Wechselwirkung im Vergleich zur elektromagnetischen Wechselwirkung oder der Gravitation dar? Rufen wir uns dazu einige wesentliche Eigenschaften dieser beiden Wechselwirkungen ins Gedächtnis zurück.

Zunächst einmal kann man sowohl für die elektromagnetische Wechselwirkung als auch für die Gravitation eine sogenannte Ladung definieren, die neben dem Abstand die Stärke der Kräfte zwischen Körpern festlegt. Bei der Gravitation ist diese Ladung gegeben durch die *schwere Masse* eines Körpers, die nach Einstein mit der *trägen Masse* identisch ist. Da die Gravitation zwischen zwei Körpern immer anziehend wirkt, gibt es nur positive Gravitationsladungen bzw. Massen. Bei der elektromagnetischen Wechselwirkung dagegen gibt es anziehende und abstoßende Kräfte. Daher ist es sinnvoll, positive und negative elektrische Ladungen einzuführen.

Sowohl für die elektromagnetische Wechselwirkung als auch für die Gravitation gelten die folgenden zwei Gesetze:

- Verdoppelt man den Abstand r zwischen zwei ruhenden oder sich nur langsam bewegenden Körpern, so fällt die gegenseitige Anziehungs- oder Abstoßungskraft F auf ein Viertel ihres ursprünglichen Wertes ab, d. h. es gilt $F \sim 1/r^2$.

- Verschiedene Kraftfelder stören sich nicht gegenseitig, sondern addieren sich linear zu einem Gesamt-Kraftfeld auf (Superpositionsprinzip).

Die erste Eigenschaft bezeichnet man als statisches Kraftgesetz, da es voraussetzt, dass sich die beteiligten Körper langsam im Vergleich zur Lichtgeschwindigkeit bewegen. Bei der Gravitation ergeben sich für sehr starke Anziehungskräfte Abweichungen vom statischen Kraftgesetz, die sich nach der allgemeinen Relativitätstheorie berechnen lassen. Ebenso gilt das Superpositionsprinzip nur für nicht zu starke und nicht zu stark veränderliche Gravitationsfelder. Für die elektromagnetische Wechselwirkung dagegen, so wie sie durch die Maxwell-Gleichungen beschrieben wird, gilt das Superpositionsprinzip uneingeschränkt. Eine Folge davon ist, dass ein Lichtstrahl den leeren Raum auch dann ungestört durchquert, wenn in diesem Raum noch andere Lichtstrahlen unterwegs sind. Zwei Lichtstrahlen durchdringen sich ohne jede gegenseitige Beeinflussung. Andernfalls wäre es für uns unmöglich, unsere Umwelt auf die gewohnte Weise mit den Augen wahrzunehmen. Die kreuz und quer dahinfliegenden Lichtstrahlen würden sich gegenseitig durcheinanderbringen.

Wir kennen bereits eine weitere Kraft, über die wir bisher nur wenig gesagt haben: die schwache Wechselwirkung, die z. B. für den Zerfall freier Neutronen verantwortlich ist. Diese Kraft passt nicht in unser obiges Schema, denn sie hat eine extrem kurze Reichweite von weniger als 0,01 Fermi, sodass Quanteneffekte sehr wichtig werden. Sie lässt sich daher nicht als klassische Feldtheorie verstehen, sondern nur mit den Mitteln der Quantenfeldtheorie beschreiben. Der Begriff des klassischen Kraftfeldes macht für die schwache Wechselwirkung keinen Sinn mehr.

Auch die starke Kernkraft zwischen zwei Nukleonen hat eine sehr kurze Reichweite, und zwar etwa 1,4 Fermi. Dieser Reichweite hatten wir bereits eine präzise Bedeutung geben, denn nach Yukawa kann man die starke Kernkraft näherungsweise durch ein klassisches Kraftfeld mit der Abstandsabhängigkeit $F \sim (1/(br) + 1/r^2)\, e^{-r/b}$ beschreiben. Der Parameter b wird dabei als Reichweite bezeichnet. Er hat für die starke Wechselwirkung den Wert 1,4 Fermi. Die Formel von Yukawa gibt dem Begriff der Reichweite eine präzise mathematische Bedeutung. Die Abstandsabhängigkeit wird dabei vom Faktor $e^{-r/b}$ dominiert, wobei $e = 2{,}71828\ldots$ (also knapp 3) ist. Dieser Faktor bewirkt, dass die starke Kernkraft bei größer werdenden Abständen sehr schnell immer schwächer wird, sodass sie im Abstandsbereich oberhalb von 100 Fermi praktisch keine Rolle mehr spielt.

Lässt man in der Formel von Yukawa die Reichweite b auf immer größere Werte anwachsen, so strebt der erste Summand $1/(br)$ gegen null, und der Faktor $e^{-r/b}$ strebt gegen 1, sodass im Grenzfall unendlicher Reichweite die Formel $F \sim 1/r^2$ herauskommt. Dies ist genau die Abstandsabhängigkeit der elektromagnetischen Wechselwirkung und der Gravitation. Diese beiden Wechselwirkungen besitzen in diesem Sinne eine unendliche Reichweite, sind also auch bei großen Abständen zwischen den Körpern noch wirksam.

Der Begriff der Reichweite ist so lange anwendbar, wie eine Wechselwirkung sinnvoll durch eine Kraft zwischen Objekten beschrieben werden kann, also solange eine Beschreibung im Rahmen der Quantenfeldtheorie nicht zwingend notwendig wird. Sowohl im Geltungsbereich der klassischen Mechanik als auch der nichtrelativistischen Quantenmechanik kann der Kraftbegriff zwischen Teilchen angewendet werden. Im Rahmen der Quantenmechanik wird allerdings die Bewegung eines Teilchens nicht mehr durch eine Bahnkurve beschrieben, sondern durch eine quantenmechanische Wellenfunktion, deren zeitliche Veränderung sich mithilfe der Schrödinger-Gleichung berechnen lässt. Damit lässt sich auch die Kraft zwischen Elektron und Atomkern nicht mehr direkt ausrechnen, da man dazu den Ort des Elektrons kennen müsste. Dennoch macht der Begriff des Kraftfeldes auch in der nichtrelativistischen Quantenmechanik weiterhin Sinn, denn er taucht in der Schrödinger-Gleichung auf und bestimmt die zeitliche Schwingung der Wellenfunktion (genau genommen taucht in der Schrödinger-Gleichung das sogenannte *Potenzial* der Kraft auf).

Im nichtrelativistischen Quarkmodell, das wir bereits kennengelernt haben, ist die starke Kraft zwischen den Quarks das Analogon zur elektrischen Kraft zwischen Atomkern und Elektronen. In dem Maße, in dem dieses Quarkmodell die Eigenschaften der Hadronen zufriedenstellend erklären kann, ist auch der Kraftbegriff zwischen den Quarks sinnvoll. Geht man jedoch zu einer detaillierteren Beschreibung im Rahmen der relativistischen Quantenfeldtheorie über, so verliert der Kraftbegriff für die starke Wechselwirkung seinen Sinn. In gleicher Weise relativiert sich auch der Kraftbegriff für die starke Kernkraft und die schwache Wechselwirkung. Wenn trotzdem von einer Kraft zwischen den Teilchen die Rede ist, so nehmen wir bewusst eine Vereinfachung vor, um spezielle Aspekte der Wechselwirkung besser zu verstehen. Die daraus gewonnen Aussagen sind qualitativer, nicht aber quantitativer Natur. Sie gelten umso genauer, je weniger relativistische Effekte wie die Umwandlung von Masse in Energie berücksichtigt werden müssen.

Lässt sich aus der starken Kernkraft zwischen den Nukleonen direkt auf die starke Wechselwirkung zwischen den Quarks zurückschließen? Dies ist leider nicht der Fall. Betrachten wir dazu ein analoges Beispiel aus der elektromagnetischen Wechselwirkung,

Die elektrische Kraft zwischen zwei geladenen Teilchen nimmt quadratisch mit zunehmendem Abstand ab ($F \sim 1/r^2$). Die sogenannte Van-der-Waals-

Kraft zwischen zwei elektrisch neutralen Atomen oder Molekülen ohne statisches Dipolmoment (z. B. zwei Heliumatome) nimmt jedoch schneller als nur quadratisch mit der Entfernung ab, nämlich ungefähr mit der siebten Potenz des Abstands ($F \sim 1/r^7$). Eine Verdoppelung des Abstands bewirkt daher den Rückgang der Anziehungskraft um den Faktor $(1/2)^7 = 0{,}008$, also auf acht Promille. Dies liegt daran, dass aus zunehmender Entfernung betrachtet die positiven und negativen Ladungen von Atomhülle und Atomkern immer mehr miteinander zu verschmelzen scheinen und sich nach außen hin gegenseitig neutralisieren. Man kann dies mit einem Farbfernseher vergleichen, auf dem der Farbton *Weiß* zu sehen ist. Aus der Nähe betrachtet kann man noch die rot, blau und gelb leuchtenden einzelnen Bildpunkte auf der Lochmaske des Bildschirms erkennen. Aus der Ferne betrachtet verschwimmen die einzelnen leuchtenden Farbtupfer dagegen zu Weiß miteinander.

Wir können also aus dem Kraftgesetz zwischen zusammengesetzten Objekten nicht direkt auf das Kraftgesetz zwischen den Bausteinen dieser Objekte zurückschließen.

Das Phänomen des Confinement macht deutlich, dass das statische Kraftgesetz zwischen zwei Quarks ganz anders aussehen muss als das elektrische Kraftgesetz zwischen Elektron und Atomkern oder als die starke Kernkraft zwischen Nukleonen. Da man bis heute noch niemals freie Quarks beobachten konnte, liegt die Vermutung nahe, dass die Kraft zwischen zwei Quarks mit zunehmendem Abstand kaum oder gar nicht abnimmt, sodass sie sich nicht voneinander lösen können. Modellrechnungen im Rahmen des nichtrelativistischen Quarkmodells weisen ebenfalls in diese Richtung.

Betrachten wir die Ladung der starken Wechselwirkung, die wir im Folgenden als *starke Ladung* oder auch als *Farbladung* bezeichnen wollen. Warum die Bezeichnung Farbladung sinnvoll ist, sehen wir etwas später. Es ist zunächst gar nicht klar, wie eine solche starke Farbladung überhaupt zu definieren ist. Bei der elektromagnetischen Wechselwirkung kann die elektrische Ladung eines Objektes direkt aufgrund der Kraft definiert werden, die dieses Objekt im Feld eines anderen Objektes mit bekannter Ladung bei gegebenem Abstand erfährt. Wir wollen diesen Gedanken hier kurz wiederholen:

Wählt man zwei kleine Objekte mit identischer Ladung, beispielsweise zwei Elektronen, so kann man ihre elektrische Ladung q festlegen als die Wurzel aus der Kraft F zwischen ihnen, multipliziert mit ihrem Abstand r, also $q = r\sqrt{F}$. Die Ladung hätte dann die Einheit Meter mal Wurzel aus Newton und das Kraftgesetz zwischen zwei Ladungen q_1 und q_2 hätte die einfache Form $F = q_1 q_2 / r^2$. Wie man sieht, ist es keineswegs nötig, eine gesonderte Einheit für die elektrische Ladung einzuführen, denn man kann sie direkt mithilfe der Kraft zwischen Ladungen definieren. Die stattdessen gebräuchliche Ladungseinheit *Coulomb* wird lediglich aus historischen und messtechnischen Gründen bevorzugt. Sie wird nicht über die elektrische Kraft zwischen Ladungen, sondern über die magnetische Kraft zwischen stromdurchflossenen Drähten definiert. Bei Verwendung der Einheit *Coulomb* muss der bekannte Faktor $k = 1/(4\pi\varepsilon_0)$ zur Umrechnung der Einheiten im Kraftgesetz hinzugefügt werden.

Die Kraft zwischen zwei Quarks lässt sich nun nicht analog zur Kraft zwischen elektrischen Ladungen messen. Der Hauptgrund liegt darin, dass der Kraftbegriff für die starke Wechselwirkung nur in groben Modellrechnungen von Bedeutung ist. Eine detailliertere Beschreibung der starken Wechselwirkung kann dagegen nur mit den Mitteln der Quantenfeldtheorie erfolgen, in der der Begriff der Kraft keine Bedeutung besitzt. Eine präzise Definition des Ladungsbegriffs für die starke Wechselwirkung durch experimentell messbare Größen kann daher nur im Rahmen dieser Theorie erfolgen. Wir können also hier nur einige Aspekte des Ladungsbegriffs in der starken Wechselwirkung beleuchten.

Zunächst wollen wir uns die Frage stellen, wie viele verschiedene Ausprägungen der starken Farbladung wir benötigen. Wie wir wissen, genügt zur Beschreibung der anziehenden Gravitationskräfte eine Ladungsausprägung (die positive Masse), während zur Beschreibung der anziehenden und abstoßenden elektrischen Kräfte bereits zwei elektrische Ladungsausprägungen notwendig sind, die wir durch ein unterschiedliches Vorzeichen gekennzeichnet haben.

Bei der starken Wechselwirkung wissen wir zunächst nicht, welche Kräfte zwischen Quarks wirken können, da wir diese Kräfte nicht direkt beobachten können. Wir wissen aber, dass sich entweder ein Quark und ein Antiquark zu einem Meson oder drei Quarks zu einem Baryon (bzw. drei Antiquarks zu einem Anti-Baryon) zusammenfinden. Zwei Quarks scheinen sich dagegen nicht zu einem Hadron zu vereinen.

Um diesen Umstand zu erklären, reicht eine einzige Ladungsausprägung analog zur Gravitation offenbar nicht aus, denn dann könnten sich Quarks lediglich generell anziehen oder abstoßen. Im ersten Fall gäbe es Gebilde aus beliebig vielen Quarks und im zweiten Fall überhaupt keine aus Quarks zusammengesetzten Objekte.

Versuchen wir es mit zwei Ladungsausprägungen, analog zur elektromagnetischen Wechselwirkung. Damit lassen sich gleichzeitig sowohl anziehende als auch abstoßende Kräfte beschreiben und somit das Auftreten von Mesonen erklären, bei denen sich jeweils ein Quark und ein Antiquark zusammenfinden. Dazu müsste man nur annehmen, dass Quark und Antiquark entgegengesetzte starke Ladungen tragen und dass sich entgegengesetzte starke Ladungen anziehen, analog zu Proton und Elektron in einem Wasserstoffatom.

Bei den aus drei Quarks bestehenden Baryonen geraten wir jedoch in Schwierigkeiten. Versuchen wir es also mit drei starken Ladungsausprägungen, die wir *rot*, *gelb* und *blau* nennen wollen (daher der Begriff *Farbladung*). Damit wollen wir keineswegs andeuten, dass diese Ladungen etwas mit sichtbaren Farben zu tun haben, aber diese Namensgebung wird sich im Folgenden noch als sinnvoll erweisen.

Ein Quark kann also eine *rote*, *gelbe* oder *blaue* starke Farbladung tragen. Welche Farbladung trägt dann das entsprechende Antiquark?

Betrachten wir zum Vergleich die Gravitation. Hier gibt es nur eine positive Ladungsausprägung, nämlich die Masse. Da Antiteilchen die gleiche Masse haben wie die zugehörigen Teilchen, sollten sie auch die gleiche Gravitationsladung besitzen. Dies bedeutet, dass sich Teilchen und Antiteilchen aufgrund der Gravitation ebenso gegenseitig anziehen sollten wie zwei Teilchen. Man muss zugeben, dass diese Frage experimentell noch nicht abschließend geklärt ist, da es sehr schwierig ist, den schwachen Einfluss der Gravitation auf Antiteilchen im Labor zu untersuchen. Es gibt jedoch eine ganze Reihe theoretischer Indizien dafür, dass die Gravitation keinen Unterschied zwischen Teilchen und Antiteilchen macht. Antiteilchen brauchen also keine gesonderte Gravitationsladung.

Bei der elektromagnetischen Wechselwirkung gibt es zwei verschiedene Ladungsausprägungen, die wir durch ihr Vorzeichen voneinander unterscheiden. Dabei tragen Teilchen und Antiteilchen Ladungen vom gleichen Betrag, aber mit entgegengesetztem Vorzeichen.

Bei der starken Wechselwirkung haben wir nun angenommen, dass ein Quark eine von drei starken Farbladungen tragen kann, die wir *rot*, *gelb* und *blau* genannt haben. Die entsprechenden Farbladungen für die Antiquarks nennen wir zunächst provisorisch *antirot*, *antigelb* und *antiblau*. Zusammen mit den drei Quarkladungen hätten wir damit bereits sechs starke Farbladungen. Glücklicherweise lässt sich jedoch auch hier ein Zusammenhang zwischen den Farbladungen von Teilchen und Antiteilchen herstellen.

Wir tragen dazu die verschiedenen Ladungsausprägungen der Gravitation, der elektromagnetischen Wechselwirkung und der starken Wechselwirkung in einem zweidimensionalen Koordinatensystem als Punkte ein. Diese Eintragung nehmen wir möglichst so vor, dass die Ladung eines Antiteilchens sich durch Spiegelung der Ladung des Teilchens am Ursprung des Koordinatensystems ergibt.

Beginnen wir mit der Gravitation. Hier gibt es nur eine Ladungsausprägung, die sich nicht ändert, wenn wir von einem Teilchen zu seinem Antiteilchen übergehen. Wir tragen daher für die Gravitationsladung einen Punkt im Ursprung $(0,0)$ des Koordinatensystems ein, wobei die Schreibweise $(0,0)$ die x- und y-Koordinate des eingetragenen Punktes (x,y) angibt.

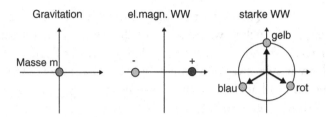

Abb. 4.5 Darstellung der Ladungsausprägungen der verschiedenen Wechselwirkungen durch Punkte in der Ebene. Die Ladung eines Antiteilchens ergibt sich durch Spiegelung am Ursprung. Gravitationsladungen können sich nicht gegenseitig neutralisieren. Dagegen neutralisieren sich positive und negative elektrische Ladungen gegenseitig. Bei der starken Wechselwirkung ergeben erst die drei Farbladungen *rot*, *gelb* und *blau* zusammen ein neutrales (*weißes*) Objekt

Nun zur elektromagnetischen Wechselwirkung. Die positive elektrische Ladung kennzeichnen wir durch den Punkt (1,0) auf der x-Achse, die negative Ladung entsprechend durch den gegenüberliegenden Punkt (−1,0).

Um die drei Farbladungen der starken Wechselwirkung einzutragen, zeichnen wir zunächst einen Kreis mit dem Radius 1 um den Ursprung herum. Nun tragen wir die drei Farbladungen so auf diesem Kreis ein, dass sie alle gleich weit voneinander entfernt sind. Würden wir eine Uhr auf diesem Kreis einzeichnen, so könnten wir die Ladung *gelb* bei 12 Uhr eintragen, die Ladung *rot* bei 4 Uhr und die Ladung *blau* bei 8 Uhr (Abb. 4.5).

Die Farbladung *antigelb* ergibt sich nun durch Spiegelung am Ursprung und käme damit bei 6 Uhr zu liegen (Punkt (0,−1)), zwischen den Ladungen *rot* und *blau*. Wir wollen daher *antigelb* auch als *rot-blau* bezeichnen. Dies wird sich später noch als sinnvoll erweisen. Man kann sich das auch so vorstellen, dass der Pfeil, der vom Ursprung auf den zur Ladung *antigelb* gehörenden Punkt auf dem Kreis zeigt, sich einerseits durch Spiegelung des Pfeils zur Ladung *gelb* ergibt, andererseits aber auch durch Aneinanderfügen der beiden Pfeile zu den Ladungen *rot* und *blau* erzeugt werden kann. Analog entspricht *antirot* der Ladung *blau-gelb* und *antiblau* der Ladung *gelb-rot*.

Die starke Wechselwirkung soll nun gerade zwischen Quark und Antiquark oder zwischen drei Quarks anziehend wirken. Dies können wir durch die folgende Forderung erreichen:

Ein oder mehrere Quarks sowie Antiquarks können sich nur dann zu Hadronen vereinigen, wenn sich ihre Farbladungen gegenseitig neutralisieren.

Um in unserer Farbsprache zu bleiben: Die einzelnen Farben müssen sich gegenseitig zu *weiß* addieren, so wie man es von farbigem Licht her kennt. Die entsprechenden Pfeile addieren sich zu einem Vektor der Länge null, d. h. der

Endpunkt des dritten Pfeils endet am Startpunkt des ersten Pfeils, wenn man die drei Farbladungspfeile aneinanderfügt.

Dass diese einfache Forderung funktioniert, wollen wir uns genauer klar machen.

Betrachten wir ein Baryon aus drei Quarks, und nehmen wir an, dass die drei Farbladungen *rot*, *gelb* und *blau* jeweils einem der Quarks zugeordnet sind. Da *rot*, *gelb* und *blau* zusammen *weiß* ergeben, ist die Forderung erfüllt und das Baryon wird durch die starke Wechselwirkung zusammengehalten.

Mesonen bestehen aus Quark und Antiquark. Nehmen wir an, das Quark trage die Farbladung *rot* und das Antiquark die Farbladung *antirot*, oder anders ausgedrückt: *blau-gelb*. Wieder addieren sich die Farbladungen *rot* und *blau-gelb* zu *weiß*, sodass das Meson zusammengehalten wird. Nun sehen wir auch, dass die Identifikation von *antirot* mit *blau-gelb* sinnvoll war, denn das Postulat funktioniert auf diese Weise für Baryonen und Mesonen gleichermaßen.

Bei zwei Quarks ist es dagegen nicht möglich, dass sich ihre Farbladungen zu *weiß* addieren, entsprechend der Beobachtung, dass es keine Hadronen aus zwei Quarks gibt.

Es wird nun auch klar, warum die starke Kernkraft zwischen Hadronen mit zunehmendem Abstand so schnell abnehmen muss. Aus der Ferne betrachtet verschmelzen die Quarks im Inneren eines Hadrons gleichsam miteinander und das Hadron erscheint als ein Objekt mit weißer Farbladung, entsprechend einer verschwindenden starken Ladung. Die starken Farbladungen der Quarks im Inneren neutralisieren sich nach außen hin gegenseitig. Ähnlich wie sich elektrisch neutrale Atome bei hinreichend großen Abständen kaum noch gegenseitig elektrisch anziehen oder abstoßen, so verschwindet auch die starke Wechselwirkung zwischen Hadronen bei größeren Abständen.

Die starke Wechselwirkung wirkt zwischen zwei Quarks mit den Farbladungen *rot* und *blau* nicht anziehend. Kommt jedoch noch ein Quark mit der Farbladung *gelb* hinzu, so wirkt plötzlich eine starke Anziehungskraft zwischen allen drei Quarks. Diese Eigenschaft ist etwas völlig Neues und unterscheidet die starke Wechselwirkung von der elektromagnetischen Wechselwirkung. Zwei entgegengesetzte elektrische Ladungen ziehen sich immer gegenseitig an, unabhängig von der Anwesenheit weiterer elektrischer Ladungen. Für die elektromagnetische Wechselwirkung gilt also das Superpositionsprinzip.

Für die starke Wechselwirkung gilt dagegen das Superpositionsprinzip nicht mehr. Starke Kraftfelder durchdringen sich nicht störungsfrei, sondern sie beeinflussen sich gegenseitig. Damit liegt es nahe, dass nicht nur Quarks, sondern auch die Kraftfelder selbst starke Farbladungen tragen müssen.

Dass dies so sein sollte, wird noch aus einem weiteren Grund klar: Bei der elektromagnetischen Wechselwirkung trägt ein fest vorgegebenes Teilchen immer die gleiche elektrische Ladung. Elektronen tragen immer eine negative, Protonen dagegen eine positive elektrische Elementarladung. Die elektrische Ladung ist eine Erhaltungsgröße, die sich bei freien Teilchen niemals ändert. Da mit der elektrischen Ladung ein weit hinausreichendes elektrisches Feld verbunden ist, kann man sie jederzeit messen, d. h. sie ist eine festliegende Kenngröße jedes freien Teilchens.

Quarks existieren dagegen nicht als freie Teilchen, und die aus ihnen zusammengesetzten freien Teilchen, die Hadronen, tragen immer die Farbladung null (also *weiß*). Es gibt keine weit hinausreichenden starken Kraftfelder. Daher muss die Farbladung eines Quarks nicht unbedingt eine unveränderliche Kenngröße dieses Teilchens sein. Es zeigt sich, dass sie eine quantenmechanische Größe ähnlich dem Spin eines Teilchens ist, das sich in ständiger Wechselwirkung mit anderen Teilchen befindet. Man kann sich vorstellen, dass sich der Wert des Spins aufgrund der Wechselwirkung ständig verändert – man sagt, der Spin klappt um. Dies gilt analog auch für die Farbladung eines Quarks.

Betrachten wir zur Verdeutlichung das Proton, das aus den drei Quarks *uud* besteht. Eines der Quarks muss die Farbladung *blau*, eines die Farbladung *gelb* und eines die Farbladung *rot* tragen. Daraus ergibt sich, dass die beiden *up*-Quarks verschiedene Farbladungen tragen müssen. Dem *up*-Quark lässt sich also keine feste Farbladung zuordnen. Entsprechend verhält es sich bei den anderen Quarks. Jedes Quark in Baryonen und, wie genauere Analysen zeigen, ebenso in Mesonen, kann jede beliebige der zur Verteilung anstehenden Farbladungen annehmen. Die Farbladungen innerhalb eines Hadrons verteilen sich ständig neu über die Quarks. Sie werden durch das starke Kraftfeld hin- und hertransportiert, und es entsteht eine wildes Farbwechselspiel zwischen den Quarks.

Nun darf man dieses Bild nicht überinterpretieren, denn es soll nur eine grobe Vorstellung davon vermitteln, was die starke Wechselwirkung ausmacht. Die Vorstellung eines Farbwechselspiels ist das Analogon zu der Vorstellung, dass ein Elektron in der Atomhülle zufällig von Punkt zu Punkt springt. Das Wechselspiel der Farbladungen wird erst mit den Mitteln der Quantenphysik korrekt dargestellt, und zwar durch eine sogenannte Farbwellenfunktion.

Für Mesonen (die bekanntlich aus einem Quark und einem Antiquark bestehen) kann man diese Farbwellenfunktion in Form dieser einfachen Farbwellenfunktionstabelle direkt angeben:

q	$\bar{q}$	Pfeil
r	$\bar{r}$	$\rightarrow$
g	$\bar{g}$	$\rightarrow$
b	$\bar{b}$	$\rightarrow$

Dabei steht q für das Quark und $\bar{q}$ für das Antiquark. Die Buchstaben r, g und b stehen in der ersten Spalte für die Farbladungen *rot*, *gelb* und *blau* und in der zweiten Spalte für die entsprechenden Farb-Antiladungen *antirot*, *antigelb* und *antiblau*. Wir sehen, dass für alle drei möglichen Farbladungskombinationen der entsprechende Wellenfunktionspfeil identisch ist. Die quadrierte Pfeillänge gibt dabei wie immer an, wie groß die Wahrscheinlichkeit dafür ist, die entsprechende Farbladungskombination bei einer Messung im Meson vorzufinden.

Auch für die Baryonen (also Hadronen aus drei Quarks) kann man eine solche universelle Farbwellenfunktionstabelle angeben:

q_1	q_2	q_3	Pfeil
r	g	b	→
b	r	g	→
g	b	r	→
r	b	g	←
g	r	b	←
b	g	r	←

Man sieht, dass wie beim Pauli-Prinzip der Pfeil beim Vertauschen zweier Farbladungen seine Richtung wechselt. Warum dies so ist, lässt sich leider nicht unmittelbar veranschaulichen. Analog zu den Mesonen sind auch bei den Baryonen alle Pfeile gleich lang, d. h. jede der sechs Farbladungskombinationen ist gleich wahrscheinlich.

Bleiben wir bei dem vereinfachten Bild, bei dem die Farbladungen zwischen den Quarks wild hin- und herspringen. Wenn zwei Quarks q_1 und q_2 ihre Farbladungen, sagen wir *rot* und *gelb*, austauschen, so können wir uns diesen Austauschmechanismus so vorstellen, als ob das starke Kraftfeld die rote Farbladung von Quark q_1 zu Quark q_2 transportiert und die gelbe Farbladung in umgekehrter Richtung. Das starke Kraftfeld trägt damit selbst eine Farbladung, die wir in diesem Fall als *hin-rot-zurück-gelb* bezeichnen könnten. Dies ist ein neues Phänomen, das wir von der elektromagnetischen Wechselwirkung her nicht kennen.

Das elektromagnetische Feld transportiert keine elektrischen Ladungen, und es trägt daher auch selbst keine solche. Die Konsequenz ist, dass ein elektrisches Feld nicht durch ein anderes elektrisches Feld beeinflusst wird. Anders bei den starken Kraftfeldern: Sie tragen eine starke Farbladung und können sich gegenseitig beeinflussen. Daher gilt für sie das Superpositionsprinzip nicht.

Was geschieht nun, wenn wir versuchen, beispielsweise das Quark und das Antiquark eines Mesons auseinanderzuziehen? Das starke Kraftfeld da-

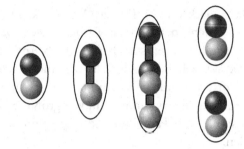

Abb. 4.6 Werden zwei Quarks auseinandergezogen, so bildet sich zwischen ihnen ein Kraftfeldschlauch aus. Sobald die darin gespeicherte Energie groß genug ist, bildet sich daraus ein neues Quark-Antiquark-Paar. Der Schlauch zerreißt und die neu entstandenen Hadronen driften auseinander

zwischen bietet bei diesem Vorgang zunehmend mehr Angriffsfläche zur Selbsteinwirkung. Verschiedene Bereiche des Feldes ziehen sich gegenseitig an und das gesamte Feld schrumpft schließlich zu einem immer dünneren Schlauch zwischen den Quarks zusammen. Dieser Schlauch wird umso ausgeprägter, je weiter sich die Quarks voneinander entfernen. Er übt eine konstante, entfernungsunabhängige Kraft zwischen den Quarks aus. Dabei speichert er aufgrund seiner zunehmenden Länge immer mehr Energie, je weiter man die Quarks voneinander entfernt. Da die Kraft zwischen den Quarks extrem stark wirkt, sind die im Feldschlauch gespeicherten Energiemengen beträchtlich. Sie liegen bei etwa 1 000 MeV pro Fermi Schlauchlänge. Um zwei Quarks nur, um ein Fermi weiter voneinander zu entfernen, ist also eine Energiemenge erforderlich, die zur Bildung eines Protons ausreichen würde. Bei fortlaufender Entfernung der beiden Quarks voneinander reicht die Energie des Feldschlauchs sehr bald zur Erzeugung eines oder sogar mehrerer neuer Quark-Antiquark-Paare aus. Der Feldschlauch zerreißt, und an seine freien Enden heften sich jeweils die entstandenen Quarks bzw. Antiquarks an (Abb. 4.6). Die Schlauch-Teilstücke schnurren zusammen und die dabei entstandenen Hadronen fliegen auseinander. Bei sehr hochenergetischen Teilchenreaktionen wie beispielsweise am Large Hadron Collider (LHC) kann ein Feldschlauch an vielen Stellen auf diese Weise zerreißen, sodass viele neue Hadronen entstehen. Diesen Prozess bezeichnet man als *Hadronisierung*, da ein großer Teil der Energie, mit der ein Quark herausgeschlagen werden sollte, zur Bildung neuer Hadronen verwendet wurde. Dieses Quark bestimmt dabei in vielen Fällen die Flugrichtung der neu gebildeten Hadronen, sodass sie in dieselbe Richtung fliegen und einen sogenannten Jet bilden. Auf diese Art entstehen bei hochenergetischen Teilchenkollisionen gleichzeitig viele unserer meist sehr kurzlebigen Bewohner des Teilchenzoos.

5
Quanten und Relativität

Hadronen besitzen eine Ausdehnung, die typischerweise bei etwa einem Fermi liegt. Ihre Bausteine, die Quarks, besitzen Massen von einigen MeV bis zu 170 000 MeV. Aus der Unschärferelation lässt sich bei Vorgabe der Quarkmasse und der Ortsunschärfe die Geschwindigkeitsunschärfe eines Quarks innerhalb eines Hadrons abschätzen. Für die Ortsunschärfe wollen wir etwa ein Fermi ansetzen, entsprechend der typischen Ausdehnung der Hadronen. Dies ergibt für *up*- und *down*-Konstituentenquarks mit einer Masse von 320 MeV eine Geschwindigkeitsunschärfe von etwa einem Drittel der Lichtgeschwindigkeit. Die Quarks im Inneren eines Protons oder Neutrons haben also mittlere Geschwindigkeiten, die von der Größenordnung der Lichtgeschwindigkeit sind. Wenn wir statt der Konstituentenquarkmassen die leichteren Stromquarkmassen in der Unschärferelation verwenden, so steigert sich diese mittlere Geschwindigkeit sogar noch.

Die hohen Quarkgeschwindigkeiten sind eine Folge der extrem starken Kräfte, die die Quarks auf sehr kleinem Raum zusammenketten. Die Stärke dieser Kräfte führt teilweise zu sehr hohen Bindungsenergien, die in die Größenordnung der Quarkmassen kommen können.

Sowohl die hohen Quarkgeschwindigkeiten als auch die hohen Bindungsenergien zeigen, dass für eine detaillierte Beschreibung der Hadronen neben Quanteneffekten auch die Postulate der speziellen Relativitätstheorie bei der Quarkdynamik berücksichtigt werden müssen. Wir müssen also einen theoretischen Rahmen finden, in dem beide Teilgebiete der Physik gleichermaßen Eingang finden. Man bezeichnet diesen Rahmen als *relativistische Quantenfeldtheorie*. Wie wir sehen werden, führt die Verschmelzung von Quantenmechanik und spezieller Relativitätstheorie zu gewissen Komplikationen, und wir müssen damit rechnen, dass wir uns wieder ein gutes Stück von anschaulich begreifbaren Modellen entfernen.

5.1 Relativistische Quantenfeldtheorien

Wiederholen wir zum Einstieg noch einmal die wichtigsten Aspekte der nichtrelativistischen Quantenmechanik, wie wir sie für die Beschreibung der Elektronenbewegung in den Hüllen der Atome bereits verwendet haben: Teilchen werden in der Quantenmechanik durch Wellenfunktionen beschrieben. Eine Wellenfunktion lässt sich dabei als Tabelle darstellen, in die alle möglichen Wertekombinationen eines vollständigen Satzes von Messgrößen für das betrachtete quantenmechanische System eingetragen werden sowie ein Pfeil, der den Wert der Wellenfunktion für diese Wertekombination darstellt und dessen quadrierte Länge die Wahrscheinlichkeit dafür angibt, diese Kombination im Experiment zu messen. Für ein einzelnes Elektron bilden der Ort und die Spinkomponente bezogen auf eine vorgewählte Raumrichtung einen solchen vollständigen Satz von Messgrößen. Alternativ zum Ort kann man auch die Geschwindigkeit bzw. den Impuls als Messgröße verwenden. Dabei bilden Ort und Geschwindigkeit (bzw. Impuls) komplementäre Messgrößen, d. h. sie lassen sich nicht beide zugleich beliebig genau messen (Heisenberg'sche Unschärferelation).

Die zeitliche Veränderung der Wellenfunktionspfeile wird in der nichtrelativistischen Quantenmechanik durch die Schrödinger-Gleichung beschrieben. In der Schrödinger-Gleichung werden die Ideen der speziellen Relativitätstheorie nicht berücksichtigt. Dies ist auch nicht notwendig, solange die betrachteten Teilchen sich im statistischen Mittel deutlich langsamer als das Licht bewegen, so wie dies für die Elektronen in den Atomhüllen der Fall ist. Nach der Schrödinger-Gleichung wäre es für ein Teilchen im Prinzip möglich, sich mit beliebig hoher Geschwindigkeit fortzubewegen, also auch schneller als mit Lichtgeschwindigkeit. Dies steht im Widerspruch zu Einsteins zweitem Postulat, nach dem sich physikalische Wirkungen (also auch fliegende Teilchen) maximal mit Lichtgeschwindigkeit ausbreiten können. Die Schrödinger-Gleichung muss also verändert werden, will man diesem Postulat Rechnung tragen.

Es ist kein großes Problem, Gleichungen zu finden, die dem zweiten Postulat Einsteins genügen und aus denen sich für kleine Geschwindigkeiten die Schrödinger-Gleichung als Grenzfall ableiten lässt. Die zwei prominentesten Vertreter sind die *Klein-Gordon-Gleichung* und die *Dirac-Gleichung*.

Die Dirac-Gleichung und die Klein-Gordon-Gleichung beschreiben die relativistische Dynamik freier Teilchen korrekt. Dabei gilt die Dirac-Gleichung für Teilchen mit Spin 1/2, während die Klein-Gordon-Gleichung spinlose Teilchen beschreibt. Beide Gleichungen verhindern, dass sich die Teilchen schneller als mit Lichtgeschwindigkeit fortbewegen können, und beide Gleichungen haben in jedem sich gleichförmig bewegenden Bezugssystem

(Inertialsystem) die gleiche mathematische Gestalt. Weiterhin führen sie zur uns bereits bekannten relativistischen Beziehung $E^2 = (mc^2)^2 + (pc)^2$ zwischen dem Teilchenimpuls p, der Masse m und der relativistischen Gesamtenergie E des Teilchens.

Setzt man aber das Teilchen einer äußeren Kraft aus, oder lässt man gar Teilchen miteinander kollidieren, so treten Probleme bei diesen Gleichungen auf, die darauf hinweisen, dass in ihnen die Umwandlung von Energie in Masse und die daher mögliche Erzeugung und Vernichtung von Teilchen nicht berücksichtigt ist. Insbesondere besitzen beide Gleichungen Lösungen mit negativer Teilchenenergie. Solange man die Wechselwirkung von Teilchen weglässt, kann man diese unerwünschten Lösungen einfach ignorieren bzw. geeignet uminterpretieren. Lässt man aber Wechselwirkung zwischen Teilchen zu, so kommen diese Lösungen automatisch mit ins Spiel und verhindern eine physikalische Interpretation als Wellenfunktion.

Die Probleme wurzeln alle in einem grundlegenden Phänomen, das durch die spezielle Relativitätstheorie ermöglicht wird: der Umwandlung von Masse in Energie und umgekehrt. Dieses Phänomen ist weder in der Klein-Gordon-Gleichung noch in der Dirac-Gleichung berücksichtigt, und die Gleichungen machen uns auf diesen Mangel durch eine Reihe mathematischer Unstimmigkeiten aufmerksam. Wir stoßen hier auf ein interessantes Phänomen, das in der Physik immer wieder auftritt. Erst wenn eine physikalische Theorie alle für ihren angestrebten Geltungsbereich wesentlichen Aspekte konsistent berücksichtigt, zeigt auch der zugehörige mathematische Formalismus die gewünschte Abgeschlossenheit und Eleganz. Umgekehrt weisen Schönheitsfehler an diesem mathematischen Gebäude auf Grenzen der Anwendbarkeit der Theorie hin und geben damit Hinweise darauf, welche physikalischen Aspekte nicht berücksichtigt worden sind. In einer entsprechend erweiterten Theorie verschwinden diese Schönheitsfehler plötzlich, oder aber sie lassen sich neu interpretieren und dienen überraschend als Grundlage zur Beschreibung völlig neuer Phänomene.

Der erste Schritt auf dem Weg zu einer relativistischen Quantenfeldtheorie besteht darin, zunächst die Probleme der Klein-Gordon-Gleichung und der Dirac-Gleichung zu beseitigen, wobei wir Wechselwirkungen zwischen den Teilchen erst einmal vernachlässigen wollen. Wir wollen also versuchen, gleichsam eine konsistente freie relativistische Quantenfeldtheorie zu konstruieren.

Betrachten wir als Beispiel die Dirac-Gleichung. Diese Gleichung beschreibt Fermionen, also Teilchen mit Spin 1/2. Dabei gilt zwischen relativistischer Gesamtenergie E und Impuls p in der Dirac-Gleichung die Beziehung $E^2 = (mc^2)^2 + (pc)^2$. Wie wir sehen, kann diese Beziehung sowohl durch

$E = +\sqrt{(mc^2)^2 + (pc)^2}$ als auch durch $E = -\sqrt{(mc^2)^2 + (pc)^2}$ sichergestellt werden. Die erste Beziehung ist die korrekte Formel zwischen Energie und Impuls in der Relativitätstheorie. Die zweite Beziehung besagt jedoch, dass die Dirac-Gleichung neben positiven auch negative relativistische Gesamt-energien erlaubt. Negative relativistische Gesamtenergien sind jedoch phy-sikalisch sinnlos: Die relativistische Gesamtenergie muss immer positiv sein!

Es gibt jedoch einen Weg, aus diesem Dilemma zu entkommen. Dazu er-innern wir uns daran, dass nach dem Pauli-Prinzip bei Teilchen mit Spin 1/2 jeder quantenmechanische Zustand nur durch ein Teilchen besetzt werden kann. Einen quantenmechanischen Zustand können wir dabei durch eine Wertekombination eines vollständigen Satzes gleichzeitig messbarer Größen kennzeichnen. Wir wählen hier die Energie und die Spinkomponente. Die Energie ist dabei genau genommen eine kontinuierliche Größe. Wir wollen aber hier so tun, als ob sie nur bestimmte Werte mit einem festen Abstand annehmen kann (dies kann man dadurch erreichen, dass man die Teilchen in einem großen Kasten einschließt). Jedes Teilchen, das einen solchen freien Zustand besetzt, wird nun durch eine Wellenfunktion mit dem entsprechen-den Energie- und Spinwert beschrieben. Die zeitliche Veränderung der Wel-lenfunktion wird durch die Dirac-Gleichung festgelegt, und zwischen Energie und Impuls besteht der Zusammenhang $E = \pm\sqrt{(mc^2)^2 + (pc)^2}$. Es gibt also für $E > mc^2$ und für $E < -mc^2$ freie Energieniveaus, die besetzt werden können.

Wir wollen uns fragen, welche Energiezustände mit freien Teilchen besetzt sein müssen, damit eine möglichst niedrige Gesamtenergie erreicht werden kann. Die Antwort ist einfach: Alle Zustände mit negativer Energie sind zu besetzen, denn jeder besetzte negative Energiezustand erniedrigt unsere Ge-samtenergie, während jeder besetzte positive Energiezustand die Gesamtener-gie erhöhen würde. Dass dazu unendlich viele Zustände negativer Energie zu besetzen sind, soll uns hier nicht weiter stören.

Halten wir fest: Betrachten wir freie Fermionen (d. h. Teilchen mit Spin 1/2), die durch die Dirac-Gleichung beschrieben werden, so kann man einen quantenmechanischen Viel-Teilchen-Zustand mit einer minimal möglichen Gesamtenergie aus ihnen aufbauen, indem man alle negativen Energiezustän-de mit Fermionen besetzt. Man spricht hier vom *Dirac-See*, wobei der See die besetzten negativen Energiezustände bildlich darstellt (Abb. 5.1). Da kein anderer Zustand mit freien Fermionen eine niedrigere Energie als dieser Di-rac-See aufweisen kann, ist er der *Grundzustand* der relativistischen Quanten-feldtheorie freier Fermionen.

Wie lässt sich dieser merkwürdige Grundzustand nun physikalisch inter-pretieren? Unsinnig wäre offenbar die Interpretation, unendlich viele Teilchen mit negativer Energie anzunehmen.

Energie

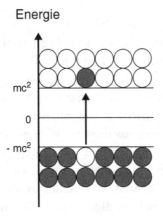

Abb. 5.1 Ein Elektron kann von einem negativen Energiezustand durch Energiezufuhr in einen positiven Energiezustand angehoben werden. Man interpretiert diesen
Vorgang als die Entstehung eines Elektron-Positron-Paares

Überlegen wir uns, wie eine Welt aussehen sollte, in der es nur freie Fermionen und sonst nichts gibt. In dieser Welt sollte es möglich sein, Zustände mit
keinem, einem, zwei und mehr Fermionen durch eine quantenmechanische
Wellenfunktion zu beschreiben, wobei der Zustand mit keinem Fermion die
relativistische Gesamtenergie *null* aufweist. Der Zustand mit einem Fermion
zum Impuls p besitzt dann die Energie $E = +\sqrt{(mc^2)^2 + (pc)^2}$ usw. Den Zustand ohne Fermionen werden wir auch als *physikalisches Vakuum* bezeichnen.

Offenbar müssen wir unseren oben konstruierten Grundzustand, bei dem
alle negativen Energieniveaus gefüllt sind, mit dem physikalischen Vakuum
identifizieren. Zunächst hat aber dieser Grundzustand die Energie minus unendlich, da es unendlich viele besetzte Niveaus mit negativer Energie gibt.

Man muss jedoch in einer relativistischen Quantenfeldtheorie immer zunächst den Grundzustand als Referenzzustand festlegen und diesem dann die
Energie $E = 0$ und die Teilchenzahl Null zuordnen, damit alle anderen Zustände $E \geq 0$ und eine Teilchenzahl ≥ 0 aufweisen.

Die Energie *minus unendlich* ergibt sich nur dann, wenn man als Referenzzustand diejenige Konfiguration wählt, bei der alle positiven und negativen
Energiezustände leer sind. Wir haben jedoch gesehen, dass wir diesen Referenzzustand nicht mit dem physikalischen Vakuum identifizieren dürfen, da
er nicht den Zustand niedrigster Gesamtenergie darstellt.

Stattdessen müssen wir den Grundzustand, bei dem alle negativen Energieniveaus besetzt sind, mit dem physikalischen Vakuum identifizieren und
ihm die Gesamtenergie null zuordnen. Mit anderen Worten: Alle Energien
werden in Zukunft relativ zu diesem Grundzustand angegeben. Damit ist
sichergestellt, dass alle diese Energien positive Werte aufweisen, denn der von

uns gewählte Grundzustand ist der Zustand niedrigster Energie. Das Problem mit den negativen Energien in der Dirac-Gleichung hätten wir durch diese neue Interpretation somit elegant gelöst. Weiterhin müssen auch alle anderen bei Fermionen messbaren Größen wie Teilchenzahl oder Ladung relativ zu diesem Grundzustand angegeben werden, d. h. der Grundzustand erhält die Teilchenzahl und die Gesamtladung Null zugeordnet.

Wenn die neue Interpretation zur Beschreibung der Natur brauchbar sein soll, so müssen sich mit ihrer Hilfe auch die Zustände mit einem oder mehr Fermionen konstruieren lassen. Wie wir sehen, ist das kein Problem: Um den Zustand eines Fermions mit Impuls p zu erhalten, müssen wir einfach nur ausgehend vom Grundzustand das entsprechende positive Energieniveau mit einem Fermion besetzen, wobei weiter alle negativen Energiezustände besetzt bleiben. Diese Konfiguration weist eine um $E = +\sqrt{(mc^2)^2 + (pc)^2}$ höhere Gesamtenergie und eine um 1 höhere Teilchenzahl auf als das Vakuum. Die Zustände mit mehr als einem Fermion werden analog konstruiert.

Soweit scheint ja alles in Ordnung zu sein. Es tritt jedoch ein neues Phänomen auf, mit dem wir bisher überhaupt nicht gerechnet haben. Es ist nämlich möglich, einen Zustand zu konstruieren, bei dem ein negativer Energiezustand nicht besetzt ist. Der Dirac-See aus Fermionen mit negativer Energie hat damit gleichsam ein Loch bekommen. Wie müssen wir einen solchen Zustand interpretieren?

Nehmen wir an, der nicht besetzte Zustand weist die Energie $E = -\sqrt{(mc^2)^2 + (pc)^2}$ auf. Dann besitzt der Gesamtzustand mit diesem Loch im Dirac-See eine um $+\sqrt{(mc^2)^2 + (pc)^2}$ höhere Gesamtenergie als der Grundzustand (Dirac-See) selbst, denn durch das Auffüllen des Lochs würde diese Energie frei werden.

Betrachten wir die elektrische Gesamtladung des Zustands mit dem Loch im Dirac-See. Um die Überlegung konkret zu machen, wollen wir im Folgenden Elektronen als Beispiel betrachten. Wie wir wissen, trägt ein Elektron genau eine negative Elementarladung. Da ein Elektron negativer Energie fehlt, fehlt auch eine negative Elementarladung im Vergleich zum Grundzustand. Der Zustand mit Loch im Dirac-See hat also eine positive Elementarladung mehr als der Grundzustand, und da wir diesem Grundzustand die Gesamtladung null zugeordnet haben, besitzt unser Zustand mit Loch eine positive Elementarladung.

Wie sieht es mit der Teilchenzahl aus? Hier wird es etwas schwierig, denn der Loch-Zustand besitzt ein Teilchen weniger als das Vakuum, das andererseits die Teilchenzahl Null erhalten hat. Wenn wir nicht mit negativen Teilchenzahlen herumoperieren wollen, so bleibt uns nichts anderes übrig, als eine weitere Teilchenzahlsorte einzuführen, die die Zahl der Löcher im Dirac-See zählt. Wir wollen diese neue Teilchenzahl als *Antiteilchenzahl* bezeichnen.

Diese Bezeichnung haben wir nicht ganz zufällig gewählt. Eine Loch-Konfiguration, bei der ein negativer Energiezustand (Energie $-E$, Ladung $-e$, Teilchenzahl 1, Impuls p) nicht besetzt ist, verhält sich wie ein Zustand mit Energie E, Ladung e, Antiteilchenzahl 1 und Impuls $-p$. Wir können den neuen Zustand daher physikalisch so interpretieren, dass er ein sogenanntes *Antiteilchen* mit diesen Werten für Energie, Ladung und Impuls beschreibt.

Falls diese Interpretation sinnvoll ist, so sollte es weiterhin möglich sein, im Grundzustand durch Zufuhr von Energie ein Elektron aus seinem negativen Energieniveau in ein positives Energieniveau anzuheben. Ein Zustand mit einem besetzten positiven und einem unbesetzten negativen Energieniveau wäre die Folge. Dies würde bedeuten, dass sich allein durch Zufuhr von Energie aus dem Vakuum ein Elektron und ein Anti-Elektron hervorzaubern lassen, die sich umgekehrt auch wieder unter Abgabe von Energie gegenseitig vernichten könnten, was dem Zurückfallen des Elektrons in sein negatives Energieniveau entsprechen würde (Abb. 5.1).

Das Antiteilchen des Elektrons, das als *Positron* bezeichnet wird, wurde im Jahre 1932 von Carl David Anderson in der kosmischen Höhenstrahlung entdeckt, vier Jahre, nachdem Paul Dirac es aufgrund der nach ihm benannten Gleichung vorhergesagt hatte. Es sieht also so aus, als ob die Natur unsere Interpretation tatsächlich ernst nimmt. Auch zu jedem weiteren Teilchen ist seitdem ein entsprechendes Antiteilchen gefunden worden, sodass Diracs Vorhersage glänzend bestätigt wurde. Die Symmetrie zwischen Teilchen und Antiteilchen ist eines der grundlegenden Fundamente jeder Quantenfeldtheorie (wobei man zusätzlich noch Raum und Zeit spiegeln muss, um die Symmetrie perfekt zu machen; man spricht hier vom CPT-Theorem).

Streng genommen ist die oben dargestellte Idee des Dirac-Sees aus heutiger Sicht teilweise überholt. Bei Bosonen (also Teilchen mit ganzzahligem Spin) funktioniert sie auch nicht, obwohl auch sie Antiteilchen besitzen können (aber nicht müssen, wie das Photon zeigt). Da der Dirac-See aber historisch als erste Theorie die Existenz von Antiteilchen nahelegte und für Fermionen auch eine anschauliche Begründung liefert, wollte ich hier nicht darauf verzichten.

Es gibt noch eine andere Möglichkeit, die Existenz von Antiteilchen zu veranschaulichen. Diese Möglichkeit geht auf Feynman und Stückelberg zurück und besagt, dass Wellen positiver Energie sich vorwärts in der Zeit ausbreiten, während sich Wellen negativer Energie formal rückwärts in der Zeit ausbreiten. Diese Wellen negativer Energie kann man dann uminterpretieren in Wellen positiver Energie, die sich wieder vorwärts in der Zeit ausbreiten und die genau die entgegengesetzte Ladung tragen wie die Wellen negativer

Energie, sodass sie sich als Antiteilchenwellen interpretieren lassen. Leider ist diese Idee nicht ganz so anschaulich wie der Dirac-See, aber sie hat den Vorteil, dass sie auch bei Bosonen funktioniert.

Aus heutiger Sicht folgt die Existenz von Antiteilchen zwangsläufig aus dem Zusammenspiel von Quantentheorie und spezieller Relativitätstheorie (Lorentz-Invarianz) sowie der Tatsache, dass weit voneinander entfernte Vorgänge sich gegenseitig nicht kausal beeinflussen (*cluster decomposition principle*, vgl. beispielsweise Steven Weinbergs moderne Darstellung der Quantenfeldtheorie in *The Quantum Theory of Fields*, Vol. 1). Leider lässt sich daraus aber kein einfaches anschauliches Argument extrahieren. Diese Situation kennen wir bereits vom Pauli-Prinzip, das ebenfalls auf diesem Zusammenspiel beruht, für das man aber auch keine einfache Begründung formulieren kann.

Was verändert sich nun, wenn wir versuchen, Wechselwirkungen zwischen Teilchen in der Quantenfeldtheorie mit einzubeziehen? Bevor wir in die Details gehen, erscheinen einige allgemeine Bemerkungen zu diesem Problem angebracht zu sein, die zeigen sollen, dass die Einbeziehung von Wechselwirkungen keineswegs ein einfaches Vorhaben ist.

Eine Quantenfeldtheorie ohne Wechselwirkungen lässt sich mathematisch sauber formulieren. Dies ändert sich bei der Einbeziehung von Wechselwirkungen grundlegend. Es ist nicht einfach, eine Quantenfeldtheorie mit Wechselwirkung mathematisch in den Griff zu bekommen und physikalisch angemessen zu interpretieren. Die entscheidende Frage dabei ist, welches die relevanten physikalischen Freiheitsgrade der Theorie sind. Mithilfe dieser Freiheitsgrade möchte man beispielsweise in einem Iterationsverfahren physikalische Effekte mit der angestrebten Genauigkeit berechnen können, wobei das Ergebnis umso genauer werden soll, je mehr Berechnungsschritte man durchführt.

Wenn die Wechselwirkung zwischen den Teilchen nicht allzu stark ist, so sollte es möglich sein, diese Teilchen als die relevanten Freiheitsgrade der Theorie zu betrachten. Auch eine Quantenfeldtheorie mit Wechselwirkung kann dann auf dem Teilchenbegriff aufbauen, d. h. mithilfe der Freiheitsgrade der oben beschriebenen wechselwirkungsfreien Quantenfeldtheorie parametrisiert werden. Die Wechselwirkung erscheint dabei wie eine schwache Störung der freien Theorie und lässt sich mithilfe der sogenannten *Störungsrechnung* schrittweise immer genauer in Rechnungen mit einbeziehen. Dabei geht man analog zur Reihenentwicklung in der Mathematik vor. Was unter einer genügend schwachen Wechselwirkung zu verstehen ist, werden wir später noch genauer untersuchen.

Betrachten wir als einfaches Beispiel die Formel $R_0 = 1/(1 - q)$, die hier eine Berechnung in unsere Quantenfeldtheorie mit Wechselwirkung repräsentieren soll (es ist nur ein anschauliches Beispiel, also keine echte Formel aus der

Quantenfeldtheorie). Die Stärke der Wechselwirkung soll dabei durch den Parameter q ausgedrückt werden, wobei für die freie Theorie ohne Wechselwirkung $q = 0$ ist. Das Problem liegt nun darin, dass eine solche direkte Berechnungsformel in einer Quantenfeldtheorie mit Wechselwirkung im Allgemeinen nicht bekannt ist und vielleicht nicht einmal mathematisch sauber formuliert werden kann. Dagegen ist es oft möglich, eine Formel zu finden, die aus einer Summe von Potenzen in q aufgebaut ist und die für kleine Werte von q eine gute Näherung von R_0 liefert. In unserem Beispiel ist die sogenannte *geometrische Reihe* $R = 1 + q + q^2 + q^3 + q^4 + \cdots$ eine solche Formel. Solange der Betrag von q kleiner als 1 ist, kann man diese Reihe R zur Berechnung von R_0 verwenden, wobei die Berechnung umso genauer wird, je mehr Terme wir in der Summe berücksichtigen. Wir müssen aber immer beachten, dass dieses Verfahren nur bei kleinen Werten von q anwendbar ist. Was man bei großen Werten von q, also bei starken Wechselwirkungen tun kann, wollen wir erst in Abschn. 5.5 genauer betrachten.

Welches sind die physikalischen Effekte, die wir in einer relativistischen Quantenfeldtheorie mit Wechselwirkung erwarten können?

In der relativistischen Quantenfeldtheorie ohne Wechselwirkung gilt wie in der nichtrelativistischen Quantenmechanik das Gesetz von der Erhaltung der Teilchenzahl, d. h. Teilchen können weder erzeugt noch vernichtet werden. Das ändert sich, sobald wir Wechselwirkungen mit einbeziehen, denn Teilchen können nach Einstein auch aus Energie erzeugt werden und wieder zerfallen. Im Dirac-See-Bild können wir uns vorstellen, wie durch eine Wechselwirkung Teilchen aus dem Dirac-See in noch freie Zustände positiver Energie angehoben werden und wieder zurückfallen. Teilchen-Antiteilchen-Paare können also entstehen und wieder vergehen.

Die Quantenfeldtheorie mit Wechselwirkung wird also eine relativistische Viel-Teilchen-Quantentheorie ohne Teilchenzahlerhaltung sein. Der Haken an der ganzen Angelegenheit ist nur, dass wir es später mit unendlich vielen Teilchen zu tun bekommen werden.

Neben der Heisenberg'schen Unschärferelation zwischen Ort und Impuls hatten wir bereits eine weitere Unschärferelation zwischen Energie und Zeit kennengelernt. Diese Energie-Zeit-Unschärferelation besagt, dass die Energie für ein quantenmechanisches System einen umso breiteren Wertebereich annehmen kann, je kürzer die Zeit für die Messung dieser Energie ist. Um eine zeitlich kurze Quantenwelle zu erzeugen, muss man Wellen eines breiten Frequenz- und damit Energiebereichs überlagern. Diese Aussage gilt in der relativistischen Quantenfeldtheorie auch für die relativistische Gesamtenergie eines Teilchens. Die relativistische Teilchenenergie E kann daher einen umso breiteren Wertebereich annehmen, je kürzer die Zeit ist, in der sich dieses Teilchen auf physikalische Effekte auswirkt. Anders ausgedrückt: Je kürzer ein Teilchen mit Masse m und Impuls p lebt, umso weiter darf seine relativistische Gesamtenergie E von dem Wert $\sqrt{(mc^2)^2 + (pc)^2}$ abweichen, der für freie und damit relativ lang lebende Teilchen deren Teilchenenergie festlegt.

Für Zeitintervalle, in denen das Licht weniger als ein Fermi zurücklegt, liegt die zugehörige Energieunschärfe bereits bei einigen Hundert Mega-Elektronenvolt. Diese Energieunschärfe reicht bereits für die Bildung leichter Quark-Antiquark-Paare aus.

Bei noch kürzeren Zeitintervallen wird die Energieunschärfe immer größer, sodass letztlich beliebig viele Teilchen-Antiteilchen-Paare entstehen und wieder vergehen können, wenn man das Zeitintervall nur genügend klein wählt. Dies ist der Grund dafür, dass die relativistische Quantenfeldtheorie es mit unendlich vielen Teilchen zu tun bekommt. Da die kurzzeitig erzeugten Teilchen-Antiteilchen-Paare aber nicht auseinanderlaufen können, sondern nur für extrem kurze Zeiten entstehen und wieder vergehen, werden sie als *virtuelle Teilchen* bezeichnet. Virtuell bedeutet dabei, dass die Energie E des Teilchens vom Wert $\sqrt{(mc^2)^2 + (pc)^2}$ abweichen kann, und zwar umso mehr, je kürzer seine Lebensdauer ist. Ein virtuelles Teilchen kann also auch die Energie $E=0$ bei endlichem Impuls $p>0$ aufweisen. Die Lebensdauer eines virtuellen Teilchens ist dabei viel zu kurz, um es im Experiment als Teilchen nachweisen zu können.

Wenn es virtuelle Teilchen der Energie $E=0$ geben kann, wie stellt sich dann der leere Raum, also das Vakuum, dar?

Nach wie vor wird der Vakuumzustand durch die Forderung charakterisiert, dass er über längere Zeiträume das Gesamtobjekt mit der niedrigsten Energie sein muss. Diese einfache Forderung bedeutet nicht, dass der Vakuumzustand ein triviales mathematisches Objekt ist. Bereits in der wechselwirkungsfreien Quantenfeldtheorie hatten wir den Vakuumzustand für Fermionen als einen unendlich tiefen Dirac-See aus besetzten Ein-Teilchen-Zuständen mit negativer Energie dargestellt. Die Einbeziehung der Wechselwirkung macht die Sache dann noch komplizierter. Nun entstehen und vergehen unaufhörlich für sehr kurze Zeiten virtuelle Teilchen-Antiteilchen-Paare. Das Vakuum ist also in diesem Sinne keineswegs leer. Wir können uns den leeren Raum bei kleinen Abständen und kurzen Beobachtungszeiten als eine fluktuierende Suppe von ständig entstehenden und vergehenden Teilchen-Antiteilchen-Paaren vorstellen. Bei der Betrachtung großer Raumbereiche und langer Messzeiten mitteln sich die Effekte der virtuellen Teilchen dagegen weg, sodass er uns leer erscheint.

Dieses Wegmitteln ist jedoch keine einfache Angelegenheit. Berechnet man Energie und Anzahl der virtuellen Teilchen im Vakuum, so erhält man beliebig große Werte, d. h. virtuelle Teilchenzahl und Energie des Vakuums divergieren. Laut Definition sollen sie aber den Wert Null haben. Wie beim

Dirac-See müssen wir auch hier erst wieder einen sinnvollen Referenzzustand konstruieren, den wir dann mit dem physikalischen Vakuum identifizieren können. Dies geschieht schrittweise mithilfe des sogenannten *Renormierungsverfahrens*. Wir gehen in Kap. 6 ausführlicher darauf ein.

Es ist scherzhaft behauptet worden, dass man den Fortschritt physikalischer Theorien am Wert der natürlichen Zahl *n* erkennen kann, für welche das *n*-Körperproblem nicht mehr gelöst werden kann. Dabei wird in der Physik die Berechnung der Bewegung von *n* punktförmigen, miteinander wechselwirkenden Objekten als *n*-Körperproblem bezeichnet. In der klassischen Newton'schen Mechanik ist das Dreikörperproblem (z. B. drei Sterne, die sich unter dem Einfluss der gegenseitigen Gravitationskräfte bewegen) extrem schwierig und nicht allgemein lösbar. Nimmt man die Relativitätstheorie hinzu, so ist bereits das Zweikörperproblem nicht mehr exakt handhabbar. In der nichtrelativistischen Quantenmechanik lässt sich die Schrödinger-Gleichung für ein Teilchen in einem Kraftfeld nur für sehr wenige Spezialfälle exakt lösen, und in der relativistischen Quantenfeldtheorie treten bereits beim Nullkörperproblem (dem Vakuum) Schwierigkeiten auf.

Das Bild der ständig entstehenden und vergehenden Teilchen ermöglicht es uns, auch die Entstehung realer Teilchen bei Teilchenreaktionen von einem anderen Gesichtspunkt her zu sehen. Wir müssen durch Zufuhr von Energie lediglich verhindern, dass ein gerade entstandenes Teilchen-Antiteilchen-Paar sich wieder vernichtet. Wenn die zugeführte Energie so groß ist, dass die Bilanz der relativistischen Gesamtenergie zusammen mit der Impulsbilanz die Entstehung eines realen Teilchen-Antiteilchen-Paares erlaubt, so können sich die virtuellen Teilchen voneinander trennen und als reale Teilchen das Weite suchen.

Auch wenn sich virtuelle Teilchen niemals direkt im Experiment nachweisen lassen, haben sie dennoch messbare Auswirkung auf die reale Physik, denn sie sollen ja gerade helfen, diese Auswirkungen im Rahmen der relativistischen Quantenfeldtheorie geeignet auszudrücken. Da die Teilchen-Antiteilchen-Paare sich während ihrer kurzen Existenz nur sehr wenig voneinander entfernen können, wird ihr Einfluss normalerweise erst bei entsprechend kleinen Abständen relevant. Dabei sind bei kleiner werdendem Abstand zunächst nur die leichtesten Teilchen-Antiteilchen-Paare wichtig, während schwerere Paare erst bei weiter abnehmenden Abständen an Einfluss gewinnen.

Virtuelle Teilchen haben sogar im makroskopischen Bereich messbare Auswirkungen. Ein Beispiel ist der sogenannte *Casimir-Effekt*. Er besagt, dass zwischen zwei dicht benachbarten metallischen Platten im Vakuum eine winzige anziehende Kraft wirkt. Ursache für diese Kraft sind die virtuellen Photonen, die sich im leeren Raum ständig für kurze Zeit bilden. Zwischen den beiden Metallplatten wird die Bildung dieser Photonen dadurch eingeschränkt, dass diese Photonen aufgrund der elektrischen Leitfähigkeit der Platten gewisse Bedingungen erfüllen müssen. Die Dichte virtueller Photonen ist also im Außenraum in gewissem Sinne größer als zwischen den Platten. Man kann berechnen, dass daraus eine geringe Anziehungskraft zwischen den Platten resultiert. Ihr Wert pro Flächeneinheit beträgt bei einem Plattenabstand von 1 µm (einem tausendstel Millimeter) rund 10^{-7} N/cm². Bei einer Vergrößerung des Plattenabstands a nimmt die Anziehungskraft mit der vierten Potenz dieses Abstands ab ($F \sim 1/a^4$). Dies zeigt erneut, dass der Einfluss virtueller Teilchen bei zunehmenden Abständen rasch verschwindet. Da ein Abstand von 1 µm immer noch recht groß ist, können hier lediglich die masselosen virtuellen Photonen ihren Einfluss ausüben.

Der Casimir-Effekt wurde bereits im Jahre 1948 von Hendrik Casimir, Physiker bei Philips, berechnet. Wegen der geringen Stärke der Kraft ist es jedoch erst im Jahre 1997 Steve Lamoreaux an der Universität Seattle gelungen, ihn im Experiment mit guter Genauigkeit nachzuweisen.

Der Einfluss virtueller Teilchen ist bei allen physikalischen Vorgängen in der Quantenfeldtheorie präsent. Betrachten wir beispielsweise ein frei durch den Raum fliegendes Elektron. Nach unserem Bild ist es ständig von einer fluktuierenden Wolke aus virtuellen Teilchen-Antiteilchen-Paaren umgeben. Bei zunehmender Annäherung an das Elektron werden sich dabei zuerst die leichtesten virtuellen Teilchen-Antiteilchen-Paare bemerkbar machen, also Elektron-Positron-Paare. Eine einfache Überlegung legt dabei die folgende Vermutung nahe:

Die positiv geladenen virtuellen Positronen werden von dem negativ geladenen Elektron angezogen, während die negativ geladenen virtuellen Elektronen abgestoßen werden. Die entgegengesetzt geladenen virtuellen Teilchen werden also nicht gleichförmig um das Elektron herum verteilt bleiben, sondern die virtuellen Positronen werden sich bevorzugt in der Nähe des Elektrons aufhalten, bevor sie sich wieder mit den zu ihnen gehörenden virtuellen Elektronen vernichten. Man sagt, das Vakuum wird durch die Anwesenheit des Elektrons polarisiert (Abb. 5.2). Ein physikalisches, im Experiment beobachtetes Elektron ist daher nicht allein durch das nackte punktförmige Teilchen im Zentrum der virtuellen Polarisationswolke gegeben. Es ist immer mit einer virtuellen Teilchenwolke umgeben, die seine physikalischen Eigenschaften wie Masse und elektrisches Feld mitbestimmt. Erst diese Verbindung aus zentralem (nackten) Elektron plus umhüllender Polarisationswolke ergibt zusammen das physikalisch existierende Elektron. Die Zahl der virtuellen Teilchen in der Polarisationswolke ist dabei im Prinzip unendlich groß.

Eines der Probleme der klassischen Elektrodynamik lag darin, dass das elektrische Feld eines punktförmigen Teilchens zu einer unendlichen Feldenergie und damit zu einer unendlich großen Masse des Teilchens führt. Die

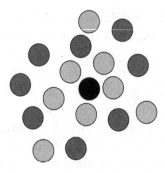

Abb. 5.2 Polarisationswolke eines Elektrons (*schwarzer Kreis*) aus virtuellen Elektronen (*dunkle Kreise*) und Positronen (*helle Kreise*)

Polarisationswolke verändert nun das elektrische Feld in unmittelbarer Nähe des zentralen Elektrons. Das Feld wird durch die Anwesenheit der virtuellen Positronen nach außen hin abgeschwächt. Man kann dies auch so interpretieren, dass man sagt, die Ladung des Elektrons scheine aus abnehmender Entfernung betrachtet größer zu werden. Dieses Phänomen, das unter dem Namen *gleitende Ladung* (im angelsächsischen Sprachraum: *running coupling constant*) bekannt ist, werden wir später noch genauer besprechen. Hier sei nur erwähnt, dass die Polarisationswolke nicht ausreicht, das Problem der divergierenden Teilchenmasse zu lösen. Lediglich die Stärke der Divergenz wird abgeschwächt. Das Verfahren der Renormierung wird uns aber später ein Kochrezept liefern, um mit diesem Problem fertig zu werden.

Die relativistische Quantenfeldtheorie erlaubt die Beschreibung physikalischer Phänomene mit einer bisher unübertroffenen Präzision. So lässt sich der Einfluss der Polarisationswolke auf das magnetische Moment des Elektrons (beschrieben durch den sogenannten g-Faktor) sehr genau berechnen. Das magnetische Moment des Elektrons beschreibt den Einfluss, den ein magnetisches Feld auf ein Elektron (bzw. auf seinen Spin) hat. Das magnetische Moment entspricht gewissermaßen der kleinen Magnetnadel, die mit dem Spin des Elektrons verknüpft ist. Der g-Faktor ist nun der Zahlenfaktor, der die Größe des magnetischen Moments in Abhängigkeit vom Spin des Elektrons festlegt. Je größer g ist, umso stärker ist das magnetische Moment des Elektrons.

Der Wert des g-Faktors kann mit großer Genauigkeit experimentell bestimmt werden. Der gemessene Wert liegt bei

$$g = 2{,}0023193043622(15)$$

wobei die 15 in Klammern die Unsicherheit in den letzten beiden Stellen angibt. Eine Berechnung im Rahmen der Quantenfeldtheorie der elektromagnetischen Wechselwirkung (der sogenannten Quantenelektrodynamik, *QED*) liefert den Wert

$$g = 2{,}0023193048(8)$$

mit einer Unsicherheit von 8 in der letzten Stelle. Die Genauigkeit der QED-Rechnung ist durch den notwendigen Rechenaufwand beschränkt, der bei größerer angestrebter Genauigkeit sehr stark ansteigt, sowie durch die Genauigkeit der in die Rechnung eingehenden physikalischen Parameter. Die Übereinstimmung des berechneten mit dem gemessenen Wert liegt bei mindestens zehn Dezimalstellen, d. h. das magnetische Moment des Elektrons kann aus dessen Spin mit zehn Stellen Genauigkeit berechnet werden. Zum Vergleich: Eine solche Genauigkeit würde beispielsweise bedeuten, die Entfernung zwischen Hamburg und München auf einen Millimeter genau bestimmen zu können. Dieser extrem genaue Vergleich zwischen QED-Berechnung und experimenteller Bestimmung des *g*-Faktors ist damit bis heute einer der genauesten Tests, dem eine physikalische Theorie jemals unterzogen wurde, und man kann zumindest für die elektromagnetische Wechselwirkung sagen, dass zwischen Theorie (QED) und Experiment kein signifikanter Unterschied mehr besteht.

An dieser Stelle bietet sich ein kurzer Vorgriff auf spätere Kapitel an: Man kann auch beim etwa 200-mal schwereren Bruder des Elektrons, dem Myon, den *g*-Faktor sehr genau berechnen und experimentell bestimmen. Dabei reagiert der Myon-*g*-Faktor sehr viel empfindlicher auf schwere virtuelle Teilchen als der Elektron-*g*-Faktor, sodass man zu seiner Berechnung über die QED hinausgehen und auch die anderen Teilchen des Standardmodells wie Quarks sowie W- und Z-Bosonen als virtuelle Teilchen berücksichtigen muss (das Standardmodell werden wir später noch genauer kennenlernen). Der experimentell ermittelte Myon-*g*-Faktor beträgt $g = 2{,}0023318416(13)$, der im Rahmen des Standardmodells berechnete Myon-*g*-Faktor beträgt $g = 2{,}0023318361(10)$. Anders als beim Elektron ist die Übereinstimmung zwischen Experiment und Theorie hier nicht perfekt. Es gibt eine kleine, aber signifikante Abweichung, die darauf hindeutet, dass die Rechnung im Rahmen des Standardmodells nicht alle relevanten virtuellen Teilchen berücksichtigt. Der Myon-*g*-Faktor liefert damit einen Hinweis auf eine Physik jenseits des Standardmodells, nach der am LHC nun intensiv gesucht wird.

Zurück zur Quantenfeldtheorie: Unser Vertrauen in die Quantenfeldtheorie beruht auf der hervorragenden Übereinstimmung der mit ihr berechneten mit den experimentell gemessenen Teilcheneigenschaften, nicht aber auf der logischen Klarheit ihrer mathematischen Grundprinzipien. Das mathematische Gerüst der Quantenfeldtheorie ist an vielen Stellen noch wenig fundiert, und man muss die dort auftretenden Unendlichkeiten (Divergenzen) mühsam mit einer Art Kochrezept (der Renormierung) beseitigen. Nicht ohne Grund hat im Jahr 2000 das Clay Mathematics Institute (Cambridge, Massachusetts, USA) im Rahmen seiner bekannten sieben *Millennium Prize Problems* einen Preis von einer Million Dollar dafür ausgesetzt, eine saubere mathematische Fundierung für bestimmte grundlegende Quantenfeldtheorien zu finden. Vielleicht wird sich auch erst im Rahmen der Entwicklung einer fundamentaleren Theorie der Materie eine nachträgliche Rechtfertigung für die heute verwendeten Rezepte der Quantenfeldtheorie ergeben (neuere Sichtweisen aus dem Umfeld der Renormierungsgruppe deuten in diese Richtung; mehr dazu in Abschn. 6.3).

Wenden wir uns einem weiteren Aspekt der Quantenfeldtheorie zu: der Quantisierung der Wechselwirkungsfelder. Wir haben bereits an einigen Stellen Gebrauch von diesem Phänomen gemacht, beispielsweise bei der Deutung des Photoeffekts. Der Photoeffekt ließ sich erklären, indem wir Licht als ein Strom von Teilchen – den Photonen – interpretiert haben. Photonen lassen sich auch direkt nachweisen, z. B. mit Photomultipliern. Licht besteht also aus Teilchen! Zugleich lassen sich mit Licht aber auch Interferenzexperimente durchführen.

Daraus ließ sich folgern, dass die Photonen sich nicht nach den Gesetzen der klassischen Mechanik bewegen, sondern dass man die Ausbreitung von Licht durch Wellen beschreiben muss, die die Wahrscheinlichkeiten für das Eintreten bestimmter Messergebnisse festlegen. Sind sehr viele Photonen an einem Prozess beteiligt, sodass die Wirkung eines einzelnen Photons nicht weiter auffällt, so kann man zur klassischen Beschreibung von Licht durch elektromagnetische Wellen übergehen.

Wir sind bisher nicht im Detail auf die Natur des Lichts eingegangen, sondern hatten den Zusammenhang zwischen elektromagnetischen Wellen und Photonen als Hinweis darauf gewertet, dass einem Teilchen wie dem Elektron umgekehrt auch Welleneigenschaften zugeschrieben werden können. Während wir den Zusammenhang zwischen Wellen- und Teilchenbeschreibung beim Elektron sehr detailliert verfolgt haben, sind Photonen bisher nicht genauer diskutiert worden. Der Grund dafür liegt darin, dass sich Elektronen in den Hüllen der Atome nur mit relativ kleinen Geschwindigkeiten bewegen, verglichen mit der Lichtgeschwindigkeit. Sie lassen sich daher mit den Mitteln der nichtrelativistischen Quantenmechanik gut beschreiben.

Ein Photon ist dagegen masselos und bewegt sich immer mit Lichtgeschwindigkeit. Photonen kann man nicht abbremsen, auch wenn man ihnen Energie entzieht. Daher lassen sich Photonen wie alle masselosen Teilchen nur unter Hinzunahme der speziellen Relativitätstheorie verstehen.

In der nichtrelativistischen Quantenmechanik wurde der Zusammenhang zwischen Teilchen- und Welleneigenschaften durch die Beziehungen $\lambda = h/p$

und $E = h \cdot f$ hergestellt, wobei p der Teilchenimpuls, E die Teilchenenergie, λ die Wellenlänge und f die Frequenz der zugehörigen Wellenfunktion sind. Das Planck'sche Wirkungsquantum h stellt dabei den Umrechnungsfaktor dar. Für Teilchen, die sich wesentlich langsamer als mit Lichtgeschwindigkeit bewegen, lässt sich der Impuls mit der Geschwindigkeit v und der Teilchenmasse m durch $p = m \cdot v$ verknüpfen mit dem bekannten Ergebnis $\lambda = h/(mv)$.

Der Zusammenhang $\lambda = h/p$ zwischen Wellenlänge und Teilchenimpuls bleibt auch in der relativistischen Quantenfeldtheorie gültig, ebenso wie der Zusammenhang $E = h \cdot f$ zwischen der (relativistischen) Energie und der Wellenfrequenz. Beide Beziehungen gelten also auch für Photonen, bei denen sich der Teilchenimpuls nicht mehr sinnvoll in eine Geschwindigkeit umrechnen lässt.

Ein weiterer Zusammenhang zwischen Teilchen- und Welleneigenschaften wird in der nichtrelativistischen Quantenmechanik durch die Interpretation der Wellenfunktion hergestellt. Wiederholen wir kurz die wesentlichen Ideen:

Eine Wellenfunktion stellt man auf, indem man zunächst einen vollständigen Satz von gleichzeitig beobachtbaren Größen festlegt. Wie wir wissen, bilden für ein Elektron die Messgrößen *Ort* und *Spinkomponente* bezogen auf irgendeine Raumrichtung einen solchen vollständigen Satz. Alternativ kann man statt dem Ort auch den Impuls angeben – man spricht von der Orts- und der Impulsdarstellung der Wellenfunktion. Für jede mögliche Messwertekombination dieser Größen gibt man nun einen Pfeil an, dessen Betragsquadrat die Wahrscheinlichkeit dafür festlegt, diese Messwerte im Experiment vorzufinden.

Lässt sich in der relativistischen Quantenfeldtheorie auf analoge Weise eine Wellenfunktion definieren?

In der nichtrelativistischen Quantenmechanik beschreibt eine Wellenfunktion immer eine bestimmte Anzahl von Teilchen. Diese Anzahl bleibt dabei prinzipiell unverändert. In der relativistischen Quantenfeldtheorie bleibt dagegen die Teilchenzahl während einer Wechselwirkung nicht unbedingt erhalten. Daher können wir bei Wechselwirkung die Konstruktion einer Wellenfunktion analog zur nichtrelativistischen Quantenmechanik so nicht durchführen.

Es gibt aber einen Spezialfall, bei dem das doch möglich ist. Wenn wir die Wechselwirkung zwischen den Teilchen weglassen und eine wechselwirkungsfreie Quantenfeldtheorie betrachten, so ist auch hier die Teilchenzahl erhalten. Ohne Wechselwirkung können wir relativistische Ein- oder Mehr-Teilchen-Wellenfunktionen für freie Teilchen angeben.

Es gibt jedoch auch hier einen wichtigen Unterschied zur nichtrelativistischen Quantenmechanik: Es stellt sich heraus, dass der Begriff *Ort eines Teilchens* in der Quantenfeldtheorie nur noch sehr beschränkt einen Sinn ergibt. Versucht man beispielsweise, den Ort eines Photons zu bestimmen, so gelingt dies nur mit einer Genauigkeit, die ungefähr der Wellenlänge des Lichts entspricht, zu dem das Photon gehört. Diese liegt bei sichtbarem Licht zwischen 4000 und 8000 Angström, also bei etwa dem Tausendfachen typischer Atomdurchmesser. Bei einer Beschreibung der Wechselwirkung zwischen Atomen und Licht wird daher der Begriff *Ort des Photons* keine tragende Rolle mehr spielen können.

Analog lässt sich aufgrund relativistischer Effekte auch der Ort eines (ruhenden) Elektrons nicht beliebig genau messen. Die maximal mögliche Genauigkeit beträgt etwa 400 fm oder 0,004 Angström. Für die Beschreibung von Elektronen in der Hülle von Atomen, die Durchmesser im Bereich von einem Angström haben, ist dies genau genug, nicht aber für die Beschreibung der Wechselwirkung von Elektronen und Hadronen.

In der folgenden Tabelle sind die Genauigkeiten, mit denen sich der Ort verschiedener Teilchen bestimmen lässt, für die einzelnen Teilchen exemplarisch angegeben. Sie wurden mithilfe der relativistischen Unschärferelation $\Delta x > \hbar c / E$ abgeschätzt (eine qualitative Begründung folgt etwas später), wobei für ruhende massive Teilchen die relativistische Gesamtenergie E durch $E = mc^2$ gegeben ist.

Man erkennt, dass sich der Ortsbegriff und mit ihm die nichtrelativistische

Teilchen	Masse	Ortsunschärfe
Photon (Licht, 2 eV)	0	1 000 Å
Elektron	511 keV	0,004 Å
Nukleon (Proton, Neutron)	940 MeV	0,2 fm
Konstituentenquarks (*up, down*)	ca. 300 MeV	0,7 fm
Stromquark (*up, down*)	2–10 MeV	20–100 fm
charm-Quark	ca. 1 500 MeV	0,1 fm

Quantenmechanik zur Beschreibung der Nukleonen in einem Atomkern noch einigermaßen eignet, ebenso wie zur Beschreibung von *charm*-Quarks innerhalb eines Hadrons. Problematisch wird es für die leichten Konstituentenquarks, und bei den leichten Stromquarks kann der Ortsbegriff der Quarks für die Beschreibung der Hadronen keine Rolle mehr spielen. Dies ist ein weiterer Hinweis darauf, dass eine Beschreibung der Hadronen, zumindest was die leichten Quarks betrifft, nicht mehr mithilfe der nichtrelativistischen Quantenmechanik erreicht werden kann, denn sie basiert darauf, dass sich der Ort eines Teilchens beliebig genau messen lässt.

Worin liegt die Schwierigkeit begründet, den Ort eines Teilchens genau zu messen, und warum treten diese Schwierigkeiten erst dann auf, wenn wir beginnen, relativistische Effekte in unserer Betrachtung zu berücksichtigen?

Überlegen wir, wie wir bei einer möglichst genauen Ortsmessung vorzugehen hätten. Beispielsweise könnten wir versuchen, den Ort eines Elektrons mithilfe sehr kurzwelliger elektromagnetischer Wellen zu bestimmen, also mit sehr energiereicher Gammastrahlung. Je genauer wir messen wollen, umso kleiner muss die verwendete Wellenlänge sein und umso energiereicher sind die zugehörigen Photonen. Unterhalb einer Wellenlänge von etwa 200 Fermi überschreitet die Energie der einzelnen Photonen die Grenze von einem Mega-Elektronenvolt. Diese Energie reicht aus, um ein Elektron-Positron-Paar zu erzeugen, das mit unserem zu messenden Elektron wechselwirkt und dessen Ort ändern kann. Außerdem können wir das ursprüngliche Elektron prinzipiell nicht von einem gerade erst entstandenen Elektron unterscheiden. Jede weitere Verkleinerung der Wellenlänge führt zur weiteren Bildung von Elektron-Positron-Paaren, sodass sich eine weitere Steigerung der Ortsmessgenauigkeit nicht erreichen lässt.

In der Quantenfeldtheorie spielt der Ort eines Teilchens also keine so klare Rolle mehr wie in der nichtrelativistischen Quantenmechanik. Der Teilchenort ist nur bis zu einer gewissen Genauigkeit messbar. Eine bestimmte untere Grenze für die Ortsunschärfe kann nicht unterschritten werden.

Wir können also auch bei freien Teilchen den Ort nicht mehr als beliebig genau messbare Größe in unseren vollständigen Satz gleichzeitig bestimmbarer Messgrößen mit aufnehmen. Daher gibt es keine physikalisch direkt interpretierbare Ortsdarstellung einer Wellenfunktion mehr. Der Impuls lässt sich dagegen bei genügend langer Messzeit weiterhin beliebig genau bestimmen, sodass wir diesen bei der Aufstellung des vollständigen Satzes von Messgrößen neben der Spinkomponente immer noch verwenden können. Die relativistische Wellenfunktion freier Teilchen besitzt daher nur in der Impulsdarstellung weiterhin die bekannte physikalische Interpretation, dass das Quadrat der Pfeillänge die Wahrscheinlichkeit für die entsprechende Kombination von Messwerten angibt.

Der nächste Schritt besteht nun darin, die Wechselwirkung mit einzubeziehen. Wir werden diesen Fall im nächsten Kapitel ausführlich betrachten. Deshalb sollen an dieser Stelle einige kurze Bemerkungen genügen.

In einer Quantenfeldtheorie mit Wechselwirkung ist auch der Teilchenimpuls keine beliebig genau messbare Größe mehr, solange das Teilchen mit anderen in Wechselwirkung steht. Eine anschauliche Begründung dafür ist, dass eine umso längere Messzeit erforderlich ist, je genauer der Impuls bestimmt werden soll. Während dieser Zeit ändert sich der Teilchenimpuls aber aufgrund der Wechselwirkung bereits, sodass eine präzise Messung nicht möglich ist. Der Impuls steht also ebenfalls nicht mehr als beobachtbare Größe für eine Wellenfunktion mit Wechselwirkung zur Verfügung. Was also ist zu tun?

Wir müssen uns in Anwesenheit von Wechselwirkung zunächst vom Begriff der Wellenfunktion lösen und uns einmal grundsätzlich klar machen, was wir eigentlich in der Quantentheorie erreichen wollen und können.

Unser Ziel ist es in der Quantentheorie immer, eine Tabelle aufzustellen, in die wir alle Wertekombinationen der gleichzeitig im betrachteten Experiment bestimmbaren physikalischen Größen eintragen. In dieser Tabelle wird jede Zeile zusätzlich mit einem Pfeil versehen, dessen Längenquadrat die entsprechende Eintrittswahrscheinlichkeit für diese Wertekombination angibt. Dazu kommt noch die Regel, dass wir dort Pfeile multiplizieren, wo wir sonst Wahrscheinlichkeiten multiplizieren würden, und dort Pfeile addieren, wo wir sonst Wahrscheinlichkeiten addieren würden (Details zu dieser Regel folgen im nächsten Kapitel). Erst diese Regel gibt der Pfeilorientierung einen Sinn und ermöglicht das Auftreten von Interferenzen.

Welche Größen sind aber nun in den typischen Experimenten im Prinzip gleichzeitig messbar? Es sind die Impulse und Spinkomponenten der freien Teilchen vor und nach der Teilchenkollision oder dem Teilchenzerfall! Diese Größen werden wir in unsere Tabelle eintragen, und für diese Wertekombinationen müssen wir im Rahmen der relativistischen Quantenfeldtheorie die entsprechenden Pfeile berechnen. Man bezeichnet eine solche Tabelle auch als *Streumatrix* für das betrachtete Experiment. Der Begriff der Streumatrix ersetzt also in der relativistischen Quantenfeldtheorie mit Wechselwirkung weitgehend den Begriff der Wellenfunktion.

Kehren wir nach diesem Exkurs noch einmal zu den Photonen zurück. Photonen stehen in enger Beziehung zu elektromagnetischen Wellen. So wissen wir bereits, dass die Wellenlänge λ einer ebenen elektromagnetischen Welle und der Impuls p der zugehörigen Photonen umgekehrt proportional zueinander sind gemäß der Beziehung $\lambda = h/p$. Das Verhalten einer elektromagnetischen Welle wird durch die Maxwell-Gleichungen beschrieben. Danach ist eine elektromagnetische Welle ein in Raum und Zeit oszillierendes elektromagnetisches Feld, das sich im leeren Raum selbst am Leben erhält und sich in ihm fortbewegt.

Was aber ist mit zeitlich unveränderlichen elektrischen Feldern, z. B. dem statischen Feld eines ruhenden Elektrons? Sowohl zeitlich veränderliche als auch statische elektromagnetische Felder werden durch genau die gleichen mathematischen Gleichungen beschrieben: die Maxwell-Gleichungen. Außerdem kann ein Feld, das von einem Bezugssystem aus gesehen statisch ist, von einem anderen Bezugssystem aus gesehen zeitlich veränderlich sein, genauso wie ein Teilchen von einem Bezugssystem aus gesehen als ruhend erscheint, nicht aber von einem vorbeifliegenden Raumschiff aus.

Es drängt sich der Verdacht auf, dass wir eine einheitliche Beschreibung der elektromagnetischen Wechselwirkung benötigen, die sowohl statische als auch dynamische Felder umfasst und die in beiden Fällen den Zusammenhang zu Photonen herstellt.

Gibt es irgendwelche experimentellen Hinweise, die darauf hindeuten, dass klassische elektromagnetische Felder alleine nicht ausreichen, um die elektromagnetische Wechselwirkung umfassend zu beschreiben? Wird der Quanten- bzw. Teilchencharakter auch für statische Felder irgendwo sichtbar?

Es gibt tatsächlich mehrere Beispiele dafür. Ein solches Beispiel haben wir bereits kennengelernt: Der *Casimir-Effekt* beruht auf der Wirkung virtueller Photonen, die eine geringe anziehende Kraft zwischen eng benachbarten Metallplatten bewirken.

Ein weiteres Beispiel ist die sogenannte *spontane Emission*, bei der ein Atom im angeregten Zustand spontan ein Photon aussendet und dabei in einen energetisch tieferen Zustand übergeht.

Betrachten wir ein Wasserstoffatom im Grundzustand, das sich unter dem Einfluss einer elektromagnetischen Welle befindet. Bei einer bestimmten Frequenz der Welle ist die Wahrscheinlichkeit recht hoch, dass das Elektron vom Grundzustand in einen angeregten Zustand springt, analog zu einer Gitarrensaite, die durch geschicktes Anzupfen aus ihrer Grundschwingung in eine Oberschwingung versetzt wird. Die notwendige Energiemenge wird der elektromagnetischen Welle entzogen und vom Atom absorbiert. Man bezeichnet diesen Vorgang als *induzierte Absorption*, da er durch die Lichtwelle in Gang gebracht (induziert) wird.

Eine Lichtwelle dieser charakteristischen Frequenz kann auch den umgekehrten Vorgang bewirken, nämlich den Übergang eines Elektrons von einem angeregten Zustand in einen energetisch tiefer liegenden Zustand. Die dabei frei werdende Energie verstärkt die ursprüngliche Lichtwelle, ohne ihre Frequenz zu stören. Man nennt diesen Vorgang *induzierte Emission*. Er bildet die physikalische Grundlage des *Lasers*.

Sowohl induzierte Emissions- als auch Absorptionswahrscheinlichkeiten lassen sich im Rahmen der nichtrelativistischen Quantenmechanik berechnen, ohne dass der Begriff des Photons benötigt wird. Die induzierende Lichtwelle kann einfach als klassisches elektromagnetisches Feld beschrieben werden. Das Ergebnis zeigt, dass beide Wahrscheinlichkeitsamplituden gleich groß sind.

Es gibt in der Natur einen weiteren Emissionsprozess, bei dem ein Atom spontan unter Aussendung von Licht aus einem energetisch höheren in einen energetisch tieferen Zustand übergeht, ohne dass dieser Vorgang durch eine äußere elektromagnetische Welle induziert werden muss. Dieser Vorgang, den man als *spontane Emission* bezeichnet, lässt sich im Rahmen der nichtrelativistischen Quantenmechanik nicht verstehen. Ohne ein induzierendes elektromagnetisches Wechselfeld gibt es dort keine Übergänge zwischen verschiedenen Energieniveaus eines Atoms.

Das Licht aussendende Atom befindet sich im Vakuum, also im leeren und feldfreien Raum. Dennoch benimmt es sich so, als ob es ein elektromagnetisches Feld spüren würde, sodass Übergänge zwischen Energieniveaus stattfinden können. Wir wollen versuchen, eine anschauliche (und deswegen nicht ganz präzise) Erklärung für dieses Phänomen zu finden:

Die Energie-Zeit-Unschärferelation bewirkt, dass wir uns das Vakuum bei kleinen Abständen und für kurze Zeiten als einen See aus ständig entstehenden und wieder vergehenden virtuellen Teilchen-Antiteilchen-Paaren vorstellen können. Nun kann sich Energie nicht nur in Form von Teilchen manifestieren. Auch das elektromagnetische Feld trägt Energie. Es ist also denkbar, dass sich die kurzzeitigen Energiefluktuationen auch als kurzzeitig fluktuierendes elektromagnetisches Feld äußern können. Bei Betrachtung sehr kurzer Zeiten hätte demnach das elektromagnetische Feld gar keinen scharfen Wert mehr, sondern es würde zufällig um seinen Mittelwert fluktuieren. Erst bei Betrachtung längerer Zeiträume mitteln sich diese Fluktuationen dann heraus, und das elektromagnetische Feld scheint einen festen Wert anzunehmen. Genau genommen kann der Begriff des Feldes daher erst durch den zeitlichen Mittelwert der Fluktuationen über einen genügend langen Zeitraum definiert werden. Für sehr kurze Zeiträume verliert der Feldbegriff dagegen seinen Sinn.

Dieses einfache Bild bietet eine recht gute Veranschaulichung der Quanteneffekte von Feldern. Es beschreibt auch den Fall des verschwindenden Feldes. Demnach gibt es für sehr kurze Zeiträume gar kein verschwindendes Feld, sondern dieses Feld fluktuiert ständig um den Wert Null herum. Damit wird verständlich, warum der Prozess der spontanen Emission auftritt. Es sind die Fluktuationen des elektromagnetischen Feldes, die diesen Prozess induzieren.

Eine physikalische Theorie, die die spontane Emission richtig beschreiben will, muss die Feldfluktuationen angemessen berücksichtigen. Dazu reicht der Begriff des Feldes allerdings nicht mehr aus, da er aufgrund der Fluktuationen seinen Sinn verliert, also nicht mehr sauber definiert werden kann. Das Phänomen, das wir uns bisher als eine Fluktuation des elektromagnetischen Feldes veranschaulicht haben, kann aber unter Zuhilfenahme des Teilchenbegriffs im Rahmen der Quantenfeldtheorie erfasst werden. Die Teilchen oder auch Feldquanten des elektromagnetischen Feldes kennen wir bereits: Es sind die Photonen.

Die Fluktuationen eines statischen elektromagnetischen Feldes weisen eine gewisse Ähnlichkeit mit den Oszillationen einer Lichtwelle auf. Es gibt allerdings einen Unterschied: Die Oszillationen einer Lichtwelle können beliebig lange andauern, während sich die Lichtwelle immer weiter durch den Raum fortbewegt. Die zugehörigen Photonen haben also eine unbegrenzte Lebensdauer, solange sie nicht mit anderen Teilchen in Wechselwirkung treten. Sie werden daher als *reelle* (oder auch reale) Photonen bezeichnet. Die

Feldfluktuationen können dagegen immer nur für sehr kurze Zeiten existieren, ganz ähnlich wie virtuelle Teilchen-Antiteilchen-Paare. Genau das Gleiche gilt damit für die zugehörigen Photonen, die wir als *virtuelle* Photonen bezeichnen wollen (wir haben diesen Begriff oben bereits verwendet).

Wir können beobachten, wie sich langsam ein einheitliches Bild zusammenzufügen beginnt, in dem sowohl massetragende Objekte wie das Elektron als auch Felder und Wechselwirkungen durch ein ähnliches Konzept beschrieben werden. In beiden Fällen ergibt sich erst dann ein konsistentes Bild, wenn Feldbeschreibung (Kraftfeld oder Wellenfunktion) und Teilchenbeschreibung zusammenkommen. Statt klassischer Kraftfelder oder nichtrelativistischer Wellenfunktionen treten Wahrscheinlichkeitspfeile (Wahrscheinlichkeitsamplituden) auf, und statt Teilchen auf klassischen Flugbahnen treten reelle und virtuelle Teilchen auf, deren Verhalten durch die Wahrscheinlichkeitspfeile beschrieben wird.

Allgemein findet man, dass die Beschreibung einer Wechselwirkung durch Kraftfelder dann nicht mehr ausreicht, wenn diese Felder sehr schwach werden oder sehr schnell veränderlich sind. Es treten dann neue Effekte auf, die man mit dem Begriff des Kraftfeldes nicht mehr sinnvoll erklären kann.

Die Feldbeschreibung der elektromagnetischen Wechselwirkung wird durch eine Beschreibung mit reellen und virtuellen Photonen ersetzt. Von der Beschreibung durch Photonen kann man dann wieder zu einer Beschreibung durch elektromagnetische Kraftfelder zurückkehren, wenn sehr viele nicht zu energiereiche Feldquanten an dem betrachteten physikalischen Prozess beteiligt sind, sodass der Beitrag eines einzelnen Photons nicht weiter ins Gewicht fällt. Bevor wir aber in Abschn. 5.2 genauer auf die Details eingehen, wollen wir uns zunächst einige weitere Beispiele ansehen und uns anschließend die Konsequenzen unserer Überlegungen für die starke Wechselwirkung klar machen.

Für sehr kurzwellige elektromagnetische Strahlung (Gammastrahlung) mit nur geringer Intensität ist eine Beschreibung durch Photonen notwendig. Diese Photonen sind dabei wegen der geringen Intensität zwar selten, aber aufgrund der kurzen Wellenlänge sehr energiereich. Normales Tageslicht wird dagegen gut durch oszillierende Wellenfelder beschrieben, da hier sehr viele relativ energiearme Photonen vertreten sind.

Auch die elektrische Anziehungskraft zwischen zwei Ladungen, die sich mit relativ kleinen Geschwindigkeiten bewegen (verglichen mit der Lichtgeschwindigkeit) und einander im Mittel nicht zu nahe kommen, kann gut mithilfe elektrischer Felder beschrieben werden. Beispiele hierfür sind die Wechselwirkung zwischen Elektronen und dem Atomkern innerhalb eines Atoms sowie die elektrische Abstoßungskraft zwischen Alphateilchen und Atomkernen beim Rutherford'schen Streuversuch.

Das elektrische Feld eines Atomkerns ist aus der Sicht der Elektronen relativ wenig veränderlich, da sich der Atomkern unter dem Einfluss der Elektronen nur wenig bewegt und da die Elektronen nur kleine mittlere Geschwindigkeiten im Vergleich zur Lichtgeschwindigkeit aufweisen. Hier genügt die klassische Beschreibung der elektromagnetischen Wechselwirkung durch ein elektrisches Feld, so wie dies in der Schrödinger-Gleichung formuliert ist.

Die Voraussetzung, dass sich Elektronen und Atomkern in einem Atom nicht allzu nahe kommen, ist dabei aber nicht ganz korrekt. Die Wellenfunktion eines Elektrons in einem Atom ist in der unmittelbaren Umgebung des Atomkerns keineswegs null, d. h. es gibt eine gewisse Wahrscheinlichkeit dafür, das Elektron dort anzutreffen. Stellen wir uns im Rahmen der klassischen Mechanik vor, wie ein Elektron in sehr geringem Abstand an einem Atomkern vorbeifliegt. Es wird dabei sehr schnell Bereiche mit sehr unterschiedlicher elektrischer Feldstärke des Atomkerns durchqueren und daher ein stark veränderliches elektrisches Feld wahrnehmen. Die klassische Feldbeschreibung sollte daher hier nicht mehr ausreichen.

Diese Überlegung macht plausibel, dass es auch im Bereich der Atome kleine Abweichungen von der Beschreibung durch die nichtrelativistische Quantenmechanik geben sollte. Dies ist tatsächlich der Fall. Es ergibt sich eine leichte Verschiebung der atomaren Energieniveaus von der Größenordnung 10^{-6} eV im Vergleich zu den Niveaus, die man in der nichtrelativistischen Quantenmechanik berechnet. Man bezeichnet diesen Effekt als *Lamb-Shift*.

Wie steht es nun mit der Beschreibung der starken Wechselwirkung zwischen den Quarks? Zunächst einmal ist festzustellen, dass es makroskopische Kraftfelder bei der starken Wechselwirkung nicht gibt. Frei existierende Teilchen tragen immer die Farbladung null, sind also gewissermaßen weiß. Die starke Wechselwirkung wirkt nur im Inneren der Hadronen sowie in Form der starken Kernkraft noch einige Fermi über ihren Rand hinaus. Es gibt also im Abstand von mehr als einigen Fermi von diesen Hadronen keinen nennenswerten Einfluss der starken Wechselwirkung mehr.

Versuchen wir, herauszufinden, ob eine Beschreibung der starken Wechselwirkung durch Kraftfelder zumindest im Inneren der Hadronen möglich sein wird.

Wir wissen bereits, dass relativistische Effekte im Inneren der Hadronen wichtig sind. Zumindest die leichteren Quarks (*up*, *down* und *strange*) weisen mittlere Geschwindigkeiten auf, die je nach betrachtetem Hadron bei mehr als der halben Lichtgeschwindigkeit liegen können. Verwenden wir ein einfaches Bild, so können wir uns vorstellen, dass auf jedes Quark zeitlich stark variierende Kräfte durch die anderen Quarks ausgeübt werden. Wir dürfen dieses Bild zwar nicht überinterpretieren, da es für die Quarks ja keine Flugbahnen gibt, aber immerhin legt dieses Bild doch nahe, dass die starke Wechselwirkung zwischen den Quarks nicht durch ein Kraftfeld beschrieben werden kann. Sie muss durch virtuelle Feldquanten beschrieben werden, die man bei der starken Wechselwirkung *Gluonen* nennt. Das Wort ist vom englischen Wort *glue* für Klebstoff abgeleitet, und tatsächlich kleben die Gluonen die Quarks recht fest zusammen.

Gluonen sind in der starken Wechselwirkung das, was Photonen in der elektromagnetischen Wechselwirkung sind. Bedingt durch die unterschiedliche Struktur der beiden Wechselwirkungen gibt es jedoch einen wichtigen Unterschied zwischen Gluonen und Photonen. Photonen können als reelle Teilchen existieren und sich beliebig weit fortbewegen. Gluonen existieren dagegen nur innerhalb der Hadronen. Der Grund dafür ist der gleiche, der es auch den Quarks verbietet, sich frei zu bewegen: Ein Gluon trägt ebenfalls eine bestimmte Form der starken Farbladungen. Dies entspricht unserer früheren Vorstellung, dass starke Kraftfelder selbst eine starke Ladung tragen, da sie Farbladungen zwischen den einzelnen Quarks transportieren. Diesen Transport übernehmen nun die Gluonen. Wenn aber Gluonen selbst eine starke Farbladung tragen, dann kann es (anders als bei Photonen) keine freien Gluonen geben, denn nach dem Prinzip des Confinement können nur weiße Objekte als freie Teilchen existieren.

Ein weiterer Unterschied zwischen Photonen und Gluonen besteht darin, dass Gluonen direkt miteinander wechselwirken können. Es ist daher (zumindest prinzipiell) möglich, dass sich mehrere Gluonen zu einem insgesamt farbneutralen Objekt zusammenfinden, das man als *Glueball* bezeichnet. Anders als bei den uns bisher bekannten Hadronen sind in einem Glueball keine Konstituentenquarks vorhanden. Ein ähnliches Objekt, bestehend aus Photonen, ist dagegen nicht möglich, da Photonen selbst elektrisch neutral sind und sich nicht gegenseitig beeinflussen; dies war die Bedeutung des Superpositionsprinzips. Für Gluonen gilt dieses Prinzip nicht. Da sie selbst eine Farbladung tragen, beeinflussen sie sich gegenseitig.

Bis heute ist es noch nicht gelungen, einen Glueball im Experiment zweifelsfrei nachzuweisen, denn es ist gar nicht so einfach, ihn von einem gewöhnlichen Meson aus Quark und Antiquark zu unterscheiden. Auch vom theoretischen Standpunkt ist dieser Unterschied nur unscharf formulierbar, da innerhalb eines Glueballs ebenso wie innerhalb eines gewöhnlichen Mesons alle Bausteine nur als virtuelle Objekte, also nicht als freie Objekte existieren. So gibt es auch in einem Glueball virtuelle Quark-Antiquark-Paare.

5.2 Richard Feynmans Graphen

Wir haben uns in den vorhergehenden Kapiteln ausgiebig mit den neuen Phänomenen beschäftigt, die bei der Vereinigung von spezieller Relativitätstheorie und Quantenmechanik zur relativistischen Quantenfeldtheorie auftreten.

Die bisherige Beschreibung einer Wechselwirkung durch Kraftfelder wird in Quantenfeldtheorien durch eine Beschreibung mithilfe reeller und virtueller Wechselwirkungsteilchen (auch Feldquanten genannt) ersetzt.

Weiterhin ist in Quantenfeldtheorien das Prinzip der Teilchenzahlerhaltung nicht mehr gültig, da sich nach Einsteins Relativitätstheorie Masse in Energie verwandeln kann und umgekehrt. Eine Folge davon ist, dass sich der Ort eines Teilchens nur mit begrenzter Genauigkeit messen lässt. Der Ort steht damit nicht mehr zur Bildung eines vollständigen Satzes gleichzeitig beliebig genau messbarer Größen zur Verfügung. Anders als der Ort bleibt der Impuls eines freien Teilchens bei genügend langer Messzeit im Prinzip beliebig genau messbar. Er kann damit auch in der relativistischen Quantenfeldtheorie zur Bildung eines vollständigen Satzes von Messgrößen verwendet werden.

An jedem physikalischen Prozess sind in der Quantenfeldtheorie immer eine unendlich große Zahl virtueller Teilchen und Antiteilchen beteiligt. Virtuelle Teilchen sind dabei nicht direkt messbar, haben aber messbare Auswirkungen auf den physikalischen Prozess.

Sogar das Vakuum ist nicht mehr einfach nur leerer Raum. Man kann es sich als einen fluktuierenden See aus ständig entstehenden und wieder vergehenden virtuellen Teilchen-Antiteilchen-Paaren und virtuellen Feldquanten vorstellen. Messbare Konsequenzen dieses fluktuierenden Sees sind beispielsweise der Casimir-Effekt und die spontane Emission angeregter Atome.

Das Konzept der reellen und virtuellen Teilchen spielt in der Quantenfeldtheorie eine universelle Rolle. Es erfasst sowohl Materieteilchen (Quarks und Leptonen) als auch Wechselwirkungsteilchen (z. B. Photonen und Gluonen). In einem gewissen Sinn verwischt sich damit der Unterschied zwischen Materie und Wechselwirkung. Dennoch lässt sich im Rahmen des heutigen Stands der Theorie, d. h. im Rahmen des sogenannten Standardmodells der Elementarteilchen, noch eindeutig zwischen Materie und Wechselwirkungen unterscheiden: Materieteilchen haben Spin ½ (sind also Fermionen), Wechselwirkungsteilchen haben Spin 1 (sind also Bosonen).

Wir wollen versuchen, die Fülle der bisher gemachten, noch recht allgemeinen Aussagen zu ordnen und zu präzisieren. Was bedeutet es im Detail, von reellen und virtuellen Teilchen zu sprechen? Wie ersetzen sie die Begriffe des Kraftfeldes und der nichtrelativistischen Wellenfunktion? In welchem Sinn kann man von der Existenz virtueller Teilchen sprechen? Welche Modifikationen erfährt der Teilchenbegriff durch die Existenz virtueller Teilchen sowie durch die Tatsache, dass der Ort eines Teilchens in der Quantenfeldtheorie keine physikalisch gut definierte Größe mehr ist?

Wir werden uns diesen Fragen in mehreren Kapiteln dieses Buches widmen. Dabei dürfen wir nicht auf einfache Antworten hoffen, die unser Bedürfnis nach Anschaulichkeit zufriedenstellen. Der einzige Weg ist der, die

Fragen immer wieder von verschiedenen Seiten näher zu beleuchten und im Laufe der Zeit eine gewisse Vorstellung von dem zu bekommen, was das Wesen der Quantenfeldtheorie ausmacht. Dabei werden wir oft mit Modellvorstellungen und Analogien arbeiten, die jeweils einen bestimmten Aspekt verdeutlichen, ohne jedoch ein vollständiges Bild vermitteln zu können. Wir müssen und wollen diesen Preis aber gerne bezahlen, wenn es uns dadurch gelingt, weiter in die Struktur der Materie einzudringen und die physikalischen Gesetze, die unsere Welt regieren, besser zu verstehen.

Es ist in diesem Zusammenhang besonders interessant, zu sehen, wie die Natur Schritt für Schritt die vielen Paradoxien umgeht, die jede anschauliche Vorstellung von der Materiestruktur in sich birgt. Dies kann sie nur erreichen, indem sie auf Anschaulichkeit verzichtet und für uns Menschen völlig unerwartete Wege beschreitet. Umso erstaunlicher ist es, dass es uns trotz der Begrenztheit unserer direkten Vorstellungskraft mithilfe der Mathematik und des Experiments gelingt, Geheimnisse der Natur zu entschlüsseln, die unseren Vorfahren als unerreichbar erschienen sein müssen. Dies ist sicher eine der ganz großen kulturellen Leistungen der Menschheit.

Um die Struktur der Quantenfeldtheorie besser verstehen zu können, müssen wir uns zunächst genau darüber klar werden, welche physikalischen Größen überhaupt einer direkten Messung zugänglich sind. Es zeigt sich, dass die einzigen im Prinzip beliebig genau messbaren Größen (eine genügend lange Messzeit vorausgesetzt) die Masse, die elektrische Ladung, der Impuls und der Spin freier Teilchen sind. Unter einem freien Teilchen ist dabei ein Teilchen oder Feldquant zu verstehen, das während der Dauer der Messung durch äußere Kräfte nur so wenig beeinflusst wird, dass die Bestimmung seiner Masse, seines Impulses und seines Spins dadurch im Rahmen der angestrebten Messgenauigkeit nicht beeinträchtigt wird. So können wir hochenergetische Teilchen, die beim Zusammenprall zweier Protonen entstehen und sich anschließend im starken magnetischen Feld eines Teilchendetektors auf gekrümmten Bahnen nach außen bewegen, in diesem Sinne als freie Teilchen ansehen, obwohl das Magnetfeld eine Kraft auf diese Teilchen ausübt. Der Impuls dieser Teilchen ergibt sich dabei unmittelbar aus der Krümmung ihrer Flugbahn im Magnetfeld. Die durch das Magnetfeld ausgeübte Kraft ist sehr viel geringer als die Kräfte, die auf ein Elektron in einem Atom oder gar auf ein Quark innerhalb eines Hadrons einwirken. Generell ist es so, dass wir ein Teilchen, dessen klassische Flugbahn sich sinnvoll angeben lässt, als freies Teilchen bezeichnen wollen.

Wie steht es nun mit der detaillierten Beschreibung des zeitlichen Ablaufs einer physikalischen Reaktion in der Quantenfeldtheorie? Betrachten wir dazu die elastische Streuung eines Elektrons und eines Myons. Bei dieser Streuung bewegen sich ein Elektron und ein Myon aufeinander zu, beeinflussen sich gegenseitig aufgrund ihrer elektrischen Anziehungskraft und fliegen am Ende wieder auseinander. Nehmen wir zunächst an, dass sie sich nur langsam bewegen und einander nicht zu nahe kommen, sodass eine Beschreibung des Vorgangs im Rahmen der klassischen Mechanik noch sinnvoll ist. In diesem Fall bewegen sich beide Teilchen auf klar definierten Bahnkurven, die sich berechnen lassen, sobald Aufenthaltsorte und Geschwindigkeiten der beiden Teilchen zu irgendeinem festen Zeitpunkt bekannt sind. Man kann damit zu jedem Zeitpunkt voraussagen, wo sich die beiden Teilchen gerade befinden. Eine detaillierte und deterministische, also im Detail berechenbare Beschreibung des zeitlichen physikalischen Ablaufs ist möglich.

Betrachten wir nun den Fall, dass sich die beiden Teilchen so nahe kommen, dass sich aufgrund der Unschärferelation eine Bahnkurve nicht mehr hinreichend genau angeben lässt, um durch sie den Prozess auch bei diesen kleinen Abständen zwischen den Teilchen noch sinnvoll zu beschreiben. Die Beschreibung durch die klassischen Bahnkurven muss durch eine quantenmechanische Beschreibung ersetzt werden. Damit geben wir einen Teil der streng deterministischen Beschreibung auf, denn wir können nun nicht mehr vorausberechnen, wo sich die Teilchen zu einem gegebenen Zeitpunkt befinden werden. Die zeitliche Entwicklung von messbaren Größen wie Ort und Impuls eines Teilchens ist nicht mehr deterministisch festgelegt, da sie sich nicht mehr als innere Eigenschaften der Teilchen verstehen lassen. Lediglich Wahrscheinlichkeiten für das Eintreffen einzelner Messergebnisse können wir berechnen, so wie sie sich aus den Wellenfunktionen ergeben. Die zeitliche Entwicklung der Wellenfunktionen lässt sich dabei mithilfe der Schrödinger-Gleichung vorausberechnen, sodass die zeitliche Veränderung der Wahrscheinlichkeiten sich deterministisch verhält. Wir können damit zwar die Bewegung eines Teilchens nicht mehr präzise verfolgen, aber wir können uns den Streuprozess immer noch in einem Bild veranschaulichen, bei dem sich zwei Wahrscheinlichkeitswolken aufeinander zu bewegen, sich gegenseitig beeinflussen oder gar miteinander verschmelzen und schließlich wieder auseinanderfliegen. Die Form dieser Wolken ist dabei zu jedem Zeitpunkt bekannt und berechenbar, und die Dichte der Wolken (das Betragsquadrat der Wellenfunktionen) lässt sich direkt als Aufenthaltswahrscheinlichkeit für die einzelnen Teilchen interpretieren.

Bei wachsender Teilchenenergie genügt schließlich eine Beschreibung des Streuvorgangs im Rahmen der nichtrelativistischen Quantenmechanik nicht mehr. In einer quantenfeldtheoretischen Beschreibung gibt es vor der Wechselwirkung sowie nach der Wechselwirkung eine definierte Zahl freier Teilchen, die durch impulsabhängige Wellenfunktionen beschrieben werden können, also durch Wellenfunktionen, bei denen der Impuls (nicht aber der Ort) in einer Spalte eingetragen wird. Während des Wechselwirkungsprozesses gibt es dagegen keine einfache Wellenfunktion mehr, deren zeitliche Veränderung sich detailliert verfolgen ließe. Dem entspricht die Tatsache, dass Teilchen entstehen und vergehen können und dass an dem physikalischen Prozess beliebig viele kurzlebige virtuelle Teilchen mitwirken, deren Impuls aufgrund ihrer kurzen Lebensdauer nicht mehr präzise messbar ist.

Man muss daher Abstand nehmen von der Betrachtung des zeitlichen Ablaufs von Wechselwirkungsprozessen zwischen Teilchen, da es bei diesen Prozessen keine genau definierten Charakteristika mehr gibt, die einer solchen Betrachtung Sinn geben würden. Sie wäre genauso illusorisch wie eine klassische Bahnkurve in der nichtrelativistischen Quantenmechanik. Die einzigen beobachtbaren Größen sind die Charakteristika (Impulse, Massen, Spins, Ladungen) der freien Teilchen vor und nach dem Wechselwirkungsprozess.

Welche Aussagen können wir dann überhaupt von der Quantenfeldtheorie erwarten? Die nichtrelativistische Quantenmechanik erlaubt die Berechnung der möglichen Messwerte in einem physikalischen Experiment sowie die Angabe eines Pfeils, dessen Längenquadrat die Wahrscheinlichkeit angibt, mit der sie im betrachteten Experiment eintreten werden. Genau dies ist auch in der relativistischen Quantenfeldtheorie der Fall. Wir müssen daher prüfen, welche Messungen uns die Prinzipien der Quantenphysik und der speziellen Relativitätstheorie noch gestatten. Der Teilchenort oder die Teilchenzahl während der Wechselwirkung scheiden, wie wir wissen, bereits aus.

Welche Größen sind in den typischen Experimenten der Teilchenphysik (zumindest im Prinzip) gleichzeitig messbar? Wir hatten diese Frage bereits beantwortet: Es sind die Impulse und Spinkomponenten der freien Teilchen vor und nach der Teilchenkollision oder dem Teilchenzerfall! Diese Größen werden wir in unsere Tabelle eintragen, und für diese Wertekombinationen müssen wir im Rahmen der relativistischen Quantenfeldtheorie die entsprechenden Pfeile berechnen. Wie wir bereits zuvor kurz erwähnt hatten, bezeichnet man eine solche Tabelle dabei nicht mehr als Wellenfunktion, sondern als *Streumatrix* für das betrachtete Experiment.

Wir müssen uns nun überlegen, wie wir die Pfeile für die einzelnen Spalten der Tabelle und damit die Wahrscheinlichkeiten für das Eintreten gewisser Messergebnisse berechnen können. Betrachten wir dazu erneut die elastische Streuung eines Elektrons an einem Myon, wobei wir uns durch die Bezeichnung *elastische Streuung* bereits auf solche Zeilen in der Streumatrix eingeschränkt haben, bei denen keine neuen Endteilchen entstehen. Vor und nach dem Zusammentreffen sollen also nur das Elektron und das Myon vorhanden sein.

Betrachten wir also irgendeine bestimmte Zeile der Streumatrix-Tabelle, in der Elektron und Myon vor und nach ihrem Zusammentreffen jeweils bestimmte Werte für ihren Impuls und ihre Spinkomponente besitzen. Dabei müssen die Impulse und die relativistischen Energien wie immer das Gesetz der Energie-Impuls-Erhaltung erfüllen, und auch die Spins müssen der Drehimpulserhaltung genügen.

Wir wollen nun wissen, wie häufig genau diese Zeilenwerte für die Impulse und Spins bei der Streuung eines Elektrons an einem Myon im Mittel vorkommen, d. h. wie groß die Wahrscheinlichkeit für genau diese Reaktion ist. Wie oft werden im Mittel beispielsweise Elektron und Myon um einen bestimmten Winkel aus ihrer anfänglichen Flugrichtung abgelenkt? Um zu verstehen, wie man diese Wahrscheinlichkeit berechnen kann, müssen wir zunächst etwas weiter ausholen.

Wahrscheinlichkeiten sind in der Quantentheorie generell durch das Quadrat der Länge eines Wahrscheinlichkeitspfeils gegeben (mathematisch ausgedrückt: durch das Betragsquadrat einer komplexen Zahl). Die Kunst besteht nun darin, diesen Pfeil zu berechnen. Dabei gelten bestimmte Regeln, die wir bereits früher kurz angesprochen hatten, und auf die wir nun im Detail eingehen wollen.

> Die erste Regel besagt Folgendes (Interferenzregel):
> Wenn ein Messergebnis auf verschiedene (ununterscheidbare) Weise erreicht werden kann, so berechnet man für jede Möglichkeit einen eigenen Pfeil. Die quadrierte Länge eines jeden Pfeils gibt dabei die Wahrscheinlichkeit an, die auftreten würde, falls das Messergebnis nur auf die zum Pfeil dazugehörige Art und Weise zu erreichen wäre. Anschließend werden die Pfeile aller Möglichkeiten addiert, d. h. die Spitze des einen Pfeils wird an das Ende des anderen Pfeils angehängt und so fort, bis alle Pfeile aneinandergehängt worden sind, ohne die Pfeile dabei zu verdrehen. Zum Schluss wird das Ende des ersten Pfeils mit der Spitze des letzten Pfeils durch einen neuen Pfeil verbunden (Abb. 5.4). Die quadrierte Länge des neuen Pfeils gibt dann die Wahrscheinlichkeit für das Eintreffen des betrachteten Messergebnisses unter Beachtung der verschiedenen Möglichkeiten an.

Wir sehen also, dass dort, wo wir nach den üblichen Regeln der Wahrscheinlichkeitsrechnung einzelne Wahrscheinlichkeiten zu einer Gesamtwahrscheinlichkeit aufaddieren würden, in der Quantentheorie stattdessen Pfeile aufaddiert werden. Erst dieses Aufaddieren von Pfeilen ermöglicht die Entstehung von Interferenzeffekten, beispielsweise beim Durchgang von Licht oder Elektronen durch einen Doppelspalt. Dieses Doppelspaltexperiment hatten wir uns bereits früher angesehen (Abschnitt 2.3, Abb. 2.4). Betrachten wir es nun im Hinblick auf unsere Pfeiladditionsregel noch einmal etwas genauer.

Es gibt zwei Möglichkeiten für das heranfliegende Teilchen, einen bestimmten Punkt auf dem Leuchtschirm hinter dem Doppelspalt zu erreichen. Es kann entweder durch Spalt A oder Spalt B hindurchgehen. Für jede der

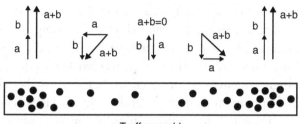

Trefferanzahl

Abb. 5.3 Wahrscheinlichkeitspfeile für den Durchgang eines Teilchens nur durch Spalt A, nur durch Spalt B sowie durch Spalt A oder B und dem anschließenden Auftreffen des Teilchens an einem bestimmten Ort auf dem Leuchtschirm

beiden Möglichkeiten wird ein Pfeil berechnet. Nennen wir die beiden Pfeile *a* und *b*. Dabei hängt die Länge und Orientierung der beiden Pfeile vom anvisierten Punkt auf dem Leuchtschirm ab. Die quadrierte Länge von Pfeil *a* gibt dabei die Wahrscheinlichkeit dafür an, dass das Teilchen nachweisbar durch Spalt A hindurchgeht und dann an dem betrachteten Punkt auf dem Leuchtschirm auftrifft. Analog ist es bei Spalt B und Pfeil *b*. Man kann den Durchgang durch einen bestimmten Spalt z. B. dadurch garantieren, dass man den anderen Spalt verschließt (Abb. 5.3).

Für den Fall, dass beide Spalte offen sind und dass man physikalisch nicht unterscheiden kann, durch welchen Spalt das Teilchen gegangen ist, werden die beiden Pfeile *a* und *b* durch Aneinanderhängen zu einem Gesamtpfeil aufaddiert, den wir mit *a* + *b* bezeichnen. Nur dessen Längenquadrat gibt die Wahrscheinlichkeit an, dass das Teilchen an diesem Punkt des Leuchtschirms auftreffen wird.

Es gibt nun Punkte auf dem Leuchtschirm, bei denen die beiden Pfeile parallel zueinander liegen und sich zu einem doppelt so großen Gesamtpfeil aufaddieren. An anderen Punkten sind sie dagegen gerade entgegengesetzt orientiert und addieren sich zu einem Gesamtpfeil der Länge null. Das Teilchen wird also an einem solchen Punkt niemals auftreffen. Verschließt man aber einen der beiden Spalte, so fehlt der zugehörige Pfeil. Das Quadrat der Länge des übrig gebliebenen Pfeils bestimmt nun allein die Wahrscheinlichkeit für das Teilchen, dort aufzutreffen, und das Interferenzmuster aus oft und selten getroffenen Streifen verschwindet auf dem Leuchtschirm. Ähnlich ist es, wenn man den Aufbau so wählt, dass man im Prinzip wissen kann, welcher Spalt gewählt wurde: Auch hier verschwindet das Interferenzmuster, denn man darf nun die Pfeile nicht mehr addieren, sondern muss stattdessen klassisch die Wahrscheinlichkeiten aufaddieren. Interferenz zwischen verschiedenen Möglichkeiten gibt es nur, wenn die beiden Möglichkeiten im betrachteten Experiment *prinzipiell* ununterscheidbar sind!

Kommen wir nun zu einer zweiten Regel, die eine Aussage darüber macht, wie die Wahrscheinlichkeit des Eintritts eines zusammengesetzten Ereignisses berechnet wird. Ein zusammengesetztes Ereignis ist dabei ein Ereignis, das in eine Reihe einzelner Schritte zerlegt werden kann oder das aus einer Anzahl unabhängig voneinander eintretender Teilereignisse besteht. In unserem Doppelspaltexperiment kann man den Durchgang eines Teilchens durch Spalt A und das anschließende Auftreffen an einem bestimmten Punkt des Leuchtschirms beispielsweise in die folgenden Schritte aufteilen:

1. Zurücklegen des Weges bis zu Spalt A
2. Durchgang durch den Spalt
3. Zurücklegen des Weges von Spalt A bis zum Punkt auf dem Leuchtschirm.

Jeder dieser Schritte kann für sich analysiert werden, und für jeden dieser Schritte kann ein Pfeil angegeben werden, dessen Längenquadrat die Wahrscheinlichkeit für den Eintritt dieses Teilereignisses angibt, sofern man eine entsprechende Messung durchführt.

Wie berechnet man nun aus den Pfeilen für die einzelnen Schritte den resultierenden Pfeil für das Gesamtereignis? Die Antwort lautet: Man multipliziert die Pfeile miteinander! Dazu müssen wir aber noch festlegen, was hier mit der Multiplikation von Pfeilen gemeint sein soll.

Ein Pfeil ist durch seine Länge und seine Orientierung gekennzeichnet. Man hat sich geeinigt, die Orientierung durch den Winkel zu spezifizieren, die der Pfeil relativ zur x-Achse bildet, wobei der Winkel positiv entgegen dem Uhrzeigersinn gerechnet wird. Ein Pfeil in Richtung der x-Achse (entsprechend einer Uhrzeigerstellung von 3 Uhr) hat also einen Winkel von null Grad, einer in Richtung y-Achse (12 Uhr) einen Winkel von 90 Grad usw. Man multipliziert zwei Pfeile nun miteinander, indem man einen neuen Pfeil zeichnet, dessen Länge gleich der Länge des ersten mal der Länge des zweiten Pfeils ist, und dessen Orientierungswinkel gleich der Summe der Winkel der beiden Pfeile ist (Abb. 5.4). Die Pfeillängen werden also multipliziert und die Orientierungswinkel addiert. Man kann sich dies auch so vorstellen, dass der neue Pfeil aus dem ersten Pfeil durch eine *Drehstreckung* oder Drehstauchung hervorgeht, wobei der zweite Pfeil angibt, um wie viel der erste Pfeil zu strecken oder zu stauchen und zu drehen ist. Die Rollen der beiden Pfeile sind dabei austauschbar.

Die so definierte Multiplikation entspricht der Multiplikation komplexer Zahlen. Die üblichen Rechenregeln der Multiplikation und Addition bleiben dabei gültig, insbesondere die Regel $a \cdot (b + c) = a \cdot b + a \cdot c$. Nur deshalb macht es überhaupt Sinn, unsere Pfeilberechnungen als *Multiplikation* und *Addition* zu bezeichnen.

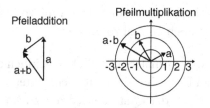

Abb. 5.4 Addition und Multiplikation von Pfeilen. Die Pfeilmultiplikation entspricht der Multiplikation komplexer Zahlen

Man kann Pfeile, die entlang der x-Achse orientiert sind, aufgrund der obigen Regeln unmittelbar mit den gewohnten reellen Zahlen identifizieren. Ein Pfeil, der entgegen der x-Achse orientiert ist (also in Richtung 9 Uhr) und der die Länge 1 besitzt, repräsentiert dann die Zahl –1.

Es ist bemerkenswert, dass wir sogar einen Pfeil angeben können, der nach unserer Pfeilmultiplikationsregel mit sich selbst multipliziert gerade –1 ergibt. Dieser Pfeil hat die Länge 1 und ist entlang der y-Achse orientiert, zeigt also auf 12 Uhr. Die Frage nach der Wurzel aus –1 kann man also klären, wenn man den Begriff der Multiplikation auf die Multiplikation von Pfeilen nach unserer obigen Regel erweitert.

Aus historischen Gründen wird die Wurzel aus –1 auch etwas mysteriös als *imaginäre Einheit* bezeichnet und mit dem Buchstaben *i* abgekürzt, und die Frage drängt sich auf, was für eine Zahl *i* denn sein soll. Eine reelle Zahl kommt nicht infrage, denn das Quadrat einer reellen Zahl ist nie negativ. Es war Carl Friedrich Gauß, der als Erster mithilfe der Pfeilmultiplikation der Zahl *i* eine anschauliche Bedeutung gegeben hat: *i* ist nichts anderes als der Pfeil in y-Richtung mit der Länge 1.

Kommen wir zurück zu unseren Regeln für Wahrscheinlichkeitspfeile in der Quantentheorie.

Um die Gesamtwahrscheinlichkeit im Doppelspaltversuch für das Ereignis zu berechnen, dass ein Teilchen an einem bestimmten Punkt auf dem Leuchtschirm auftrifft, können wir nach den beiden dargestellten Regeln folgendermaßen vorgehen:

Wir berechnen die Einzelpfeile für das Zurücklegen des Weges zu Spalt A, den Durchgang durch Spalt A und das Zurücklegen des Weges von Spalt A zum anvisierten Punkt auf dem Leuchtschirm. Anschließend multiplizieren wir die einzelnen Pfeile miteinander und erhalten einen resultierenden Pfeil, den wir mit *a* bezeichnet hatten. Analog gehen wir bei Spalt B vor und erhalten einen resultierenden Pfeil *b*. Schließlich addieren wir die Pfeile *a* und *b*, hängen also beide Pfeile aneinander und zeichnen einen entsprechenden Gesamtpfeil. Das Quadrat der Länge dieses Gesamtpfeils gibt nun die Wahrscheinlichkeit dafür an, ein Teilchen hinter dem Doppelspalt am anvisierten Punkt auf dem Leuchtschirm auftreffen zu sehen.

Fassen wir unsere beiden Regeln zur Berechnung von Wahrscheinlichkeiten in der Quantentheorie noch einmal zusammen:

1. Immer dort, wo wir normalerweise Wahrscheinlichkeiten addieren würden (wenn also ein Ereignis auf verschiedene Arten und Weisen eintreten kann), addieren wir in der Quantentheorie stattdessen Pfeile (sofern die verschiedenen Möglichkeiten ununterscheidbar sind).
2. Immer dort, wo wir normalerweise Wahrscheinlichkeiten multiplizieren würden (wenn also ein Ereignis aus einer Abfolge unabhängiger Schritte oder aus verschiedenen unabhängigen Teilereignissen zusammengesetzt werden kann), multiplizieren wir stattdessen Pfeile.

Kommen wir wieder zurück zur elastischen Streuung eines Elektrons an einem Myon. Wiederholen wir noch einmal: Wir wollen wissen, wie groß die Wahrscheinlichkeit ist, dass ein Elektron mit vorgegebenem Anfangsimpuls mit einem Myon (ebenfalls mit vorgegebenem Anfangsimpuls) so wechselwirkt, dass beide Teilchen nach der Wechselwirkung in bestimmte Richtungen und mit bestimmten Impulsen und Spinkomponenten auseinanderfliegen, wobei keine weiteren Teilchen entstanden sein sollen.

Elektronen und Myonen werden allgemein von der elektromagnetischen und der schwachen Wechselwirkung beeinflusst, nicht aber von der starken Wechselwirkung. Wir wollen hier die schwache Wechselwirkung nicht weiter betrachten, da sie nur bei Impulsen ab mehreren Giga-Elektronenvolt für diesen Prozess wichtig wird. Beschränken wir uns also auf die elektromagnetische Wechselwirkung und die dazugehörende Quantenfeldtheorie, die Quantenelektrodynamik (QED).

Im Rahmen der QED ist es möglich, die elastische Streuung von Elektronen an Myonen so zu formulieren, dass sich die oben beschriebenen Regeln zur Berechnung der Gesamtwahrscheinlichkeit anwenden lassen. Man bezeichnet diese spezielle Formulierung als *Störungstheorie*. In der Störungstheorie wird die Quantenfeldtheorie mithilfe der Freiheitsgrade der wechselwirkungsfreien Theorie parametrisiert, d. h. sie arbeitet mit reellen und virtuellen Teilchen. Wie wir noch sehen werden, kann das zu berechnende Ereignis im Rahmen dieser Formulierung auf unendlich vielen verschiedenen Wegen eintreten. Jede dieser Möglichkeiten lässt sich wiederum in eine endliche Zahl von Teilschritten zerlegen, und jedem dieser Teilschritte entspricht die Fortbewegung oder das Generieren bzw. Vernichten von Teilchen.

Für jede Möglichkeit müssen nun die Pfeile der einzelnen Teilschritte miteinander multipliziert werden. Anschließend müssen die aus den einzelnen Realisierungsmöglichkeiten resultierenden Pfeile aufaddiert werden. Da es unendlich viele Möglichkeiten gibt, müssen im Prinzip auch unendlich viele Pfeile addiert werden.

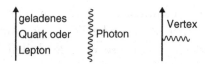

Abb. 5.5 Die Bausteine der Feynman-Graphen in der QED

Der Nutzen der Störungstheorie liegt nun darin, dass insgesamt nur wenige verschiedene Teilschritt-Typen auftreten, deren zugehörige Pfeile sich relativ einfach berechnen lassen, da sie etwas mit der wechselwirkungsfreien Fortbewegung von Teilchen zu tun haben.

Welche Teilschritt-Typen möglich sind, hängt von der betrachteten Wechselwirkung ab. In der QED treten die folgenden drei grundlegenden Teilschritt-Typen auf:

1. Ein Quark oder ein geladenes Lepton bewegt sich mit bestimmter Energie und bestimmtem Impuls.
2. Ein Photon bewegt sich mit bestimmter Energie und bestimmtem Impuls.
3. Ein Quark oder ein geladenes Lepton emittiert oder absorbiert ein Photon, wobei die Erhaltungssätze für die relativistische Gesamtenergie und für den Impuls gelten.

Die Schrift der QED besteht also gewissermaßen aus nur drei Buchstaben. Dennoch lassen sich alle Phänomene der elektromagnetischen Wechselwirkung von der Ausbreitung des Lichts im Weltall bis zur elektromagnetischen Wechselwirkung subatomarer Teilchen mithilfe dieser drei Buchstaben sehr präzise beschreiben.

Wir wollen die drei Teilschritt-Grundtypen durch grafische Symbole darstellen (Abb. 5.5)

Ein Quark oder Lepton stellen wir durch eine durchgezogene Linie mit Pfeil darin dar, und ein Photon durch eine Wellenlinie ohne Pfeil. Bei reellen Quarks oder Leptonen, wie sie vor oder nach einer Wechselwirkung vorliegen, wollen wir dabei die Konvention treffen, dass der in der Linie eingetragene Pfeil nach oben zeigen soll. Für die entsprechenden Antiteilchen soll er dagegen nach unten zeigen. Der Pfeil zeigt also bei Quarks und Leptonen in Flugrichtung, bei Antiquarks und Antileptonen dagegen entgegen der Flugrichtung, d. h. die von unten in ein Diagramm mündenden Linien stellen die Teilchen und Antiteilchen vor der Wechselwirkung, die oben aus dem Diagramm auslaufenden Linien stellen die Teilchen und Antiteilchen nach der Wechselwirkung dar. Man sagt auch, die Zeit läuft im Diagramm von unten nach oben.

Die Kennzeichnung von Antiteilchen durch einen umgekehrt orientierten Pfeil hängt damit zusammen, dass sich bei Fermionen Antiteilchen als Löcher im Dirac-See interpretieren lassen, also als fehlende Teilchen negativer Energie im ansonsten mit Teilchen negativer Energie angefüllten Vakuum. Die Feynman-Stückelberg-Interpretation macht das noch deutlicher: Wellen negativer Energie müssen formal rückwärts in der Zeit laufen, also nach unten (daher die Pfeilrichtung). Sie entsprechen Antiteilchen positiver Energie, deren Wellen vorwärts in der Zeit laufen (also nach oben).

Die Emission oder Absorption eines Photons durch ein Quark oder Lepton stellen wir durch einen sogenannten *Vertex* dar, bei dem die Photonlinie an der Quark- oder Leptonlinie endet bzw. von ihr ausgeht (da die Photonlinie keinen Pfeil besitzt, werden Emission und Absorption durch den gleichen Vertex dargestellt).

Die Teilschritt-Typen lassen sich nun zu komplizierteren Diagrammen zusammensetzen, wobei die grafischen Symbole entsprechend aneinandergefügt werden. Die so entstehenden Diagramme werden *Feynman-Graphen* genannt, zu Ehren des Physikers Richard P. Feynman (1918–1988), der sie um das Jahr 1948 herum erfunden hat. Für seine Beiträge zur Entwicklung der QED wurde Richard Feynman zusammen mit Shin'ichirō Tomonaga und Julian Schwinger im Jahr 1965 mit dem Physik-Nobelpreis geehrt.

Nun sind wir gerüstet, die einfachste Möglichkeit zur Realisierung der elastischen Elektron-Myon-Streuung mithilfe der drei Teilschritt-Grundtypen aufzubauen.

Wir beginnen damit, am unteren Rand des Diagramms je eine Linie für das Elektron und das Myon vor der Wechselwirkung zu zeichnen, wobei die Pfeile nach oben zeigen. Die leichte Schräglage der beiden Linien deutet an, dass sich die beiden Teilchen aufeinander zu bewegen, wobei sie sich in Pfeilrichtung bewegen. Der nächste Teilschritt besteht darin, dass eines der beiden Teilchen ein Photon aussendet. Dieses Photon bewegt sich zum anderen Teilchen und wird von diesem wieder absorbiert. Schließlich fliegen Elektron und Myon mit verändertem Impuls wieder auseinander (Abb. 5.6).

Bei dem ein- und auslaufenden Elektron stehen Energie E und Impuls p in einer festen Beziehung miteinander, so wie es die Formel $E = \sqrt{(mc^2)^2 + (pc)^2}$ ausdrückt, wobei m die Masse des Elektrons ist. Ebenso ist es beim Myon. Für das vom Elektron ausgesendete Photon gilt diese Beziehung nicht. Darin spiegelt sich die Tatsache wider, dass es sich um ein *virtuelles* Photon handelt, das die Wechselwirkungszone nicht verlassen darf.

Energie- und Impulserhaltungssatz sagen aus, dass die Summe der Energien und der Impulse vor und nach der Wechselwirkung identisch ist. In einem Feynman-Diagramm gelten Energie- und Impulserhaltungssatz für jeden einzelnen Vertex, sodass sie auch für das Diagramm insgesamt gelten. Das

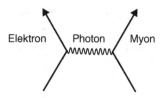

Abb. 5.6 Einfachster Feynman-Graph für die elektromagnetische Wechselwirkung zwischen einem Elektron und einem Myon

funktioniert aber nur, wenn für die inneren Linien (hier also für das ausgetauschte Photon) Energie und Impuls unabhängig voneinander sind. So kann das oben ausgetauschte Photon in bestimmten Fällen durchaus einen Impuls transportieren, ohne Energie zu übermitteln. Genau das geschieht, wenn man die elastische Elektron-Myon-Streuung im Schwerpunktsystem der beiden Teilchen betrachtet, denn beide Teilchen haben dann nach der Streuung dieselbe Energie wie vor der Streuung, haben aber ihre Flugrichtung geändert.

Wenn man nun den Wahrscheinlichkeitspfeil zu dem obigen Graphen berechnet, so führt jeder Vertex zu einer Multiplikation mit der elektrischen Ladung des jeweiligen Teilchens. Dabei wird die Ladung in natürlichen Einheiten angegeben, d. h. sie wird mithilfe der Naturkonstanten $\hbar$ (Planck'sches Wirkungsquantum) und c (Lichtgeschwindigkeit) in eine dimensionslose Zahl umgerechnet. Man bezeichnet diese dimensionslose Zahl als *Kopplungskonstante der Wechselwirkung*. Es ist aus historischen Gründen üblich, statt der Kopplungskonstanten deren Quadrat anzugeben, das wir mit α bezeichnen wollen:

$$\alpha = k \, e^2 (\hbar c)$$

wobei der Umrechnungsfaktor $k = 1/(4\pi\varepsilon_0)$ lediglich aufgrund der Definition der Ladungseinheit *Coulomb* auftaucht (wir kennen das ja schon vom Coulomb'schen Kraftgesetz).

Die Kopplungskonstante ist dann gleich $\sqrt{\alpha}$. Man bezeichnet α auch als *Feinstrukturkonstante* – ebenfalls aus historischen Gründen. Der Wert von α kann im Rahmen der QED nicht berechnet werden, ist also ein freier Parameter der QED. Der experimentelle Wert beträgt für Teilchen mit einer Elementarladung ungefähr $\alpha = 1/137$.

Der Pfeil für den obigen Feynman-Graph (Abb. 5.6) würde also einen Faktor α wegen der beiden Vertices enthalten. Außerdem enthält er einen Pfeil für die innere Fhotonlinie. Dabei gilt für innere Linien generell: Der zugehörige Pfeil ist umso länger, je mehr Energie und Impuls des entsprechenden virtuellen Teilchens den Werten freier Teilchen entsprechen. Am längsten ist dieser Pfeil also, wenn Energie E und Impuls p des virtuellen Teilchens die

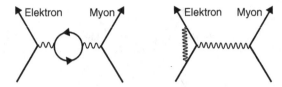

Abb. 5.7 Weitere Feynman-Graphen für die elektromagnetische Wechselwirkung zwischen einem Elektron und einem Myon

Beziehung $E^2 = (mc^2)^2 + (pc)^2$ erfüllen. Das ist besonders wichtig, wenn man extrem kurzlebige Teilchen wie das Higgs-Teilchen sucht, denn diese treten generell nur als innere Linien auf. Das Maximum der Pfeillänge für die zugehörige innere Linie bewirkt dann ein entsprechendes Maximum in der Reaktionsrate für den betrachteten Prozess (eine sogenannte *Resonanz*) und verrät so die Existenz des Higgs-Teilchens. Mehr dazu in Abschn. 8.2.

Die im betrachteten Feynman-Diagramm (Abb. 5.6) dargestellte Möglichkeit ist nicht die einzige Möglichkeit, durch die es zur Wechselwirkung von Elektron und Myon kommen kann. So kann sich die virtuelle Photonenlinie auch kurzzeitig in eine virtuelle Elektron-Positron-Schleife umwandeln, oder es kann eine weitere virtuelle Photonlinie auftreten (Abb. 5.7).

Die beiden Diagramme in Abb. 5.7 enthalten sogenannte Schleifen, d. h. man kann im Diagramm entlang innerer Linien im Kreis wandern. Die Folge davon ist, dass die Energien und Impulse der virtuellen Teilchen in diesen Schleifen nicht vollständig durch die ein- und auslaufenden freien Teilchen festgelegt werden. Es sind sogar unendlich viele Impulswerte für diese Teilchen in den Schleifen möglich.

Jeder dieser Impulswerte muss nun als separate Möglichkeit berücksichtigt werden, d. h. die Pfeile der Diagramme müssen für jede mögliche Impulskombination der inneren Linien berechnet und dann aufsummiert werden (genauer: aufintegriert, da Impulse kontinuierlich viele Werte annehmen können). Das Problem dabei ist, dass die Summe (genauer: das Integral) all dieser Pfeile einen Pfeil unendlicher Länge ergibt, also keinen sinnvollen Wert! Erst im Jahr 1948 konnte dieses Problem durch Julian Schwinger, Shin'ichirō Tomonaga und Richard P. Feynman gelöst werden. Wir werden uns diese Lösung im Abschn. 6.3 über Renormierung genauer ansehen.

Die Zahl der Feynman-Graphen, die zur Wechselwirkung zwischen Elektron und Myon beitragen, ist unendlich groß, da beliebig komplizierte Graphen mit immer mehr Vertices konstruiert werden können. Dies gilt unabhängig vom gerade angesprochenen Problem mit den unendlich vielen möglichen Impulswerten für Graphen mit Schleifen.

Die unendliche Zahl von möglichen Feynman-Graphen zur Realisierung eines physikalischen Prozesses entspricht der Tatsache, dass an jedem

Wechselwirkungsprozess beliebig viele virtuelle Teilchen beteiligt sein können. Zur Berechnung von Reaktionswahrscheinlichkeiten bei der Elektron-Myon-Streuung müsste man daher die Pfeile unendlich vieler Graphen berechnen und aufsummieren, was in der Praxis unmöglich ist. Zum Glück ist die elektromagnetische Wechselwirkung eine relativ schwache Wechselwirkung, was die Zahl der benötigten Diagramme stark einschränkt. Genauer bedeutet dies Folgendes:

Wir haben gesehen, dass durch jede zusätzliche Ankoppelung eines Photons an ein Quark oder Lepton ein Faktor $\sqrt{\alpha} = 0{,}085$ hinzumultipliziert wird. Daher ergeben Feynman-Graphen mit vielen Photonankoppelungen (Vertices) im Allgemeinen wesentlich kleinere Pfeile als Graphen mit wenigen Photonankoppelungen. Die Beiträge von Diagrammen mit vielen inneren Photonlinien sind gegenüber einfacheren Diagrammen also stark unterdrückt, und man erhält bereits mit den einfachsten Diagrammen für die elektromagnetische Wechselwirkung sehr gute Ergebnisse. Dabei haben wir das Problem mit den inneren Schleifen und den dadurch entstehenden Unendlichkeiten zunächst einfach ignoriert (mehr dazu später im Abschn. 6.3 über Renormierung).

Feynman-Diagramme stellen ein sehr weitreichendes Werkzeug in der Quantenfeldtheorie dar. Mit ihrer Hilfe gelingt es, die möglichen Wechselwirkungen zwischen Teilchen systematisch zu erfassen und zu berechnen, zumindest im Falle der elektromagnetischen und schwachen Wechselwirkung, aber auch bei hochenergetischen Prozessen der starken Wechselwirkung. Zudem lassen sich Feynman-Graphen mit der dabei gebotenen Vorsicht anschaulich interpretieren. So können wir den einfachsten Feynman-Graph bei der Elektron-Myon-Streuung (Abb. 5.6) als den Austausch eines virtuellen Photons verstehen.

Ziel von Feynman-Diagrammen ist es immer, zuletzt einen einzigen Gesamtpfeil für das betrachtete Ereignis zu berechnen, dessen Längenquadrat die Eintrittswahrscheinlichkeit des Ereignisses angibt. Dabei darf man das Feynman-Diagramm nicht mit dem Ereignis selbst verwechseln. Ein Feynman-Diagramm gibt nicht die klassischen Flugbahnen von Teilchen an, sondern es repräsentiert eine *Möglichkeit*, wie das betrachtete Ereignis eintreten könnte, und liefert zugleich eine Vorschrift zum Addieren und Multiplizieren der zugehörigen Wahrscheinlichkeitspfeile.

Um die Gesamtwahrscheinlichkeit für das Eintreten eines Ereignisses korrekt zu berechnen, muss man dabei sehr genau darauf achten, wirklich das komplette Ereignis klar zu definieren. Insbesondere die betrachteten Anfangs- und Endzustände des Experiments müssen genau spezifiziert werden. Der Begriff des virtuellen Teilchens kommt bei der Definition des Ereignisses nicht vor, sondern nur bei der Berechnung von dessen Eintrittswahrscheinlichkeit.

Dies ist die Präzisierung der Aussage, virtuelle Teilchen seien nicht direkt beobachtbar.

Virtuelle Teilchen existieren in dem Sinn, dass sie einen Beitrag (einen Pfeil) zur Eintrittswahrscheinlichkeit eines Ereignisses beisteuern. Sie werden benötigt, um im Rahmen der Störungstheorie ein Ereignis in eine Folge von Teilschritten zerlegen zu können, und sind daher eng mit dem mathematischen Verfahren der Störungstheorie verknüpft. Daher sind virtuelle Teilchen keine realen physikalischen Objekte, sondern sie veranschaulichen eine bestimmte mathematische Vorgehensweise. In der Quantenfeldtheorie der starken Wechselwirkung (der Quantenchromodynamik, QCD) gibt es beispielsweise sogenannte virtuelle Geisterteilchen, die niemals als reale Teilchen in Erscheinung treten können. Sie treten immer nur als innere Linien in Feynman-Graphen auf und sorgen für die korrekte Berechnung der Wahrscheinlichkeitspfeile.

Wenden wir uns, gerüstet mit dem mächtigen Werkzeug der Feynman-Graphen, erneut der Frage zu, warum gewisse Reaktionen möglich sind, andere dagegen nicht.

Wir erinnern uns: Der Erhaltungssatz der relativistischen Gesamtenergie erlaubt es im Prinzip, dass sich die uns umgebende Materie vollständig in Energie umwandeln kann, z. B. in Form von Photonen. Warum vereinigen sich Elektronen und Protonen dann nicht miteinander und zerstrahlen in Form hochenergetischer Photonen?

Als Antwort auf diese Frage äußerten wir bereits die Vermutung, dass es neben den Erhaltungssätzen für die relativistische Gesamtenergie und den Impuls weitere Erhaltungssätze geben müsse, die gewisse Reaktionen einfach nicht zulassen, weil sonst die Bilanz dieser zusätzlichen Erhaltungsgrößen nicht aufgehen würde. Eine solche Erhaltungsgröße kennen wir bereits: die elektrische Ladung. Sie reicht aber nicht aus, um die Zerstrahlung von Elektronen mit Protonen zu verhindern.

Feynman-Graphen repräsentieren die Struktur der betrachteten Wechselwirkung und somit auch die infrage kommenden Erhaltungsgrößen. Die Frage nach den Erhaltungsgrößen lässt sich mithilfe der Feynman-Graphen in Form einer einfachen Aussage zusammenfassen:

Wann immer sich ein Feynman-Graph für einen Wechselwirkungsprozess konstruieren lässt, so wird dieser Prozess in der Realität auch ablaufen, vorausgesetzt, die Erhaltungssätze für Energie und Impuls lassen diesen Prozess ebenfalls zu.

Über die Wahrscheinlichkeit, mit der dieser Prozess eintritt, wird dabei noch keine Aussage getroffen. Diese Wahrscheinlichkeit berechnet sich durch

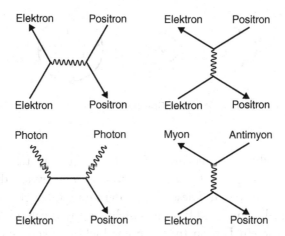

Abb. 5.8 Einige mögliche Feynman-Graphen für die elektromagnetische Wechsel-wirkung zwischen einem Elektron und einem Positron

Aufsummation der Pfeile aller Graphen, die zu dem betrachteten Prozess beitragen.

Betrachten wir als weiteres Beispiel das Zusammentreffen eines Elektrons mit einem Positron. Wir zeichnen also für das einlaufende Elektron eine durchgezogene Linie mit Pfeil nach oben und für das Positron eine entspre-chende Linie mit umgekehrter Pfeilrichtung. Für die auslaufenden Teilchen machen wir keine Vorgaben, d. h. wir interessieren uns für alle möglichen Endzustände der Reaktion.

Es wird dem Leser sicher keine Mühe bereiten, sich mögliche Graphen für diesen Prozess auszudenken. Elektron und Positron können beispielsweise ein Photon austauschen, sie können sich erst vernichten und ein Photon erzeu-gen, um dann aus diesem Photon neu zu entstehen, oder es können sich auch neue Teilchen bilden, z. B. zwei Photonen oder (bei genügender Energie) ein Myon und ein Antimyon (Abb. 5.8). Auch kompliziertere Graphen können wir konstruieren. Weiterhin sehen wir, dass sich für einige Reaktionen zwar ein Diagramm konstruieren lässt, aber Energie- und Impulserhaltungssatz zu-sammen diesen Prozess verhindern. Als Beispiel sei hier die Verwandlung von Elektron plus Positron in ein einziges freies Photon genannt – das geht auf-grund der Energie-Impuls-Erhaltung nicht.

Ist es möglich, dass sich Elektron und Positron vernichten und daraus ein positiv geladenes Myon und ein Elektron entstehen? Einiges Herumprobieren wird Sie sicher davon überzeugen, dass die Antwort auf diese Frage *Nein* lau-ten muss, denn es gibt keinen Vertex zwischen einem Elektron, einem Myon und einem Photon. Die Ankoppelung eines Photons ändert das Teilchen nicht, an das es ankoppelt. Ein entsprechendes Diagramm lässt sich daher nicht konstruieren, zumindest nicht mit den Bausteinen, die uns im Moment

Abb. 5.9 Mögliche Vakuum-Feynman-Graphen

zur Verfügung stehen. Die Feynman-Graphen berücksichtigen damit automatisch den Erhaltungssatz für die sogenannte *Leptonenzahl*, die wir früher bereits kurz erwähnt hatten. Dieser Erhaltungssatz sorgt auch dafür, dass sich beispielsweise Elektronen und Protonen nicht gegenseitig vernichten können, denn dabei würde ein Lepton (nämlich das Elektron) verloren gehen. Gut, dass es solche Erhaltungssätze gibt, denn sonst wäre Materie nicht stabil!

Der große Vorteil unseres Bausteinkastens für Feynman-Graphen liegt nun darin, dass wir uns über diesen und andere Erhaltungssätze wie z. B. die Erhaltung der elektrischen Ladung keine Gedanken mehr zu machen brauchen. Alles wird automatisch erledigt. Die Elemente des Bausteinkastens spiegeln die Struktur der betrachteten Wechselwirkung wider und berücksichtigen damit die relevanten Erhaltungssätze.

Als letztes Beispiel wollen wir das Vakuum aus der Sicht der Feynman-Graphen betrachten. Die entsprechenden Vakuum-Graphen besitzen keine ein- und auslaufenden freien Teilchen. Ein Beispiel ist eine einzelne zu einem Kreis geschlossene Elektronlinie (Abb. 5.9). Solche Graphen entsprechen unserem Bild vom Vakuum als fluktuierendem See aus virtuellen Teilchen-Antiteilchen-Paaren und virtuellen Photonen.

Vielleicht ist es etwas überraschend, dass sich solche Graphen problemlos konstruieren lassen, und ihre Bedeutung ist zunächst auch unklar. Die Wahrscheinlichkeit, am Schluss kein Teilchen zu haben, wenn man schon am Anfang keine hat und auch nichts hinzunimmt, sollte gleich 1 sein!

Die Interpretation der Vakuum-Graphen ist etwas subtiler als die Interpretation der bisher betrachteten Graphen. Sie tragen für die Wechselwirkung zwischen Teilchen keine Bedeutung und werden daher dort nicht berücksichtigt. Dennoch können sie zu physikalischen Effekten führen, wie der oben betrachtete Casimir-Effekt gezeigt hat. Im Raum zwischen zwei dicht benachbarten Metallplatten sind nämlich nicht mehr alle Impulswerte für die virtuellen Teilchen möglich, da die Metallplatten zusätzliche Randbedingungen für diese Teilchen bewirken. Im Außenraum dagegen können beliebige Impulswerte auftreten. Bildet man die Differenz aus den Graphen im Innen- und Außenraum der Platten, so kann man die Stärke der Anziehungskraft zwischen den Platten berechnen.

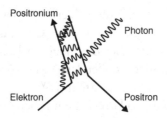

Abb. 5.10   Feynman-Graph für die Entstehung von Positronium

Bisher haben wir immer den Fall betrachtet, dass es sich bei den ein- und auslaufenden freien Teilchen um Objekte handelt, die wir für die betrachtete Wechselwirkung als Teilchen ohne innere Struktur ansehen können. Bei Elektronen, Myonen und Photonen ist das sicher gerechtfertigt. Wollen wir jedoch die hochenergetische Wechselwirkung von Elektronen mit Protonen berechnen, so müssen wir uns einige zusätzliche Gedanken machen.

Als Beispiel betrachten wir den folgenden Ausgang eines Experiments: Ein Elektron und ein Positron fliegen aufeinander zu und treten in Wechselwirkung miteinander. Sie vernichten sich nicht gegenseitig, sondern sie strahlen Energie in Form von Photonen ab und vereinigen sich zu einem Objekt, das *Positronium* genannt wird (Abb. 5.10). Elektron und Positron gehen dabei einen Atom-ähnlichen Bindungszustand ein, in dem das Positron die Stelle des Atomkerns einnimmt. Die mittlere Lebensdauer des Positronium-Zustands mit der größten Bindungsenergie beträgt etwa $1{,}25 \cdot 10^{-10}$ s, bevor Elektron und Positron sich vernichten und zwei oder drei Photonen entstehen. Dem entspricht ein Lichtweg von etwa 4 cm, sodass wir das Positronium hier recht gut als ein freies, relativ stabiles Objekt ansehen können. Dies bedeutet insbesondere, dass sich seine Masse, sein Spin und sein Impuls messen lassen. So ist seine Masse gleich der Summe von Elektron- und Positronmasse (jeweils etwa 511 keV), abzüglich der frei werdenden Bindungsenergie von knapp 7 eV, und sein Gesamtspin ist gleich null.

Nun ist Positronium kein elementares Teilchen, und wir können seine innere Struktur hier auch nicht vernachlässigen. Für das entstandene Positronium können wir daher keine einfache Linie im Feynman-Diagramm zeichnen. Stattdessen müssen wir zwei eng benachbarte auslaufende Linien zeichnen, zwischen denen durch Austausch von Photonen eine ständige Wechselwirkung existiert. Diese Wechselwirkung lässt sich berechnen. Einfache Feynman-Graphen mit endlich vielen inneren Linien genügen dazu allerdings nicht. Vielmehr muss man unendlich viele Graphen unendlich oft hintereinanderschalten. Das ist rechnerisch möglich und wird durch die sogenannte Bethe-Salpeter-Gleichung geleistet; eine Analogie dazu bildet die geometrische Reihe, die uns im Abschnitt über Renormierung (Abschn. 6.3) noch einmal begegnen wird. Auf diese Weise können die Eigenschaften von Positronium im Rahmen der QED mit hoher Genauigkeit berechnet werden.

Wir haben nun bereits viel über die Fragen gelernt, die sich im Rahmen der Quantenfeldtheorie sinnvoll stellen lassen. Die Art dieser Fragestellungen hat direkte Auswirkungen auf die Art und Weise, wie sich im Experiment typischerweise Daten gewinnen lassen, die mit den Berechnungen der Quantenfeldtheorie verglichen werden können.

Stellen wir uns ein typisches Experiment in der Teilchenphysik vor, wie es beispielsweise am aktuell größten Beschleuniger, dem Large Hadron Collider (LHC) am europäischen Forschungszentrum CERN bei Genf, abläuft. Dort werden zwei Protonenstrahlen in einer kreisförmigen unterirdischen Röhre von 27 km Umfang gegenläufig beschleunigt, sodass bei der Kollision zweier Protonen eine relativistische Gesamtenergie von insgesamt bis zu 14 000 GeV (14 TeV) zur Bildung neuer Teilchen zur Verfügung steht. Die neu entstandenen Teilchen werden dann in großen Detektoren nachgewiesen, identifiziert und ihre Energien und Impulse gemessen. Dies deckt sich mit unserer Feststellung, dass die einzigen unmittelbar messbaren physikalischen Größen in der Quantenfeldtheorie die Eigenschaften freier Teilchen sind, wobei wir Teilchen, deren Dynamik hinreichend genau durch eine klassische Bahnkurve beschrieben werden kann, als freie Teilchen im Sinne der Quantenfeldtheorie bezeichnet haben.

Welche Aussagen über die Dynamik der Wechselwirkung zwischen den Teilchen lassen sich nun durch ein solches Experiment gewinnen? Erinnern wir uns daran, dass in der Quantenfeldtheorie der Ausgang eines einzelnen Experiments im Allgemeinen nicht vorausberechnet werden kann. Man kann durch das Experiment nur Wahrscheinlichkeitsaussagen gewinnen. Daher müssen immer sehr viele Kollisionen im Detektor beobachtet und vermessen werden. Mithilfe von Feynman-Graphen lassen sich die entsprechenden Wahrscheinlichkeiten dann im Rahmen der Quantenfeldtheorie berechnen und mit den im Experiment bestimmten vergleichen.

Wir sind nun im Besitz eines Bausteinkastens zur Erzeugung von Feynman-Graphen, der Linien für die drei geladenen Leptonen und die sechs Quarks sowie für das Photon enthält. Zusätzlich haben wir einen Vertex-Baustein für jedes Quark und jedes geladene Lepton, mit dem wir die Ankoppelung eines Photons beschreiben können. Damit können wir die elektromagnetische Wechselwirkung zwischen allen Fermionen sowie die Wechselwirkung zwischen Photonen und Fermionen im Rahmen der Quantenfeldtheorie berechnen. Diese Feldtheorie hatten wir als Quantenelektrodynamik (QED) bezeichnet.

Das Ziel wird nun sein, diesen Bausteinkasten zu vervollständigen und die starke und schwache Wechselwirkung sowie die Neutrinos mit einzubeziehen.

Dabei werden wir uns in Abschn. 5.3 zuerst der starken Wechselwirkung zuwenden. Wie immer klammern wir die Gravitation zunächst weiter aus, da sie im Vergleich zu den anderen Wechselwirkungen bei den heute erreichbaren Teilchenenergien keine Rolle spielt und da bei ihr weitere Komplikationen auftreten.

5.3 Wechselwirkungen und das Eichprinzip

Wiederholen wir zunächst kurz das wesentliche Ergebnis des letzten Abschnitts:

Die Wechselwirkung zwischen Teilchen sowie die Erzeugung und der Zerfall von Teilchen wird im Rahmen der Quantenfeldtheorie durch Feynman-Graphen beschrieben. Auf diese Weise lässt sich die Wechselwirkung schrittweise durch immer komplexere Feynman-Graphen zunehmend genauer berücksichtigen. Man spricht daher auch von einer Störungsrechnung. Mithilfe der Feynman-Graphen ist es möglich zu bestimmen, welche Messergebnisse bei einem betrachteten Prozess möglich sind und mit welchen Wahrscheinlichkeiten sie unter den gegebenen Voraussetzungen eintreten werden. Wir wissen bereits, dass über diese beiden Aussagen hinaus keine weiteren Aussagen im Rahmen der Quantentheorie möglich sind, d. h. die Angabe von möglichen Messergebnissen und deren jeweiliger Eintrittswahrscheinlichkeit ist nach heutigem Wissen der einzige mögliche Weg, die Physik unserer Welt zu beschreiben.

Ein Feynman-Graph beschreibt jeweils eine Möglichkeit, wie das betrachtete Messergebnis eintreten kann. Jedem Feynman-Graphen ist nun ein Wahrscheinlichkeitspfeil zugeordnet. Die Summe der Pfeile aller Feynman-Graphen, die zu dem betrachteten Messergebnis beitragen, ergibt schließlich einen Gesamtpfeil, dessen quadrierte Länge die Wahrscheinlichkeit angibt, mit der das Messergebnis eintritt.

Ein Feynman-Graph kann aus einer Reihe von Bausteinen zusammengesetzt werden, die wir Linien und Vertices genannt haben. Linien und Vertices entsprechen Teilschritten, in die die durch den Feynman-Graph dargestellte Möglichkeit unterteilt werden kann. Den Linien und Vertices sind entsprechende Wahrscheinlichkeitspfeile zugeordnet, die zu dem zum Feynman-Graphen gehörenden Gesamtpfeil aufmultipliziert werden. Dabei spiegeln die Linien und Vertices die Eigenschaften der durch sie beschriebenen Wechselwirkung wider.

Betrachten wir als Beispiel die elektromagnetische Wechselwirkung. Die zugehörigen Bausteine der Feynman-Graphen haben wir bereits kennengelernt. So gibt es zu jedem elektrisch geladenen Teilchen einen Vertex, bei dem eine Photonlinie von diesem Teilchen ausgeht. Es gibt jedoch keinen Vertex, bei dem drei oder mehr Photonlinien direkt aufeinanderstoßen. Photonen können also nicht direkt miteinander wechselwirken, d. h. sie selbst tragen keine elektrische Ladung.

Die Tatsache, dass Photonen nicht direkt miteinander wechselwirken, findet ihre Entsprechung im Superpositionsprinzip der klassischen Feldtheorie der elektromagnetischen Wechselwirkung, wie sie durch die Maxwell-Gleichungen gegeben ist: Elektromagnetische Felder wechselwirken nicht miteinander, sondern sie durchdringen einander störungsfrei.

Wir sehen hier, wie sich eine Eigenschaft der klassischen Feldtheorie in der entsprechenden Quantenfeldtheorie widerspiegelt. Das Superpositionsprinzip findet seine Entsprechung im Fehlen eines Vertices zwischen Photonen.

Ein weiteres Beispiel ist die Erhaltung der elektrischen Ladung. Die Maxwell-Gleichungen besagen, dass bei einer elektromagnetischen Wechselwirkung die Summe aus positiven und negativen Ladungen stets unverändert bleibt. In der Quantenfeldtheorie der elektromagnetischen Wechselwirkung (der Quantenelektrodynamik, QED) hat dies zur Folge, dass es keinen Vertex gibt, bei dem zwar eine Elektron- bzw. Positronlinie hineinläuft, aber keine mehr herausgeht. Die Linien geladener Teilchen laufen immer durch die Feynman-Graphen hindurch, ohne an einem Vertex zu beginnen oder zu enden.

Die fundamentalen Eigenschaften einer Wechselwirkung übertragen sich im Allgemeinen weitgehend von der klassischen Formulierung durch Feldgleichungen in die zugehörige Quantenfeldtheorie und haben dort ihre Entsprechung im Auftreten und Fehlen verschiedener Linien und Vertices.

Hat man die klassischen Feldgleichungen für eine Wechselwirkung vorliegen, so gibt es einen mehr oder weniger vorgezeichneten Weg, daraus die zugehörige Quantenfeldtheorie zu konstruieren. Man sagt, dass man die Feldtheorie quantisiert. Dieser Weg zur Quantisierung einer Feldtheorie hat durchaus seine Schwierigkeiten und bietet einige Überraschungen. Es gibt darüber hinaus nicht nur einen, sondern mehrere alternative Wege zur Quantisierung einer Theorie, die letztlich aber zu äquivalenten Resultaten führen sollten. Eine Theorie hat sich allerdings bisher allen Versuchen, sie zu quantisieren, erfolgreich widersetzt: Einsteins allgemeine Relativitätstheorie der Gravitation.

Unser Ziel ist es im Folgenden, eine Quantenfeldtheorie der starken Wechselwirkung zu finden. Wir wollen sie *Quantenchromodynamik* (oder kurz *QCD*) nennen, in Analogie zur *Quantenelektrodynamik* (*QED*) bei der elektromagnetischen Wechselwirkung. Nun gibt es aber im Gegensatz zur elektromagnetischen Wechselwirkung keine makroskopischen Kraftfelder der starken Wechselwirkung in der Natur. Die starken Kräfte sind im Inneren der Hadronen gleichsam eingeschlossen und wirken nur über Abstände im

Bereich weniger Fermi. Andererseits wissen wir auch, dass die starke Wechselwirkung zwischen den Quarks im Inneren der Hadronen nicht sinnvoll mithilfe klassischer Felder beschrieben werden kann, da Quanteneffekte wegen der schnellen Dynamik der Quarks aufgrund der enormen Stärke der Wechselwirkung sehr wichtig sind. Es gibt also in der Natur keine klassischen Kraftfelder der starken Wechselwirkung.

Bei der elektromagnetischen Wechselwirkung war es im 19. Jahrhundert noch möglich gewesen, durch Beobachtung der elektromagnetischen Feldphänomene die klassischen Feldgleichungen direkt zu ermitteln. Das Ergebnis waren die Maxwell-Gleichungen. Dies geht bei der starken Wechselwirkung nun nicht mehr.

Dennoch brauchen wir die klassischen Feldgleichungen der starken Wechselwirkung, da sie den Ausgangspunkt für die Konstruktion der Quantenchromodynamik bilden. Wir brauchen gewissermaßen die Maxwell-Gleichungen der starken Wechselwirkung, auch wenn sie nicht direkt zur Beschreibung physikalischer Phänomene verwendet werden können.

Unsere Aufgabe besteht also darin, diese Gleichungen irgendwie zu konstruieren, anschließend die entsprechende Quantenfeldtheorie aufzustellen und mit ihr Vorhersagen zu machen, die sich im Experiment überprüfen lassen.

Zum Glück müssen wir bei der Konstruktion der Feldgleichungen nicht völlig im Dunkeln tappen, denn diese Gleichungen müssen mit übergeordneten physikalischen Prinzipien verträglich sein.

Zunächst einmal müssen die Gleichungen die Prinzipien der speziellen Relativitätstheorie berücksichtigen. Die durch die Gleichungen beschriebenen physikalischen Effekte müssen also in jedem gleichförmig bewegten Bezugssystem in gleicher Weise auftreten, und physikalische Wirkungen dürfen sich maximal mit Lichtgeschwindigkeit fortpflanzen. Dazu gehört auch, dass die Feldgleichungen das Prinzip der Kausalität erfüllen müssen, d. h. eine Ursache muss einer zugehörigen Wirkung zeitlich immer vorangehen. Weiterhin soll sich aus den Gleichungen eine konsistente Quantenfeldtheorie konstruieren lassen. Mit anderen Worten: Die zugehörige Quantenfeldtheorie muss renormierbar sein.

Alle diese Forderungen werden nun durch die Klasse der sogenannten *Eichtheorien* erfüllt. Wir wollen uns daher diese Theorien etwas genauer anschauen und versuchen, einen geeigneten Kandidaten unter den Eichtheorien zu ermitteln. Falls uns dies gelingt, so hätten wir damit auf einen Schlag eine Menge Probleme gelöst: Wir würden die zugehörigen klassischen Feldgleichungen genau kennen, und wir hätten einen funktionierenden Weg zur Quantisierung dieser Gleichungen und damit zur Ermittlung der Linien und Vertices für die Feynman-Graphen in der Hand.

Eine wichtige Eichtheorie kennen wir bereits: die elektromagnetische Wechselwirkung, so wie sie durch die Maxwell-Gleichungen beschrieben wird. Die elektromagnetische Wechselwirkung ist dabei eine sehr einfache Eichtheorie. Es gibt aber noch viele (sogar unendlich viele) andere Eichtheorien, die im Allgemeinen weitaus komplexere Feldgleichungen beinhalten.

Die fundamentale Idee von Eichtheorien liegt in einem verallgemeinerten geometrischen Prinzip begründet, das wir uns an einem stark vereinfachten Beispiel genauer ansehen wollen.

Stellen wir uns vor, die Welt bestünde nur aus leerem Raum, in dem sich ein gewisses komplexwertiges Feld befindet. Dieses Feld hat Ähnlichkeit mit einer Wellenfunktion und führt später nach der Quantisierung zu den Quark- und Leptonlinien für die Feynman-Graphen. Den Wert des Feldes an einem Raumpunkt zu einer Zeit können wir uns durch einen dort angehefteten Zeiger oder Pfeil dargestellt vorstellen. Liegen zwei Raumpunkte sehr nahe beieinander, so unterscheiden sich auch die an ihnen angebrachten Pfeile nur wenig.

Wenn wir nun die Zeiger an jedem Raumpunkt um den gleichen Winkel verdrehen, so sollte dies keinen Einfluss auf physikalische Aussagen haben, da nur relative Verdrehungen von Zeigern zueinander physikalisch relevant sind, so wie dies bei Interferenzphänomenen von Wellenfunktionen der Fall ist. Man nennt dies auch eine *globale Eichtransformation*, da sie an allen Raumpunkten in gleicher Weise durchgeführt wird.

Die Idee der Eichtheorien besteht nun darin, diese globale Eichtransformation durch eine *lokale Eichtransformation* zu ersetzen, d. h. die Zeiger an verschiedenen Raumpunkten werden nun in unterschiedlicher Weise verdreht, wobei dieser Unterschied aber nur gering ausfallen soll, wenn die Raumpunkte einander unmittelbar benachbart sind (man sagt, die Transformation hängt stetig vom Ort ab). Gesucht werden nun Theorien, die *lokal eichinvariant* sind, d. h. deren Feldgleichungen für das Zeigerfeld vor und nach dieser räumlich unterschiedlichen Verdrehung der Zeiger identisch sind. Es stellt sich dabei heraus, dass dies nur möglich ist, wenn neben dem Zeigerfeld weitere Felder in den Feldgleichungen vorkommen, die sich beim Verdrehen der Zeiger ebenfalls gerade so verändern, dass sie die Auswirkungen der Zeigerverdrehung auffangen und verschwinden lassen. Diese zusätzlichen Felder nennt man auch *Eichfelder*. Sie führen zu einer Wechselwirkung für das ursprüngliche Zeigerfeld. In der Elektrodynamik entspricht das Zeigerfeld beispielsweise elektrisch geladenen Teilchen, und die zusätzlichen Eichfelder sind die sogenannten elektromagnetischen Potenziale, aus denen sich das elektrische und magnetische Feld direkt berechnen lassen.

Die zusätzlich notwendigen Eichfelder bewirken also, dass eine klassische Feldtheorie miteinander wechselwirkender Felder entsteht. Nach dem

Übergang zur Quantenfeldtheorie entsteht dadurch eine Theorie miteinander wechselwirkender Teilchen bzw. Feldquanten. Die Feldgleichungen der klassischen Feldtheorie sind dabei weitgehend festgelegt. Das liegt daran, dass die gerade beschriebene Idee der Eichtheorien zusammen mit den anderen Prinzipien (spezielle Relativitätstheorie, Kausalität und Renormierbarkeit) kaum noch Spielraum offen lässt.

Das oben beschriebene Beispiel ist der einfachste Fall für eine Eichtheorie, denn wir sind mit einem Zeigerfeld gestartet, das nur einen einzigen Zeiger pro Raumpunkt besitzt. Die entsprechende lokale Eichtransformation, die das Verdrehen der Zeiger bewirkt, wird auch *Eichgruppe* genannt und in der Mathematik als unitäre Gruppe *U(1)* bezeichnet. Die dadurch generierte Feldtheorie ist gerade die Theorie der elektromagnetischen Wechselwirkung.

Man kann diese Idee auf Felder verallgemeinern, bei denen sich mehrere Zeiger an jedem Raumpunkt befinden. Eine lokale Eichtransformation kann nun diese Uhrzeiger an jedem Raumpunkt auf unterschiedliche Weise verdrehen, stauchen oder strecken und insbesondere auch miteinander mischen, wobei gewisse Einschränkungen zu beachten sind, auf die wir hier aber nicht genauer eingehen wollen. So etwas nennt man in der Mathematik eine *(spezielle) unitäre Transformation*, und man bezeichnet die Menge dieser Transformationen als spezielle unitäre Gruppe *SU(n)*, wobei *n* gleich der Zahl der Zeiger ist.

Die Situation bei einem Zeiger (also $n = 1$) kennen wir bereits aus unserem ersten Beispiel. In diesem Fall muss man aus mathematischen Gründen das *S* weglassen und *U(1)* schreiben. Die Gruppe *U(1)* ist also die Eichgruppe der elektromagnetischen Wechselwirkung. Bei zwei Zeigern hätte man dann die Eichgruppe *SU(2)* und so fort. Die Zahl der Zeiger bestimmt also die Gestalt der Eichgruppe und damit der Feldtheorie.

Wie viele Zeiger müssen wir nun verwenden, um zu einer Theorie für die starke Wechselwirkung zu gelangen?

Es gibt einen Hinweis, der uns hier weiterhelfen kann: die Zahl der Ladungstypen. Man braucht für jeden Ladungstyp einen Zeiger. Zu den drei Ladungstypen der starken Wechselwirkung (die wir als *rot*, *gelb* und *blau* bezeichnet hatten) gehört demnach die Eichgruppe *SU(3)*. Die klassische Feldtheorie der starken Wechselwirkung benötigt also drei Zeiger pro Raumpunkt, einen für jeden Farbladungstyp. Eine lokale *SU(3)*-Eichtransformation mischt dann die verschiedenen Farbzeiger miteinander, und sie kann das an verschiedenen Orten unterschiedlich tun. Man kann das auch so interpretieren, dass die Farbladungen an jedem Ort unterschiedlich definiert werden können, denn es ist egal, welche der drei Farbladungen man *rot*, *gelb* oder *blau* nennt. Die Forderung ist nun, dass dies auf die Physik keinen Einfluss haben soll. Auf diese Weise liefert uns die Eichtheorie, ausgehend von der Eichgruppe *SU(3)*,

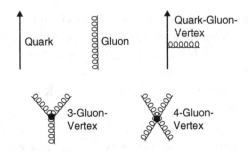

Abb. 5.11 Die grundlegenden Bausteine für Feynman-Graphen in der QCD

die klassischen Feldgleichungen der starken Wechselwirkung, die wir uns als Analogon zu den Maxwell-Gleichungen vorstellen können, zu denen man mithilfe der Eichgruppe *U(1)* gelangt.

Wir wollen hier nicht näher auf diese klassischen Feldgleichungen eingehen, da wir zu einer Beschreibung der starken Wechselwirkung sowieso Quanteneffekte mit berücksichtigen müssen. Es sei hier jedoch auf einen wichtigen Unterschied zwischen den klassischen Feldgleichungen der starken und der elektromagnetischen Wechselwirkung hingewiesen: Für Felder der starken Wechselwirkung gilt das Superpositionsprinzip nicht, d. h. starke Felder beeinflussen sich gegenseitig. Dies hatten wir aufgrund früherer Überlegungen bereits erwartet. Die *SU(3)*-Eichtheorie liefert uns nun automatisch diese Eigenschaft für starke Kraftfelder und hat damit ihren ersten Test bereits bestanden.

Ausgehend von den klassischen Feldgleichungen können wir nun mithilfe der bekannten Quantisierungsverfahren zu einer Quantentheorie der starken Wechselwirkung gelangen: der *Quantenchromodynamik (QCD)*. Die QCD stellt uns dabei analog zur Quantenelektrodynamik (QED) einen Satz von Bausteinen für Feynman-Graphen zur Verfügung (Abb. 5.11).

Zunächst einmal erhalten wir zu jedem Quark wieder eine durchgezogene Linie, analog zur QED. Antiquarks werden dabei durch einen entgegengesetzt ausgerichteten Pfeil gekennzeichnet.

Weiterhin erhalten wir analog zum Photon ein Teilchen, das wir als Feldquant der starken Kraftfelder interpretieren können und das für die Ausbreitung der Wechselwirkung verantwortlich ist. Dieses Teilchen hatten wir früher bereits als *Gluon* bezeichnet. Es wird durch eine Linie in Form einer Feder dargestellt. Analog zum Elektron-Photon-Vertex gibt es einen Quark-Gluon-Vertex für jedes Quark.

Soweit bietet die QCD im Vergleich zur QED wenig Neues. Es gibt jedoch zwei weitere Vertices, die bei Photonen nicht vorkommen: einen *Drei-Gluon-Vertex* und sogar einen *Vier-Gluon-Vertex*. Diese neuen Vertices bewirken, dass Gluonen direkt miteinander wechselwirken können, und sind damit in

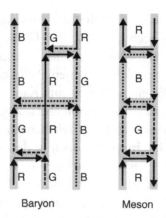

Baryon   Meson

Abb. 5.12 Transport der starken Farbladungen innerhalb eines Baryons bzw. Mesons durch die Gluonen, wobei *R*, *G* und *B* für die Farbladungen *rot*, *gelb* und *blau* stehen. Der Fluss der Farbladungen ist dabei durch entsprechende Linien (durchgezogen, gestrichelt und gepunktet) dargestellt. Die Quarklinien verlaufen senkrecht, die Gluonlinien waagerecht, wobei ein Quark nur eine Farbladung befördert, ein Gluon dagegen zwei Farbladungen in entgegengesetzte Richtungen transportiert

der Sprache der Quantenfeldtheorie der Ausdruck dafür, dass das Superpositionsprinzip auf der Ebene der klassischen Feldgleichungen nicht gilt. Durch diese direkte Wechselwirkung der Gluonen miteinander erhält die QCD eine Struktur, die sie stark von der Struktur der QED unterscheidet.

Da Gluonen direkt miteinander wechselwirken können, kann man ihnen ähnlich wie den Quarks eine starke Farbladung zuordnen. Diese Farbladung hat allerdings einen etwas anderen Charakter als die Farbladung der Quarks. Gluonen transportieren gewissermaßen Farbladungen zwischen den Quarks hin und her, so wie wir uns dies früher bereits für die starken Kraftfelder vorgestellt haben.

Man kann sich die Wirkung von Gluonen dabei so vorstellen, dass sie eine Farbladung in die eine Richtung transportieren und eine zweite Farbladung in die Gegenrichtung (Abb. 5.12). Auf diese Weise werden die starken Ladungen zwischen zwei Quarks durch den Austausch eines Gluons vertauscht. Dies funktioniert auch bei Antiquarks, bei denen eine Anti-Farbladung dadurch gekennzeichnet wird, dass sie in umgekehrter Richtung wie eine Farbladung transportiert wird, also in die durch den Pfeil der Antiquarklinie vorgegebene Richtung.

Legt man sich bei einer Gluonlinie auf eine Richtung fest, so kann man die Gluon-Farbladung durch die Kombinationen $r\bar{g}$, $g\bar{r}$, $r\bar{b}$, $b\bar{r}$, $g\bar{b}$, $b\bar{g}$, $r\bar{r}$, $b\bar{b}$, $g\bar{g}$ kennzeichnen, wobei beispielsweise $r\bar{g}$ für *hin-rot-zurück-gelb* oder kürzer *rot-antigelb* steht. Das wären neun mögliche Kombinationen. Jeder dieser Kombinationen kann man in einer Tabelle einen Wahrscheinlichkeitspfeil zuordnen und so die Wirkung des Gluons quantenmechanisch beschreiben. Dabei wäre es dann aber auch möglich, eine Gluon-Quantentabelle aufzustellen, in der nur die Kombinationen $r\bar{r}$, $b\bar{b}$, $g\bar{g}$ einen Pfeil enthalten, und zwar jeweils denselben. Eine solche Quantentabelle sieht genauso aus wie die Farbwellenfunktionstabelle eines Mesons aus Kap. 4.3. Man könnte daher ein solches Gluon analog zu einem Meson als farbneutral oder *weiß* bezeichnen. Es könnte wie ein Meson als freies Teilchen existieren, analog zu einem Photon. Da man aber keine freien Gluonen in der Natur findet, muss man eine solche Gluon-Quantentabelle ausschließen, d. h. nur geeignete Pfeilkombinationen von $r\bar{r}$, $b\bar{b}$, $g\bar{g}$ sind erlaubt. Das führt letztlich dazu, dass man statt neun nur *acht* Zeilen für eine Gluon-Quantentabelle braucht. Mathematisch äußert sich dies auch darin, dass man *SU(3)* statt *U(3)* für die Eichgruppe der starken Wechselwirkung nehmen muss, wobei das *S* für eine entsprechende Zusatzbedingung steht.

Die Idee der lokalen Eichtransformation hat uns nun eine komplette Sammlung von Bausteinen für Feynman-Graphen sowohl für die elektromagnetische als auch für die starke Wechselwirkung beschert. Wir sollten nun eigentlich in der Lage sein, mögliche Messergebnisse und zugehörige Eintrittswahrscheinlichkeiten für alle physikalischen Prozesse berechnen zu können, bei denen diese beiden Wechselwirkungen die dominante Rolle spielen.

Für die elektromagnetische Wechselwirkung ist dies tatsächlich so: Die QED gehört zum Allerbesten, was die theoretische Physik bis heute zu bieten hat. Mit ihr lassen sich elektromagnetische Prozesse mit sehr hoher Präzision berechnen.

Bei der starken Wechselwirkung ist dies leider bis heute nicht im gleichen Ausmaß der Fall, auch wenn bereits deutliche Fortschritte erzielt wurden. Die bis heute möglichen Berechnungen und ihr Vergleich mit den Experimenten bestätigen jedoch alle die Richtigkeit der QCD, sodass es mittlerweile keine Zweifel mehr gibt, mit ihr die grundlegende Quantenfeldtheorie der starken Wechselwirkung gefunden zu haben.

Den Grund für die Probleme beim Umgang mit den Feynman-Graphen der QCD wollen wir uns im nächsten Abschnitt genauer ansehen.

5.4 Die gleitende Ladung

Um in der Quantenfeldtheorie die Wahrscheinlichkeit für das Eintreten eines bestimmten Messergebnisses zu berechnen, müssen im Prinzip alle Feynman-Graphen konstruiert und aufsummiert werden, die zu dem betrachteten Messergebnis beitragen können. Dies sind im Allgemeinen unendlich viele Graphen, deren Struktur und damit deren mathematische Formel zur

Berechnung des zugeordneten Pfeils zunehmend komplizierter werden. Nur mit großem Aufwand und unter Einsatz von schnellen Computern lassen sich einige Hundert der einfacheren Feynman-Graphen auswerten, so wie dies beispielsweise bei der Berechnung des magnetischen Momentes des Elektrons (Stichwort g-Faktor) im Rahmen der QED notwendig ist, um die gewünschte Genauigkeit zu erreichen.

In der QED konnten wir das Problem mit der großen Anzahl komplizierter Feynman-Graphen relativ leicht entschärfen – vom Problem der Renormierung einmal abgesehen, auf das wir später noch näher eingehen werden. Die elektromagnetische Wechselwirkung ist eine relativ schwache Wechselwirkung, verglichen mit der starken Wechselwirkung. Genauer meinen wir damit, dass wir für die elektrische Elementarladung eine recht kleine Zahl erhalten, wenn wir diese Ladung in sogenannten natürlichen Einheiten angeben. Der Wert dieser Zahl beträgt etwa $\sqrt{1/137} = 0,085$, wie wir bereits wissen. Bei der Berechnung des Pfeils zu einem Feynman-Graphen führt jeder darin auftretende Vertex zu einem Faktor $\sqrt{1/137}$, sodass komplizierte Graphen mit vielen Vertices nur einen sehr kleinen Beitrag zur Gesamtwahrscheinlichkeit eines Prozesses liefern. Solange man also nicht sehr hohe Anforderungen an die Genauigkeit der Rechnung stellt, kann man sich auf die einfachsten Graphen beschränken.

In der starken Wechselwirkung, also in der QCD, sind die Verhältnisse leider nicht so günstig. Es stellt sich nämlich heraus, dass die Farbladung der starken Wechselwirkung, angegeben in natürlichen Einheiten, auf eine Zahl führt, die nicht unbedingt deutlich kleiner als 1 ist. Diese Aussage werden wir gleich noch präzisieren, aber sie legt bereits in dieser ungenauen Form nahe, dass wir bei der starken Wechselwirkung kompliziertere Graphen nicht einfach weglassen können. Alle Graphen können vergleichbare Beiträge zum Gesamtergebnis liefern, und wir müssten dann unendlich viele Graphen aufsummieren. Selbst wenn uns dies gelänge, so ist zu vermuten, dass wir lediglich ein sinnloses Ergebnis erhielten, nämlich *unendlich*.

Der Grund dafür liegt darin, dass das Verfahren der Feynman-Graphen (die sogenannte Störungstheorie) auf der Annahme basiert, dass die Ladung der Wechselwirkung deutlich kleiner als 1 ist. Ist diese Grundannahme nicht erfüllt, so macht die Gesamtsumme der Graphen keinen Sinn mehr. Man sagt auch, die Störungsreihe konvergiert nicht. In diesem Fall lässt sich der Gesamtpfeil für ein Messergebnis nicht mehr aus einer Summe von Einzelpfeilen zusammensetzen, bei der jeder Summand durch einen Feynman-Graphen dargestellt werden kann.

Warum aber haben wir uns dann überhaupt die Mühe gemacht, die Linien und Vertices für die Feynman-Graphen der starken Wechselwirkung zu ermitteln?

Ein Grund dafür liegt darin, dass uns die Feynman-Graphen eine gewisse anschauliche Vorstellung von der Wirkungsweise der starken Wechselwirkung vermitteln, auch wenn wir sie nicht mehr direkt zur Berechnung von Wahrscheinlichkeiten verwenden können. Das Vorhandensein eines Drei- bzw. Vier-Gluon-Vertex sagt uns beispielsweise, dass auch auf dem Niveau der Quantenfeldtheorie das Superpositionsprinzip nicht gilt, sodass die Feldquanten der starken Wechselwirkung (die Gluonen) einander direkt beeinflussen können.

Darüber hinaus können wir uns das Innere eines Hadrons mit Feynman-Graphen besser veranschaulichen. So können wir uns vorstellen, wie die Quarks in einem Hadron ständig Gluonen aussenden, wie diese Gluonen sich teilweise in virtuelle Quark-Antiquark-Paare umwandeln, wie sich diese wieder gegenseitig vernichten und so fort. Es wird damit klar, dass unser Bild von einem Hadron, aufgebaut aus drei Quarks oder einem Quark-Antiquark-Paar, zu einfach ist. Diese Quarks schwimmen vielmehr gleichsam in einem fluktuierenden See aus ständig entstehenden und vergehenden virtuellen Quark-Antiquark-Paaren und Gluonen.

Dass die einfache Vorstellung von einem Baryon, bestehend aus drei Quarks, oder einem Meson, bestehend aus einem Quark und einem Antiquark, trotzdem hilfreich war, haben wir früher bereits gesehen. Dort haben wir den Begriff des Konstituentenquarks verwendet und ihn vom Begriff des Stromquarks unterschieden. Stromquarks entsprechen dabei den Quarklinien in unseren Feynman-Graphen. Konstituentenquarks sind dagegen so etwas wie angezogene Stromquarks. Sie besitzen eine Art von Hülle, die sie um etwa 300 MeV schwerer macht als die Stromquarks. Mithilfe der Feynman-Graphen können wir uns nun ein anschauliches Bild von dieser Hülle machen: Sie besteht aus einem Teil des Sees aus virtuellen Quarks und Gluonen.

Kommen wir zu einem weiteren Aspekt der QCD, den wir in Abschn. 4.2 bereits betrachtet hatten und bei dem sich Feynman-Graphen als nützlich erweisen. Wir hatten dort den Beschuss von Hadronen mit sehr hochenergetischen Elektronen untersucht und dabei den Begriff der *asymptotischen Freiheit* in der QCD erwähnt. Ein Quark, das durch ein hochenergetisches Elektron aus einem Hadron herausgeschossen werden soll, kann sich demnach im Inneren des Hadrons zunächst relativ frei bewegen; oder genauer: Seine starke Farbladung ist bei geringen Abständen bzw. großen Impulsüberträgen deutlich kleiner als 1. Erst wenn das Quark dann versucht, endgültig aus dem Hadron zu entkommen, kommt es zwischen dem fliehenden Quark und dem Hadron zur Bildung eines Schlauchs aus virtuellen Quarks und Gluonen, der irgendwann zerreißt und zur Bildung scharf gebündelter Jets aus Hadronen führt, die im Experiment nachgewiesen werden können.

Den Vorgang der Hadronisierung, d. h. das Zerreißen des Schlauchs unter Bildung der Hadronen-Jets, kann man mithilfe von Feynman-Graphen nicht berechnen. Man kann aber Berechnungen zur Anfangsphase, in der sich das Quark noch relativ frei bewegen kann, mithilfe von Feynman-Graphen durchführen und damit Eigenschaften der Hadronen-Jets voraussagen, die im Experiment gut bestätigt werden. Kompliziertere Graphen können dabei weitgehend vernachlässigt werden, denn die Farbladung des herausgeschossenen Quarks ist am Anfang noch klein. Wie aber ist es möglich, dass die Ladung einer Wechselwirkung für ein und dasselbe Teilchen verschieden große Werte annehmen kann, je nach Abstand bzw. Impulsübertrag?

Wir hatten dieses Phänomen bereits bei der elektromagnetischen Wechselwirkung kennengelernt und es als *Polarisation des Vakuums* bezeichnet. Dabei können wir uns vorstellen, dass die untersuchte elektrische Ladung von einer Wolke virtueller Elektron-Positron-Paare umgeben ist, die diese Ladung nach außen hin teilweise abschirmt, sodass sie nach außen hin einem konstanten Wert zustrebt, während sie nahe am geladenen Teilchen immer größer wird. Bei der starken Wechselwirkung ist es genau umgekehrt, wie wir noch sehen werden: Die Farbladung ist nahe am Teilchen kleiner als weiter weg vom Teilchen. Versuchen wir, diesen Zusammenhang genauer zu verstehen und mithilfe von Feynman-Graphen zu präzisieren.

Im Rahmen der klassischen Feldgleichungen ist die elektrische Ladung eines Teilchens zunächst durch eine feste Zahl e gegeben. Das elektrische Feld E, das von einem ruhenden Teilchen mit Ladung e ausgeht, ist proportional zum Betrag dieser Ladung und umgekehrt proportional zum Abstand r zu dieser Ladung, also $E \sim e/r^2$. Die Ladung eines ruhenden Objektes lässt sich daher dadurch ermitteln, dass man die Stärke des von ihm erzeugten elektrischen Feldes misst. Dies kann man z. B. durch Messung der Kraftwirkung F auf eine kleine Probeladung q erreichen, denn das elektrische Feld am Ort der Probeladung ist gerade durch den Quotienten aus Kraft und Probeladung gegeben: $E = F/q$. Analog zum Rutherford'schen Streuversuch kann man die elektrische Kraftwirkung auf Probeladungen bei verschiedenen Abständen auch dadurch ermitteln, dass man die Probeteilchen an der zu vermessenden Ladung vorbeifliegen lässt und ihre Ablenkung von der geraden Flugbahn misst. Unabhängig von der Methode, mit der wir die Ladung des Objektes bestimmen, erwarten wir, dass wir in jedem Fall den gleichen Wert erhalten, so wie es die Maxwell-Gleichungen verlangen.

Dies ist richtig, solange die klassische Feldbeschreibung ausreicht, d. h. solange Quanteneffekte unwichtig sind. Schießen wir aber Probeteilchen mit sehr hoher Energie (also sehr kurzer Wellenlänge) auf das Untersuchungsobjekt, so wird damit die elektromagnetische Wechselwirkung auch für sehr kleine Abstände wichtig. Bei kürzeren Abständen treten zunehmend

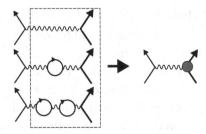

Abb. 5.13 Virtuelle Elektron-Positron-Loops bewirken, dass die elektrische Ladung eines Teilchens davon abhängt, mit welcher Energie und mit welchem Impuls das Photon an dieses Teilchen ankoppelt

Quanteneffekte auf, und wir müssen zu einer Beschreibung im Rahmen der QED übergehen. Anschaulich taucht die Probeladung dabei in die Polarisationswolke der zu vermessenden Ladung ein.

Betrachten wir also die Feynman-Graphen für die elektromagnetische Wechselwirkung zwischen einer Probeladung und der zu untersuchenden Ladung. Im einfachsten Fall wird das Probeteilchen ein virtuelles Photon aussenden, das direkt an die andere Ladung ankoppelt. Es gibt aber auch die Möglichkeit, dass sich das Photon vorher ein oder mehrmals kurzzeitig in ein virtuelles Elektron-Positron-Paar umwandelt (Abb. 5.13). Diese virtuellen Elektron-Positron-Paare entsprechen genau der Polarisationswolke der zu vermessenden Ladung, übersetzt in die Sprache der Feynman-Graphen. Auch andere Teilchen-Antiteilchen-Paare können sich bilden. Diese sind jedoch umso unwahrscheinlicher, je weiter ihre Massen von der Energie des Photons abweichen. Schwere Teilchen-Antiteilchen-Paare werden daher erst bei sehr hohen Photonenergien wichtig.

Die mathematische Rechnung zeigt, dass gerade die Graphen, bei denen sich das Photon vor der Ankoppelung an das geladene Teilchen ein- oder mehrfach in ein virtuelles Elektron-Positron-Paar verwandelt, für die Streuung einer Probeladung an einer zweiten Ladung wichtig werden. Andere Graphen spielen erst bei extrem hohen Energien eine Rolle, oder sie beeinflussen das magnetische Moment des untersuchten Objektes (seinen *g*-Faktor), nicht aber seine Ladung.

Die Tatsache, dass das ausgetauschte Photon sich auf seinem Weg zwischenzeitlich in virtuelle Teilchen-Antiteilchen-Paare verwandeln kann, beeinflusst die Stärke der Wechselwirkung zwischen dem Probeteilchen und der untersuchten Ladung. Die Stärke der Wechselwirkung weicht von dem Wert ab, den wir aufgrund der klassischen Feldtheorie erwarten würden. Die Größe der Abweichungen hängt dabei von der durch das Photon übertragenen Energie und von dem übertragenen Impuls ab (die Form dieser Abhängigkeit werden wir weiter unten noch genauer betrachten).

Wir können diese Abweichung so interpretieren, dass wir sagen, die Ladung des untersuchten Objektes weiche von seinem klassischen Wert ab. Auf diese Weise parametrisieren wir die Abweichung vom klassischen Verhalten durch eine veränderliche elektrische Ladung. Für relativ kleine durch das Photon übertragene Energien und Impulse nimmt diese Ladung einen konstanten Wert an, nämlich $\sqrt{1/137}$ in natürlichen Einheiten. Dies ist der Wert, wie wir ihn auch ohne Berücksichtigung der virtuellen Teilchen-Antiteilchen-Paare erhalten. Für große übertragene Energien und Impulse werden dagegen die virtuellen Teilchen-Antiteilchen-Paare immer wichtiger, und die Ladung des untersuchten Objektes weicht zunehmend vom klassischen Wert ab. Bei der elektromagnetischen Wechselwirkung wächst die Ladung dabei langsam an.

Wir können den Einfluss der virtuellen Teilchen auf die elektrische Ladung in einem Feynman-Graphen dadurch verdeutlichen, dass wir alle zwischen dem ankommenden Photon und dem elektrisch geladenen Teilchen liegenden Linien und Vertices mit dem Vertex des geladenen Teilchens zusammenfassen und durch einen dicken Punkt ersetzen, der die Ladung des Teilchens einschließlich der Polarisationswolke aus virtuellen Teilchen darstellt (Abb. 5.13). Wir wollen diese Ladung als die *physikalisch messbare elektrische Ladung* bezeichnen. Diese Ladung hängt von Energie und Impuls des ankoppelnden Photons ab und strebt für kleine Werte dieser Größen dem konstanten Wert $\sqrt{1/137}$ zu.

Das Elektron ist grundsätzlich immer von einer Wolke aus virtuellen Teilchen umgeben. Diese Wolke lässt sich nicht abschütteln, sondern sie bildet zusammen mit dem zentralen gleichsam nackten Elektron das Objekt, das wir als *physikalisches Elektron* bezeichnen und dessen Eigenschaften wir im Experiment messen können. Die *nackten Elektronen*, die wir in Feynman-Graphen als Linien darstellen, sind dagegen streng genommen ein künstliches Konstrukt, das wir für die Formulierung von Feynman-Graphen benötigen. Dieser begriffliche Unterschied zwischen nackten und physikalischen Teilchen führt in Quantenfeldtheorien auf das Renormierungsproblem, auf das wir später noch näher eingehen werden. Im Moment wollen wir diese Schwierigkeiten erst einmal ignorieren. Es sei noch erwähnt, dass sich der Wert $\sqrt{1/137}$ für die elektrische Elementarladung bei kleinen Photonenergien und -impulsen keineswegs mithilfe der Feynman-Graphen berechnen lässt. Er muss experimentell bestimmt werden. Lediglich Abweichungen von diesem Wert aufgrund der Polarisationswolke lassen sich berechnen.

Es ist hier eine interessante Parallele zwischen Elektronen und Quarks entstanden. Physikalische Elektronen entsprechen dabei in gewissem Sinne den Konstituentenquarks, wobei allerdings Konstituentenquarks nicht wie das Elektron als freie Teilchen auftreten können. Nackte Elektronen entsprechen hingegen eher den Stromquarks. Je größer Energie und Impuls eines virtuellen Photons sind, umso mehr kann es die Wolke aus virtuellen Teilchen durchdringen und zum nackten Elektron bzw. zum Stromquark vorstoßen.

Wir wollen uns nun genauer anschauen, wie die Ladung des Elektrons durch die Anwesenheit der umgebenden Polarisationswolke aus virtuellen Teilchen verändert wird.

Die der Berechnung zugrunde liegende Quantenfeldtheorie berücksichtigt die Postulate der speziellen Relativitätstheorie. Daher kann die Ladung, die ein virtuelles Photon gewissermaßen sieht, nicht beliebig von der durch das Photon übertragenen Energie oder dessen Impuls abhängen. Die Ladung soll schließlich eine Größe sein, die unabhängig vom jeweiligen Bezugssystem ist, aus dem das Experiment gerade betrachtet wird. Energie und Impuls des virtuellen Photons ändern sich aber bei einem Wechsel des Bezugssystems, genauso wie die Geschwindigkeit eines Raumschiffs davon abhängt, in welchem Bezugssystem sie angegeben wird (wir erinnern uns: Es gibt keine absoluten Geschwindigkeiten).

Bei jedem Teilchen kann man nun aus seiner Energie E und seinem Impuls p eine Größe bilden, die in jedem gleichförmig bewegten Bezugssystem den gleichen Wert hat. Dazu rechnet man den Impuls mithilfe der Lichtgeschwindigkeit c in Energieeinheiten um, quadriert die Werte von Energie und Impuls und bildet die Differenz dieser Quadrate, also $E^2 - (pc)^2$.

Diese so gebildete Größe wird auch *Viererimpulsquadrat* genannt, wobei ich auf eine Begründung dieser Namensgebung hier verzichten möchte. Das Viererimpulsquadrat ist unabhängig vom Bezugssystem, d. h. obwohl sich Energie E und Impuls p je nach Bezugssystem ändern, ist die Differenz $E^2 - (pc)^2$ immer gleich groß. Bei freien Teilchen ist sie gerade gleich dem Quadrat der Masse m des Teilchens, ausgedrückt in MeV, d. h. es ist bei freien Teilchen $E^2 - (pc)^2 = (mc^2)^2$. Stellt man diese Beziehung nach der Energie E frei, so erhält man die bekannte Beziehung $E^2 = (mc^2)^2 + (pc)^2$. Energie und Impuls eines freien Teilchens sind demnach keine voneinander unabhängigen Größen, wie wir wissen. Beispielsweise ist für freie Photonen die Masse gleich null und damit $E = pc$.

Bei virtuellen Teilchen können dagegen Energie und Impuls unabhängig voneinander beliebige positive Werte annehmen, sodass auch das Viererimpulsquadrat beliebige Werte annehmen kann, unabhängig von der Teilchenmasse. Für virtuelle Teilchen muss also $E^2 = (mc^2)^2 + (pc)^2$ *nicht* gelten! Dennoch hat das Viererimpulsquadrat auch bei virtuellen Teilchen in jedem sich gleichförmig bewegenden Bezugssystem den gleichen Wert.

Wird ein virtuelles Photon zwischen zwei realen Teilchen ausgetauscht, so ist sein Viererimpulsquadrat negativ, wie man mithilfe von Energie- und Impulserhaltung nachrechnen kann. Bei diesem physikalischen Prozess ist das Viererimpulsquadrat des Photons die einzige vorhandene, vom Bezugssystem unabhängige dynamische Größe, die aus den Energien und Impulsen der beiden realen Teilchen gebildet werden kann.

Die elektrische Ladung kann daher nur vom Viererimpulsquadrat des Photons abhängen, nicht aber unabhängig davon noch beispielsweise von der Energie des vorbeifliegenden Elektrons, welches das Photon ausgesendet hat.

Das Ergebnis der Berechnung für die elektrische Ladung eines Teilchens, wie sie sich beim Austausch eines Photons mit bestimmtem Viererimpulsquadrat ergibt, zeigt Folgendes: Der Wert der Ladung weicht für sehr große negative Viererimpulsquadrate ganz langsam vom konstanten Wert nach oben hin ab. Die elektrische Ladung beginnt gleichsam nach oben hinwegzugleiten. Diese Abweichung ist an den großen Teilchenbeschleunigern auch genau so beobachtet worden. So beträgt die elektrische Ladung in natürlichen Einheiten bei einem Viererimpulsquadrat von $(90 \text{ GeV})^2$ bereits etwa $\sqrt{1/127} = 0,089$ statt nur $\sqrt{1/137} = 0,085$.

Für den Fall, dass die Masse des untersuchten geladenen Objektes sehr viel größer ist als Energie oder Impuls des Photons, kann man eine anschauliche Vorstellung von der Bedeutung der gleitenden Ladung gewinnen. In diesem Fall schafft es das Photon nämlich nicht, das geladene Objekt nennenswert anzustoßen und Energie zu übertragen, weshalb man hier auch vom *statischen Grenzfall* spricht. Im statischen Grenzfall ist die durch das Photon übertragene Energie sehr klein im Vergleich zum übertragenen Impuls, sodass sie vernachlässigt werden kann. Die gleitende Ladung hängt dann nur noch vom Impuls des Photons ab, aber nicht mehr von dessen Energie. Dadurch ist es nun möglich, mithilfe der sogenannten Fouriertransformation auszurechnen, wie groß die aus einem bestimmten Abstand gesehene Ladung ist. Das Ergebnis der Rechnung ergibt, dass die elektrische Ladung bei kleinen Abständen immer größer wird. In der klassischen Feldtheorie würde dies bedeuten, dass bei sehr kleinen Abständen die elektrischen Kräfte zwischen zwei Ladungen stärker als quadratisch mit abnehmendem Abstand zunehmen.

Wie die Rechnung zeigt, nimmt die elektrische Ladung für genügend kleine Abstände sogar beliebig große Werte an, was einen Zusammenbruch der Störungstheorie andeutet, mit deren Hilfe diese Werte berechnet wurden. Bei sehr großen (negativen) Viererimpulsquadraten bzw. bei extrem kleinen Abständen lassen sich daher auch in der QED Feynman-Graphen nicht mehr anwenden.

Wie verhält sich nun die Situation bei der starken Wechselwirkung? Verändert sich auch hier die starke Ladung eines Quarks mit dem Viererimpulsquadrat des ankoppelnden Gluons? Um diese Frage zu beantworten, müssen wir den Einfluss der Polarisationswolke aus virtuellen Quarks und Gluonen um das Quark herum auf dessen starke Farbladung berechnen.

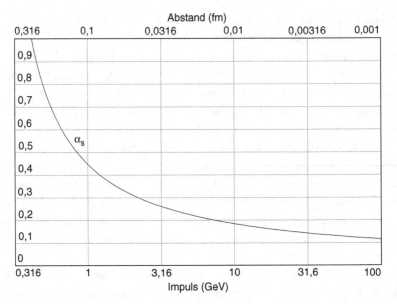

Abb. 5.14 Die gleitende starke Farbladung (in der Grafik als starke Kopplungskonstante α_s angegeben, also als quadrierte Farbladung in natürlichen Einheiten) nimmt im statischen Grenzfall für große Gluonimpulse bzw. kleine Abstände ab, für kleine Gluonimpulse und wachsende Abstände dagegen zu. Die Skala für den Impuls (*unten*) bzw. Abstand (*oben*) ist hier logarithmisch dargestellt

Das Ergebnis der Rechnung zeigt, dass anders als bei der elektrischen Ladung hier eine merkwürdige Situation entsteht: Die starke Ladung nimmt für betragsmäßig kleine Viererimpulsquadrate des Gluons zu statt ab. Im statischen Grenzfall nimmt sie also für kleine Gluonimpulse bzw. für wachsende Abstände immer weiter zu (Abb. 5.14). Dadurch nehmen die Kräfte zwischen starken Ladungen mit zunehmendem Abstand nicht ab, sondern bleiben nahezu konstant. Eine Folge davon ist, dass sich die Polarisationswolke einer isolierten starken Ladung immer weiter nach außen fressen würde, was wiederum deren starke Ladung verstärkt usw. Letztlich würde das ganze Universum von der wuchernden Polarisationswolke erfasst.

Diese Explosion der starken Kräfte lässt sich nur dann vermeiden, wenn sich in der Nähe eines jeden Quarks ein oder mehrere weitere Quarks befinden, deren starke Farbladungen sich gegenseitig neutralisieren, sodass von größeren Abständen aus gesehen keine Farbladung mehr erkennbar ist. Dies ist genau die Forderung, die wir unter dem Stichwort *Confinement* bereits erhoben hatten. Demnach können nur solche Objekte als freie Teilchen auftreten, deren Gesamtfarbladung null ist.

Der Wert der starken Ladung, angegeben in natürlichen Einheiten, entscheidet darüber, ob Feynman-Graphen und damit die Störungstheorie zur

Berechnung physikalischer Vorgänge anwendbar sind. Dies ist bei Ladungs-werten der Fall, die deutlich kleiner als 1 sind. Bei Gluon-Viererimpulsqua-draten von betragsmäßig deutlich mehr als etwa $(1\ \text{GeV})^2$ bzw. Abständen unterhalb von etwa 0,1 fm (einem Zehntel des Protondurchmessers) ist dies gegeben. Man sagt, die Quarks sind in diesen Bereichen *asymptotisch frei*.

Der mittlere Abstand der Quarks in einem Hadron schwankt zwischen etwa einem halben und einem Fermi. Das bedeutet, dass typische Quark-abstände in Hadronen in einem Bereich liegen, für den die Wirkungsweise der starken Wechselwirkung nicht mithilfe von Feynman-Graphen berechnet werden kann.

Nun ist der Abstand zwischen zwei Quarks nach den Regeln der Quan-tenmechanik keine feststehende Größe. Bei einer (hypothetischen) Messung des Abstands erhalten wir keine voraussagbaren Werte. Lediglich die Wahr-scheinlichkeit für das Eintreten der einzelnen möglichen Messwerte kann an-gegeben werden. Dabei können auch sehr kleine Quarkabstände gelegentlich auftreten. Zur Berechnung der Eigenschaften eines Hadrons sind daher auch die Kräfte bei diesen kleinen Abständen zwischen den Quarks wichtig. Und zumindest für diesen Bereich kann man versuchen, die starke Wechselwir-kung zwischen den Quarks mithilfe der Feynman-Graphen zu berechnen, da in diesem Bereich die starke Ladung einen relativ kleinen Wert aufweist.

Betrachten wir also die Wechselwirkung zwischen Quarks für den Fall, dass sie sich im Inneren eines Hadrons relativ nahe kommen. Der einfachste Feyn-man-Graph, der hier eine Rolle spielt, ist der sogenannte Ein-Gluon-Aus-tauschgraph, bei dem also zwischen den Quarks ein Gluon ausgetauscht wird. Kompliziertere Graphen wollen wir einfach weglassen. Wenn wir relativisti-sche Effekte vernachlässigen, so können wir aus diesem Graphen im statischen Grenzfall ein Kraftgesetz zwischen Quarks für kleine Abstände gewinnen. Das Resultat kommt uns bekannt vor: Die Kraft F zwischen Quarks nimmt mit wachsendem Abstand r quadratisch ab, wenn man eine konstante starke La-dung voraussetzt. Dies entspricht genau dem klassischen Kraftgesetz zwischen elektrischen Ladungen. Da die starke Ladung $q_s(r)$ jedoch abstandsabhängig ist, muss dies zusätzlich berücksichtigt werden, sodass $F \sim q_{s1}(r)\, q_{s2}(r)/r^2$ gilt. Dabei müssen wir allerdings bedenken, dass wir mithilfe von Feynman-Gra-phen nicht berechnen können, wie der Verlauf der Kraftkurve bei größeren Abständen aussieht, d. h. diese Formel gilt nur für Abstände unterhalb von etwa 0,1 Fermi. Wie man bei größeren Abständen weiterkommen kann, wol-len wir uns im nächsten Abschnitt ansehen.

5.5 Quark-Physik mit dem Supercomputer

Wegen des geringen Betrags der elektrischen Elementarladung von nur $\sqrt{1/137} = 0,085$ in natürlichen Einheiten sind in der QED die Störungstheorie und die daraus abgeleiteten Feynman-Graphen ein geeignetes Mittel zur Berechnung physikalischer Vorgänge. Komplexere Diagramme ergeben nur geringe Beiträge zum Gesamtergebnis, sodass man bereits mit den einfachsten Diagrammen eine gute Genauigkeit der Rechnung erzielen kann. Erst bei extrem hohen Werten für das Viererimpulsquadrat der Photonen nimmt die elektrische Ladung schließlich soweit zu, dass Feynman-Graphen nicht mehr anwendbar sind. Derart hohe Impulse spielen bei den heute möglichen Hochenergieexperimenten jedoch keine Rolle.

In der QCD ist die starke Ladung nur für sehr große Viererimpulsquadrate der Gluonen bzw. sehr kleine Quarkabstände deutlich kleiner als 1. Die Wechselwirkung zwischen den Quarks innerhalb eines Hadrons kann also bestenfalls bei kleinen Quarkabständen mithilfe von Feynman-Graphen näherungsweise berechnet werden. Bei größeren Quarkabständen, wie sie häufig zwischen den Quarks eines Hadrons auftreten, ist dies nicht mehr möglich, da die starke Ladung dann bereits zu groß wird, sodass man sich nicht mehr auf einige wenige Feynman-Graphen beschränken kann.

Bei der QED findet man gelegentlich die Ansicht, diese Theorie sei im Grunde vollständig durch die Menge aller darin möglichen Feynman-Graphen definiert. Dies muss allerdings sogar in der QED nicht unbedingt zutreffen, denn es könnte sogenannte nicht-störungstheoretische Effekte geben, die durch die Feynman-Graphen nicht erfasst werden.

In der QCD ist die Situation noch deutlich schwieriger. Hier sind Feynman-Graphen nur in Ausnahmefällen anwendbar. Wir müssen uns also die Frage stellen, ob man eine Quantenfeldtheorie nicht auch auf eine Weise formulieren kann, die ohne Feynman-Graphen auskommt und die auch bei großen Ladungswerten anwendbar ist.

Eine solche Formulierung gibt es tatsächlich. Sie verwendet den Begriff der sogenannten *Pfadintegrale*. Dabei handelt es sich um recht komplexe mathematische Gebilde, deren genaue mathematische Grundlagen bis heute noch nicht bis ins letzte Detail geklärt sind. Im Wesentlichen beinhalten sie die Aufsummation von Wahrscheinlichkeitspfeilen, wobei jeder Pfeil zu einer denkbaren Konfiguration der starken Kraftfelder und der Quarkfelder in Raum und Zeit gehört. Dabei müssen diese Felder keine Lösungen der klassischen Feldgleichungen sein.

Mit Papier und Bleistift lässt sich bei Pfadintegralen nur wenig ausrichten. Dazu ist die ganze Angelegenheit einfach zu kompliziert. Zum Glück ist man aber in unserer Zeit nicht mehr allein auf dieses Werkzeug angewiesen. Auch komplizierte Probleme, die früher unlösbar erschienen, können heute oft mithilfe geeigneter numerischer und algebraischer Methoden auf den modernen Computern gelöst werden.

Nun kann auch ein Computer nicht unendlich viele Feldkonfigurationspfeile aufsummieren. Es stellt sich daher zunächst die Frage, ob man sich vielleicht auf einige Konfigurationen beschränken kann in der Hoffnung, dass die weggelassenen Feldkonfigurationen nur geringe Beiträge zum Ergebnis liefern.

Es stellt sich heraus, dass dieses Näherungsverfahren dann sinnvoll ist, wenn sich das Problem auch relativ gut mit den klassischen Feldgleichungen beschreiben lässt, also ohne Berücksichtigung von Quanteneffekten. Dies ist auch nicht weiter überraschend, denn im klassischen Grenzfall, d. h. bei nur geringen Quanteneffekten, dürfen ja letztlich nur noch die Feldkonfigurationen relevant bleiben, die eine Lösung der klassischen Feldgleichungen darstellen. Je mehr Konfigurationen wichtig werden, umso weniger gut lässt sich eine Situation alleine mit dem klassischen Kraftfeld beschreiben und umso wichtiger sind Quanteneffekte für die Felder. Das Feld beginnt, immer stärker um seinen klassischen Wert zu fluktuieren. Das Pfadintegral summiert die Wahrscheinlichkeitspfeile dieser Fluktuationen für das Gesamtergebnis auf.

Nun wissen wir bereits, dass Quanteneffekte für die Kraftfelder innerhalb von Hadronen eine große Rolle spielen. Wir dürfen daher vermutlich nicht einfach gewisse Feldkonfigurationen vernachlässigen, sondern müssen uns nach einem anderen Näherungsverfahren umsehen.

Das heute verbreitete Verfahren zur numerischen Berechnung von Pfadintegralen trägt den Namen *Gitterrechnung* oder auch *Gittereichtheorie*. Es geht auf eine Idee von Kenneth Wilson aus dem Jahre 1974 zurück. Die Grundidee dieses Verfahrens ist einfach: Anstatt die Zahl der Feldkonfigurationen zu verkleinern, versucht man, die Zahl der Raum- und Zeitpunkte zu verkleinern, die man bei der Rechnung berücksichtigen will. Man überzieht also das Volumen des Hadrons mit einem möglichst feinen Gitter, z. B. 10 mal 10 mal 10 Gitterpunkte, und betrachtet das starke Kraftfeld an diesen Gitterpunkten zu zehn festen Zeitpunkten. Man spricht daher auch von einem $10 \cdot 10 \cdot 10 \cdot 10$-Raum-Zeit-Gitter. Je feiner das Raum-Zeit-Gitter gewählt werden kann, umso besser wird die Rechengenauigkeit, umso größer wird aber auch der Rechenaufwand. Mittlerweile schafft man es, auf modernen Superrechnern bis zu 40 mal 40 mal 40 Raumpunkte und bis zu knapp 100 Zeitpunkte zu berechnen, wobei der Abstand zwischen den Raumpunkten unter 0,1 Fermi liegt.

Ein ähnliches Verfahren wird auch bei der Wettervorhersage verwendet. Man überzieht das Volumen unserer Atmosphäre mit einem möglichst feinen Gitter und betrachtet bei der Lösung der komplexen Strömungsgleichungen, die das Verhalten der Luft beschreiben, die Werte von Luftdruck, Windgeschwindigkeit, Luftfeuchtigkeit und weiterer Größen an diesen Gitterpunkten.

Bei den Gitter-QCD-Rechnungen müssen an jedem Gitterpunkt die Werte des Quarkfeldes und des starken Kraftfeldes betrachtet werden (genau genommen gehören die Werte des starken Kraftfeldes zu den Verbindungslinien zwischen den Gitterpunkten). Dabei kann man sich jedoch nicht auf ein bestimmtes Quark beschränken, da jedes beliebige Quark virtuell auftreten kann, ebenso wie jede beliebige starke Gluon-Feldkonfiguration. Quarks kommen als Teilchen und Antiteilchen vor und treten darüber hinaus in sechs verschiedenen Flavorn (u, d, s, c, b, t) und mit drei verschiedenen Farbladungen (*rot, gelb, blau*) auf. Somit müssen an jedem Gitterpunkt $2 \cdot 6 \cdot 3 = 36$ Quarkfelder betrachtet werden. Das starke Kraftfeld steuert 32 weitere reelle Zahlen je Gitterpunkt bei (acht Farbladungspaarungen mal vier Komponenten, die ihren Ursprung in Einsteins Relativitätstheorie haben).

Die Berechnung erfordert nun im Prinzip die Aufsummation einer gigantischen Anzahl von Summanden. Stellen wir uns dazu eine Tabelle mit drei Spalten vor. In der ersten Spalte ist jeder Gitterpunkt (mehrfach) aufgelistet, und die zweite Spalte enthält zu jedem Gitterpunkt Zeile für Zeile die 68 Feldkomponenten zu den Quarks und den starken Kraftfeldern. Bei zehn Gitterpunkten in jeder Raum-Zeit-Richtung sowie 68 Einträgen für die Felder ergibt dies eine Tabelle mit $10 \cdot 10 \cdot 10 \cdot 10 \cdot 68 = 680\,000$ Zeilen. In der dritten Spalte wird nun in jeder Zeile ein Wert für diese Feldkomponente an diesem Gitterpunkt eingetragen, d. h. die gesamte Tabelle stellt eine der möglichen Feldkonfigurationen in Raum und Zeit dar. Diese Tabelle ergibt nun genau einen Summanden, dessen Wert durch die Beträge der Feldkomponenten festliegt.

Jede weitere Möglichkeit, andere Werte für die Feldkomponenten in die Tabelle einzutragen, ergibt einen weiteren Summanden. Um uns klarzumachen, was das bedeutet, wollen wir einmal annehmen, dass die Feldkomponenten lediglich die Werte 0 oder 1 annehmen können. Es gibt dann 2 hoch 680 000 verschiedene Möglichkeiten, den Feldkomponenten in der Tabelle die Werte 0 oder 1 zuzuweisen. Jede dieser Möglichkeiten ergibt einen Summanden für das Gesamtergebnis. Die Zahl der Summanden entspricht einer Dezimalzahl mit etwa 200 Stellen (zum Vergleich: Man schätzt die Gesamtzahl der Nukleonen im sichtbaren Universum auf eine Zahl mit weniger als 100 Dezimalstellen).

Eine solche Zahl von Termen aufzusummieren, ist offensichtlich nicht möglich. Man kann aber mithilfe von Zufallsverfahren versuchen, das Endergebnis abzuschätzen, indem man eine möglichst repräsentative Stichprobe aus den vielen Summanden auswählt. Dies hat Ähnlichkeit mit einer Umfrage,

bei der man versucht, anhand von einigen Tausend Befragungen herauszufinden, wer wohl die nächste Bundestagswahl gewinnen wird. Auf diese Weise erfordert das Ausrechnen eines Gitters mit zehn Punkten pro Kante nur
rund 20 Mrd. Rechenoperationen. Dies liegt schon seit einiger Zeit in der
Reichweite heutiger Computer, wobei man allerdings früher nur das starke
Kraftfeld und nicht das Quarkfeld an den Gitterpunkten berücksichtigte, da
ansonsten der Rechenaufwand zu groß gewesen wäre. Auf diese Weise konnte
man Hadronenmassen mit einer Genauigkeit von etwa zehn Prozent berechnen. Erst in jüngster Zeit gelang es auf den modernsten Großrechnern, auch
die Quarkfelder und damit die virtuellen Quark-Antiquark-Paare vollständig
zu berücksichtigen und die Gitter groß genug zu wählen, sodass sich eine
Genauigkeit von etwa zwei bis vier Prozent erreichen ließ.

Man kann diese Ergebnisse als starke Bestätigung für die Richtigkeit der
QCD als Eichtheorie der starken Wechselwirkung werten. Sie zeigen zudem,
wie sich die Methodik in der Physik und teilweise sogar in der Mathematik
zu wandeln beginnt. Leistungsstarke Computer und raffinierte Algorithmen
beginnen, die klassischen analytischen Verfahren (Papier und Bleistift) teilweise in den Hintergrund zu drängen. Dies macht sogar vor der sogenannten
reinen Mathematik nicht Halt. So wurde im Jahre 1976 der sogenannte Vier-
farbensatz von Wolfgang Haken und Kenneth Appel mithilfe eines Compu-
ters bewiesen.

Mit Gitterrechnungen ist es auch möglich, die Kraft zwischen zwei Quarks
für größere Abstände zu bestimmen, als dies mithilfe der Feynman-Graphen
möglich gewesen war. Dabei wird wieder die quasistatische Näherung verwendet, d. h. wir stellen uns die beiden Quarks festgenagelt an bestimmten
Punkten im Raum vor. Dann berechnet man den Energieinhalt der durch die
Quarks erzeugten starken Kraftfelder. Diese Rechnung wiederholt man für
verschiedene Quarkabstände und ermittelt aus den Energieunterschieden der
dabei auftretenden Felder die Kraft, die zwischen den beiden Quarks wirkt.
Man findet, dass bei kleinen Abständen die Kraft mit zunehmendem Ab-
stand abnimmt. Dieses Ergebnis hatten wir bereits mithilfe der Feynman-
Graphen erhalten. Bei größeren Abständen dagegen finden wir, dass die Kraft
nicht weiter abnimmt, sondern einen annähernd konstanten Wert annimmt.
Dies ist eine Folge des Gluonbands, das sich zwischen den Quarks ausbildet
und verhindert, dass eines der Quarks als freies Teilchen davonfliegen kann.
Bei noch größeren Abständen wird dieses Band unter der Bildung weiterer
Quarks schließlich zerreißen, sodass die Kraftkurve ihren Sinn verliert.

Es gibt neben den Massen der Hadronen sehr viele weitere im Experiment messbare Hadroneigenschaften, die sich mithilfe der QCD im Prinzip berechnen lassen sollten, beispielsweise die Zerfallswahrscheinlichkeiten
von Hadronen in andere Hadronen. Um die Gültigkeit der QCD im Detail

nachzuweisen, müsste man auch für diese Größen entsprechende Rechnungen anstellen und die berechneten Werte mit dem Experiment vergleichen. Dazu wären allerdings sehr viel schnellere Rechner nötig, als sie zurzeit vorhanden sind, sodass die Durchführbarkeit solcher Rechnungen vielleicht erst in einigen Jahrzehnten möglich sein wird. Insgesamt zeigt sich jedoch ein Trend: Immer wenn die steigende Computerleistung genauere Rechnungen im Rahmen der QCD zulässt, so stimmen diese Ergebnisse besser mit den Messwerten überein, wobei die Genauigkeit für bestimmte Hadronenmassen mittlerweile im Prozentbereich liegt. Diese Erfolge der QCD-Gitterrechnungen sowie die störungstheoretischen Rechnungen mithilfe von Feynman-Graphen lassen heute kaum noch einen Zweifel daran, dass wir mit der QCD die grundlegende Theorie der starken Wechselwirkung tatsächlich gefunden haben.

5.6 QCD mit Nebenwirkungen: die starke Kernkraft

Bei unserer Reise zu immer kleineren Bausteinen der Materie war uns die starke Wechselwirkung zuerst in der Form der starken Kernkraft begegnet, die die Nukleonen eines Atomkerns zusammenhält. Von Quarks und Gluonen war in diesem Zusammenhang noch nicht die Rede gewesen.

Die starke Kernkraft lässt sich als Nebeneffekt der starken Wechselwirkung zwischen Quarks und Gluonen verstehen. Dies wird deutlich, wenn wir das entsprechende Analogon der elektromagnetischen Wechselwirkung betrachten. Der starken Wechselwirkung zwischen den Quarks entspricht dabei die elektromagnetische Wechselwirkung zwischen den Elektronen der Atomhülle und dem Atomkern. Die starke Kernkraft findet ihre Entsprechung in der elektromagnetischen Wechselwirkung zwischen den Atomen und Molekülen. Die einzelnen Moleküle eines Wassertropfens üben eine elektrische Anziehungskraft aufeinander aus, die sich beispielsweise als Oberflächenspannung des Tropfens bemerkbar macht. Diese Anziehungskraft hat ihre Ursache darin, dass die elektrischen Ladungen von Elektronen und Atomkernen in einem Wassermolekül nicht kugelsymmetrisch über das Molekül verteilt sind. Es entsteht ein sogenanntes permanentes Dipolmoment, das dazu führt, dass sich zwei geeignet orientierte Wassermoleküle gegenseitig anziehen, ähnlich wie zwei Stabmagnete, wobei diese Anziehungskraft mit zunehmendem Abstand zwischen den Molekülen relativ schnell abnimmt. Diese schnelle Abnahme wird verständlich, wenn man bedenkt, dass sich aus großer Entfernung die unsymmetrische Ladungsverteilung innerhalb des Wassermoleküls kaum noch erkennen lässt. Die einzelnen Ladungen verschwimmen zunehmend miteinander und neutralisieren sich gegenseitig.

Auch zwischen Atomen mit kugelsymmetrischer Ladungsverteilung können sich elektrische Kräfte ausbilden, da aufgrund der Unbestimmtheit des Elektronenortes und der Wärmebewegung der Moleküle immer wieder die Ladungen kurzzeitig gegeneinander verrutschen und auf diese Weise sogenannte induzierte Dipole entstehen können. Die so erzeugten Kräfte werden auch *Van-der-Waals-Kräfte* genannt. Sie sind deutlich schwächer als die Kräfte zwischen Molekülen mit permanentem Dipolmoment und haben eine noch geringere Reichweite. Van-der-Waals-Kräfte treten beispielsweise zwischen den Atomen von Edelgasen wie Neon oder Helium auf.

Den starken Kernkräften zwischen Nukleonen liegt nun ein ähnlicher Mechanismus wie bei den Van-der-Waals-Kräften zugrunde. Allerdings kann die Analogie nicht perfekt sein, da sich die starke Wechselwirkung zwischen Quarks bei großen Abständen völlig anders verhält als die elektromagnetische Wechselwirkung. Wegen der Stärke der Kräfte und den geringen Abständen zwischen den Nukleonen sind außerdem Quanteneffekte nicht vernachlässigbar, sodass eine tiefer gehende Beschreibung der starken Kernkraft mit den Mitteln der Quantenfeldtheorie erfolgen muss.

Die Frage, die sich uns nun stellt, lautet: Kann man bei einer Beschreibung der starken Kernkräfte auf die grundlegende Theorie der starken Wechselwirkung, die QCD, zurückgreifen, obwohl die zwischen den Quarks wirkenden Kräfte sich von den Kräften zwischen den Nukleonen so stark unterscheiden?

Natürlich muss die Antwort auf diese Frage im Prinzip *Ja* lauten, denn sonst wäre die QCD nicht die grundlegende Theorie der starken Wechselwirkung inklusive aller Nebeneffekte.

In der Praxis sind entsprechende QCD-Rechnungen jedoch kaum durchführbar. Feynman-Graphen lassen sich bei den typischen Abständen zwischen den Nukleonen von etwa einem Fermi nicht anwenden, und entsprechende Gitterrechnungen übersteigen die Rechenleistung der heute verfügbaren Computer.

Um einen anderen Ansatzpunkt zu finden, begeben wir uns in das Jahr 1935, also in die Zeit, als man von Quarks und QCD noch nichts ahnte. Die Existenz von Kernkräften zwischen den Nukleonen des Atomkerns war jedoch bekannt, ebenso wie die Quantenfeldtheorie der elektromagnetischen Wechselwirkung, die QED, obgleich das Renormierungsproblem der QED erst um 1948 gelöst wurde.

In diesem Jahr stellte nun der Physiker Yukawa Hideki die Hypothese auf, dass Kernkräfte durch den Austausch eines damals neuen hypothetischen Teilchens zwischen den Nukleonen erklärt werden können, genauso wie sich die elektromagnetische Kraft zwischen zwei Elektronen durch den Austausch von

Photonen gut beschreiben lässt (wir kennen diese Idee Yukawas bereits aus früheren Kapiteln). Anders als Photonen sollte dieses Kernkraft-Austauschteilchen nicht masselos sein, sondern eine Masse von etwa 150 MeV besitzen. Dieser Wert lässt sich aus der Reichweite der Kernkräfte abschätzen: Je größer die Masse des Austauschteilchens ist, umso geringer ist die Reichweite der dadurch vermittelten Wechselwirkung. Ein plausibles Argument für diesen Zusammenhang liefert die Energie-Zeit-Unschärferelation:

Die Energie E eines Austauschteilchens zwischen den Nukleonen beträgt im Mittel nur wenige Mega-Elektronenvolt, denn dies sind die im Atomkern typischerweise auftretenden Bewegungsenergien der Nukleonen. Je weiter die Masse des ausgetauschten Teilchens oberhalb dieser Energie liegt, desto größer ist die Abweichung der Energie von dem Wert, den ein freies Teilchen dieser Masse mindestens hätte. Je größer nun die Abweichung der Energie ist, umso kürzer ist die Zeitspanne, für die diese Abweichung gemäß der Energie-Zeit-Unschärferelation erlaubt ist. Je schwerer das Austauschteilchen also ist, umso weniger Zeit hat es für seinen Weg von einem Nukleon zum anderen. Es kann daher nur kleine Wegstrecken überbrücken, sodass die durch das Teilchen vermittelte Wechselwirkung eine geringe Reichweite hat.

Umgekehrt lässt sich aus der bekannten Reichweite der starken Wechselwirkung auf die Masse des Austauschteilchens schließen. Bei einer Reichweite von ein bis zwei Fermi erhält man eine Masse von 100 bis 200 MeV. Im Jahre 1947 wurde nach einigen Verwirrungen und Verwechslungen tatsächlich das Pion entdeckt, das wie die Nukleonen an der starken Wechselwirkung teilhat und das als Austauschteilchen zwischen den Nukleonen infrage kam.

Im Laufe der Zeit wurde Yukawas Idee immer weiter ausgebaut, und man versuchte, die Eigenschaften der starken Kernkraft zwischen den Nukleonen mithilfe des Austauschs von einem oder mehreren Pionen zu erklären. Schon bald stellte sich heraus, dass die alleinige Berücksichtigung von Pionen als Austauschteilchen nicht ausreicht. Da inzwischen immer weitere Mesonen entdeckt wurden, war es naheliegend, auch sie als Austauschteilchen in die Rechnungen mit einzubeziehen. Es gelang auf diese Weise, ein recht detailliertes Bild von den Eigenschaften der starken Kernkraft zu zeichnen, ohne dass man den Begriff des Quarks benötigt hätte.

Die entsprechenden Rechnungen sind sehr kompliziert und enthalten eine Reihe freier Parameter, die man durch geeignete Anpassung an die Experimente festlegen muss. Es ist daher sehr schwierig, die Grenzen dieser Rechnungen auszumachen.

Dennoch muss das Modell des Mesonaustausches seine Grenzen haben, denn wir wissen ja heute, dass die fundamentale Theorie der starken Wechselwirkung auf Quarks und Gluonen aufbaut.

Dass Grenzen des Mesonaustauschmodells existieren müssen, sieht man insbesondere daran, dass es nicht möglich ist, aus den Feynman-Graph-Bausteinen der Mesonaustauschtheorie eine konsistente Quantenfeldtheorie aufzubauen. Nur einfache Feynman-Graphen ergeben in ihr einen Sinn. Die Summe aller bei einem Prozess möglichen Graphen liefert jedoch sinnlose Ergebnisse, d. h. die Mesonaustauschtheorie ist nicht renormierbar.

Auf der Suche nach der grundlegenden Quantenfeldtheorie einer Wechselwirkung ergab sich diese Situation im Laufe dieses Jahrhunderts immer wieder. Ähnlich wie bei der starken Wechselwirkung gelang es auch für die schwache Wechselwirkung zunächst nur, eine sogenannte effektive Quantenfeldtheorie zu formulieren, also eine Theorie, in der sich mit einfachen Feynman-Graphen viele Prozesse bereits gut berechnen lassen, auch wenn die Summe aller konstruierbaren Feynman-Graphen zu einem Prozess kein brauchbares Ergebnis liefert. Zu Ehren des italienischen Physikers Enrico Fermi (1901–1954) nannte man sie *Fermi-Theorie*. Auch diese Theorie ist nicht renormierbar. Erst heute kennt man die korrekte, renormierbare Theorie der schwachen Wechselwirkung und kann verfolgen, wie sich die effektive Fermi-Theorie als Grenzfall bei Teilchenenergien deutlich unter 100 MeV aus der renormierbaren Quantenfeldtheorie ergibt – wir kommen später darauf zurück.

So einfach ist die Situation bei der starken Wechselwirkung allerdings nicht. Da innerhalb der QCD die Kernkräfte bis heute nicht berechenbar sind, kann man auch mithilfe der QCD nicht präzise nachvollziehen, warum die Mesonaustauschtheorie so gute Ergebnisse liefert. Offenbar kann man mit Mesonen die relevanten Freiheitsgrade der QCD zwischen Nukleonen recht gut modellieren.

Die Grenzen der Mesonaustauschtheorie werden spätestens dann sichtbar, wenn die Nukleonen beginnen, einander zu überlappen, oder wenn sie mit sehr hoher Energie miteinander wechselwirken. Bereits anschaulich wird es ja problematisch, sich einen Austausch von Mesonen zwischen einander überlappenden Nukleonen vorzustellen – wo soll denn da noch Platz sein?

Das Interesse an dieser Beschreibung der starken Wechselwirkung durch die Mesonaustauschtheorie lässt mittlerweile immer mehr nach, da man heute mit der QCD über die grundlegende Theorie der starken Wechselwirkung verfügt und daher auf Hilfstheorien wie die Mesonaustauschtheorie lieber verzichten möchte. Noch reichen allerdings die Rechenleistungen der Computer nicht aus, um die Wechselwirkung der Nukleonen im Atomkern mithilfe der QCD im Detail berechnen zu können.

6
Das Standardmodell der Teilchenphysik

Von den vier bekannten fundamentalen Wechselwirkungen haben wir bisher zwei Wechselwirkungen intensiv betrachtet: die elektromagnetische und die starke Wechselwirkung. Zur theoretischen Beschreibung dieser beiden Wechselwirkungen existiert ein sehr erfolgreiches Konzept: die Eichtheorie, die wir in Abschn. 5.3 kennengelernt haben. Die Wahl der Eichgruppe $U(1)$ für die elektromagnetische Wechselwirkung sowie $SU(3)$ für die starke Wechselwirkung ermöglicht mithilfe des Eichprinzips die Aufstellung der klassischen Feldgleichungen. Darauf aufbauend ist es möglich, die zugehörigen Quantenfeldtheorien zu formulieren: die *Quantenelektrodynamik (QED)* für die elektromagnetische Wechselwirkung sowie die *Quantenchromodynamik (QCD)* für die starke Wechselwirkung.

Anhand dieser beiden Theorien ist es möglich, große Teilgebiete der Physik fast vollständig abzudecken. So kann man mithilfe der QED beispielsweise alle mit der Elektronenhülle der Atome zusammenhängenden Phänomene berechnen, inklusive des chemischen und physikalischen Verhaltens der Atome. Die QCD ermöglicht es darüber hinaus im Prinzip, die Struktur der Atomkerne sowie aller weiteren aus Quarks und Gluonen aufgebauten Teilchen zu berechnen. Die Durchführbarkeit dieser Rechnungen wird allerdings in der Praxis durch den dazu erforderlichen Rechenaufwand beschränkt.

Obwohl die Gravitation die Wechselwirkung ist, deren Einfluss uns vielleicht am direktesten berührt, wollen wir sie weiterhin ausklammern, da sie zum einen in der heutigen Teilchenphysik keine direkte Rolle spielt, und da es andererseits bis heute nicht gelungen ist, eine konsistente Quantenfeldtheorie der Gravitation zu formulieren.

Die schwache Wechselwirkung, die wir in Abschn. 4.1 kennengelernt haben, fügt sich dagegen sehr gut in das theoretische Schema ein, das bei der elektromagnetischen und der starken Wechselwirkung so erfolgreich war. Dazu muss man sie allerdings gemeinsam mit der elektromagnetischen Wechselwirkung als Eichtheorie formulieren. Zusammen mit der starken Wechselwirkung (aber ohne die Gravitation) ergibt sich damit das sogenannte *Standardmodell der Teilchenphysik*, das die sechs Quarks, die sechs Leptonen und ihre elektromagnetischen, schwachen und starken Wechselwirkungen im Rahmen einer Quantenfeldtheorie mit hoher Präzision beschreibt.

Die starke Wechselwirkung (QCD) haben wir uns bereits genauer angesehen ebenso wie die elektromagnetische Wechselwirkung (QED). Schauen wir uns also nun an, wie sich die schwache Wechselwirkung in dieses Gebäude einfügen lässt.

6.1 Schwache und elektromagnetische Wechselwirkung vereinigen sich

Auf den ersten Blick hat die schwache Wechselwirkung recht wenig mit unserer Vorstellung von einer Wechselwirkung zu tun. So gibt es kein zusammengesetztes Objekt, dessen Bausteine durch die schwache Wechselwirkung zusammengehalten werden. Ebenso wenig gibt es ein klassisches Kraftfeld der schwachen Wechselwirkung, d. h. es ist nur im Rahmen der Quantenfeldtheorie möglich, ihre Wirkungsweise zu verstehen. Die Existenz dieser merkwürdigen Wechselwirkung äußert sich in unserer Umwelt beispielsweise darin, dass es eine Reihe radioaktiver Elemente gibt, die unter Aussendung von Elektronen oder Positronen sowie Neutrinos in andere Elemente zerfallen. Gäbe es die schwache Wechselwirkung nicht, so wäre außerdem unsere Sonne nicht in der Lage, über die Kernfusion in ihrem Inneren Energie zu erzeugen. Unsere Welt wäre dunkel und weder die Sonne noch andere Sterne würden am Himmel leuchten.

Es gelang in der ersten Hälfte des 20. Jahrhunderts, eine effektive Quantenfeldtheorie für die schwache Wechselwirkung zu formulieren, mit deren Hilfe sich viele Zerfallsprozesse von Teilchen und Atomkernen berechnen ließen. Bei dieser sogenannten *Fermi-Theorie* handelte es sich aber nicht um eine renormierbare Quantenfeldtheorie, bei der jeder konstruierbare Feynman-Graph seine Bedeutung trägt, sondern man hatte lediglich eine Art Kochrezept zur Berechnung vieler Zerfälle gefunden. Nur die einfachsten Feynman-Graphen der Fermi-Theorie führen zu physikalisch brauchbaren Resultaten. Alle Versuche, nach dem Vorbild der QED und QCD eine Eichtheorie mit zugehöriger vollwertiger Quantenfeldtheorie für die schwache Wechselwirkung zu formulieren, scheiterten.

Schließlich erkannte man, dass die Ursache der Probleme darin lag, dass man die schwache Wechselwirkung unabhängig von den anderen Wechselwirkungen zu beschreiben versuchte. Durch viele Arbeiten aus den Jahren 1962–1968 (insbesondere von Sheldon Lee Glashow, Abdus Salam und Steven Weinberg) wurde klar, dass man die schwache Wechselwirkung zusammen mit der elektromagnetischen Wechselwirkung betrachten musste. Es gelang, eine einzige Eichtheorie zu formulieren, die beide Wechselwirkungen umfasst. Die Bezeichnung *elektroschwache Wechselwirkung* macht die Vereinigung der zuvor getrennt betrachteten elektromagnetischen und schwachen Wechselwirkungen innerhalb eines gemeinsamen theoretischen Rahmens deutlich.

Die gemeinsame Beschreibung von vorher nicht miteinander in Beziehung stehenden Teilgebieten der Physik setzt eine neue tiefere Einsicht voraus, die diesen Schritt erst möglich macht. Ein Beispiel dafür sind die im 19. Jahrhundert noch getrennt betrachteten elektrischen und magnetischen Phänomene. Zwar gelang es Maxwell bereits um das Jahr 1864 herum, einen Zusammenhang zwischen diesen Phänomenen durch die Formulierung der nach ihm benannten elektromagnetischen Feldgleichungen herzustellen; die innere Ursache für diesen Zusammenhang erkannte man jedoch erst, als Albert Einstein im Jahre 1905 seine spezielle Relativitätstheorie formulierte.

Für die Vereinigung der elektromagnetischen und schwachen Wechselwirkung war es wiederum notwendig, dass man ein bei Symmetrien häufig auftretendes Phänomen berücksichtigte: die *spontane Brechung einer Symmetrie* (erinnern wir uns: In der Physik wird der Begriff der Symmetrie nicht nur im Sinne von *spiegelbildlich* verwendet, sondern er wird im Sinne von *invariant* verwendet; eine Kugel sieht von allen Seiten gleich aus – sie ist drehsymmetrisch).

Die Brechung einer Symmetrie (also einer Invarianz) ist uns aus unserer Umgebung durchaus vertraut. So können die Grundbausteine und Grundkräfte eines betrachteten Systems Symmetrieeigenschaften besitzen, die das Gesamtsystem nicht mehr aufweist.

Ein einfaches Beispiel dafür ist eine Kugel, die sich auf der Spitze eines Berges befindet. Wir wollen annehmen, dass der Berg nach allen Seiten in gleicher Weise abfällt – er ist also drehsymmetrisch, d. h. das Bild ändert sich nicht, wenn wir den Berg mit der auf seiner Spitze liegenden Kugel um eine vertikale, durch die Bergspitze gehende Achse drehen.

Die Lage der Kugel auf der Bergspitze ist aber nicht stabil. Eine winzige Störung reicht aus, und sie wird hinabrollen und irgendwo am Fuße des Berges liegen bleiben. Stellen wir also die Frage nach der Situation, bei der die Kugel die niedrigste Energie aufweist, so lautet die Lösung, dass die Kugel irgendwo am Fuße des Berges liegen muss. Diese Situation ist aber nun nicht mehr drehsymmetrisch, da sich die Lage der Kugel ja verändert, wenn wir den Berg mitsamt der an seinem Fuße ruhenden Kugel um die vertikale Achse drehen. Ausgehend von einer drehsymmetrischen, aber instabilen Konstellation (Kugel liegt auf der Bergspitze) gelangt man also zu einer nicht mehr drehsymmetrischen stabilen Konstellation (Kugel liegt am Fuße des Berges), die einen geringeren Energieinhalt als die Ausgangssituation aufweist. Dabei bleibt völlig offen, auf welcher Seite des Berges die Kugel hinabrollen wird –

sie entscheidet sich gleichsam spontan. Der Übergang von einer energetisch höher liegenden zu einer energetisch tiefer liegenden Konstellation hat zu einer sogenannten *spontanen* Brechung der vorher vorhandenen Symmetrie geführt. In der Realität ist für das Hinabrollen der Kugel natürlich eine kleine Störung notwendig, die die Richtung des Hinabrollens beeinflusst. Wir betrachten hier also eine idealisierte Situation, in der eine beliebig geringe Störung bereits ausreicht, die Kugel hinabrollen zu lassen. Andere Beispiele für die spontane Brechung der Drehsymmetrie sind die Bildung von Salzkristallen beim Verdunsten einer salzhaltigen Flüssigkeit oder die Ausbildung von Bereichen mit einer Magnetisierungsorientierung bei Eisen, das man unter eine bestimmte Temperatur abkühlt.

Wie lässt sich nun die Idee der spontanen Symmetriebrechung auf die elektroschwache Wechselwirkung übertragen?

Dazu brauchen wir zunächst eine Symmetrie. Wir wollen daher analog zur QED und QCD von der Annahme ausgehen, dass wir wieder das Konzept der Eichsymmetrie anwenden können. Startpunkt dazu ist die Wahl einer geeigneten Eichgruppe. In unserem Fall erweist sich die Gruppe $U(2)$ als geeignet, die häufig auch als $SU(2) \times U(1)$ geschrieben wird. Man kann auf diese Weise eine vollständige Quantenfeldtheorie aufbauen, die viele Ähnlichkeiten mit der QCD aufweist, bei der wir von der Eichgruppe $SU(3)$ ausgegangen sind.

Erinnern wir uns: In der QCD gab es drei Zeigerfelder, je eines für die Farbladungsart *rot*, *gelb* und *blau*. Eine lokale $SU(3)$-Eichtransformation konnte nun diese Zeiger an jedem Ort unterschiedlich verdrehen und miteinander mischen, wobei die Summe der quadrierten Zeigerlängen konstant bleibt. Aus einem roten Zeiger kann sie so beispielsweise einen blauen Zeiger machen. Um die lokal unterschiedliche Veränderung der Zeiger auszugleichen, muss man Wechselwirkungsfelder einführen. Nach der Quantisierung ergeben die drei Zeigerfelder die Quarks mit ihren drei Farbladungsarten, und die Wechselwirkungsfelder ergeben die Gluonen. Ein Gluon kann Farbladungen zwischen Quarks austauschen und so beispielsweise aus einem roten Quark ein gelbes machen.

Analog ist es auch bei unserem Versuch mit der Eichgruppe $U(2)$. Hier haben wir es mit zwei Zeigerfeldern zu tun, die durch die $U(2)$-Eichtransformation lokal unterschiedlich verdreht und miteinander gemischt werden können. Zum Ausgleich braucht man wieder passende Wechselwirkungsfelder. Aber welche Ladungsarten oder Quantenzahlen unterscheiden nun die beiden Zeigerfelder voneinander? Was brauchen wir, um insbesondere die schwache Wechselwirkung durch diese Wechselwirkungsfelder beschreiben zu können?

Erinnern wir uns an Abschn. 4.2, als wir die drei Leptonen (Elektron, Myon, Tauon) und die zugehörigen Neutrinos zu drei Familien zusammengefasst haben. Dies war sinnvoll, da die schwache Wechselwirkung die beiden Teilchen innerhalb einer Familie ineinander umwandeln kann, also beispielsweise ein Elektron in ein Elektron-Neutrino und umgekehrt. Das erinnert uns sehr daran, wie die starke Wechselwirkung beispielsweise aus einem roten Quark ein blaues Quark machen kann. Es liegt also nahe, den Leptonen eine Art Zeilennummer zuzuordnen, die angibt, ob sie jeweils oben oder unten in der Familie eingetragen sind. Man nennt diese Zeilennummer auch *schwachen Isospin*, da es formale Analogien zum üblichen Teilchenspin gibt. Üblicherweise ordnet man den Neutrinos den schwachen Isospin +1/2 und den drei geladenen Leptonen (Elektron, Myon, Tauon) den schwachen Isospin −1/2 zu. Diese Isospin-Zahl ist das Analogon zur Farbladung der Quarks.

Schwacher Isospin	1. Familie	2. Familie	3. Familie
+1/2	ν_e	ν_μ	ν_τ
−1/2	e	μ	τ

Eine *U(2)*-Eichtransformation kann nun lokal unterschiedlich innerhalb einer Leptonfamilie einen Isospin +1/2-Zeiger in einen Isospin −1/2-Zeiger umwandeln und umgekehrt, so wie die *SU(3)*-Eichtransformation aus einem roten Zeiger einen blauen Zeiger machen kann. Die Feldquanten der entsprechenden Wechselwirkungsfelder können daher schwache Isospins zwischen Leptonen austauschen, also beispielsweise aus einem Elektron ein Elektron-Neutrino machen und dafür ein Myon-Neutrino in ein Myon verwandeln (ganz so wie ein Gluon Farbladungen zwischen Quarks austauschen kann). Das ist genau das, was wir für die schwache Wechselwirkung brauchen.

Bei den Gluonen gab es Quanten-Wahrscheinlichkeitspfeile für die neun Farbkombinationen $r\bar{g}$, $r\bar{b}$, $g\bar{r}$, $g\bar{b}$, $b\bar{r}$, $b\bar{g}$, $r\bar{r}$, $g\bar{g}$ und $b\bar{b}$, wobei beispielsweise $r\bar{g}$ bedeutet, dass das Gluon die Farbladung rot in die eine und die Farbladung blau in die andere Richtung transportiert. Demnach gibt es auch Gluonen, die dieselbe Farbe hin- und hertransportieren, also die Farbladung der Quarks nicht ändern. Wir mussten allerdings eine spezielle Gluon-Wellenfunktionstabelle ausschließen, in der es nur identische Wahrscheinlichkeitspfeile für die Kombinationen $r\bar{r}$, $g\bar{g}$ und $b\bar{b}$ gibt, denn dies würde einem farbneutralen Quantenzustand entsprechen (wie bei einem Meson), also einem Gluon, das sich wie ein Photon aus einem Hadron entfernen kann. So ein Gluon gibt es aber in der Natur nicht. Mathematisch hat das zur Folge, dass wir die Eichgruppe *SU(3)* und nicht *U(3)* für die starke Wechselwirkung verwenden müssen (eine genaue Begründung würde den Rahmen dieses Kapitels sprengen).

Welche schwachen Isospin-Kombinationen gibt es analog für die Feldquanten der *U(2)*-Wechselwirkungsfelder? Ganz einfach: Es gibt die vier Kombinationen (+1/2, −1/2), (−1/2, +1/2), (+1/2, +1/2) und (−1/2, −1/2), wobei beispielsweise die Kombination (+1/2, −1/2) bedeutet, dass dieses Feldquant ein Lepton aus der −1/2-Zeile in die +1/2-Zeile befördert (z. B. Elektron → Elektron-Neutrino) und dafür ein anderes Lepton aus der +1/2-Zeile in die −1/2-Zeile bringt (z. B. Myon-Neutrino → Myon). Das kennen wir bereits; es ist typisch für die schwache Wechselwirkung. Die entsprechenden Feldquanten bezeichnen wir als *W⁺*- und *W⁻-Bosonen*. Sie entsprechen physikalischen Teilchen, tragen wie das Photon Spin 1 und sind elektrisch positiv bzw. negativ geladen. Genau diese Teilchen sind uns bereits in Abschn. 4.2 kurz begegnet, als wir versucht hatten, etwas Ordnung im Teilchenzoo zu schaffen.

Es gibt aber auch die beiden Kombinationen (+1/2, +1/2) und (−1/2, −1/2), die keinen Zeilenwechsel bewirken. Das ist auch gut so, denn wir wollen ja elektromagnetische und schwache Wechselwirkung miteinander vereinen und brauchen daher auch ein Feldquant, welches das *Photon* darstellt. Das Photon bewirkt nämlich keine Zeilenwechsel, denn es wandelt beispielsweise ein Elektron nicht in ein Neutrino um. Außerdem weiß man, dass es auch Prozesse in der schwachen Wechselwirkung gibt, die ebenfalls keinem Zeilenwechsel entsprechen. So kann ein Neutrino von einem Elektron abgelenkt werden, ohne dass sich hier Teilchen in andere Teilchen umwandeln (man spricht von der elastischen Streuung eines Neutrinos an einem geladenen Lepton). Auch für diese Prozesse braucht man ein entsprechendes Feldquant, das wir *Z⁰-Boson* oder einfach nur *Z-Boson* nennen wollen. Es trägt wie die beiden W-Bosonen Spin 1, ist aber elektrisch neutral. Auch dieses Teilchen ist uns in Abschn. 4.2 bereits kurz begegnet.

Insgesamt brauchen wir also zwei Feldquanten, die keinen Zeilenwechsel bewirken, und genau zwei Feldquanten kommen auch aus unserer *U(2)*-Eichtheorie heraus. Deshalb müssen wir übrigens auch *U(2)* und nicht *SU(2)* als Eichgruppe nehmen, denn bei *SU(2)* müssten wir analog zu den Gluonen wieder eine Kombinationsmöglichkeit entfernen und hätten nur noch ein Zeilen-neutrales Feldquant übrig.

Leider kann aber keine der beiden Kombinationen (+1/2, +1/2) und (−1/2, −1/2) mit dem Photon oder dem Z-Boson identifiziert werden. Der Hintergrund dafür ist etwas kompliziert und kann gerne übersprungen werden. Ich möchte aber dennoch versuchen, ihn hier kurz zu skizzieren, auch wenn man sicher nicht alles unmittelbar verstehen kann und nicht jedes Detail absolut präzise sein wird:

Man könnte zunächst versuchsweise die Kombination (−1/2, −1/2) mit dem Photon identifizieren, d. h. das Photon wirkt dann nur auf die Teilchen in der Isospin – 1/2-Zeile, also auf die geladenen Leptonen und nicht auf die Neutrinos. Das wäre so in Ordnung. Allerdings müsste man dann die andere Kombination (+1/2, +1/2) mit dem Z-Boson identifizieren, das beispielsweise die elastische Streuung eines Neutrinos an einem Elektron bewirkt. Ein solches Wechselwirkungsteilchen muss aber sowohl auf Neutrinos als auch auf geladene Leptonen wirken können, also eine Überlagerung aus (–1/2, –1/2) und (+1/2, +1/2) sein.

Da es um Überlagerungen geht, brauchen wir Wellenfunktionstabellen, die die Wirkung eines Wechselwirkungsquants (WW-Quants) auf die Leptonen darstellen. Es macht aus Gründen, auf die wir gleich noch zurückkommen, Sinn, mit den folgenden beiden Überlagerungen zu arbeiten (dabei kann man sich vorstellen, dass Pfeilkombination *A* zu einem formalen Wechselwirkungsquant *A* gehört und analog bei *B*):

Quantenzahlen	WW-Quant *A*	WW-Quant *B*
(+1/2, +1/2)	*a*	*b*
(–1/2, –1/2)	*–a*	*b*

In der Tabelle sind *a* und *b* reelle Zahlen, also Wahrscheinlichkeitspfeile (Amplituden), die nach rechts zeigen – das reicht für die Diskussion hier aus. Ihr Quadrat gibt an, mit welcher Wahrscheinlichkeit WW-Quant *A* bzw. *B* vorhanden ist. Entscheidend ist dabei, dass die beiden Auswirkungspfeile auf die Leptonen bei Kombination *A* entgegengesetzt und bei Kombination *B* dagegen identisch sind. Das *B*-Quant entspricht damit dem „weißen" Gluon, das wir in der starken Wechselwirkung ausschließen mussten. Man kann jede beliebige andere Pfeilkombination aus diesen beiden Basis-Pfeilkombinationen durch geeignete Drehstreckung und Addition aufbauen.

Wie hängen nun die beiden formalen WW-Quanten *A* und *B* mit den in der Natur vorkommenden WW-Quanten *Photon* und *Z-Boson* zusammen? Dazu nehmen wir an, dass wir die beiden Wellenfunktionspfeile *a* und *b* aus den Wellenfunktionspfeilen γ des Photons und Z des Z-Bosons zusammensetzen können, wobei γ und Z ebenfalls einfach reelle Zahlen sind, deren Quadrat jeweils die Wahrscheinlichkeit dafür angibt, ein Photon oder ein Z-Boson anzutreffen. Insgesamt soll die Summe der Wahrscheinlichkeiten für die WW-Quanten *A* und *B* gleich der entsprechenden Summe für Photon und Z-Boson sein, damit wir insgesamt die Wahrscheinlichkeit für das Auftreten jeweils irgendeines der beiden Teilchen nicht ändern. Es soll also $a^2 + b^2 = Z^2 + \gamma^2$ sein. Das erreichen wir, wenn wir den aus *a* und *b* gebildeten zweidimensionalen Vektor *(a, b)* durch eine Drehung aus dem Vektor *(Z, γ)* erzeugen (Abb. 6.1). Die entsprechende Formel sieht so aus:

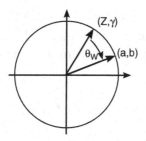

Abb. 6.1   Der Vektor (*a*, *b*) mit den Amplituden für die formalen WW-Quanten *A* und *B* hängt über eine Drehung mit dem Vektor (*Z*, *γ*) aus den Amplituden für das Z-Boson und das Photon zusammen. Den Drehwinkel θ_w nennt man *Weinbergwinkel*. Er mischt den Einfluss der Quanten *A* und *B* gerade so miteinander, dass er dem der physikalischen WW-Teilchen Z-Boson und Photon entspricht

$$a = Z \cdot \cos \theta_w + \gamma \cdot \sin \theta_w$$

$$b = -Z \cdot \sin \theta_w + \gamma \cdot \cos \theta_w$$

Den Drehwinkel θ_w nennt man *schwachen Mischungswinkel* oder auch *Weinbergwinkel*, zu Ehren des Physikers und Nobelpreisträgers Steven Weinberg, der wesentliche Beiträge zur Theorie der elektroschwachen Wechselwirkung geleistet hat. Der Weinbergwinkel ist ein freier Parameter der Theorie und muss im Experiment bestimmt werden. Mehr dazu später.

Nun können wir ausrechnen, wie die beiden WW-Quanten *A* und *B* zusammen auf ein Neutrino einwirken, und dies in die Wirkung des Photons und des Z-Bosons übersetzen.

In der *U(2)*-Eichtheorie stellt sich heraus, dass das WW-Quant *A* mit derselben Stärke die Neutrinos beeinflusst wie die beiden W-Bosonen, die zu einem Zeilenwechsel und damit zu einer Teilchenumwandlung führen (daher bezeichnet man das *A*-Quant auch oft als W_3-Quant). Das liegt letztlich daran, dass diese drei Quanten miteinander über *U(2)*-Eichtransformationen zusammenhängen. Diese Wechselwirkungsstärke mit Neutrinos beschreibt man bei diesen drei Quanten durch eine *schwache Ladung g*, so wie die elektrische Elementarladung *e* die Stärke der elektromagnetischen Wechselwirkung beschreibt (die schwache Ladung *g* ist übrigens nicht identisch mit dem *g*-Faktor des magnetischen Elektron-Momentes aus Abschn. 5.1). Wechselwirkungsquant *B* hängt dagegen nicht über Eichtransformationen mit den anderen drei Quanten zusammen und kann daher mit einer anderen *schwachen Ladung g′* mit den Neutrinos wechselwirken. Das ist auch letztlich der Grund dafür, warum wir oben die Quanten *A* und *B* überhaupt eingeführt haben.

Wenn beide Quanten *A* und *B* nun auf ein Neutrino einwirken, so ergibt dies im Feynman-Graphen einen Term $a \cdot g - b \cdot g'$, wobei das Minuszeichen nur eine Konvention ist, sodass nachher g und g' beide positiv sind. Die Wellenfunktionspfeile a und b können wir nun mithilfe der Formeln oben durch die Wellenfunktionspfeile γ und Z ausdrücken und dann γ sowie Z ausklammern. Das Ergebnis lautet:

$$ag - bg' = Z \ (g \cos \theta_w + g' \sin \theta_w) + \gamma \ (g \sin \theta_w - g' \cos \theta_w)$$

Der erste Term rechts gibt die Wirkung des Z-Bosons auf das Neutrino wieder, der Zweite die des Photons, wobei in den Klammern immer die entsprechende Ladung steht. Nun wirkt aber in der Natur ein Photon überhaupt nicht auf ein Neutrino ein, denn das Neutrino ist elektrisch neutral. Also muss die Ladungsklammer im γ-Term gleich null sein, d. h. es gilt: $g \sin \theta_w = g' \cos \theta_w$.

Man kann sich diese Formel sehr schön veranschaulichen, wenn man sie in die Form $g'/g = \sin \theta_w / \cos \theta_w = \tan \theta_w$ umschreibt. Gemäß der Definition des Tangens kann man demnach g und g' als die Seitenlängen in einem rechtwinkligen Dreieck darstellen, so wie in Abb. 6.2 gezeigt.

Wie wirken die beiden Quanten A und B zusammen auf ein Elektron? Dazu müssen wir beachten, dass das A-Quant gemäß unserer Tabelle oben mit dem entgegengesetzten Wahrscheinlichkeitspfeil auf das Elektron wirkt, verglichen mit der Wirkung auf das Neutrino. Der entsprechende Term lautet also $-a \cdot g - b \cdot g'$. Übersetzt in die Wirkung von Z-Boson und Photon ergibt das:

$$-ag - bg' = Z \ (-g \cos \theta_w + g' \sin \theta_w) + \gamma \ (-g \sin \theta_w - g' \cos \theta_w)$$

Die Ladungsklammer hinter der Photonamplitude γ muss die elektrische Ladung e des Elektrons ergeben. Eine genauere Betrachtung zeigt, dass außerdem noch ein Faktor -2 auftritt (auf eine Begründung verzichten wir hier). Da wir außerdem von oben wissen, dass $g \sin \theta_w = g' \cos \theta_w$ ist, ergibt sich somit $(-g \sin \theta_w - g' \cos \theta_w) = -2g \sin \theta_w = -2e$ oder kürzer (Abb. 6.2):

$$g \sin \theta_w = g' \cos \theta_w = e$$

Dies ist eine der zentralen Formeln in der Theorie der elektroschwachen Wechselwirkung. Sie verknüpft die elektrische Elementarladung e mit der schwachen Ladung g, mit der die beiden W-Bosonen wirken. Man kann den Weinbergwinkel θ_w beispielsweise mithilfe der Elektron-Neutrino-Streuung experimentell bestimmen und erhält den Wert

$$\theta_w = 28,74 \text{ Grad,}$$

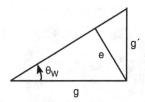

Abb. 6.2 Die beiden schwachen Ladungen *g* und *g'* kann man sich als Seitenlängen in einem rechtwinkligen Dreieck vorstellen, wobei der eingezeichnete Winkel der Weinbergwinkel θ_w ist. Dabei ist *g* die Ladung, mit der die beiden physikalischen W-Bosonen und das formale *A*-Quant auf Leptonen wirken, während *g'* die Ladung ist, mit der das formale B-Quant auf Leptonen wirkt. Die elektrische Elementarladung *e* ist dann gleich der Länge der eingezeichneten Höhenlinie im Dreieck

sodass $\sin\theta_w = 0{,}48$ ist. Die schwache Ladung *g* ist also etwa doppelt so groß wie die elektromagnetische Elementarladung *e*. Es kann also nicht an der Ladung liegen, dass die schwache Wechselwirkung bei den meisten Prozessen so viel schwächer wirkt als die elektromagnetische Wechselwirkung. Wie wir noch sehen werden, liegt es an der großen Masse der Wechselwirkungsquanten, also der W- und Z-Bosonen.

Mithilfe der Mischung der *A*- und *B*-Quanten ist es uns gelungen, neben den beiden W-Bosonen auch das Photon und das Z-Boson in der *U(2)*-Eichtheorie wiederzufinden. Dennoch ist diese Theorie für die Beschreibung der schwachen und elektromagnetischen Wechselwirkung leider immer noch unbrauchbar, und zwar aus folgendem Grund:

Wir wissen aus Abschn. 4.3, dass die schwache Wechselwirkung eine sehr kurze Reichweite hat und dass W- und Z-Bosonen daher eine große Masse aufweisen sollten, analog zu den Überlegungen Yukawas zu den starken Kernkräften, auf die wir früher bereits eingegangen sind. Diese großen Massen brauchen wir auch, um die geringe Stärke der schwachen im Vergleich zur elektromagnetischen Wechselwirkung zu erklären. Die Feldquanten der *U(2)*-Eichtheorie sind aber analog zu den Gluonen masselos, und man kann auch nicht ohne Weiteres eine Masse für sie in die Theorie einbauen, ohne beispielsweise die Renormierbarkeit der Theorie zu zerstören.

Um zu einer brauchbaren Theorie zu gelangen, muss eine neue Idee her, mit der man die bisherigen Erfolge der *U(2)*-Eichtheorie retten kann und die zugleich dafür sorgt, dass W- und Z-Bosonen eine große Masse erhalten, während das Photon masselos bleibt. Man muss also Unterschiede zwischen den vier Feldquanten erzeugen, die es in der *U(2)*-Eichtheorie so zunächst nicht gibt.

Das ist nun die Stelle, an der die *spontane Symmetriebrechung* ins Spiel kommt. Man muss dafür sorgen, dass die *U(2)*-Eichsymmetrie, die keinen besonderen Unterschied zwischen den vier Feldquanten macht, spontan

Abb. 6.3 Drei Möglichkeiten für den (zweiten) Higgs-Zeiger. Der helle Kreis ist der Bereich für die Zeigerspitze, für den das Higgs-Feld die geringste Energie aufweist

gebrochen wird. Damit ist gemeint, dass Lösungen der Feldgleichungen mit niedriger Energie die Eichsymmetrie nicht mehr aufweisen. Es können sich beispielsweise spontan Vorzugsrichtungen für die Zeigerfelder ausbilden.

In der zugehörigen Quantenfeldtheorie gehört die Feldlösung mit niedrigster Energie zum Quanten-Grundzustand: dem *Vakuum*. Auch dieser Quantenzustand und alle darauf aufbauenden Mehr-Teilchen-Zustände weisen die Eichsymmetrie dann nicht mehr auf. Damit ist es möglich, Unterschiede zwischen den Feldquanten zu generieren und sogar Massen für drei von ihnen zu erzeugen.

Um eine spontane Symmetriebrechung zu bewirken, benötigen wir einen entsprechenden Mechanismus, den die *U(2)*-Eichtheorie bisher nicht besitzt. Die einfachste Möglichkeit besteht darin, ein zusätzliches Zeigerfeld mit ebenfalls zwei Zeigern pro Raumpunkt einzuführen, analog zu den Zeigerfeldern für jede Leptonfamilie. Wir bezeichnen dieses Zeigerfeld als *Higgs-Feld*. Genau an dieser Stelle kommt also letztlich das berühmte *Higgs-Teilchen* ins Spiel.

Der energetisch tiefste Wert für dieses Higgs-Feld soll nun erreicht werden, wenn die Summe der beiden quadrierten Higgs-Zeigerlängen einen bestimmten positiven Wert erreicht. Anders als bei anderen Feldern ist es also nicht so, dass ein verschwindendes Feld die niedrigste Energie hat, sondern es gibt einen bestimmten positiven Vorzugswert für die Summe der beiden quadrierten Zeigerlängen.

Man kann nun allgemein sämtliche Zeigerfelder der Theorie immer so umdefinieren, dass im energetisch tiefsten Zustand der erste Higgs-Zeiger gleich null ist und nur die (quadrierte) Länge des zweiten Higgs-Zeigers gleich dem Vorzugswert sein muss (Abb. 6.3). Diese Wahl hängt auch damit zusammen, dass wir nur so nach der Symmetriebrechung das erste Lepton-Zeigerfeld mit dem Neutrino und das zweite Lepton-Zeigerfeld mit dem zugehörigen geladenen Lepton in Verbindung bringen können, so wie oben bereits angedacht. Der erste Higgs-Zeiger spielt also im Folgenden für die spontane Symmetriebrechung keine Rolle mehr.

Man kann sich den zweiten Higgs-Zeiger nun wie eine kleine Feder vorstellen, die wie ein Uhrzeiger drehbar befestigt ist. Wenn man Energie aufwendet, so kann man den Higgs-Zeiger über die bevorzugte Länge hinaus strecken oder stauchen (Abb. 6.3). Für eine Veränderung der Zeigerorientierung benötigt man dagegen keine Energie: Jede Zeigerstellung ist gleichwertig!

Die Richtung des zweiten Higgs-Zeigers ist also im Zustand niedrigster Energie nicht festgelegt. Er muss sich spontan für irgendeine Richtung entscheiden, so wie sich weiter oben unsere Kugel auf der Bergspitze spontan entscheiden muss, auf welcher Seite des Berges sie hinabrollen möchte. Hat sich dieser Higgs-Zeiger einmal entschieden, so sind die beiden Higgs-Zeiger zusammen nicht mehr *U(2)*-invariant. Würde man eine *U(2)*-Eichtransformation auf die beiden Higgs-Zeiger anwenden, so entspricht dies Drehungen und Vermischungen der beiden Zeiger, d. h. die Zeiger würden sich in den meisten Fällen ändern! Nur diejenigen *U(2)*-Transformationen, die lediglich den ersten Higgs-Zeiger verdrehen, haben keine Wirkung auf das niederenergetische Higgs-Feld, denn der erste Higgs-Zeiger ist null. Das Verdrehen nur eines einzigen Zeigers kennen wir als *U(1)*-Eichsymmetrie von der elektromagnetischen Wechselwirkung. Diese Symmetrie ist auch nach der spontanen Symmetriebrechung noch vorhanden, und das ist gut so, denn wir brauchen sie für die Beschreibung der elektromagnetischen Wechselwirkung. Sie sorgt dafür, dass das Photon masselos bleibt.

Das Higgs-Zeigerfeld des zweiten Higgs-Zeigers durchdringt im niedrigsten Energiezustand den gesamten Raum, wobei es die bevorzugte Zeigerlänge einnimmt und sich spontan für eine bestimmte Zeigerrichtung entscheidet muss. Dabei gibt es einen starken Herdentrieb unter den benachbarten Higgs-Zeigern: Die Higgs-Zeiger lieben es, sich genauso wie ihre Nachbarn zu verhalten. Es kostet also Energie, benachbarte Higgs-Zeiger auf verschiedene Zeigerstellungen einzustellen. Der niedrigste Energiezustand liegt vor, wenn alle Higgs-Zeiger dieselbe Zeigerstellung einnehmen und wenn sie dabei noch ihre bevorzugte Länge besitzen, d. h. die Zeiger-Feder ist weder gestreckt noch gestaucht. Man sieht, es gibt viele gleichwertige Möglichkeiten, den niedrigsten Energiezustand herzustellen, da alle Zeigerstellungen gleichwertig sind, solange sich nur alle Zeiger für dieselbe entschieden haben (Abb. 6.4).

Man kann sich daher das Vakuum wie eine Ansammlung unendlich vieler kleiner Kompassnadeln vorstellen, die ordentlich auf einer unendlich ausgedehnten Platte aufgestellt werden. Aufgrund der gegenseitigen magnetischen Anziehungs- und Abstoßungskräfte richten sich die Magnetnadeln spontan alle in einer bestimmten Richtung aus (ob dies in der Realität wirklich genau so geschieht, sei hier einmal dahingestellt – es handelt sich hierbei sowieso nur

Abb. 6.4 *Rechts* zwei Möglichkeiten für mehrere Higgs-Zeiger, einen Zustand minimaler Energie einzunehmen. Dafür müssen die Higgs-Zeiger parallel ausgerichtet sein und ihre bevorzugte Länge einnehmen. *Links* dagegen weisen die Higgs-Zeiger nicht den Zustand minimaler Energie auf, sodass sich keine Vorzugsrichtung ausbildet

um ein Hilfsmittel für unsere Vorstellungskraft). Die Drehsymmetrie dieser Anordnung ist damit spontan gebrochen, was beim Higgs-Feld der gebrochenen *U(2)*-Eichsymmetrie entspricht.

Wie kann nun diese spontane Symmetriebrechung durch das Higgs-Feld den W- und Z-Bosonen ihre Masse verleihen? Mathematisch geschieht dies dadurch, dass sich die Wechselwirkungsterme zwischen dem zweiten Higgs-Zeigerfeld und den W- und Z-Feldern teilweise in Massenterme umwandeln, sobald wir für das Higgs-Feld einen Zustand mit minimaler Energie einsetzen. Der Energiegehalt des parallelen zweiten Higgs-Zeigerfeldes führt dann zu Massen für die W- und Z-Bosonen, und nur noch lokale Störungen in der gleichmäßigen Ausrichtung dieser Higgs-Zeiger führen zu einer Restwechselwirkung zwischen Higgs-Feld-Störung und W- und Z-Bosonen. Das Photon-Zeigerfeld wechselwirkt dagegen nur mit dem ersten Higgs-Zeigerfeld, das bei der Symmetriebrechung zu null wird. Daher gibt es für das Photon gar keine Wechselwirkungsterme mit dem zweiten Zeigerfeld, die nach der Symmetriebrechung eine Photonmasse erzeugen könnten. Das Photon bleibt masselos.

Die Masse der W- und Z-Bosonen, die man durch die spontane Symmetriebrechung erhält, hängen vom Energiegehalt des zweiten Higgs-Zeigerfeldes ab, der ebenfalls ein freier Parameter der Theorie ist. Weiterhin ergibt sich aus der Rechnung der folgende direkte Zusammenhang zwischen den Massen (Abb. 6.5):

$$M_W/M_z = \cos\theta_W$$

Da der Weinbergwinkel aus anderen Experimenten bereits bekannt ist (siehe oben), ist diese Gleichung eine sehr wichtige Vorhersage der elektroschwachen Theorie, die sich experimentell überprüfen lässt.

Man kann nicht nur das Verhältnis der beiden Massen zueinander vorausberechnen, sondern sogar die Massen selbst, denn die Geschwindigkeit schwacher Zerfälle über das W-Boson (beispielsweise der Zerfall des Myons) ist umso größer, je größer die schwache Ladung g ist, und umso geringer, je größer die Masse der W-Bosonen ist (siehe dazu Abschn. 6.2). Man kann

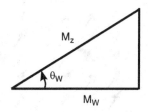

Abb. 6.5   Die W- und Z-Bosonmassen verhalten sich zueinander wie die Seitenlängen in einem rechtwinkligen Dreieck, wobei der eingezeichnete Winkel der Weinberg-winkel θ_W ist

daher das Verhältnis g/M_W aus diesen schwachen Zerfällen bestimmen, dann g aus $g \sin \theta_W = e$ berechnen und damit M_W ausrechnen. Die Gleichung $M_W/M_Z = \cos \theta_W$ liefert dann auch M_Z. Auf diese Weise erhält man ungefähr die Werte $M_W = 80$ GeV und $M_Z = 91$ GeV.

Tatsächlich werden wir im nächsten Kapitel sehen, dass die beiden experimentell ermittelten Massen $M_W = 80{,}4$ GeV und $M_Z = 91{,}2$ GeV sehr gut mit den vorhergesagten Werten übereinstimmen. Unsere Theorie wird diesen Test also glänzend bestehen!

Versuchen wir, eine vereinfachte anschauliche Vorstellung davon zu gewinnen, wie das Higgs-Feld zu Massen für die W- und Z-Bosonen führt. Dazu stellen wir uns das zweite Higgs-Feld vor wie ein Gas aus Higgs-Zeigern, d. h. die Higgs-Zeiger sollen frei verschiebbar sein. Die W- und Z-Bosonen sowie das Photon veranschaulichen wir uns ebenfalls als Zeiger mit einer festen Aus-richtung. Ihre Anziehungskraft auf das (zweite) Higgs-Feld soll in unserem Bild umso stärker sein, je paralleler ihre Zeiger zu den Higgs-Zeigern liegen. Dadurch kann sich eine Hülle aus parallelen Higgs-Zeigern um W- oder Z-Bosonen herumbilden (Abb. 6.6). Diese Hülle ist dann besonders dick, wenn der Zeiger des W- oder Z-Bosons ungefähr in die Richtung der Higgs-Zeiger orientiert ist. Die Dicke der Hülle aus Higgs-Zeigern hängt also von der Zei-gerstellung des jeweiligen Bosons ab. Da das Photon nun einen Zeiger haben soll, der senkrecht zu den Higgs-Zeigern liegt, zieht das Photon überhaupt keine Higgs-Zeiger an und wechselwirkt auch nicht mit Störungen im Higgs-Feld. Das Higgs-Teilchen, das diesen lokalen Störungen im zweiten Higgs-Zeigerfeld entspricht, ist also elektrisch neutral.

Nach der spontanen Symmetriebrechung des Higgs-Feldes sind also die W- oder Z-Bosonen sowie das Photon nicht mehr gleichwertig, ganz anders als beispielsweise die masselosen Gluonen in der starken Wechselwirkung! Die Energie der Hülle aus Higgs-Zeigern führt zu einer Masse für W- und Z-Bosonen, während das Photon keine solche Hülle gewinnt und deshalb masselos bleibt.

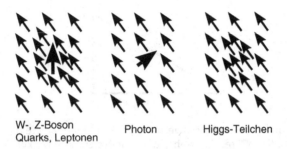

W-, Z-Boson   Photon   Higgs-Teilchen
Quarks, Leptonen

Abb. 6.6 Verschiedene Teilchen (dargestellt durch einzelne Zeiger) im Higgs-Zeiger-feld nach der spontanen Symmetriebrechung. Um W- und Z-Bosonen, aber auch um Quarks und Leptonen (*links*) bilden sich verschieden dicke Hüllen aus Higgs-Zeigern, die zu einer Masse dieser Teilchen führen. Um das Photon (*Mitte*) bildet sich dagegen keine Hülle, d. h. es bleibt masselos. Das Higgs-Teilchen (*rechts*) kann man sich als lokale Störung im Feld aus parallelen Higgs-Zeigern vorstellen

Das (zweite) Higgs-Feld selbst können wir nicht wahrnehmen, da es den gesamten Raum gleichmäßig durchdringt. Seine Existenz macht sich nur dadurch bemerkbar, dass andere Teilchen in ihm veränderte Eigenschaften haben. Es gibt aber doch eine Möglichkeit, das Higgs-Feld direkt zu sehen: Man müsste in ihm die oben angesprochenen lokalen Störungen erzeugen, sodass man diese Ungleichmäßigkeit im sonst überall gleichen Higgs-Feld sehen kann. Genau das macht man am LHC-Beschleuniger am CERN bei Genf. In der Quantenfeldtheorie entsprechen solche lokalen Störungen im parallelen Higgs-Zeigerfeld einem Teilchen: dem *Higgs-Teilchen* (Abb. 6.6 rechts).

Was wäre eigentlich geschehen, wenn sich die Higgs-Zeiger im Vakuum für eine andere Ausrichtung entschieden hätten? Wäre das Photon dann zu einem massiven Teilchen geworden? Nein, denn man kann dann aus den alten Zeigerfeldern neue Felder zusammenmischen, die sich wieder wie die alten Felder bei der alten Higgs-Ausrichtung verhalten. So könnte man im obigen Bild wieder einen Zeiger konstruieren, der nicht mit dem zweiten Higgs-Zeigerfeld wechselwirkt und damit das Photon repräsentiert. Die verschiedenen Ausrichtungsmöglichkeiten des Higgs-Zeigerfeldes liefern damit unendlich viele, physikalisch gleichwertige Modelle für das Vakuum und die darin sich bewegenden Teilchen. Keines dieser Modelle lässt sich mit endlichem Energieaufwand in ein anderes umwandeln. Sie existieren wie mehrere gleichwertige Welten nebeneinander.

Es ist sehr interessant, sich in diesem Zusammenhang noch einmal klar zu machen, wie sich die Vorstellung vom Vakuum im Laufe der Zeit verändert hat. So lehnte Aristoteles die Vorstellung von einem absolut leeren Raum ab mit der Begründung, der leere Raum müsse absolut symmetrisch

sein, sodass man keine Richtung festlegen könne, in die sich ein Körper fortbewegen kann. Später forderte man, dass der leere Raum mit einer Substanz
namens Äther angefüllt sein müsse, sodass man eine absolute Bewegung von
Körpern gegenüber diesem Äther festlegen kann. Seit Einsteins spezieller Relativitätstheorie jedoch akzeptierte man die Existenz eines absolut leeren und
symmetrischen Raumes ohne weitere Fragen.

Mit der Entwicklung der relativistischen Quantenfeldtheorie verlor der leere Raum jedoch seinen absoluten, statischen Charakter. Das Vakuum war auf
einmal angefüllt mit entstehenden und wieder vergehenden virtuellen Teilchen, sodass es wie ein Medium die physikalischen Phänomene beeinflussen
konnte.

Schließlich entdeckte man, dass man mithilfe der Eichsymmetrien in der
Lage war, die verschiedenen Wechselwirkungen (außer der Gravitation) zu
beschreiben. Die klassischen Feldgleichungen der Wechselwirkungen respektieren dabei diese Eichsymmetrien, d. h. sie verändern ihre Form bei den
Eichtransformationen der Zeigerfelder nicht. Nun zeigte sich aber, dass nicht
alle Konsequenzen, die sich aus den Eichsymmetrien ableiten lassen, in der
Natur erfüllt sind. Die Natur ist in diesem Sinne also nicht eichsymmetrisch,
obwohl die in ihr wirkenden Gesetze sich aus den Eichsymmetrien ableiten
lassen. Die Symmetrie der physikalischen Gesetze wird durch den Raum, in
dem sie wirken, verletzt! Die Gleichungen sind symmetrisch, aber der leere
Raum (das Vakuum) ist es nicht. Man kann dies nur verstehen, indem man
sich vorstellt, der leere Raum sei doch mit irgendetwas angefüllt, das die allgemeine Symmetrie stört – Aristoteles lag vielleicht doch nicht ganz verkehrt.
Dies bedeutet zwar nicht, dass der Raum nun mit irgendwelchen reellen Teilchen angefüllt ist, aber es bedeutet, dass der leere Raum mathematisch durch
etwas beschrieben werden muss, das die Eichsymmetrie zerstört. Nun verstehen wir auch, weshalb wir zur Veranschaulichung des Vakuums das Higgs-
Zeigerfeld bzw. die Magnetnadeln brauchen. Der absolut leere, symmetrische, dreidimensionale mathematische Raum taugt nicht zur Beschreibung
des physikalisch leeren Raumes.

Ein Phänomen der spontanen Symmetriebrechung, welches sich mithilfe des Magnetnadelmodells veranschaulichen lässt, ist die Wiederherstellung
einer spontan gebrochenen Symmetrie bei hohen Energien. An mehreren
Stellen in der bisherigen Ausführung konnten wir beobachten, dass eine zunächst existierende Symmetrie beim Übergang zu einer Situation mit gerin-
gerem Energieinhalt spontan gebrochen wurde. Umgekehrt kann bei Energiezufuhr der symmetrische Zustand wiederhergestellt werden, indem man
beispielsweise die Kugel wieder auf die Bergspitze zurückbringt.

Um diesen Vorgang besser zu verstehen, wollen wir uns vorstellen, dass wir
den gleichmäßig ausgerichteten Magnetnadeln in unserem Modell langsam

immer mehr Energie zuführen, sodass sie beginnen, immer stärker um ihre bisherige Gleichgewichtslage zu zittern. Die Stärke dieser zufälligen Zitterbewegung lässt sich durch den mittleren Energieinhalt der einzelnen Magnetnadeln charakterisieren und durch eine statistische Größe beschreiben, die als Temperatur bezeichnet werden kann. Diese Bezeichnung ist keineswegs zufällig gewählt, denn auch bei einer Tasse heißen Tees ist die Temperatur ein Maß für die Stärke der zufälligen Bewegungen der Moleküle darin.

Wenn wir nun das System der Magnetnadeln zunehmend aufheizen, also den einzelnen Magnetnadeln immer mehr Energie zuführen, werden schließlich einige Magnetnadeln beginnen, sich gelegentlich ein- oder mehrmals um ihre Achse zu drehen. Ab einer bestimmten Temperatur (d. h. ab einer bestimmten mittleren Bewegungsenergie der Nadeln) geschieht dann plötzlich etwas grundlegend Neues: Die einzelnen Magnetnadeln verlieren ihre bevorzugte mittlere Ausrichtung und drehen sich ganz willkürlich im Kreise, zittern gelegentlich unter ihrem gegenseitigen Einfluss um irgendeine beliebige Raumrichtung, um sich dann plötzlich wieder in kaum vorhersagbarer Weise weiterzudrehen. Es lässt sich keine Vorzugsrichtung mehr erkennen: Die spontan gebrochene Drehsymmetrie ist wiederhergestellt (Abb. 6.4, links).

Auch bei einem Quantensystem kann man den Begriff der Temperatur definieren. Man kann davon sprechen, dass man das Vakuum und die darin existierenden Teilchen aufheizt. Dies kann man sich so vorstellen, als ob die reellen und virtuellen Teilchen in immer stärkere, zufällige Bewegung geraten. Durch diese stochastische Bewegung verändern sich die physikalischen Eigenschaften des Vakuums und der in diesem Vakuum befindlichen Teilchen. Diese Eigenschaften erscheinen bei extrem hohen Temperaturen so, als ob die *U(2)*-Eichsymmetrie, die die elektroschwache Wechselwirkung bestimmt, vollständig vorhanden sei. Bei niedrigeren Temperaturen dagegen erscheint die Eichsymmetrie gebrochen, was sich in den Eigenschaften der Wechselwirkung manifestiert.

Der heute im Universum vorhandene Raum lässt sich am besten als Vakuum mit sehr niedriger Temperatur verstehen, in dem sich in sehr großer Verdünnung niederenergetische Teilchen befinden. Der weitaus größte Teil des Universums besteht aus fast leerem Raum, der von einer elektromagnetischen Wärmestrahlung durchsetzt ist, wie sie im Inneren eines Hochleistungs-Kühlschranks bei etwa 3 °K (minus 270 °C) herrscht. Man bezeichnet diese schwache Mikrowellenstrahlung als *kosmische Hintergrundstrahlung*. Sie wurde im Jahre 1964 von Penzias und Wilson entdeckt und liefert ein entscheidendes Indiz für den Urknall als Anfang unseres Universums.

Auch das etwa 15 Mio. Grad heiße Innere der Sonne muss in den Energiemaßstäben der Teilchenphysik als niederenergetisch angesehen werden. Ein

Atom im Sonneninneren besitzt eine mittlere Bewegungsenergie von einigen Kilo-Elektronenvolt. Dies ist im Vergleich zur Ruhemasse eines Protons von 1 Mio. keV verschwindend wenig.

In der Anfangsphase des Universums jedoch, wenige Millisekunden nach dem Urknall, war die Temperatur so unvorstellbar hoch, dass heute spontan gebrochene Symmetrien damals vollständig erhalten gewesen sein müssen. Eine beliebte Vorstellung ist die, dass die Wechselwirkung der Teilchen in diesem heißen Universum von einer einzigen Superwechselwirkung bestimmt war, die aus einer noch unbekannten Symmetrieeigenschaft des Universums herrührt. Bei der Ausdehnung des Universums kühlte sich dieses sehr schnell ab und immer neue Anteile dieser Symmetrie wurden spontan gebrochen. Dabei spaltete sich die eine Superwechselwirkung in mehrere, scheinbar unabhängige Wechselwirkungen auf, die wir heute als starke, schwache und elektromagnetische Wechselwirkung sowie als Gravitation beobachten. Falls dies so ist, und einige Indizien deuten darauf hin, so besteht die Aufgabe der Teilchenphysik darin, die anfängliche universelle Symmetrie und die dazugehörige Wechselwirkung aufzuspüren und die Details der spontanen Brechung dieser Symmetrie aufzudecken. Das Ergebnis könnte dann das sein, was man häufig mit dem Begriff *Weltformel* bezeichnet.

Bei der Suche nach der grundlegenden Symmetrie ist man auf geeignete Experimente angewiesen, die den richtigen Weg aufzeigen können. Nun ist es natürlich unmöglich, in irgendeinem größeren Raumbereich eine Temperatur zu erzeugen, wie sie zu Beginn des Universums geherrscht hat. Auch ein Fusionsreaktor oder eine nukleare Kettenreaktion kann ja lediglich Temperaturen erzeugen, die mit der Temperatur im Sonneninneren vergleichbar sind.

Es ist aber gar nicht nötig, einen größeren Raumbereich derart aufzuheizen. Sinnvoller ist es, sehr hochenergetische Teilchen, wie sie in modernen Beschleunigern erzeugt werden können, aufeinander zu schießen und ihre Wechselwirkung miteinander zu untersuchen. Die Wechselwirkung sehr hochenergetischer Teilchen wird von der sie umgebenden Polarisationswolke aus virtuellen Teilchen mit bestimmt. Bei hohen Teilchenenergien kann man sich vorstellen, dass die Polarisationswolken der miteinander wechselwirkenden Teilchen stark aufgeheizt werden, sodass sich die Wechselwirkung wie in einem aufgeheizten Vakuum vollzieht. Auf diese Weise lässt sich untersuchen, wie sich die Wechselwirkung mit zunehmender Temperatur des Vakuums ändert. Allerdings muss man zugeben, dass die heute mit Beschleunigern erreichbaren Teilchenenergien noch weit davon entfernt sind, die Aufhebung der Brechung einer Symmetrie direkt beobachten zu können.

Immerhin kennen wir aber bereits einen Hinweis auf die Aufhebung einer solchen Symmetriebrechung und damit auf die Angleichung zweier Wechselwirkungen. Im Rahmen der QED können wir berechnen, dass die elektrische

Elementarladung bei zunehmenden Teilchenenergien anwächst. Wir haben dies in Abschn. 5.4 als *gleitende Ladung* bezeichnet. Genau dies wird durch die Experimente an den großen Teilchenbeschleunigern bestätigt. Andererseits wissen wir aus der QCD, dass die Farbladung der Quarks bei hohen Teilchenenergien abnimmt. Man könnte daher vermuten, dass bei sehr hohen Teilchenenergien beide Ladungen gleich werden, und dass die elektromagnetische (genauer: die elektroschwache) Wechselwirkung mit der starken Wechselwirkung zu einer einzigen übergreifenden Wechselwirkung verschmilzt. Entsprechende Rechnungen legen nahe, dass diese Verschmelzung bei Teilchenenergien von etwa 10^{16} GeV stattfinden könnte, also bei etwa einem Tausendstel der sogenannten Planck-Energie, auf die wir im Zusammenhang mit der Gravitation später noch zurückkommen werden.

Kehren wir zurück zur elektroschwachen Wechselwirkung. Die entsprechende Eichtheorie ist nicht auf die drei Leptonfamilien beschränkt, sondern sie kann problemlos auch auf die drei Quarkfamilien angewendet werden, die analog eine entsprechende Isospin-Zeilennummer erhalten. Jedes Quark und jedes Lepton spürt also etwas von der elektroschwachen Wechselwirkung.

Zentraler Bestandteil der Theorie dieser Wechselwirkung ist die spontane Symmetriebrechung durch das Higgs-Feld. Das zugehörige Teilchen, das Higgs-Boson, ist also nicht einfach irgendein weiteres Teilchen. Es ist *das* entscheidende Teilchen, das unmittelbar mit den inneren Symmetrieeigenschaften des leeren Raumes verknüpft ist und das den W- und Z-Bosonen ihre Masse verleiht. Und nicht nur das! Es erzeugt sogar die Masse *aller* Masse tragenden Quarks und Leptonen, denn zunächst sind Quarks und Leptonen in der *U(2)*-Eichtheorie alle masselos. Manche bezeichnen daher das Higgs-Teilchen auch als das *göttliche Teilchen*. Leider kann man weder die Masse des Higgs-Teilchens noch die Massen der Quarks und Leptonen im Rahmen der elektroschwachen Wechselwirkung direkt berechnen, sondern sie sind freie Parameter der Theorie und müssen experimentell bestimmt werden.

Es sei hier erwähnt, dass die Einführung des Higgs-Bosons zwar die einfachste und naheliegendste, aber nicht die einzige Möglichkeit darstellt, eine spontane Brechung der *U(2)*-Eichsymmetrie herbeizuführen. Auch kompliziertere Ansätze sind denkbar, beispielsweise durch Hinzunahme weiterer Fermionen, die aufgrund einer neuen sehr starken Wechselwirkung nach dem Vorbild der Supraleitung ein sogenanntes Paar-Kondensat bilden und dadurch zu einer dynamischen Symmetriebrechung führen (man spricht hier von *Technicolor*). Man war also vor der Inbetriebnahme des LHC-Beschleunigers am CERN sehr gespannt, ob das Higgs-Teilchen dort tatsächlich nachgewiesen werden kann oder ob die Natur einen anderen Weg beschreitet, der sich am LHC aufdecken lässt.

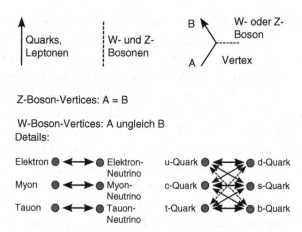

Abb. 6.7 In der Quantenfeldtheorie der elektroschwachen Wechselwirkung gibt es zusätzlich zu Quark- und Leptonlinien auch Linien für die beiden W-Bosonen und das Z-Boson, die über Vertices an alle Quarks und Leptonen ankoppeln können. Beim Z-Boson-Vertex bleibt das Quark bzw. Lepton unverändert. Beim W-Boson sind dagegen ein- und auslaufendes Quark oder Lepton verschieden, wobei die hier dargestellten Übergänge möglich sind. Linien und Vertices für das Higgs-Boson haben wir hier weggelassen

Bleiben wir bei der heute favorisierten Variante mit einem Higgs-Boson, die sich im Sommer 2012 durch die mutmaßliche Entdeckung des Higgs-Teilchens sehr wahrscheinlich bestätigt hat. Da die in der elektroschwachen Theorie auftretenden Ladungen alle die Größenordnung der elektrischen Elementarladung besitzen, sind sie klein genug, sodass sich die entsprechende Quantenfeldtheorie mithilfe von Feynman-Graphen formulieren lässt. Schauen wir uns also die neuen Bausteine an, die uns zur Konstruktion von Feynman-Graphen für die elektroschwache Wechselwirkung zur Verfügung stehen (Abb. 6.7).

Zunächst einmal finden wir neben den bereits aus der QED und QCD bekannten Linien für Quarks, Leptonen, Photonen und Gluonen drei Linien für die neuen Wechselwirkungsteilchen W^+, W^- und Z, die die schwache Wechselwirkung beschreiben. Das Z-Boson kann dabei mit jedem Quark und Lepton einen Vertex bilden. Im Unterschied zum Photon gibt es für das Z-Boson dabei auch Vertices mit den drei Neutrinos. Wichtig ist bei den Z-Vertices, dass durch sie analog zum Photon die Sorte des Teilchens nicht geändert wird, an welches das Z ankoppelt.

Dies ist anders bei den beiden W-Bosonen, die ja eine elektrische Ladung transportieren. Sendet beispielsweise ein Elektron ein W^--Boson aus, so muss es sich in ein elektrisch neutrales Teilchen verwandeln, da die Gesamtsumme der elektrischen Ladungen sich nicht ändern darf (Erhaltungssatz der elektrischen Ladung). Dieses neutrale Teilchen ist das Elektron-Neutrino, kurz ν_e.

Welche Teilchenpaarungen können nun bei einem W-Vertex auftreten? Ein W-Boson-Vertex kann zunächst ein geladenes Lepton, z. B. ein Elektron, in das zugehörige Neutrino – in diesem Fall also ein Elektron-Neutrino – umwandeln und umgekehrt. Derselbe Vertex erlaubt dann auch beispielsweise die Umwandlung eines Elektrons und eines Elektron-Antineutrinos in ein negatives W-Boson. Die Umwandlung eines Elektrons in ein Myon-Neutrino ist dagegen nicht möglich. Ein W-Boson vermittelt also nur zwischen den Leptonen einer Familie, nicht aber über Familiengrenzen hinweg.

Bei den Quarks kann ein W-Boson ein *u*-, *c*- oder *t*-Quark in ein *d*-, *s*- oder *b*-Quark umwandeln und umgekehrt, wobei im Prinzip alle Kombinationen erlaubt sind. Jedes Quark mit der elektrischen Ladung $+2/3$ (also ein *u*-, *c*- oder *t*-Quark) kann mit jedem Quark der Ladung $-1/3$ (also ein *d*-, *s*- oder *b*-Quark) einen W-Boson-Vertex bilden. Ein W-Boson kann also auch über die Grenzen der drei Quarkfamilien *(u, d)*, *(c, s)* und *(t, b)* hinweg vermitteln. Dabei sind Übergänge zwischen Quarks aus derselben Familie (z. B. *u* und *d*) deutlich wahrscheinlicher als Übergänge zwischen Quarks aus benachbarten Familien (z. B. *u* und *s*). Noch viel schwächer sind Übergänge über zwei Familien hinweg, also z. B. von *b* nach *u*.

Um das besser zu verstehen, beschränken wir uns zunächst auf die beiden ersten Quarkfamilien *(u, d)* und *(c, s)*. Das Analogon zu den beiden ersten Leptonfamilien (e, v_e) und (μ, v_μ) sind aus Sicht der W-Bosonen aber nicht die beiden genannten Quarkfamilien, sondern die Quarkfamilien *(u, d')* und *(c, s')*, d. h. die W-Bosonen verwandeln beispielsweise einen *u*-Wahrscheinlichkeitspfeil in einen *d'*-Wahrscheinlichkeitspfeil, nicht aber in einen *s'*-Wahrscheinlichkeitspfeil (das Hochkomma hat hier nichts mit Antiteilchen zu tun). Dabei ist der Vektor *(d', s')* gegenüber dem Vektor *(d, s)* um einen Winkel θ_c verdreht, ganz analog zur Verdrehung von *(a, b)* gegenüber *(Z, γ)*, die wir bereits kennengelernt haben. Den neuen Drehwinkel θ_c nennt man *Cabibbo-Winkel* (nicht zu verwechseln mit dem Weinbergwinkel). Er beschreibt, wie stark W-Boson-Vertices zwischen den beiden ersten Quarkfamilien möglich sind. Auch der Cabibbo-Winkel ist wieder ein freier Parameter der Theorie, der gemessen werden muss. Sei experimenteller Wert beträgt $\theta_c = 13°$, d. h. die Verdrehung ist relativ gering und W-Boson-Vertices zwischen den beiden ersten Quarkfamilien sind deshalb deutlich schwächer als innerhalb einer Quarkfamilie.

Bezieht man die dritte Quarkfamilie mit ein, so sind weitere Verdrehungen möglich, die man mithilfe einer verallgemeinerten Drehmatrix beschreiben kann. Sie heißt Cabibbo-Kobayashi-Maskawa-Matrix (kurz *CKM-Matrix*) und umfasst neben dem Cabibbo-Winkel noch zwei weitere Drehwinkel sowie einen komplexen Phasenfaktor, also insgesamt vier reelle Parameter, die alle experimentell bestimmt werden müssen. Auf weitere Details zu dieser

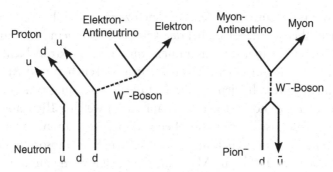

Abb. 6.8   Zerfall des Neutrons (*links*) und des negativen Pions (*rechts*). Dabei kommt in beiden Fällen derselbe W-Boson-Vertex zum Tragen

Matrix wollen wir hier verzichten. Uns genügt, die ungefähren Stärken der einzelnen W-Boson-Quark-Vertices relativ zueinander anzugeben:

	d	*s*	*b*
u	0,974	0,226	0,004
c	0,226	0,973	0,041
t	0,009	0,041	0,999

Ein *t*-Quark zerfällt unter Aussendung eines W-Bosons also sehr gerne in ein *b*-Quark, weniger gerne in ein *s*-Quark und noch weniger gerne in ein *d*-Quark. Bei den Übergängen zwischen verschiedenen Quarkfamilien sind die Übergänge zwischen *c*- und *d*-Quark sowie zwischen *s*- und *u*-Quark noch relativ stark ausgeprägt, während sie ansonsten relativ klein ausfallen.

Wie stellt sich in diesem Bild nun beispielsweise der Zerfall eines Neutrons in ein Proton, ein Elektron und ein Anti-Elektronneutrino dar? Das können wir problemlos folgendermaßen verstehen: Ein *down*-Quark innerhalb des Neutrons verwandelt sich unter Aussendung eines W-Bosons in ein *up*-Quark, wobei sich das ausgesendete W-Boson in ein Elektron und ein Anti-Elektronneutrino umwandelt (Abb. 6.8).

Ein weiteres Beispiel ist der Zerfall des negativ geladenen Pions. Dieses Pion, das aus einem *up*-Antiquark und einem *down*-Quark besteht, zerfällt über ein W-Boson bevorzugt in ein Myon und ein Myon-Antineutrino (Abb. 6.8).

Die Vielfalt der Vertices der schwachen Wechselwirkung ermöglicht eine große Zahl physikalischer Prozesse, die ohne die schwache Wechselwirkung nicht möglich wären. So wären beispielsweise die geladenen Pionen oder das Neutron stabil.

Kehren wir noch einmal zu den Leptonen zurück. Bei ihnen ist die Situation deutlich übersichtlicher als bei den Quarks. Bei einem W-Boson-Vertex kann ein Elektron immer nur zusammen mit einem Elektron-Neutrino auftreten, nicht jedoch mit einem Myon-Neutrino (Teilchen und Antiteilchen seien hier nicht unterschieden, da dies bei der Betrachtung von Vertices keinen Sinn macht – es kommt ja nur darauf an, in welcher Richtung man die Pfeile liest). Analog ist die Situation beim Myon und Tauon. Diese Tatsache ermöglicht erst die Unterscheidung der einzelnen Neutrinosorten, die anders als die Quarks nicht durch ihre Masse unterschieden werden können, solange wir die winzigen Neutrinomassen vernachlässigen.

Die Teilchenmassen sind letztlich der Grund dafür, warum die Quarkfamilien aus Sicht des W-Bosons miteinander vermischt sind, die Leptonfamilien dagegen nicht. Nur bei massiven Teilchen sind in der elektroschwachen Theorie eine Mischung der Familien und damit W-Boson-Vertices zwischen den Familien möglich. Das liegt daran, dass man die Teilchenmasse als Unterscheidungsmerkmal braucht, um überhaupt die angegebenen Quarkfamilien *(u, d)*, *(c, s)* und *(t, b)* definieren zu können. Ohne die Teilchenmasse fehlt dieses Unterscheidungsmerkmal, und wir können die Quantenwellen der Teilchen nur noch über ihre Erzeugung durch die schwache Wechselwirkung unterscheiden, also über den W-Boson-Vertex. Das ergibt dann für diesen Vertex die Kombinationen *(u, d')*, *(c, s')* und *(t, b')*, wobei *(u, d')* bedeutet, dass eine *u*-Quantenwelle über einen W-Boson-Vertex immer in eine *d'*-Quantenwelle übergeht. Offenbar sind die Quantenwellen, die zu definierter Quarkmasse gehören, nicht mit den Quantenwellen identisch, die ein *W*-Boson-Vertex erzeugt, sondern miteinander gemischt. Genau diese Mischung drückt die CKM-Matrix aus.

Die fehlenden Übergänge zwischen den Leptonfamilien sind also in der verschwindend geringen Masse der Neutrinos begründet, die weniger als 2 eV beträgt (vermutlich deutlich weniger; die genauen Werte kennt man nicht) und die damit kein gut messbares Unterscheidungsmerkmal mehr liefert. Ein Elektron-Neutrino erkennt man eben daran, dass es sich unter Aussendung eines W-Bosons in ein Elektron verwandelt, nicht aber in ein Myon.

Da Neutrinos nur über die schwache Wechselwirkung mit gewöhnlicher Materie wechselwirken, ist es sehr schwer, ihre winzige Masse zu bestimmen, anders als bei den Quarks, deren unterschiedliche Masse sich in den Eigenschaften der entsprechenden Hadronen deutlich sichtbar niederschlägt. Die verschiedenen Quarks sind daher im Wesentlichen über ihre Masse definiert, die verschiedenen Neutrinos dagegen über das geladene Lepton, mit dem sie einen W-Boson-Vertex bilden. Die Elektron-, Myon- und Tau-Neutrino-Quantenwellen entsprechen also den *d'*, *s'* und *b'*-Quark-Quantenwellen, und wie diese bestehen sie aus einer Überlagerung von Wellen, die zu drei verschiedenen Massen gehören (die Möglichkeit, dass es noch mehr Massenwerte gibt, lassen wir hier außer Acht). Ein Elektron-Neutrino hat also gar keine feste Masse, sondern es gibt bei ihm drei mögliche Messwerte für die Masse, die mit verschiedenen Wahrscheinlichkeiten auftreten. Die Quantentabelle für ein Elektron-Neutrino hat also drei Zeilen, welche die drei möglichen Massen sowie die zugehörigen Wahrscheinlichkeitspfeile enthalten, wobei die Länge und relative Orientierung der Pfeile charakteristisch für die jeweilige Neutrinosorte ist. Das ist ungewohnt, da sich die Masse bei anderen Teilchen normalerweise sehr leicht messen lässt und daher immer als Unterscheidungskriterium für Teilchensorten verwendet wird. Bei Neutrinos ist das anders, sodass die Masse analog zu Ort oder Impuls den Regeln der Quantentheorie unterliegt.

Nun bestimmt die Masse, wie Energie und Impuls und damit wie Frequenz und Wellenlänge miteinander zusammenhängen. Die Änderungsraten, mit der sich die drei Pfeile in der Quantentabelle des Elektron-Neutrinos periodisch in Raum und Zeit drehen, unterscheiden sich daher geringfügig von Zeile zu Zeile. In größerer Entfernung vom Entstehungsort verändert sich daher die relative Ausrichtung der drei Pfeile zueinander, und die drei Pfeile passen dort nun nicht mehr zu einem Elektronneutrino, sondern sie entsprechen einer quantenmechanischen Überlagerung aller drei Neutrinosorten. Das bedeutet, dass man in dieser Entfernung auch mit einer gewissen Wahrscheinlichkeit beispielsweise ein Myon-Neutrino nachweisen kann, während die Wahrscheinlichkeit für den Nachweis eines Elektron-Neutrinos kleiner geworden ist. Da sich die möglichen Verdrehungen der Pfeile relativ zueinander räumlich periodisch wiederholen, verhalten sich auch die entsprechenden Wahrscheinlichkeiten für den Nachweis der einzelnen Neutrinosorten räumlich periodisch. Man spricht daher von *Neutrino-Oszillationen*.

Experimente zu Neutrino-Oszillationen sind wegen der geringen Nachweisbarkeit von Neutrinos sehr schwierig. Als Quelle für Neutrinos dient in vielen Experimenten die Sonne, in deren Inneren bei den dort ablaufenden Kernfusionsprozessen ständig Wasserstoffkerne zu Heliumkernen verschmelzen. Dabei werden für jeden Heliumkern zwei Protonen und zwei Neutronen benötigt. Da Neutronen in Wasserstoffkernen nur sehr selten vorkommen, müssen Protonen teilweise in Neutronen umgewandelt werden. Dieser Umwandlungsprozess wird durch die Existenz der schwachen Wechselwirkung erst möglich, denn er erfordert die Umwandlung eines *up*-Quarks in ein *down*-Quark, wobei ein Positron sowie ein Elektron-Neutrino entstehen (Abb. 6.9). Diese Neutrinos verlassen das Sonneninnere nahezu ungehindert und können auf der Erde nachgewiesen werden. Wir sehen, dass die Existenz der schwachen Wechselwirkung durchaus von Bedeutung für unsere Welt ist, denn ohne sie würde unsere Sonne nicht leuchten.

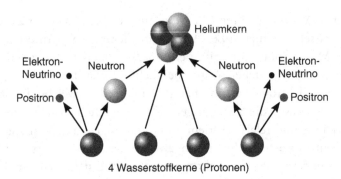

Abb. 6.9 Schematische Darstellung der Kernfusion im Sonneninneren. Die in Wirklichkeit ablaufenden Prozesse sind im Detail allerdings komplexer

Würde man nun auf der Erde statt eines Elektron-Neutrinos gelegentlich ein Myon-Neutrino nachweisen, und könnte man zusätzlich sicherstellen, dass dieses Neutrino aus dem Inneren der Sonne stammt, so hätte man Neutrino-Oszillationen nachgewiesen. Aus energetischen Gründen können bei den Fusionsprozessen im Sonneninneren nämlich keine Myonen und Myon-Neutrinos gebildet werden, sondern nur die wesentlich leichteren Positronen und Elektron-Neutrinos.

In den meisten Experimenten zu solaren Neutrino-Oszillationen misst man nicht die potenziellen Myon-Neutrinos, sondern man misst die Intensität des auf der Erde ankommenden solaren Elektron-Neutrino-Stroms und vergleicht sie mit dem Wert, den man aufgrund der Stärke der Kernfusion im Sonneninneren erwarten würde. Dabei stellt man immer ein deutliches Defizit fest. Man geht heute davon aus, dass sich die Elektron-Neutrinos auf dem Weg zur Erde teilweise in Myon- und Tauon-Neutrinos umwandeln, die im Detektor nicht nachgewiesen werden können. Ähnliche Ergebnisse erhält man auch in anderen Neutrino-Experimenten, sodass die Existenz von Neutrino-Oszillationen mittlerweile als gesichert gilt. Im Frühjahr 2010 ist es im Rahmen des sogenannten OPERA-Experiments schließlich gelungen, erstmals die Umwandlung von Myon-Neutrinos in Tau-Neutrinos direkt nachzuweisen. Dazu wurde am CERN bei Genf in einem Beschleuniger ein Myon-Neutrino-Strahl erzeugt und quer durch Fels und Stein zu einem 730 km entfernten Detektor tief unter dem Gran Sasso-Gebirgsmassiv bei Rom geschickt, in dem dann Tau-Neutrinos nachgewiesen werden konnten. Es ist schon erstaunlich, was für Experimente heute möglich sind. Damit ist klar: Neutrinos haben eine winzige Masse, die aber aufgrund der Experimente deutlich kleiner als 2 eV sein muss. Aus den Neutrino-Oszillationen lassen sich leider nur die Unterschiede zwischen den Massenquadraten ermitteln, die bei $m_2{}^2 - m_1{}^2 = 8 \cdot 10^{-5}$ eV^2 und $m_3{}^2 - m_2{}^2 = 2{,}4 \cdot 10^{-3}$ eV^2 liegen, wobei

m_1 vermutlich die kleinste und m_3 die größte Neutrinomasse ist. Die Massen m_1 und m_2 liegen also sehr dicht beieinander, während der Abstand zu m_3 größer ist. Der m_1-Anteil ist dabei beim Elektron-Neutrino am größten (mehr als die Hälfte), während er beim Myon- und Tau-Neutrino nur noch jeweils weniger als ein Viertel beträgt. Die Masse m_2 ist bei allen drei Neutrinos etwa gleich stark vertreten, und m_3 tritt zu je 50 % nur beim Myon- und Tau-Neutrino auf.

Über den Ursprung der winzigen Neutrinomassen weiß man bisher nur wenig, aber einige Anzeichen sprechen dafür, dass in diesem Zusammenhang physikalische Phänomene jenseits des Standardmodells wichtig sein könnten. In den nächsten Jahren wird man Experimente zu Neutrinos und ihren Oszillationen daher verstärkt fortführen. So ging beispielsweise im Jahr 2011 das Neutrino-Teleskop *IceCube* in Betrieb, das tief im antarktischen Eis kosmische Neutrinos nachweist. Teilchenphysik und Astrophysik wachsen hier zunehmend zusammen.

Die schwache Wechselwirkung ist im Vergleich zur elektromagnetischen und starken Wechselwirkung schon recht ungewöhnlich. Sie besitzt zudem eine weitere wichtige Eigenschaft, die weder die elektromagnetische noch die starke Wechselwirkung aufweisen: Sie verletzt die *Spiegelsymmetrie* (auch *Paritäts-Symmetrie* genannt). Das hatte zunächst niemand erwartet, bis es im Jahr 1956 von Lee und Yang aufgrund des Kaonzerfalls in zwei oder drei Pionen zunächst vermutet und kurz darauf von der chinesisch-amerikanischen Physikerin Chien-Shiung Wu beim radioaktiven Zerfall von Cobalt-60 nachgewiesen wurde.

Verletzung der Spiegelsymmetrie bedeutet, dass man erkennen kann, ob man ein entsprechendes physikalisches Experiment in einem Spiegel betrachtet oder nicht. Das spiegelbildliche Experiment hätte andere Ergebnisse als das ursprüngliche Experiment. Am deutlichsten sieht man das am Neutrino, dessen winzige Masse wir hier vernachlässigen wollen, sodass es immer praktisch mit Lichtgeschwindigkeit fliegt und nicht überholt werden kann. Dabei ist es egal, welche der drei Neutrinosorten wir nehmen. Misst man den Spin eines Neutrinos entlang der Flugrichtung, so stellt man fest, dass er immer entgegen der Flugrichtung orientiert ist, was man als *negative Helizität* bezeichnet. In Flugrichtung gesehen rotiert das Neutrino im klassischen Bild also links herum, so wie sich die Finger der linken Hand um die Richtung des ausgestreckten Daumens krümmen können, weshalb man auch von *linkshändigen Neutrinos* spricht. Antineutrinos sind dagegen rechtshändig, ihr Spin zeigt in Flugrichtung (positive Helizität), und sie rotieren in Flugrichtung entsprechend rechts herum.

Würde man ein linkshändiges Neutrino im Spiegel betrachten, so hätte man ein rechtshändiges Neutrino vor sich. Solche Neutrinos gibt es aber in der Natur nicht, solange wir ihre winzige Masse vernachlässigen (zumindest wurden rechtshändige Neutrinos bisher noch nie beobachtet). Entstehen andere Teilchen zusammen mit dem Neutrino bei einem Teilchenzerfall, so wirkt sich diese Verletzung der Spiegelsymmetrie auf das gesamte Experiment aus, z. B. auf die Winkelverteilung und die Spins der anderen Teilchen.

Die schwache Wechselwirkung verletzt also die Spiegelsymmetrie in der Natur. Warum das so ist, kann meines Wissens heute niemand sagen. In der mathematischen Formulierung berücksichtigt man diese Eigenschaft dadurch, dass die *U(2)*-Eichsymmetrie nur bei sogenannten linkshändigen Zeigerfeldern zu Zeilenwechseln führen kann. W-Bosonen wirken daher nur auf linkshändige Felder, während Z-Bosonen auch zum Teil auf rechtshändige Felder wirken. Photonen und Gluonen wirken dagegen in gleicher Weise auf rechts- und linkshändige Felder.

Nur bei masselosen Teilchen macht es übrigens Sinn, von links- oder rechtshändigen Teilchen zu sprechen, da die Händigkeit (auch *Chiralität* genannt) dann durch die Helizität, also durch die Spinausrichtung in Flugrichtung, festgelegt ist. Bei Teilchen mit Masse ist die Helizität weiterhin eine messbare Quantenzahl, nicht dagegen die Händigkeit. Ein massives Teilchen mit negativer Helizität besitzt sowohl links- als auch rechtshändige Anteile in seiner mathematischen Beschreibung, wobei der linkshändige Anteil umso stärker ist, je schneller sich das Teilchen bewegt. Bei einem ruhenden Teilchen sind dagegen links- und rechtshändige Anteile gleich groß. Für die schwache Wechselwirkung bedeutet das: Wenn Teilchen über W-Bosonen erzeugt werden, so haben sie eine umso höhere Wahrscheinlichkeit für negative Helizität, je schneller sie sind. Bei Antiteilchen ist es umgekehrt. Daher zerfällt beispielsweise das negative Pion bevorzugt in ein Myon und ein Myon-Antineutrino und nur ganz selten in ein viel leichteres Elektron und ein Elektron-Antineutrino, obwohl dabei viel mehr Energie frei würde, was normalerweise die Zerfallswahrscheinlichkeit vergrößert (siehe Abb. 6.8). Da das Pion Spin Null hat und der Spin des Antineutrinos immer in seine Flugrichtung zeigt, muss der Spin des Elektrons oder Myons in dessen (entgegengesetzte) Flugrichtung zeigen, was einer positiven Helizität entspricht. Die schwache Wechselwirkung möchte jedoch diese positive Helizität des Elektrons oder Myons eigentlich vermeiden, und zwar umso stärker, je schneller das Teilchen ist. Der Zerfall in das schnellere Elektron (plus Neutrino) ist daher gegenüber dem Zerfall in das viel langsamere Myon (plus Neutrino) stark unterdrückt.

Ein Experiment und sein spiegelbildliches Gegenstück liefern also nicht immer dieselben Ergebnisse. Man könnte nun annehmen, dass die Welt wieder in Ordnung ist, wenn man ein Experiment nicht nur im Spiegel betrachtet, sondern zusätzlich alle Teilchen durch die zugehörigen Antiteilchen ersetzt, denn dann wird ja aus einem linkshändigen Neutrino ein ebenfalls existierendes rechtshändiges Antineutrino. Tatsächlich findet man aber, dass es in bestimmten Experimenten kleine Unterschiede zwischen den beiden Situationen gibt. Man spricht von *CP-Verletzung*, wobei *P* für die Spiegelung (*Paritätstransformation*) und *C* für die Umwandlung in Antiteilchen (*charge conjugation*) steht. Materie und Antimaterie verhalten sich also nicht genau gleich, auch wenn man die Verletzung der Spiegelsymmetrie mit berücksichtigt. Das ist auch gut so, denn ansonsten hätte im Urknall kein Überschuss an Materie entstehen können, und es gäbe uns heute nicht.

Die CP-Verletzung kann innerhalb der elektroschwachen Wechselwirkung bis zu einem gewissen Grad formal durch die CKM-Matrix beschrieben werden. Die Details sind relativ kompliziert, sodass wir hier nicht näher darauf eingehen wollen. In jüngster Zeit mehren sich die Anzeichen dafür, dass die CP-Verletzung in der Natur stärker ausgeprägt ist als durch das Standardmodell vorhergesagt. So wurde bis zum Frühjahr 2010 am Tevatron-Collider bei Chicago eine große Zahl der dort erzeugten Proton-Antiproton-Kollisionen daraufhin untersucht, wie oft dabei zwei Myonen oder zwei Antimyonen entstanden sind. Man fand einen etwa einprozentigen Überschuss an Myonpaaren gegenüber Antimyonpaaren, während das Standardmodell nur einen Überschuss von etwa 0,02 % vorhersagt. Mit dem LHC sind wir nun in der Lage, solche Ergebnisse zu überprüfen und die Suche nach weiteren Abweichungen vom Standardmodell viel intensiver durchzuführen als bisher möglich.

Erst wenn man neben der räumlichen Spiegelung (*P*) und der Umwandlung in Antiteilchen (*C*) auch noch alle Bewegungen umdreht, also das Experiment gleichsam zeitlich rückwärts betrachtet, erhält man dieselben Ergebnisse wie im ursprünglichen Experiment (zumindest gibt es bis heute keinerlei messbare Abweichungen). Man sagt, die Natur ist *CPT-invariant*, wobei *T* für die Zeitumkehr (*time reversal*) steht. Die CPT-Invarianz ist eine der grundlegenden Eigenschaften einer jeden Quantenfeldtheorie.

Die Quantenfeldtheorie der elektroschwachen Wechselwirkung ist eine renormierbare Theorie, d. h. in ihr machen auch kompliziertere Feynman-Graphen Sinn, wobei die darin auftretenden Unendlichkeiten konsistent wegdefiniert werden können (mehr dazu folgt etwas später in Abschn. 6.3). Das verdankt die Theorie der zugrunde liegenden *U(2)*-Eichsymmetrie, auch wenn diese spontan gebrochen ist, denn diese Brechung der Eichsymmetrie wird bei sehr hohen Teilchenimpulsen wieder aufgehoben. Die Eichsymmetrie führt dabei zu Beziehungen (sogenannten *Ward-Identitäten*) zwischen den einzelnen Feynman-Graphen, die dafür sorgen, dass sich bösartige Unendlichkeiten gegenseitig aufheben und nur renormierbare Unendlichkeiten übrig bleiben. Es gibt allerdings eine Sorte von Feynman-Graphen, die Probleme bereiten können, nämlich die sogenannten Dreiecksgraphen. Bei diesen Graphen läuft ein Fermion in einer Schleife einmal im Dreieck, wobei es an jeder Ecke einen Vertex mit einem Wechselwirkungsteilchen besitzt (z. B. mit zwei Photonen und einem Z-Boson). Solche Graphen können eine Anomalie der Quantenfeldtheorie bewirken, d. h. sie stören die Übertragung von Symmetrien aus der Eichtheorie in die zugehörige Quantenfeldtheorie und können dadurch verhindern, dass sich die bösartigen Unendlichkeiten gegenseitig auslöschen.

Die Einflüsse dieser gefährlichen Dreiecksgraphen müssen sich daher gegenseitig aufheben, wenn man nacheinander alle Quarks und Leptonen in ihnen berücksichtigt. Eine Analyse zeigt, dass sie das nur dann tun, wenn die Summe der elektrischen Ladungen aller Quarks und Leptonen gleich null ist, wobei man jedes Quark dreimal zählen muss, da es mit den drei Farbladungen *rot*, *gelb* und *blau* auftreten kann. Tatsächlich hat die Natur die elektrischen Ladungen der Quarks und Leptonen genau passend gewählt! Es ist sogar so, dass die entsprechende Ladungssumme für jede Familie einzeln gleich null ist. So ergibt die Ladung von Elektron (−1), Elektron-Neutrino (0), drei mal *up*-Quark (+2/3) und drei mal *down*-Quark (−1/3) gerade $−1 + 0 + 3 \cdot 2/3 + 3 \cdot (−1/3) = −1 + 2 − 1 = 0$. Das ist sehr bemerkenswert! Es funktioniert nur, wenn es zu jeder Leptonfamilie eine zugehörige Quarkfamilie gibt und wenn tatsächlich drei starke Farbladungen für die Quarks existieren. Zusätzlich wird auch klar, warum die Quarks drittelzahlige elektrische Ladungen haben müssen, denn nur so ergibt die Multiplikation mit der Farbladungsanzahl ganze Zahlen, die die ganzzahligen Leptonladungen kompensieren können. Auch wenn man hier heute sicher noch nicht jedes Detail versteht, so finde ich es immer wieder erstaunlich, wenn die Natur auf diese Weise ihre innere Struktur ein Stück weit enthüllt und tief liegende Gesetzmäßigkeiten zutage kommen. Es ist fast so, als würde die Natur aufpassen, dass alles zusammenpasst.

Fassen wir die wesentlichen Punkte dieses Abschnitts noch einmal zusammen:

Die elektroschwache Wechselwirkung bildet eine gemeinsame Theorie für die elektromagnetische und die schwache Wechselwirkung. Sie führt zu einer vollwertigen, renormierbaren Quantenfeldtheorie, die die Quantenelektrodynamik (QED) mit umfasst. Die Quantenfeldtheorie der elektroschwachen Wechselwirkung wird gelegentlich auch als Quantenflavordynamik (QFD) bezeichnet. Nimmt man noch die Quantenchromodynamik (QCD) der starken Wechselwirkung hinzu, so erhält man das sogenannte *Standardmodell der Elementarteilchenphysik*.

Bei Teilchenenergien weit unterhalb der W- und Z-Bosonmassen geht die elektroschwache Theorie für die schwache Wechselwirkung in die altbekannte Fermi-Theorie über und beschreibt damit erfolgreich viele Umwandlungs- und Zerfallsprozesse in der Kernphysik und in der niederenergetischen

Teilchenphysik. Insbesondere beschreibt sie die extrem kurze Reichweite der schwachen Wechselwirkung in diesem Energiebereich. Der Grund dafür ist in der großen Masse der W- und Z-Bosonen zu finden. Bereits bei der Beschreibung der Kernkräfte im Rahmen von Meson-Austauschtheorien ist uns dieser Zusammenhang begegnet: Je schwerer ein Wechselwirkungsteilchen ist, umso kürzer ist die Reichweite der dadurch vermittelten Wechselwirkung.

Die elektroschwache Theorie sagt die Existenz der zwei W-Bosonen, des Z-Bosons sowie des Higgs-Bosons voraus. Die Massen der W- und Z-Bosonen lassen sich dabei mithilfe der anderen, bereits bekannten Parameter der Theorie berechnen: Sie liegen bei etwa 80 bzw. 91 GeV. Beim Higgs-Boson ist eine direkte Berechnung der Masse so leider nicht möglich.

Keines dieser Teilchen war zur Zeit der Formulierung dieser Theorie im Jahre 1967 bekannt. Die Suche nach diesen Teilchen sowie die weitere experimentelle Bestätigung der elektroschwachen Theorie wird uns daher im folgenden Abschnitt beschäftigen.

6.2 Das Standardmodell auf dem Prüfstand

Um die von der elektroschwachen Theorie vorausgesagten W- und Z-Bosonen aufzuspüren, müssen wir uns zunächst über ihre zu erwartenden physikalischen Eigenschaften klar werden, um geeignete Experimente entwerfen zu können.

W- und Z-Bosonen sind wie das Photon Teilchen, die eine Wechselwirkung vermitteln. Anders als das masselose Photon tragen sie jedoch große Massen, nämlich ungefähr die 80- bis 90-fache Protonmasse. Zudem existieren in der schwachen Wechselwirkung genügend Vertices, über die diese Bosonen in leichtere Teilchen zerfallen können. W- und Z-Bosonen werden daher nicht als stabile Teilchen existieren können, sondern sie werden in andere Teilchen zerfallen. Allgemein gilt, dass die Lebensdauer eines Teilchens umso geringer ist, je größer die Massendifferenz zu den Zerfallsprodukten ausfällt. Fast alle infrage kommenden Zerfallsprodukte wie beispielsweise Elektronen, Myonen, Neutrinos oder die meisten Hadronen haben weit geringere Massen als die W- und Z-Bosonen, sodass deren Lebensdauer recht kurz sein sollte.

Betrachten wir die verschiedenen Faktoren, die die Lebensdauer eines Teilchens bestimmen, etwas genauer.

Damit ein Teilchen zerfallen kann, muss zunächst ein entsprechender Feynman-Graph existieren.

Weiterhin muss bei dem Zerfall Energie frei werden, da sonst die Energie-Impuls-Bilanz den Zerfall nicht erlaubt. Je größer die Massendifferenz zwischen zerfallendem Teilchen und den Zerfallsprodukten ist, umso mehr

Energie wird frei und umso geringer ist normalerweise die mittlere Lebensdauer des zerfallenden Teilchens.

Die Stärke eines Zerfalls hängt zudem vom Längenquadrat des Pfeils ab, der sich mithilfe der relevanten Feynman-Graphen ergibt. Diese Graphen enthalten einen oder mehrere Vertices, denen jeweils eine Ladung (Kopplungskonstante) zugeordnet ist. Je größer diese Ladungen sind, umso länger wird der Pfeil und umso schneller zerfällt das Teilchen.

Bei schwachen Zerfällen treten nur Vertices der schwachen Wechselwirkung auf, also W- und Z-Boson-Vertices. Der Betrag der schwachen Ladungen ist von der gleichen Größenordnung wie der Betrag der elektrischen Elementarladung. Daher würden wir erwarten, dass schwache Zerfälle ähnlich schnell verlaufen wie elektromagnetische Zerfälle. Bei den Zerfällen der meisten Hadronen zeigt sich aber, dass Zerfälle über die elektromagnetische Wechselwirkung viel schneller verlaufen als Zerfälle über die schwache Wechselwirkung. So beträgt die mittlere Zerfallszeit beim elektromagnetischen Zerfall des neutralen Pions in zwei Photonen nur etwa $8 \cdot 10^{-17}\,s$, während das negativ geladene Pion über ein W-Boson im Mittel erst nach etwa $2{,}6 \cdot 10^{-8}\,s$ in ein Myon und ein Myon-Antineutrino zerfällt. Der schwache Pionzerfall ist also etwa 300 Mio. Mal langsamer als der elektromagnetische Pionzerfall.

Es sieht so aus, als gäbe es neben der Massendifferenz zu den Zerfallsprodukten und der Stärke der Ladung eine weitere Einflussgröße, die die mittlere Lebensdauer eines Teilchens beeinflusst. Diese fehlende Größe stammt von der inneren W- oder Z-Bosonlinie im Feynman-Graphen, so wie wir sie beispielsweise in den Diagrammen zum Neutron- und Pionzerfall bereits gesehen haben (siehe Abb. 6.8). Wir haben den zugehörigen Wahrscheinlichkeitspfeil bereits qualitativ kennengelernt und wissen, dass er umso länger ist, je genauer Energie E und Impuls p der inneren Linie die Beziehung erfüllen, die für freie Teilchen gilt, also $E^2 = (mc^2) + (pc)^2$ mit der Teilchenmasse m.

Schauen wir uns das etwas genauer an: Bei schwachen Zerfällen tritt ein W- oder Z-Boson als innere Linie zwischen dem zerfallenden Teilchen und den Zerfallsprodukten auf. Aus der Energie E und dem Impuls p dieser inneren Line können wir das *Viererimpulsquadrat* $E^2 - (pc)^2$ bilden (wir kennen das bereits von der gleitenden Ladung aus Abschn. 5.4). Auch wenn E und p vom jeweiligen Bezugssystem abhängen, so hat doch das Viererimpulsquadrat in jedem sich gleichförmig bewegenden Bezugssystem den gleichen Wert, wie man in der speziellen Relativitätstheorie nachrechnen kann. Für freie Teilchen können wir nun die Energie-Impuls-Beziehung $E^2 = (mc^2)^2 + (pc)^2$ als $E^2 - (pc)^2 = (mc^2)^2$ umschreiben, d. h. das Viererimpulsquadrat freier Teilchen muss gleich $(mc^2)^2$ sein. Bei inneren Linien, also für virtuelle Teilchen der Masse m, ist dagegen das Viererimpulsquadrat nicht durch die Masse vorgegeben.

Wenn man sich den Beitrag einer inneren Teilchenlinie in einem Feynman-Graphen genauer anschaut, so findet man, dass sie zu einem Faktor der Form $1/[E^2 - (pc)^2 - (mc^2)^2]$ führt. Je weiter sich also der Wert des Viererimpulsquadrats dem Massenquadrat $(mc^2)^2$ annähert, umso größer ist der Wert des Bruchs und umso stärker ist der Zerfall.

Für ein freies Teilchen wird der Bruch sogar formal unendlich groß. Die exakten Formeln sind jedoch im Detail noch etwas komplizierter, sodass wir deshalb keine Probleme bekommen. Je genauer also bei einem virtuellen Teilchen dessen Energie und Impuls der Beziehung für das entsprechende freie Teilchen genügen, umso stärker wird der Zerfallsprozess sein, bei dem das virtuelle Teilchen als innere Linie in dem dazugehörenden Feynman-Graphen auftritt.

Kehren wir zurück zum schwachen Zerfall des geladenen Pions (Abb. 6.8). Das bei dem Zerfall auftretende virtuelle W-Boson besitzt aufgrund der Energie-Impuls-Erhaltung genau dieselbe Energie und denselben Impuls wie das Pion, also auch das gleiche Viererimpulsquadrat. Da das Pion für ein instabiles Teilchen relativ lange lebt, können wir es als freies Teilchen betrachten, sodass sein Viererimpulsquadrat gleich dem Quadrat seiner Masse ist, ausgedrückt in Energieeinheiten. Das Viererimpulsquadrat des virtuellen W-Bosons ist beim Pionzerfall also ungefähr $(0{,}140 \text{ GeV})^2$. Das Massenquadrat des W-Bosons ist mehr als 3 Mio. Mal größer, nämlich etwa $(80 \text{ GeV})^2$, sodass sich für die Pfeillänge der inneren W-Bosonlinie der kleine Wert von $1/[(0{,}140 \text{ GeV})^2 - (80 \text{ GeV})^2] = -0{,}00015/\text{GeV}^2$ ergibt. Hätten wir statt des W-Bosons ein Photon als virtuelles Zwischenteilchen gehabt, so wäre für die innere Photonlinie der Wert $1/[(0{,}140 \text{ GeV})^2 - (0 \text{ GeV})^2] = 51/\text{GeV}^2$ vom Betrag her sehr viel größer gewesen. Dies erklärt, warum der elektromagnetische Pionzerfall sich so viel schneller als der schwache Pionzerfall vollzieht (wobei allerdings kein virtuelles Photon, sondern ein virtuelles Quark im entsprechenden Feynman-Graphen auftritt – der Effekt ist aber ähnlich). Analoge Argumente kann man auch für die anderen Hadronzerfälle finden, da die typischen Hadronmassen im Bereich von 1–10 GeV liegen. Das Viererimpulsquadrat der inneren W-Bosonlinie ist hier praktisch immer sehr viel kleiner als das W-Boson-Massenquadrat, sodass wir den Term $1/[E^2 - (pc)^2 - (m_wc^2)^2]$ für die innere W-Bosonlinie in guter Näherung durch den Term $-1/(m_wc^2)^2$ ersetzen können. Das erklärt, warum die Stärken der meisten schwachen Zerfälle über das W-Boson umgekehrt proportional zum W-Boson-Massenquadrat sind. Analog ist es bei niederenergetischen Streuprozessen mit innerer

Z-Bosonlinie. Erst wenn *top*-Quarks auftreten, ändert sich die Situation grundlegend, da deren Masse bei etwa 170 GeV liegt.

Der Grund für die geringe Stärke der schwachen Wechselwirkung bei den entsprechenden Teilchenzerfällen liegt also in der Tatsache begründet, dass die virtuell auftretenden W- und Z-Bosonen eine sehr große Masse aufweisen, während ihre Viererimpulsquadrate zugleich viel kleiner sind. Die virtuellen W- und Z-Bosonen sind also weit davon entfernt, in diesen Prozessen als reelle Teilchen aufzutreten. Erst wenn bei den betrachteten physikalischen Prozessen diese Bosonen Viererimpulsquadrate aufweisen, die ungefähr im Bereich ihrer Massenquadrate liegen, also ungefähr bei $(80 \text{ GeV})^2$ bis $(90 \text{ GeV})^2$, erst dann haben die schwachen Prozesse eine vergleichbare Stärke wie die elektromagnetischen Prozesse bei niedrigen Energien. Die schwache Wechselwirkung ist also nur im Bereich kleinerer Viererimpulsquadrate, wie sie bei den Zerfällen der meisten Teilchen auftreten, schwach.

Wenn wir versuchen, reelle W- und Z-Bosonen zu erzeugen, so müssen deren Viererimpulsquadrate automatisch nahe bei ihren Massenquadraten liegen mit der Folge, dass die schwache Wechselwirkung relativ stark wird und darum zu einem schnellen Zerfall der gerade erzeugten W- und Z-Bosonen führt. Dies ist ein weiteres Argument dafür, dass es sich bei den W- und Z-Bosonen um extrem kurzlebige Teilchen handeln muss. Es ist zu erwarten, dass diese Teilchen praktisch noch an ihrem Entstehungsort sogleich wieder zerfallen, sodass sie niemals als Teilchenspur in irgendeinem Detektor auffindbar sein werden.

Dennoch ist es möglich, auch solche kurzlebigen Teilchen zumindest indirekt nachzuweisen. Beispiele dafür sind in der Welt der Hadronen sehr häufig zu finden, da viele Hadronen aufgrund der starken Wechselwirkung ebenfalls extrem schnell in andere Hadronen zerfallen. So beträgt die Lebensdauer des Δ^{++}-Baryons (es besteht aus drei *up*-Quarks und hat eine Masse von $1\,230$ MeV) nur etwa $5 \cdot 10^{-24}$ s, bevor es in ein Proton und ein positives Pion zerfällt. In dieser Zeit legt das Licht eine Strecke von etwa 1,5 Fermi zurück, was ungefähr dem Durchmesser eines Protons entspricht. Auch wenn man den Lebensdauer verlängernden Effekt der Zeitdilatation aus der speziellen Relativitätstheorie berücksichtigt, ist nicht zu erwarten, dass dieses Baryon weiter als vielleicht einige Atomkerndurchmesser fliegen kann, bevor es wieder zerfällt.

Um zu verstehen, wie sich derart kurzlebige Teilchen nachweisen lassen, betrachten wir das folgende Experiment:

Wir schießen Elektronen und Positronen mit jeweils gleicher Energie und entgegengesetztem Impuls frontal aufeinander und beobachten, wie oft sie sich gegenseitig vernichten und ein Quark-Antiquark-Paar bilden, das dann auseinanderfliegt und dabei mehrere Hadronen erzeugt. In den beiden

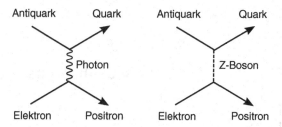

Abb. 6.10 Ein Elektron und ein Positron vernichten sich und erzeugen ein Quark-Antiquark-Paar, aus dem dann mehrere Hadronen entstehen. Die beiden einfachsten Feynman-Graphen für diesen Prozess sind hier dargestellt. Im rechten Diagramm tritt ein Z-Boson als virtuelles Zwischenteilchen auf, im linken Diagramm dagegen ein Photon

wichtigsten Feynman-Graphen für diesen Prozess treten sowohl das Photon als auch das Z-Boson als virtuelle Zwischenteilchen zwischen dem sich vernichtenden Elektron-Positron-Paar und dem neu entstehenden Quark-Antiquark-Paar auf (Abb. 6.10).

Da Elektron und Positron mit entgegengesetztem Impuls frontal miteinander kollidieren, ist ihr Gesamtimpuls gleich null und die Summe ihrer Energien steht komplett zur Bildung neuer Teilchen zur Verfügung. Das Viererimpulsquadrat von Photon oder Z-Boson ist also einfach gleich der quadrierten Energiesumme von Elektron plus Positron.

Die elektroschwache Theorie sagt nun eine Z-Bosonmasse von etwa 90 GeV voraus. Was erwarten wir aufgrund dieser Vorhersage und aufgrund der beiden Feynman-Graphen für unser Experiment?

Solange die Energiesumme noch weit unterhalb von 90 GeV liegt, spielt der Feynman-Graph mit dem virtuellen Z-Boson keine Rolle. Der Graph mit dem virtuellen Photon dominiert, wird aber immer schwächer, je größer die Energie wird, während der Einfluss des Z-Bosongraphen langsam zunimmt. Zunächst fällt daher die Erzeugungsrate für Hadronen mit zunehmender Energie ab (Abb. 6.11).

Sobald die Energiesumme in den Bereich der Z-Bosonmasse bei 90 GeV kommt, wird der Faktor der inneren Z-Bosonlinie des rechten Diagramms sehr groß, sodass die Wahrscheinlichkeit stark ansteigt, dass sich ein Quark-Antiquark-Paar und damit Hadronen bilden. Tragen wir die Summe von Elektron- und Positronenergie auf der x-Achse und die Erzeugungsrate für Hadronen bei dieser Energiesumme auf der y-Achse in einer Grafik auf, so erwarten wir einen starken Anstieg bei etwa 90 GeV. Dieser Hügel wird auch *Resonanzpeak* genannt, in Analogie zur Bewegung einer von außen zu Schwingungen angeregten Feder, die im Bereich einer bestimmten Anre-

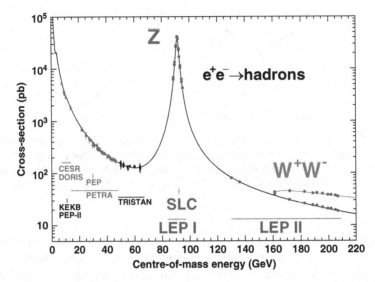

Abb. 6.11 Erzeugungsrate (engl. *cross-section*) für Hadronen bei der Elektron-Positron-Kollision, wie sie am LEP-Beschleuniger (CERN) und an anderen Beschleunigern gemessen wurde (man beachte: Die y-Achse ist logarithmisch skaliert). Auf der x-Achse ist die entsprechende Summe aus Elektron- und Positron-Energie in GeV dargestellt. Diese Energie steht komplett zur Bildung neuer Teilchen zur Verfügung. Man erkennt zwei Peaks: einen bei der Photonmasse (0 GeV) und einen bei der Z-Bosonmasse (ca. 90 GeV). Weiterhin sind in der Grafik die verschiedenen Beschleuniger angegeben, an denen die Daten gemessen wurden. Die Grafik wurde mit freundlicher Genehmigung der Europäischen Organisation für Kernforschung (CERN) verwendet und unverändert übernommen (daher die englische Beschriftung)

gungsfrequenz besonders stark schwingt, also in Resonanz gerät – wir gehen gleich noch darauf ein.

Was findet man nun im Experiment? Abb. 6.11 zeigt das Ergebnis für die Erzeugungsrate von Hadronen in der Elektron-Positron-Kollision, wie sie am LEP-Beschleuniger und in anderen Experimenten gefunden wurde. Tatsächlich finden wir einen Resonanzpeak genau dort, wo wir ihn aufgrund der Vorhersage der Z-Bosonmasse erwartet haben. Man wertet diesen Resonanzpeak daher als direkten Nachweis des Z-Bosons, so wie es von der elektroschwachen Theorie vorhergesagt wurde. Wir gehen etwas weiter unten noch genauer auf diese Entdeckungsgeschichte und den LEP-Beschleuniger ein.

Die Rechnung zeigt darüber hinaus, dass sich die Breite Γ des Resonanzpeaks mit der mittleren Lebensdauer τ des Z-Bosons in Zusammenhang bringen lässt. Je breiter der Peak ist, umso kürzer ist die Lebensdauer des Z-Bosons.

Man kann diesen Zusammenhang mithilfe der Energie-Zeit-Unschärferelation $\Delta E \cdot \Delta t \approx \hbar/2$ folgendermaßen interpretieren:

Ein instabiles Teilchen mit Lebensdauer $\tau = \Delta t$ wird durch eine quanten-mechanische Welle beschrieben, deren Stärke exponentiell abnimmt, da es mit der Zeit immer unwahrscheinlicher wird, das Teilchen noch anzutreffen. Eine solche Welle kann man durch die Überlagerung ebener Wellen erzeugen, deren Energie E aus einem Bereich der Breite ΔE mit Mittelwert bei $\sqrt{(mc^2)^2 + (pc)^2}$ stammt, wobei man den Energiebereich umso größer machen muss, je kürzer die Lebensdauer ist. Ein instabiles Teilchen besitzt also nicht unbedingt die Energie $E = \sqrt{(mc^2)^2 + (pc)^2}$, sondern es trägt auch mit Energien um diesen Mittelwert herum zum betrachteten Prozess bei, wobei dieser Energiebereich umso größer wird, je instabiler das Teilchen ist.

Bei dieser Veranschaulichung bleibt allerdings noch unklar, warum man von einer *Resonanz* spricht. Diesen Begriff verwendet man normalerweise bei Systemen, die Schwingungen ausführen können und die von außen zu einer solchen Schwingung angeregt werden (sogenannte *erzwungene Schwingungen*). Ein Beispiel für ein solches System ist eine Feder, die man an einem Ende in der Hand hält und an deren anderen Ende man ein Gewicht hängt. Man kann die Feder und das Gewicht nun durch kleine regelmäßige Auf- und Ab-Bewegungen der Hand in Schwingung bringen, wobei die Frequenz der Handbewegung die Schwingungsfrequenz der Feder bestimmt. Dabei hängt es von dieser Anregungsfrequenz ab, wie stark die Feder in Schwingung gerät. In einem bestimmten Frequenzbereich gerät die Feder in besonders starke Schwingung, und man spricht davon, dass die Feder in Resonanz gerät. Die größte Schwingung entsteht dabei ungefähr bei der *Eigenfrequenz* der Feder – das ist die Frequenz, mit der die Feder weiterschwingt, wenn man die Hand plötzlich stillhält, wobei die Schwingung dann langsam abklingt (das ist dann eine sogenannte *gedämpfte* Schwingung). Liegt die Anregungsfrequenz neben der Eigenfrequenz, so schwingt die von der Hand angeregte Feder weniger stark. Der Frequenzbereich, in dem man die Feder nennenswert in Resonanz bringen kann, ist dabei umso breiter, je mehr Reibung auf die Feder einwirkt, d. h. je schneller die Schwingung abklingt, wenn man die Hand plötzlich stillhält.

Man kann nun eine enge Analogie zwischen dem instabilen Teilchen und der schwingenden Feder ziehen. Betrachten wir konkret das Z-Boson bei Elektron-Positron-Kollisionen: Wenn Elektron und Positron sich gegenseitig vernichten, so können sie ihre Energie in eine quantenmechanische Z-Bo-sonwelle übertragen. Diese Z-Bosonwelle entspricht der schwingenden Feder. Ihre Eigenfrequenz f wird durch die Z-Bosonmasse bestimmt: $E = hf = mc^2$ (das Z-Boson wird bei der frontalen Elektron-Positron-Kollision ja mit Impuls null erzeugt). Wenn Elektron und Positron bei ihrer Kollision zusammen gerade diese Energie bereitstellen, so entsteht eine Z-Bosonwelle mit maximaler Schwingung, also eine Z-Bosonwellen-Resonanz. Es wird dabei besonders effektiv die Kollisionsenergie in die Z-Bosonwelle übertragen, die diese Energie dann wieder abgibt, indem mit besonders hoher Rate andere Teilchen entstehen, beispielsweise Quark-Antiquark-Paare, die wiederum Hadronen erzeugen. Liegt die Kollisionsenergie dagegen neben der Resonanzenergie, so ist die Energieübertragung weniger effektiv, die Z-Bosonwelle schwingt schwächer, und es entstehen weniger andere Teilchen aus dieser Welle. Dabei ist wie bei der Feder der Energiebereich (gleich Frequenzbereich), in dem die Z-Bosonwelle noch nennenswert angeregt werden kann, umso breiter, je schneller eine nicht mehr angeregte Z-Bosonwelle abklingt, d. h. je schneller Z-Bosonen zerfallen.

Man definiert die Breite Γ eines Resonanzpeaks meist als den Abstand der beiden Punkte auf der x-Achse, die sich links und rechts vom Maximum des Peaks befinden und bei denen die betrachtete Erzeugungsrate auf den halben Maximalwert abgefallen ist. Die mittlere Lebensdauer τ eines Teilchens hatten wir als die Zeit definiert, innerhalb der von einer großen Anzahl dieser Teilchen so viele zerfallen, dass nur noch $1/e = 36{,}8\,\%$ davon übrig sind. Der Zusammenhang zwischen Peakbreite Γ und Lebensdauer τ ist gegeben durch $\Gamma = \hbar/\tau$. Meist gibt man bei sehr kurzlebigen Teilchen statt der Lebensdauer direkt die Breite des Peaks an. Das hatten wir in Abschn. 4.2 auch bereits getan, als wir in Abb. 4.3 die Resonanzbreite der instabilen Rho-Mesonen, K*-Mesonen und Delta-Baryonen eingetragen haben.

Nur relativ wenige Teilchen sind so stabil, dass sie sich direkt durch ihre Spur in Teilchendetektoren verraten. Das Aufspüren von Teilchen als Peaks in der Rate abgelenkter oder neu entstandener Teilchen bei Kollisionsexperimenten ist daher typisch für die Vorgehensweise in der modernen Teilchenphysik. Insbesondere bei den heute gesuchten Teilchen wird man nach solchen Peaks suchen, denn diese Teilchen werden im Normalfall eine recht große Masse aufweisen, sonst hätte man sie bereits entdeckt. Eine große Masse bedeutet aber meistens auch eine geringe Lebensdauer.

Der Nachweis solcher instabiler Teilchen hat daher auch immer statistischen Charakter. So findet man oft zunächst, dass bei einem Experiment eine Erhöhung einer Rate von Messereignissen bei gewissen Bedingungen festgestellt wurde, dass aber diese Rate noch zu gering sei, um statistisch signifikante Aussagen zuzulassen. Die Entdeckung eines neuen Teilchens besteht also oft nicht darin, dieses Teilchen direkt in einem Detektor nachzuweisen. Stattdessen sind umfangreiche statistische Analysen einer großen Menge von Messungen nötig, um die Entdeckung mit einer gewissen Sicherheit bekannt geben zu können. Je mehr Messungen man dabei gesammelt hat, umso besser. An den modernen Beschleunigern wie Tevatron oder LHC versucht man

daher, über die Jahre eine immer größer werdende Sammlung von Kollisions-
messungen zusammenzutragen, wobei man sich ständig bemüht, die Kollisionsrate zu maximieren.

Kommen wir nun zurück zu den W- und Z-Bosonen der schwachen Wechselwirkung und ihrer Entdeckungsgeschichte. Wegen der zu erwartenden sehr
kurzen Lebensdauer der W- und Z-Bosonen war nicht damit zu rechnen, diese Teilchen direkt in einem Detektor nachweisen zu können. Sie würden vielmehr als Resonanzpeak in diversen Reaktionen sichtbar sein. Um so einen Resonanzpeak auffinden zu können, ist es sehr hilfreich, die Masse des gesuchten
Teilchens abschätzen zu können, da man sonst keinen Anhaltspunkt hat, in
welchem Energiebereich man nach dem Peak suchen soll. Da die W- und
Z-Bosonen ihre Masse durch den Prozess der spontanen Symmetriebrechung
erhalten, kann man diese Masse mithilfe anderer Parameter der elektroschwachen Theorie berechnen, wie wir gesehen haben. Diese Parameter lassen sich
anhand der Werte für die elektrische Elementarladung, die Lebensdauer des
Neutrons oder Myons sowie durch eine genaue Vermessung der Elektron-
Neutrino-Streuung gewinnen. Diese Daten waren bekannt, als man begann,
nach den W- und Z-Bosonen zu suchen, sodass man zumindest wusste, bei
welchen Energien man nach ihnen suchen sollte.

Nun glaubte um das Jahr 1980 herum keineswegs jeder an die Existenz dieser Bosonen. Zwar wurden sie durch die elektroschwache Theorie vorhergesagt, doch waren Teilchen mit derart großen Massen doch sehr ungewöhnlich
– die meisten damals bekannten Teilchen haben Massen im Bereich zwischen
einigen Hundert Mega-Elektronenvolt bis zu einigen Giga-Elektronenvolt,
also weit weniger als 80 GeV.

Im Jahre 1983 gelang es tatsächlich, die W- und Z-Bosonen am CERN-
Proton-Antiproton-Collider erstmals nachzuweisen. Dort verriet sich das Z-
Boson durch eine erhöhte Vernichtungswahrscheinlichkeit des Proton-Anti-
proton-Paares bei gleichzeitiger Erzeugung eines Elektron-Positron-Paares
oder eines Myon-Antimyon-Paares. Das Maximum des Resonanzpeaks fand
man bei einer Protonenergie von etwa 46 GeV, woraus sich eine Z-Bosonmasse von etwa 92 GeV ergab.

In den darauf folgenden Jahren begann man am CERN-Laboratorium,
einen gewaltigen Elektron-Positron-Beschleunigerring zu bauen, mit dem
man Elektronen und Positronen gegenläufig auf Energien von je ungefähr
45 GeV bringen wollte, sodass sich bei ihrer Kollision Z-Bosonen in großer
Zahl bilden konnten. Für diesen Beschleuniger mit dem Namen *LEP* (*Large
Electron Positron Collider*) wurde ein kreisförmiger Tunnel mit einem Umfang
von 27 km gegraben, in dem die Elektronen und Positronen gegenläufig kreisen und dabei auf diese hohen Energien beschleunigt werden konnten. Nun
strahlen die beschleunigten Teilchen andererseits ständig einen Teil dieser

Energie wieder ab, und zwar umso mehr, je kleiner der Umfang des Beschleu-
nigerrings und je kleiner ihre Teilchenmasse ist. Dies ist der Grund für die
enormen Ausmaße des LEP-Tunnels.

Im Jahre 1989 ging der LEP in Betrieb und produzierte tatsächlich fleißig
Z-Bosonen – insgesamt mehr als 17 Mio. Stück innerhalb von gut zehn Jahren. Die Eigenschaften dieses Teilchens konnten damit sehr genau vermessen werden, beispielsweise seine Lebensdauer oder die relative Häufigkeit der
beim Zerfall entstandenen Teilchensorten. Diese Messungen erlaubten eine
genaue Überprüfung der elektroschwachen Theorie und zum Teil auch der
QCD, also des gesamten Standardmodells. Am LEP konnten trotz intensiver
Suche keine Abweichungen vom Standardmodell festgestellt werden. Die Suche nach Abweichungen wird nun am neuen *Large Hadron Collider* (*LHC*)
am CERN weitergeführt.

Die Ergebnisse des LEP-Experiments lassen sich wie folgt zusammenfassen:
Die Z-Masse konnte zu 91,19 GeV bestimmt werden, mit einer Breite des
Resonanzpeaks von 2 500 MeV. Diese Breite kommt durch den Zerfall des Z-
Bosons in Hadronen und geladene Leptonen sowie Neutrinos zustande. Die
Zerfallsraten in Hadronen und geladene Leptonen lassen sich auch einzeln
am LEP bestimmen und mit der Gesamt-Zerfallsrate vergleichen, die sich
aus der Breite des Resonanzpeaks ergibt. Aus der Differenz kann man dann
die nicht direkt beobachtbare Zerfallsrate in Neutrinos berechnen (die Neut-
rinos entkommen praktisch unbemerkt den Detektoren). Vergleicht man die
so gefundene Neutrino-Zerfallsrate mit der Zerfallsrate, die man aus dem
Standardmodell pro Neutrinosorte berechnet, so ergibt sich nur dann eine
Übereinstimmung, wenn genau *drei Neutrinosorten* bei den Zerfällen des Z-
Bosons entstehen.

Es stellt sich also heraus, dass es außer den bekannten Elektron-, Myon-
und Tau-Neutrinos keine weiteren Neutrinos gibt, sofern alle Neutrinos Massen unterhalb von 45 GeV haben, was als sehr wahrscheinlich gilt. Da außerdem trotz der hohen verfügbaren Energie keine neuen Quarks oder geladene
Leptonen gefunden wurden und da zu jedem Neutrino im Standardmodell
ein geladenes Lepton und zu jeder Leptonfamilie eine Quarkfamilie gehören
muss, darf man mit recht großer Wahrscheinlichkeit davon ausgehen, dass
es in der Natur tatsächlich nur die drei Quarkfamilien *(u, d)*, *(c, s)* und *(t, b)*
sowie die drei Leptonfamilien (e, ν_e), (μ, ν_μ) und (τ, ν_τ) gibt.

Aus den präzisen Messungen am CERN ließ sich sogar die Masse eines
Teilchens bestimmen, für dessen Erzeugung die LEP-Energie selbst nicht ausreicht: das *top*-Quark. Bis zum Jahr 1995 war das *top*-Quark das letzte noch
fehlende Quark im Schema des Standardmodells. Als virtuelles Teilchen beeinflusst es aber die Eigenschaften des Z-Bosons. Aus den im LEP-Experiment gemessenen präzisen Eigenschaften des Z-Bosons konnte man daher

umgekehrt auf die Masse des *top*-Quarks zurückschließen, wobei man Werte zwischen 160 und 190 GeV erhielt.

Das *top*-Quark wurde schließlich im Jahr 1995 an dem seit 1983 bei Chicago am Fermilab betriebenen Tevatron-Collider entdeckt. Der Tevatron-Collider besteht aus einem kreisförmigen Tunnel von etwa 6,3 km Umfang, in dem Protonen und Antiprotonen gegenläufig auf Energien von je 1 000 GeV = 1 TeV beschleunigt werden, sodass bei ihrer Kollision eine relativistische Gesamtenergie von etwa 2 000 GeV zur Bildung neuer Teilchen zur Verfügung steht. Etwa 1 000 supraleitende Magnete halten die Protonen und Antiprotonen auf ihrer kreisförmigen Bahn. Im Zentrum zweier großer Detektoren (der *Collider Detector at Fermilab*, kurz *CDF*, sowie der D0-Detektor) werden nun Protonen und Antiprotonen zur Kollision gebracht und die Flugbahnen der typischerweise etwa 30 Zerfallsprodukte aufgezeichnet und ausgewertet. Der CDF kann dabei beispielsweise bis zu 100 000 Proton-Antiproton-Kollisionen pro Sekunde auswerten.

Das Auffinden eines Resonanzpeaks, der die Existenz des *top*-Quarks verrät, gestaltete sich als sehr mühsam. So wird nur bei einem sehr geringen Prozentsatz der Proton-Antiproton-Kollisionen überhaupt ein *top*-Quark gebildet. Um nur einige Dutzend Kollisionen zu ermitteln, bei denen sich möglicherweise ein *top*-Quark gebildet haben könnte, mussten mehr als 1 000 Mrd. Kollisionen untersucht werden. Ähnlich aufwendig muss man sich auch die Suche nach dem Higgs-Teilchen am LHC vorstellen.

Ein typisches Ereignis, bei dem *top*-Quarks im Spiel sind, ist das folgende: Ein Quark des Protons und ein Antiquark des Antiprotons vernichten sich und erzeugen über ein virtuelles Gluon ein *top-antitop*-Quarkpaar (Abb. 6.12, links). Das *top*-Quark ist aufgrund seiner großen Masse so extrem kurzlebig, dass es keine Hadronen zu bilden vermag. Es zerfällt praktisch sofort in ein *b*-Quark und ein W-Boson, die mit großer Energie auseinanderfliegen (für das *antitop*-Quark gilt spiegelbildlich das entsprechende). Das *b*-Quark hadronisiert und bildet mit entsprechend neu gebildeten Quarks zusammen ein Hadron, das ebenfalls relativ schnell zerfällt. Die weiteren Details sollen uns hier nicht interessieren, aber es wird klar, mit welchen komplizierten Zerfallsprozessen man es in solchen Experimenten zu tun bekommt.

Die Masse des *top*-Quarks liegt nach diesem Experiment bei etwa 170 GeV und stimmt damit gut mit dem aus dem LEP-Experiment vorhergesagten Wert überein.

Am *Large Hadron Collider (LHC)* kann das *top*-Quark in Proton-Proton-Kollisionen bei höherer Energie nun mit viel größerer Rate erzeugt und detailliert untersucht werden (Abb. 6.12, rechts). Damit sind neue detaillierte Tests des Standardmodells möglich geworden.

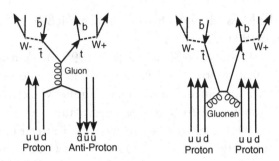

Abb. 6.12 Erzeugung und Zerfall eines *top-antitop*-Quarkpaares in Proton-Antiproton-Kollisionen (*links*) und Proton-Proton-Kollisionen (*rechts*)

Nach der Entdeckung des *top*-Quarks im Jahr 1995 und des Tau-Neutrinos im Jahr 2000 waren bei der Inbetriebnahme des LHC im Jahr 2009 bis auf das *Higgs-Boson* alle vom Standardmodell vorhergesagten Teilchen auch im Experiment nachgewiesen worden, und zwar mit den vom Standardmodell vorhergesagten Eigenschaften. Aus den LEP-Daten ließ sich leider keine verlässliche Abschätzung für die Higgs-Masse gewinnen, da durch diesen Parameter die Eigenschaften des Z-Bosons nur wenig beeinflusst werden, sodass eine Rechnung analog zur *top*-Masse nicht möglich war. Immerhin ließ sich eine grobe obere Grenze für die Higgs-Masse angeben, die bei maximal 300 GeV liegen sollte. Dieser Energiebereich ist mit dem Large Hadron Collider (LHC) zugänglich geworden! Die Kollision eines Proton-Proton-Paares im LHC macht schrittweise eine relativistische Gesamtenergie von bis zu 14 000 GeV = 14 TeV verfügbar, also ungefähr das Siebenfache der am Tevatron verfügbaren Energie. Man rechnete sich daher gute Aussichten aus, mit dem Higgs-Boson nun auch das letzte noch fehlende Teilchen des Standardmodells zu finden.

Es gab vor der Inbetriebnahme des LHC im Jahre 2009 kaum experimentelle Resultate, die dem Standardmodell, also der elektroschwachen Theorie und der QCD, widersprachen (die winzige Abweichung im gemessenen Wert für den Myon-*g*-Faktor von dem im Standardmodell berechneten Wert ist eine der seltenen Ausnahmen, siehe Abschn. 5.1). So schön dieses Ergebnis zunächst war, so wenig hilfreich war es andererseits. Denn eigentlich funktionierte das Standardmodell schon fast zu gut. Das Standardmodell weist nämlich neben seinen eleganten Zügen auch einige Mängel auf, die nahelegen, dass es nicht die fundamentale Theorie der Naturgesetze sein kann.

Der Hauptmangel liegt darin, dass das Standardmodell eine große Zahl freier Parameter enthält, die nicht im Rahmen dieser Theorie berechnet werden können, sondern die experimentell bestimmt werden müssen. Vernachlässigt man die winzigen Neutrinomassen, so besitzt das Standardmodell die folgenden 19 freien Parameter:

- die sechs Quarkmassen
- die Massen der drei geladenen Leptonen (Neutrinomassen vernachlässigen wir)
- die elektrische Elementarladung e und den Weinbergwinkel θ_W oder alternativ die beiden elektroschwachen Kopplungskonstanten g und g'
- die starke Kopplungskonstante der QCD bei vorgegebener Energie
- die vier Parameter der CKM-Matrix, die die W-Boson-Übergangsstärken in und zwischen den Quarkfamilien beschreiben
- die W-Bosonmasse oder alternativ den Vakuum-Erwartungswert des Higgs-Feldes (die Z-Bosonmasse ist damit über den Weinbergwinkel festgelegt)
- die Masse des Higgs-Teilchens
- einen Winkelparameter, der in der QCD weitere symmetriebrechende Eigenschaften des Vakuums beschreibt (haben wir nicht weiter besprochen)

Nimmt man noch die drei sehr kleinen Neutrinomassen dazu, so kommt eine weitere CKM-Matrix mit vier Parametern für die Übergänge in und zwischen den Leptonfamilien hinzu, was insgesamt dann 26 freie Parameter ergibt.

Dabei ist dem Standardmodell im Prinzip jedes Messergebnis für die Parameter recht. Unsere Welt reagiert aber teilweise sehr empfindlich auf diese Parameter. So ist bei zwei der drei Quarkfamilien das obere Quark (c bzw. t) schwerer als das untere Quark (s bzw. b). Nur bei der ersten Familie ist es umgekehrt, denn die u-Stromquarkmasse ist mit 1,5–3,3 MeV deutlich leichter als die d-Stromquarkmasse von 3,5–6 MeV. Warum das so ist, weiß heute niemand, aber es hat zur Konsequenz, dass das Neutron (udd) mit 939,56 MeV etwas schwerer als das Proton (uud) mit 938,27 MeV ist. Das freie Neutron ist daher instabil, das Proton dagegen stabil. Wäre umgekehrt das u-Quark etwas schwerer als das d-Quark, so wäre das Proton und mit ihm das häufigste Element im Universum, Wasserstoff, instabil und würde zerfallen. Allgemein wären Atomkerne mit vielen Protonen eher instabil, mit vielen Neutronen dagegen eher stabil. Unsere Welt sähe ganz anders aus!

Das Standardmodell besitzt außerdem eine Reihe von ästhetischen Schönheitsfehlern. Zwar konnten die elektromagnetische und die schwache Wechselwirkung gemeinsam theoretisch beschrieben werden, aber die Nahtstellen bleiben deutlich sichtbar. Der gleichsam von Hand eingefügte Mechanismus der spontanen Symmetriebrechung durch das Higgs-Boson erscheint wie eine Notlösung und nicht wie ein fundamentales Konzept. Die starke Wechselwirkung bleibt von der elektroschwachen Wechselwirkung völlig getrennt, und an eine Einbeziehung der Gravitation ist noch gar nicht zu denken. Für die Gravitation fehlt bisher sogar die Formulierung einer entsprechenden Quantenfeldtheorie, die die Aspekte der allgemeinen Relativitätstheorie mit denen der Quantenphysik vereinen würde.

Alle diese Punkte zeigen uns, dass wir mit dem Standardmodell noch lange nicht am Ziel angekommen sein können. Es sollte daher physikalische Phänomene geben, die sich im Rahmen dieses Modells nicht erklären lassen. Das Auffinden solcher Phänomene würde dann Rückschlüsse darauf erlauben, in welcher Richtung das Standardmodell abzuändern oder zu erweitern wäre. Ein solcher Hinweis wäre sehr hilfreich, denn es gibt zwar keinen Mangel an theoretischen Ideen, was alles getan werden könnte, aber keine dieser Ideen ist so überzeugend, dass man sie als haushohen Favoriten anzusehen hätte. Ideen, die gute Chancen haben, sind die sogenannten supersymmetrischen Ansätze und die verschiedenen Stringtheorien bzw. die Kombination dieser Ideen, z. B. die sogenannte M-Theorie (mehr dazu in Abschn. 8.1). Aber auch bei diesen Ansätzen bleiben viele Fragen offen. Wir benötigen also dringend experimentelle Hinweise, die uns helfen können, den richtigen Weg zu finden. Genau diese Hinweise fehlen uns aber, solange alle Messdaten im Rahmen des Standardmodells verstanden werden können. Die Hoffnung war daher groß, dass der neue LHC-Beschleuniger in der Lage ist, diese Situation zu ändern und ein neues Fenster in die Natur hinein zu öffnen, das uns bisher verschlossen war.

6.3 Der Umgang mit divergierenden Graphen: Renormierung

Es war in diesem Buch bereits an mehreren Stellen davon die Rede, dass komplexere Feynman-Graphen zu Unendlichkeiten führen, die man geeignet beseitigen muss. Im vorliegenden Kapitel möchte ich versuchen, am Beispiel der geometrischen Reihe eine Vorstellung davon zu vermitteln, was dabei geschieht und welche Konsequenzen dadurch entstehen, beispielsweise für die gleitenden Ladungen, die wir in Abschn. 5.4 kennengelernt haben.

Die Gesetze der speziellen Relativitätstheorie zusammen mit den Gesetzen der Quantenphysik bewirken, dass physikalische Teilchen sich als ein kompliziertes Gebilde aus einem zentralen Objekt und einer umgebenden Wolke aus virtuellen Teilchen darstellen. Lediglich dieses komplexe Gesamtgebilde hat unmittelbare physikalische Bedeutung. Das zentrale Objekt, das sogenannte nackte Teilchen, sowie die virtuellen Teilchen der Polarisationswolke dagegen haben keine direkte physikalische Bedeutung.

Die Eigenschaften eines physikalischen Teilchens ergeben sich also erst durch das Zusammenwirken von zentralem Teilchen und Polarisationswolke (Abb. 6.13).

Wir haben bereits gesehen, wie die Polarisationswolke die elektrische Ladung eines Teilchens beeinflusst: Die Ladung wächst für sehr kleine Abstände

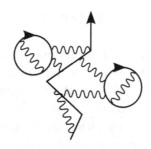

Abb. 6.13   Darstellung der Polarisationswolke eines Elektrons mithilfe von Feynman-Graphen

(bzw. für sehr große Viererimpulsquadrate des ankoppelnden Photons) an. Die starke Farbladung der Quarks wird dagegen bei geringen Abständen kleiner und wächst für große Abstände an. Neben der Ladung spielt die Polarisationswolke auch für die Masse eines Teilchens eine Rolle. So besitzen die Konstituentenquarks eine etwa 300 MeV größere Masse als die Stromquarks. Wir hatten diese Beobachtung interpretiert, indem wir die Stromquarks in einem nicht näher definierten Sinn als nackt angesehen haben, die Konstituentenquarks hingegen mit Stromquarks inklusive umgebender Hülle aus virtuellen Teilchen identifiziert haben.

Die Eigenschaften physikalischer Teilchen lassen sich also nur unter Einbeziehung ihrer Polarisationswolke verstehen. In der störungstheoretischen Formulierung der Quantenfeldtheorie wird der Begriff der Polarisationswolke durch die Methode der Feynman-Graphen präzisiert. Sie erlauben es, den Gesamtpfeil für ein Messergebnis aus einer Summe von Einzelpfeilen zusammenzusetzen. Jeder dieser einzelnen Pfeile kann dabei als eine Möglichkeit interpretiert werden, durch die das betrachtete Messergebnis zustande kommen kann. Die Einzelpfeile lassen sich wiederum durch Multiplikation von nur wenigen Pfeilgrundtypen berechnen. Man kann dies so interpretieren, als würde die zugehörige Möglichkeit, das Messergebnis zu realisieren, in eine Abfolge von Teilschritten zerlegt. Die Art und Weise, wie diese Teilschritte zusammengefügt werden müssen, wird dabei durch den Feynman-Graphen festgelegt.

Zur Berechnung der Wahrscheinlichkeit für ein bestimmtes Messergebnis müssen im Allgemeinen unendlich viele Feynman-Graphen berücksichtigt werden. Wenn man Glück hat, ist dabei die Ladung der betrachteten Wechselwirkung hinreichend klein, sodass man mit relativ wenigen Graphen bereits eine gute Genauigkeit erzielt. Dies ist in der QED der Fall. Für große Ladungen wie in der QCD bei großen Abständen ist dagegen die Methode der Feynman-Graphen nur sehr begrenzt einsetzbar. Wir beschränken uns daher im Folgenden auf die QED, auch wenn die dargestellten Probleme und ihre Lösung durch das Verfahren der Renormierung nicht auf die QED beschränkt sind.

Man könnte vermuten, dass sich – zumindest im Prinzip – durch Berücksichtigung aller Feynman-Graphen die Eigenschaften beispielsweise eines Elektrons, insbesondere seine Masse und seine elektrische Ladung, vollständig im Rahmen der QED berechnen lassen sollten. Es hat sich jedoch herausgestellt, dass diese Vermutung nicht zutrifft. Um diesen Punkt besser zu verstehen, wollen wir uns etwas genauer anschauen, was die Hinzunahme komplizierterer Feynman-Graphen bewirkt. Wir werden dies am Beispiel der elektrischen Ladung des Elektrons tun, da wir hier bereits einige Erfahrung gesammelt haben.

Erinnern wir uns: Die elektrische Ladung tritt immer dann in Erscheinung, wenn ein reelles oder virtuelles Photon an ein geladenes Teilchen ankoppelt. Das Photon könnte z. B. als virtuelles Teilchen von einem anderen geladenen Teilchen kommen und somit die elektromagnetische Wechselwirkung zwischen den geladenen Teilchen vermitteln. Sind beide Teilchen Elektronen, so werden sie sich aufgrund des Photonaustausches gegenseitig abstoßen.

Nun muss das Photon nicht direkt an das nackte Elektron ankoppeln, sondern es kann sich vorher beliebig oft in ein virtuelles Elektron-Positron-Paar verwandeln. Dies kann man durch entsprechende Feynman-Graphen darstellen. Alle diese Graphen tragen zum Gesamtprozess bei und bestimmen daher erst in ihrer Gesamtheit die Ladung des physikalischen Elektrons.

Beginnt man nun, die Beiträge der einzelnen Graphen zu berechnen, so macht man eine unangenehme Entdeckung: Sobald sich das Photon vorübergehend in ein virtuelles Elektron-Positron-Paar verwandelt, wird der Beitrag des entsprechenden Graphen unendlich groß! Allgemein gilt: Sobald ein virtuelles Teilchen in einem Graphen vorkommt, dessen Impuls nicht durch die anderen Teilchen und die Erhaltung von Energie und Impuls an jedem Vertex festgelegt ist, wird der Beitrag des Graphen unendlich groß. Mathematisch kommt diese Unendlichkeit dadurch zustande, dass über alle im Graphen möglichen Impulse summiert (bzw. integriert) werden muss, wobei unendlich große Summen entstehen.

Als man in den ersten Jahren der Entwicklung der QED auf dieses Problem stieß, war man zunächst ratlos. Was sollte man mit einer Theorie anfangen, bei der am Ende einer Rechnung unendlich erscheint? Die Lösung des Problems gelang schließlich im Jahre 1948 den Physikern Julian Schwinger, Shin'ichirō Tomonaga und Richard P. Feynman. Wie man mit dem Problem fertig wurde, möchte ich am Beispiel der geometrischen Reihe verdeutlichen (die geometrische Reihe ist uns bereits in Abschn. 5.1 als Illustration für die Störungsrechnung kurz begegnet). Das Beispiel verlangt einige grundlegende

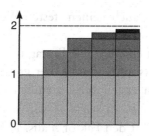

Abb. 6.14 Die unendlich lange Summe 1 + 1/2 + 1/4 + 1/8 + 1/16 + ··· strebt dem Wert 2 zu

mathematische Kenntnisse, aber ich wollte es dem interessierten Leser nicht vorenthalten. Wer möchte, kann das Beispiel aber auch komplett überspringen und direkt mit dem nächsten Abschnitt fortfahren.

Betrachten wir die folgende Summe unendlich vieler Zahlen:

$$1 + 1/2 + 1/4 + 1/8 + 1/16 + \cdots$$

Wir bemerken, dass der Nenner bei jedem folgenden Summanden um einen Faktor 2 größer wird, d. h. die einzelnen Summanden halbieren sich in jedem Schritt und werden rasch kleiner. Man nennt eine solche unendlich lange Summe eine *geometrische Reihe*. Allgemein kann man eine solche Reihe R immer in der Form

$$R = 1 + q + q^2 + q^3 + q^4 + \cdots$$

schreiben. In unserem Beispiel haben wir für q die Zahl 1/2 eingesetzt.

Was passiert nun, wenn wir auf diese Weise unendlich viele Zahlen aufsummieren? Hat die Gesamtsumme einen bestimmten Wert, oder wird die Summe bei Hinzunahme genügend vieler Summanden beliebig groß?

Unser Beispiel mit $q = 1/2$ zeigt, dass eine solche unendlich lange Summe durchaus einen endlichen Wert als Endergebnis haben kann. Je mehr Zahlen wir hinzunehmen, umso näher liegt das Ergebnis der Summe bei der Zahl 2, denn mit jedem neuen Summanden wird der Abstand zur Zahl 2 gerade halbiert (Abb. 6.14). Man sagt daher, dass die unendlich lange Gesamtsumme den Wert 2 hat.

Man kann allgemein zeigen, dass die geometrische Reihe immer dann einen endlichen Wert hat, wenn der Betrag von q kleiner als 1 ist. Ist er gleich 1, so muss die Summe dagegen unendlich groß werden, denn dann ist $R = 1 + 1 + 1 + 1 + \cdots$ Entsprechendes gilt, wenn q größer als 1 ist. Bei negativen Werten von q kann es dagegen passieren, dass die Summe zwar nicht unendlich groß wird, aber auch keinem festen Wert zustrebt, wie man für $q = -1$ sieht: $R = 1 - 1 + 1 - 1 + \cdots$

Wie kann man nun bei einem q mit Betrag unterhalb von 1 ausrechnen, welchen Wert die Gesamtsumme hat? Dazu greifen wir auf einen kleinen Trick zurück, der auf den ersten Blick ziemlich verblüffend aussieht. Wir lassen dazu in der Summe $R = 1 + q + q^2 + q^3 + q^4 + \cdots$ die erste 1 stehen und klammern aus dem Rest den Faktor q aus. Dabei sehen wir, dass in der Klammer hinter dem ausgeklammerten q gerade wieder die komplette Summe steht:

$$R = 1 + q \cdot (1 + q + q^2 + q^3 + \cdots) = 1 + q\,R$$

Der Trick funktioniert nur deswegen, weil man von unendlich vielen Summanden den ersten wegnehmen kann und dennoch unendlich viele Summanden übrig behält. Ähnliche Tricks kann man auch bei Feynman-Graphen häufig anwenden, um Gleichungen für unendliche Summen von Graphen zu erhalten. Es ist daher kein Zufall, dass wir uns als Beispiel die geometrische Reihe ausgesucht haben.

Als Ergebnis des Tricks haben wir für die geometrische Reihe R die Gleichung $R = 1 + q\,R$ erhalten, die wir nach R freistellen können, sodass wir als Berechnungsformel

$$R = 1/(1 - q)$$

erhalten. Setzen wir zur Probe $q = 1/2$ ein wie in unserem Beispiel, so erhalten wir tatsächlich $R = 2$ als Ergebnis für die Gesamtsumme.

Es ist interessant, dass die Formel $R = 1/(1 - q)$ auch für Werte von q Sinn macht, die größer als 1 sind. In gewissem Sinne ist diese Formel also allgemeiner als die geometrische Reihe $R = 1 + q + q^2 + \cdots$, die nur für kleine q einen endlichen Wert ergibt. Hier entsteht eine interessante Analogie zur Quantenfeldtheorie, in der das Aufsummieren unendlich vieler Feynman-Graphen auch nur bei hinreichend kleinen Ladungen funktioniert. Die unendlich lange Summe der Graphen entspricht dabei der geometrischen Reihe. Leider gibt es aber in der Quantenfeldtheorie keine Formel für das Gesamtergebnis analog zu unserer Berechnungsformel $R = 1/(1 - q)$ für die geometrische Reihe. Wir werden daher im Folgenden parallel die unendlich lange Reihe und die handliche Berechnungsformel verwenden, wobei wir uns darüber im Klaren sein müssen, dass man in der Quantenfeldtheorie normalerweise nur einige der ersten Summanden der unendlichen Reihe wirklich berechnen kann.

Nehmen wir in unserem Beispiel an, dass als Ergebnis der unendlich langen Summe von Feynman-Graphen für die *physikalische Ladung des Elektrons* die Formel

$$E = e/(1 - e\ (x + P)) = e\ (1 + e\ (x + P) + e^2\ (x + P)^2 + \cdots)$$

herausgekommen wäre. Dabei ist E die gleitende physikalische Ladung des Elektrons, die bei dem Viererimpulsquadrat x des ankoppelnden Photons auftritt, e ist die Ladung der nackten Elektronen, die als Linien in den Feynman-Graphen auftreten, und P stellt die durch die Elektron-Positron-Loops auftretenden Unendlichkeiten dar. Wir müssen also zu einem geeigneten Zeitpunkt den Fall untersuchen, bei dem P beliebig groß werden kann.

Wie wir sehen, haben wir eine geometrische Reihe vor uns, bei der wir q durch den Ausdruck $e\ (x + P)$ ersetzt und zusätzlich alle Terme mit e multipliziert haben.

Würden wir uns auf den einfachsten Feynman-Graphen beschränken und entsprechend nur den ersten Summanden in unserer Summe berücksichtigen, so wäre die physikalische Ladung E gerade gleich der nackten Ladung e und wir hätten uns die Unterscheidung zwischen nackter und physikalischer Ladung sparen können. In diesem Fall wäre die Ladung außerdem unabhängig vom Viererimpulsquadrat x des Photons gewesen.

Bei genaueren Berechnungen reicht jedoch der erste Summand nicht mehr aus. Weitere Summanden müssen berücksichtigt werden. Berücksichtigt man beispielsweise zusätzlich den zweiten Summanden, so erhält man die Näherung $E = e\ (1 + e\ (x + P))$. Hier tritt nun die Unendlichkeit auf, die wir uns durch beliebig große Werte von P dargestellt denken wollen. Die physikalische Ladung E kann daher nur dann endlich bleiben, wenn mit wachsendem P gleichzeitig die nackte Ladung e immer kleiner wird. Dagegen ist zunächst nichts einzuwenden, da die nackte Ladung selbst ja keine physikalisch beobachtbare Größe ist, sondern nur eine mathematische Rechengröße darstellt. Der Haken bei der Angelegenheit liegt nun aber darin, dass sich die obige Formel nun nicht mehr zur Berechnung der physikalischen Ladung E eignet, da jeder beliebige Wert von E auf der linken Seite stehen kann. Dieser Wert für E hängt davon ab, auf welche Weise P wächst und e schrumpft. Umgekehrt legt ein beliebiger vorgegebener Wert für E bei ebenfalls vorgegebenem x fest, auf welche Weise sich e bei wachsendem P verhalten muss. Der einzige Weg, hier weiterzukommen, besteht daher in der Vorgabe einer Referenzladung E_0 bei irgendeinem vorgegebenen Viererimpulsquadrat x_0. Da sich ein solcher Wert offenbar nicht ausrechnen lässt, bleibt nur der Weg, ihn im Experiment zu bestimmen und gleichsam als Aufhängepunkt in die Rechnung einfließen zu lassen. Wir messen also, welche physikalische Ladung E_0 beim

Viererimpulsquadrat x_0 des Photons auftritt. Man nennt einen solchen Punkt *Renormierungspunkt*. Für den Renormierungspunkt gilt also

$$E_0 = e/(1 - e\,(x_0 + P)) = e\,(1 + e\,(x_0 + P) + e^2\,(x_0 + P)^2 + \cdots)$$

Wenn wir nur die ersten zwei Summanden berücksichtigen, entspricht das der Beziehung $E_0 = e(1 + e\,(x_0 + P))$. Wir können nun die obige Beziehung nach der nackten Ladung e freistellen, sie in die Beziehung $E = e/(1 - e\,(x_0 + P))$ einsetzen und so versuchen, gleichzeitig die nackte Ladung e und die Unendlichkeit P loszuwerden. Freistellen nach e ergibt

$$e = E_0/(1 + E_0(x_0 + P)) = E_0(1 - E_0(x_0 + P) + E_0^2\,(x_0 + P)^2 + \cdots)$$

Dieser Ausdruck gibt nach Festlegung von x_0 und E_0 durch das Experiment an, auf welche Weise die nackte Ladung e bei wachsendem P gegen null zu streben hat. Setzt man diese Formel für e in $E = e/(1 - e\,(x + P)) = 1/(1/e - x + P))$ ein und eliminiert damit e, so erhält man nach kurzer Rechnung

$$E = E_0/(1 - E_0(x - x_0)) = E_0(1 + E_0(x - x_0) + E_0^2\,(x_0 + x_0)^2 + \cdots)$$

Die Unendlichkeit P und die nackte Ladung e sind tatsächlich verschwunden!

Man kann diese Rechnung auch ohne die vollständige Berechnungsformel für die geometrische Reihe durchführen, indem man schrittweise immer mehr Terme der unendlichen Summe konsistent berücksichtigt. Genau so muss man in der Quantenfeldtheorie auch vorgehen, denn dort hat man die vollständige Berechnungsformel ja nicht, sondern nur die Reihenentwicklung. Schauen wir uns als Beispiel die Näherung $E = e\,(1 + e\,(x + P))$ an, die aus den ersten beiden Termen der Summe besteht.

Es wäre nun nicht sinnvoll, die entsprechende Formel am Renormierungspunkt $E_0 = e\,(1 + e\,(x_0 + P))$ direkt nach e freizustellen, da sie nur eine Näherung mit zwei berücksichtigten Summanden darstellt und da es bei mehr als zwei berücksichtigten Summanden immer schwieriger wird, die Beziehung nach e freizustellen. Wir wollen daher anders vorgehen und eine Methode wählen, die auch bei mehr Summanden funktioniert. Dazu entwickeln wir e nach Potenzen von $(x_0 + P)$, so wie ja auch E nach Potenzen von $(x + P)$ entwickelt wurde oder E_0 nach Potenzen von $(x_0 + P)$. Wir machen also in dieser Näherung den Ansatz $e = a_0 + a_1(x_0 + P)$ und versuchen, die unbekannten Koeffizienten a_0 und a_1 so zu bestimmen, dass die Beziehung $E_0 = e\,(1 + e\,(x_0 + P))$ am Renormierungspunkt erfüllt ist.

Wir setzen diesen Ansatz für *e* also in die Formel für E_0 ein und erhalten

$$E_0 = a_0 + (a_1 + a_0^2)(x_0 + P) + \text{Terme mit } (x_0 + P)^2 \text{ und } (x_0 + P)^3$$

Diese Gleichung soll für verschiedene Werte von $(x_0 + P)$ gelten. Koeffizientenvergleich beider Seiten für die verschiedenen Potenzen von $(x_0 + P)$ liefert daher die Bedingung $a_0 = E_0$ und $a_1 + a_0^2 = 0$, also $a_1 = -E_0^2$. Die höheren Terme ab $(x_0 + P)^2$ interessieren nicht weiter, da wir die Beziehung sowieso nicht exakt erfüllen können, denn wir haben ja nur jeweils die ersten zwei Summanden berücksichtigt. Damit haben wir also $e = E_0(1 - E_0(x_0 + P))$ in dieser Näherung, wobei wir E_0 noch ausgeklammert haben. Das sind genau die ersten zwei Terme, die wir auch weiter oben mit der vollständigen Berechnungsformel erhalten hatten.

Mit dieser Gleichung können wir nun die nackte Ladung *e* in $E = e(1 + e(x + P))$ ersetzen und erhalten

$$E = E_0(1 + E_0(x - x_0) + \text{Terme mit } E_0^2 \text{ und } E_0^3)$$

Wieder interessieren uns nur die ersten beiden Summanden, da alle weiteren Summanden sich sowieso noch ändern werden, sobald wir mehr Terme insgesamt berücksichtigen. Wir sehen, dass es uns tatsächlich gelungen ist, auch ohne die Berechnungsformel für die geometrische Reihe sowohl die nackte Ladung *e* als auch die Unendlichkeit *P* aus den ersten beiden Summanden zu eliminieren. Genau diese beiden Summanden hatte auch unsere Rechnung mit der vollständigen Berechnungsformel oben ergeben.

Man kann die Rechnung auch für die ersten drei Summanden durchführen, wobei man dann einen weiteren Koeffizienten a_2 berechnen muss. Das Ergebnis lautet $a_2 = E_0^3$. Im Endresultat enthält dann auch der dritte Summand die Unendlichkeit *P* nicht mehr.

Führt man diese Rechnung mit immer mehr Summanden durch, so kann man die Unendlichkeit *P* Schritt für Schritt immer weiter nach hinten drängen, bis sie im Grenzfall unendlich vieler Summanden völlig verschwindet und wieder unser obiges Ergebnis

$$E = E_0/(1 - E_0(x - x_0)) = E_0(1 + E_0(x - x_0) + E_0^2(x - x_0)^2 + \cdots)$$

herauskommt. Diese Formel enthält nur noch endliche Größen und kann zur Berechnung der Ladung *E* beim Viererimpulsquadrat *x* verwendet werden, wobei aber für irgendein beliebiges x_0 die entsprechende Ladung E_0 einmal gemessen werden muss. Es ist uns damit tatsächlich gelungen, unter

Verwendung der am Renormierungspunkt x_0 gemessenen Ladung E_0 dem anfangs so sinnlos erscheinenden Ausdruck für die Ladung E einen präzisen Sinn zu geben und sie am Renormierungspunkt gleichsam zu verankern. Die Tatsache, dass irgendein Renormierungspunkt x_0 vorgegeben werden muss, bedeutet, dass durch die Renormierung der dimensionsbehaftete Parameter x_0 in die Theorie hineingeraten ist, der vor der Renormierung nicht darin enthalten war. Man sagt, die Renormierung führt eine Skala in die Theorie ein, denn x_0 hat als Viererimpulsquadrat die Dimension einer quadrierten Energie und kann somit als Vergleichsmaßstab für Energien verwendet werden. Dagegen ist die Ladung E_0, angegeben in natürlichen Einheiten, eine dimensionslose (also einheitenlose) Zahl.

Falls nun die berechnete Formel für E die in der Natur vorhandenen Verhältnisse korrekt wiedergibt, so muss es vollkommen egal sein, welches Viererimpulsquadrat x_0 man in der Messung wählt, um die zugehörige Ladung E_0 dort zu bestimmen. Man kann also einen anderen Renormierungspunkt x_1 wählen, wird dort eine andere Ladung E_1 messen und erhält eine andere Formel für E. Diese Formel muss nun für ein gegebenes x die gleiche Ladung E ergeben wie die Formel mit E_0 und x_0. Die Forderung, dass der Renormierungspunkt frei wählbar ist, führt in der Quantenfeldtheorie zu einer mathematischen Struktur, die als *Renormierungsgruppe* bezeichnet wird.

In der Quantenfeldtheorie sind nun die mathematischen Ausdrücke nicht so einfach wie in dem oben dargestellten einfachen Beispiel. Insbesondere muss hier zunächst überprüft werden, ob die Theorie überhaupt renormierbar ist, d. h. ob sich mit dem oben skizzierten Verfahren die Unendlichkeiten tatsächlich aus beliebig vielen Summanden entfernen lassen, wobei nur einige wenige Messwerte an entsprechenden Renormierungspunkten vorgegeben werden müssen. Die Quantenfeldtheorien des Standardmodells, also die elektroschwache Theorie (die die QED umfasst) sowie die QCD der starken Wechselwirkung, sind renormierbar, da sie auf Eichtheorien basieren. Andere Theorien wie die Mesonaustauschtheorie für die starken Kernkräfte oder die alte Fermi-Theorie für die schwache Wechselwirkung sind nicht renormierbar. Sie sind sogenannte *effektive Quantenfeldtheorien*, die nur bei relativ niedrigen Teilchenenergien anwendbar sind und bei denen nur die einfachen Feynman-Graphen Sinn machen. Ebenso ist bis heute keine renormierbare Quantenfeldtheorie der Gravitation bekannt.

In den letzten Jahrzehnten ist es gelungen, interessante Parallelen zwischen Quantenfeldtheorien und Modellen der statistischen Physik für sogenannte Phasenübergänge zu finden. In diesen Modellen ergeben sich renormierbare Quantenfeldtheorien fast automatisch, wenn man die Physik der Phasenübergänge bei großen Abständen durch geeignetes Mitteln über mikroskopische

Freiheitsgrade berechnen will. Bei diesem Mitteln spielt der Begriff der Renormierungsgruppe eine entscheidende Rolle.

Daraus kann man umgekehrt den Schluss ziehen, dass Quantenfeldtheorien Näherungen darstellen, die die Physik bei relativ großen Abständen bzw. niedrigen Teilchenenergien beschreiben und die sich durch Hochskalieren und Verwischen der kurzreichweitigen Freiheitsgrade einer noch unbekannten, fundamentaleren Theorie ergeben. Bruchteile eines Fermi sind dabei als große Abstände anzusehen, d. h. die fundamentalere Theorie offenbart sich erst bei sehr viel kleineren Abständen. Dies ist ein weiterer Hinweis darauf, dass weder das Standardmodell noch das heute bekannte theoretische Konzept der Quantenfeldtheorien bereits die fundamentale Theorie der Naturgesetze darstellen können.

Im Licht dieser Erkenntnis ist man mittlerweile etwas von der Forderung abgekommen, dass eine Quantenfeldtheorie renormierbar sein müsse, um physikalisch sinnvoll zu sein. Quantenfeldtheorien werden als Nieder-Energie-Grenzfall von noch unbekannten fundamentaleren Theorien angesehen.

Das heutige Bild sieht ungefähr so aus (siehe z. B. Steven Weinbergs Buch *The Quantum Theory of Fields,* Vol. 1, Kap. 12): Eine Quantenfeldtheorie ist eine effektive Feldtheorie, die im Prinzip zunächst *alle* unendlich vielen Wechselwirkungsmöglichkeiten zwischen den darin vorkommenden Feldern enthalten muss, welche die zugrunde liegenden Symmetrien der Theorie respektieren. Die meisten dieser Möglichkeiten sind einzeln für sich nicht renormierbar. Dennoch heben sich die Divergenzen auf, solange man *alle* unendlich vielen Wechselwirkungsmöglichkeiten berücksichtigt. Bei Energien weit unterhalb der sogenannten Planck-Energie sind jedoch normalerweise alle nicht-renormierbaren Wechselwirkungsmöglichkeiten stark unterdrückt, sodass eine renormierbare Quantenfeldtheorie übrig bleibt.

Dies ist auch der Grund dafür, warum die Gravitation in der renormierbaren Quantenfeldtheorie des Standardmodells keine Rolle spielt, denn sie ist gerade eine solche nicht-renormierbare Wechselwirkungsmöglichkeit, die bei den heute erreichbaren Teilchenenergien stark unterdrückt ist. Wir erinnern uns: Die Gravitation ist weit schwächer als die starke oder die elektroschwache Wechselwirkung und spielt bei den heute erreichbaren Energien keine Rolle in der Teilchenphysik. Nur weil sich die Gravitationswirkung von Materie additiv verhält, merken wir überhaupt etwas von ihr, sobald sich große Materieansammlungen wie unsere Erde bilden. Insofern bildet ausgerechnet die uns so vertraute Gravitation gleichsam ein erstes Fenster in die Welt, die irgendwo jenseits des Standardmodells auf uns wartet.

6.4 Was ist ein Teilchen?

Am Anfang dieses Buches haben wir uns die Frage gestellt, ob Materie kontinuierlich ist oder ob sie aus kleinen Bausteinen besteht. Die Interferenzerscheinungen beim Bestrahlen von Materie mit Röntgenstrahlen haben uns davon überzeugt, dass die zweite Möglichkeit die richtige ist.

Später stellte sich dann heraus, dass diese gefundenen Bausteine, die Atome, aus noch kleineren Teilchen aufgebaut sind, nämlich den Elektronen der Atomhülle und den Protonen und Neutronen des Atomkerns. Auch Protonen und Neutronen haben sich nicht als elementare Objekte erwiesen, sondern in ihrem Inneren konnten Quarks nachgewiesen werden, die durch Gluonen zusammengehalten werden. Quarks und Leptonen sind im Rahmen des Standardmodells elementare Objekte, aber die Unzulänglichkeiten des Standardmodells weisen darauf hin, dass zumindest die Beschreibung der Wechselwirkung zwischen diesen Teilchen im Rahmen dieses Modells nicht die letztgültige sein kann.

Betrachten wir das Verhältnis der Bindungsenergie der Bausteine zu ihrer Masse, so fällt auf, dass dieses Verhältnis immer größer wird, je weiter wir zu immer kleineren Strukturen vordringen. In einem Atom beträgt die Bindungsenergie, die bei seiner Bildung aus Elektronen und Atomkern frei wird, nur einige Elektronenvolt. Die Masse der Bausteine ist mit ungefähr 0,5 MeV für das Elektron und mit etwa 1 000 MeV für das Proton und Neutron um ein Vielfaches größer. Die Bindungsenergie bei Atomen ist also verglichen mit der Masse ihrer Bausteine so gering, dass weder relativistische Effekte noch Quanteneffekte für die Wechselwirkung zwischen den Bausteinen eine Rolle spielen. Ein Atom lässt sich daher gut als ein System aus Elektronen und Atomkern verstehen, die sich aufgrund klassischer elektrischer Kraftfelder gegenseitig anziehen und deren Dynamik sich gemäß den Gesetzen der nichtrelativistischen Quantenmechanik durch stehende Wahrscheinlichkeitswellen beschreiben lässt.

Bei den Atomkernen beginnt sich die Situation allmählich zu verändern. Hier treten aufgrund der starken Kernkräfte, die bei kurzen Abständen um ein Vielfaches stärker als die elektrischen Kräfte wirken, Bindungsenergien von einigen Mega-Elektronenvolt zwischen den Nukleonen auf. Im Vergleich zur Masse der Nukleonen von etwa 1 000 MeV ist das zwar immer noch wenig, aber relativistische Effekte beginnen dennoch langsam, wichtig zu werden. So kann die bei der Bildung eines Atomkerns abgegebene Bindungsenergie bereits direkt als Massendefekt nachgewiesen werden, denn die Masse eines Atomkerns ist um den entsprechenden Betrag kleiner als die Summe der Nukleonmassen, aus denen er besteht.

Die Situation verändert sich dramatisch bei den Nukleonen, deren Bausteine, die Quarks, nicht einmal mehr als freie Teilchen existieren können. Daher lässt sich auch der Begriff der Bindungsenergie nicht mehr sauber definieren. Bei der Definition der Quarkmasse gerät man ebenfalls in Schwierigkeiten. Geht man vom Begriff der Stromquarks aus, so beträgt die Masse der *up*- und *down*-Quarks nur noch wenige Mega-Elektronenvolt. Ein großer Teil der Nukleonmasse von etwa 1 000 MeV wird daher durch die Energie der starken Wechselwirkung zwischen den Quarks generiert. Relativistische Effekte und Quanteneffekte werden nun sehr wichtig. Sie bewirken, dass die starke Wechselwirkung nicht mehr durch klassische Kraftfelder beschrieben werden kann. Es treten Quantenfluktuationen auf, die sich durch zugehörige Teilchen (Feldquanten) beschreiben lassen. Bei der starken Wechselwirkung tragen diese Feldquanten den Namen *Gluonen*, wie wir wissen. Das starke Kraftfeld erhält damit einen gewissen Teilchencharakter, während die Quarks wiederum nicht mehr in demselben Maße wie Elektronen oder Nukleonen als Teilchen verstanden werden können.

In der Quantenfeldtheorie werden sowohl Quarks und Leptonen als auch die Wechselwirkungen zwischen ihnen durch Teilchen beschrieben – man denke an die Feynman-Graphen. Die begrifflichen Unterschiede zwischen den Bausteinen der Materie und den zwischen ihnen wirkenden Kräften beginnen, sich aufzulösen.

Betrachten wir im Detail, wie sich die Bedeutung des Teilchenbegriffs beim Vordringen zu immer kleineren Strukturen verändert. Versuchen wir, die Frage zu beantworten: *Was ist ein Teilchen?*

In der klassischen Physik ist ein Teilchen zunächst ein sehr kleines Stück Materie, das sich durch Angabe seines Aufenthaltsortes zu jeder Zeit von anderen Teilchen unterscheiden lässt. Teilchen sind damit in Raum und Zeit wohl unterscheidbare Objekte. Der Ort eines Teilchens ändert sich dabei nicht sprunghaft, sondern stetig. Für jedes Teilchen lässt sich eine wohldefinierte Flugbahn angeben. Darüber hinaus verfügen Teilchen über verschiedene physikalische Eigenschaften, die ihr Verhalten unter den jeweils gegebenen physikalischen Bedingungen festlegen und die damit das Teilchen charakterisieren. Dazu gehört der Aufenthaltsort selbst, aber auch die Geschwindigkeit oder die Teilchenmasse. Diese Eigenschaften können einem Teilchen unabhängig von jeder Messung zugeordnet werden, d. h. wir sind sicher, dass ein Teilchen einen definierten Aufenthaltsort und eine definierte Geschwindigkeit besitzt, auch wenn wir den Wert dieser Größen zufällig nicht kennen.

Diese Teilchenvorstellung liegt dem Begriff der Punktmasse in der Newton'schen Mechanik zugrunde und wird durch diesen mathematisch präzisiert. Es handelt sich dabei um eine idealisierte Darstellung dessen, was wir üblicherweise mit dem Teilchenbegriff verbinden.

Betrachten wir ein System aus mehreren, miteinander wechselwirkenden Teilchen in der Newton'schen Mechanik. Jedes Teilchen in diesem System kann aufgrund seiner Flugbahn zu jeder Zeit von den anderen Teilchen begrifflich unterschieden werden. Hat man ein Teilchen erst einmal ins Visier genommen, und lässt man es anschließend nicht wieder aus den Augen, so kann man seinen Weg beliebig lange verfolgen und es zu jeder Zeit identifizieren.

Das Gesamtsystem der Teilchen wird in der Newton'schen Mechanik durch die Gesamtheit der einzelnen Teilchenbahnen beschrieben. In diesem Sinn ist das Gesamtsystem aus einzelnen unterscheidbaren Teilchen zusammengesetzt und auch wieder in diese zerlegbar.

Dies ist genau die Vorstellung, die der ursprünglichen Idee des Atomismus zugrunde liegt. Materie lässt sich in diesem Bild durch ein klassisches Viel-Teilchen-System nach den Gesetzen der Newton'schen Mechanik beschreiben. Diese Vorstellung ist zunächst naheliegend, da sie unserer Anschauung eines aus elementaren Bausteinen zusammengesetzten Systems entspricht. Andererseits führt dieses Bild aber auch zu einer Reihe von Problemen. So bleibt offen, warum elementare Teilchen mit bestimmten Eigenschaften überhaupt existieren. Warum soll es beispielsweise gerade ein Teilchen mit einer Masse von 511 keV (das Elektron) geben, aber keines mit einer Masse von 4 711 keV oder 42 eV? Die fundamentalen Teilchen mit ihren Eigenschaften müssen in einem solchen Bild als in sich selbst bestehende Objekte angesehen werden, deren Existenz sich nicht weiter begründen lässt, da wir sie ja nicht wiederum aus anderen, noch fundamentaleren Objekten zusammensetzen können oder wollen – es sei denn, wir lassen eine unendliche Hierarchie von immer kleineren Sub-sub-sub-sub-…-Teilchen zu, was ebenfalls nicht sonderlich attraktiv erscheint.

Nun wissen wir aus den Interferenzexperimenten, dass die Idee des Atomismus grundsätzlich zutreffend ist. Wie also hat die Natur das oben beschriebene Dilemma gelöst?

Die Antwort können wir heute noch nicht vollständig geben, aber eine wesentliche Erkenntnis ist: Materie lässt sich eben nicht als ein klassisches Viel-Teilchen-System, zusammengesetzt aus wohl unterscheidbaren Teilchen, verstehen! Weder die Newton'sche Mechanik noch der Begriff des in sich selbst existierenden, relationslosen Teilchens bilden eine tragfähige Grundlage zur Beschreibung der Struktur der Materie. Sie werden im Rahmen der nichtrelativistischen Quantenmechanik zunächst durch die Schrödinger-Gleichung und den Begriff der Wellenfunktion ersetzt.

Betrachten wir genauer, was von unserem klassischen Teilchenbild in der nichtrelativistischen Quantenmechanik noch übrig bleibt:

Ein Teilchen wird hier durch eine Wellenfunktion beschrieben, deren Dynamik durch die Schrödinger-Gleichung festgelegt wird. Wie in der klassischen Mechanik besitzt das Teilchen eine Reihe ihm immanenter Eigenschaften, die zu jeder Zeit einen definierten Wert aufweisen und die das Teilchen charakterisieren. Zu diesen Eigenschaften gehören die Masse, die elektrische Ladung und der Gesamtspin, wobei Letzterer keine Entsprechung in der Newton'schen Mechanik besitzt.

Einige andere Eigenschaften des klassischen Teilchenbegriffs gehören nicht mehr zu den inneren Eigenschaften quantenmechanischer Teilchen, insbesondere Ort und Geschwindigkeit (bzw. Impuls). Es ist zwar möglich, diese Größen jederzeit jeweils getrennt voneinander mit beliebiger Genauigkeit zu messen. Dabei ist es aber im Allgemeinen unmöglich, das Ergebnis dieser Messung vorherzusagen. Diese Unmöglichkeit liegt nicht in unseren begrenzten mathematischen oder experimentellen Fähigkeiten begründet, sondern sie beruht darauf, dass die zur Vorhersage des Messergebnisses notwendige Information in der Natur selbst nicht existiert. Mit anderen Worten: Auch das Elektron selbst weiß nicht, wo es sich befindet, bevor man es durch ein Experiment nach seinem Aufenthaltsort befragt. Dass dies wirklich so ist, wurde durch die experimentelle Bestätigung der Bell'schen Ungleichung eindrucksvoll bewiesen.

Die Nichtexistenz dieser inneren Eigenschaften ist wohl das entscheidende Problem, mit dem wir zu kämpfen haben, wenn wir uns ein Bild von der inneren Struktur der Materie machen wollen, denn in einem solchen Bild suchen wir ja gerade nach für sich existierenden Objekten in einer objektiv vorhandenen Wirklichkeit. Eine solche Wirklichkeit scheint es aber unterhalb eines gewissen makroskopischen Niveaus nicht mehr zu geben! Der Versuch, ein anschauliches Bild der physikalischen Vorgänge unterhalb dieses Niveaus zu gewinnen, führt damit zwangsläufig zu einer Überinterpretation dieser Vorgänge, da wir uns für unsere Anschauung irgendeine künstliche Realität schaffen müssen, die es in der Natur aber so nicht gibt.

Im Gegensatz zu unserer Anschauung hält die Mathematik die richtigen Begriffe und Werkzeuge bereit, um die neue Situation zu erfassen. So sind im mathematischen Formalismus der Quantenmechanik die Begriffe Ort und Geschwindigkeit nicht als innere Eigenschaften einem Teilchen zugeordnet, d. h. sie existieren nicht als stetige mathematische Funktionen der Zeit, wie das bei einer Bahnkurve der Fall wäre.

Aus der Wellenfunktion eines Teilchens und der zugehörigen Schrödinger-Gleichung lassen sich Masse, elektrische Ladung und Gesamtspin eines Teilchens unmittelbar ablesen. Sie können daher weiterhin als innere Eigenschaften des Teilchens angesehen werden. Für andere physikalische Größen dagegen liefert die Wellenfunktion nur Werte für die Wahrscheinlichkeiten, gewisse Messwerte zu erhalten, z. B. für den Ort des Teilchens. Eine mathematische Größe, die den Ort des Teilchens direkt angibt, existiert in der Quantenmechanik nicht. Der Begriff der Flugbahn hat keine Bedeutung mehr.

Betrachten wir ein System aus mehreren Teilchen mit gleicher Masse, gleichem Gesamtspin und gleicher elektrischer Ladung, also mit identischen inneren Eigenschaften. Mit anderen Worten: Betrachten wir ein Viel-Teilchen-System aus Teilchen desselben Typs, z. B. Elektronen.

In der Newton'schen Mechanik konnten die Teilchen anhand ihrer Flugbahn voneinander unterschieden werden. In der Quantenmechanik gibt es dieses Unterscheidungskriterium nicht mehr. Wie also lässt sich in diesem Viel-Teilchen-System entscheiden, ob ein bei einem Experiment an einem Ort beobachtetes Teilchen identisch ist mit einem anderen Teilchen, das in einem späteren Experiment an einem anderen Ort beobachtet wird? Die Antwort lautet: gar nicht! Es ist unmöglich, in einem quantenmechanischen Viel-Teilchen-System ein Teilchen unter vielen zu kennzeichnen und später wiederzuerkennen.

Dieser Tatsache wird im mathematischen Formalismus der Quantenmechanik dadurch Rechnung getragen, dass das Viel-Teilchen-System durch eine einzige Viel-Teilchen-Wellenfunktion beschrieben wird, die von den Ortskoordinaten aller Teilchen gleichzeitig abhängt. Die Teilchen werden alle gemeinsam beschrieben, und das Verhalten eines Teilchens hängt vom Verhalten der anderen Teilchen ab, sogar dann, wenn die Teilchen gar nicht mehr miteinander wechselwirken und mittlerweile Lichtjahre voneinander entfernt sind. Dies bedeutet, dass sich ein quantenmechanisches System vieler identischer Teilchen begrifflich nicht in einzelne Teilchen zerlegen lässt. Es hat nur als Ganzes eine Bedeutung. Ein eindrucksvolles Beispiel für diese Nicht-Zerlegbarkeit liefert das Einstein-Rosen-Podolsky-Paradoxon, das wir aus Abschn. 2.8 kennen.

In der Quantenmechanik sind die Teilchen eines Viel-Teilchen-Systems nicht mehr als in Raum und Zeit voneinander trennbare individuelle Objekte beschreibbar. Der Teilchenbegriff erhält teilweise die Bedeutung des Begriffs *Teilchentyp*, der durch Masse, Gesamtspin und elektrische Ladung (und gegebenenfalls weitere Eigenschaften, z. B. Zerfallswahrscheinlichkeiten) gekennzeichnet ist. Allerdings lassen sich immer noch Teilchenorte oder Teilchenimpulse experimentell bestimmen, auch wenn sie sich nicht mehr einem bestimmten unter mehreren gleichartigen Teilchen zuordnen lassen. Eine Größe bleibt aber auch in einem nichtrelativistischen quantenmechanischen Viel-Teilchen-System weiter sinnvoll: die Anzahl der Teilchen, die das System aufbauen.

Dies ändert sich, sobald die Kräfte zwischen den Teilchen so groß werden, dass die mittleren Teilchenenergien die Größenordnung der Teilchenmassen erreichen. Dies ist bei den Quarks im Inneren der Hadronen der Fall. Es werden dann relativistische Effekte wirksam, die die Definition einer Gesamtanzahl der im System enthaltenen Teilchen unmöglich machen. Ständig werden neue virtuelle Teilchen gebildet und wieder vernichtet. Da alle Teilchen sehr stark miteinander wechselwirken, sind letztlich alle im System vorhandenen Teilchen virtuell, d. h. sie können fast beliebige Energie- und Impulswerte tragen.

Man kann zwar immer noch sagen, dass ein Proton zwei *up*-Quarks und ein *down*-Quark enthalten muss, aber es lässt sich nicht angeben, wie viele Quark-Antiquark-Paare oder wie viele Gluonen es enthält.

Bei Quarks und Gluonen kommt hinzu, dass sie nicht als freie Teilchen existieren können. Es ist daher nicht verwunderlich, dass diese Teilchen nur noch in wenigen Aspekten dem klassischen Teilchenbild entsprechen. Zu diesen Aspekten gehört, dass man Quarks einen Gesamtspin und eine elektrische Ladung zuordnen kann. Aber bereits bei der Zuordnung einer Masse gibt es Probleme.

Betrachten wir den Teilchenbegriff einmal aus der Sicht der Feynman-Graphen bei physikalischen Streu- und Zerfallsprozessen. In einem Streuprozess treffen freie Teilchen aufeinander. Es findet eine Wechselwirkung statt, und freie Teilchen fliegen danach wieder auseinander. Dabei können nach der Wechselwirkung völlig andere Teilchen vorhanden sein als vor der Wechselwirkung. Beschränken wir uns auf die einfachsten Feynman-Graphen, so lassen sich ein- und auslaufende Linien direkt mit den freien Teilchen identifizieren. Diese freien Teilchen werden dabei durch Wellenfunktionen analog zur nichtrelativistischen Quantenmechanik beschrieben. Ihre Gesamtzahl, ihre Massen, Ladungen und Spins können definiert und gemessen werden. Die inneren Linien eines Feynman-Graphen, z. B. ein ausgetauschtes Photon, entsprechen dagegen virtuellen Teilchen.

Berücksichtigen wir kompliziertere Graphen, so wird die Situation unübersichtlich. Sogar ein freies Teilchen wird dann durch eine unendliche Summe von Feynman-Graphen repräsentiert, bei denen z. B. Photonen zuerst emittiert und dann wieder absorbiert werden. Man spricht davon, dass sich das nackte Teilchen mit einer Polarisationswolke umgibt. Erst die Gesamtsumme aller Graphen zusammen mit dem Verfahren der Renormierung lässt sich einem physikalischen Teilchen zuordnen. Die einzelnen Linien innerhalb der Graphen bezeichnet man dagegen als nackte Teilchen. Sie hängen über einen unendlich tief verschachtelten Iterationsprozess mit dem physikalischen Objekt zusammen.

Die relativistische Quantenfeldtheorie zwingt uns in weitaus stärkerem Maße als die nichtrelativistische Quantenmechanik, das klassische Teilchenbild zu relativieren. Die nichtrelativistische Quantenmechanik zwingt uns bereits dazu, Begriffe wie Ort und Impuls als innere Eigenschaft eines Teilchens aufzugeben. Sie lässt die begriffliche Zerlegung eines Viel-Teilchen-Systems in einzelne, getrennt identifizierbare Teilchen nicht mehr zu. Ist eine hinreichend starke Wechselwirkung zwischen den Teilchen vorhanden, sodass zusätzlich relativistische Effekte wichtig werden, dann ist sogar die Gesamtzahl der miteinander wechselwirkenden Teilchen keine sinnvolle Größe mehr, ebenso wie der Teilchenort, der sich nur noch mit beschränkter Genauigkeit angeben lässt, während sich der Impuls freier Teilchen zum Glück weiterhin beliebig genau messen lässt, sofern man genügend Messzeit dafür hat.

Man kann noch einen Schritt weiter gehen und sich ansehen, was in einem beschleunigten Bezugssystem geschieht, beispielsweise in einer stark beschleunigten Rakete. Solche Überlegungen werden wichtig, wenn man die Gravitation mit einbezieht, denn wie wir in Abschn. 7.1 noch sehen werden, ist ein Gravitationsfeld lokal gleichwertig zu einem beschleunigten Bezugssystem. Für einen in der Rakete mitbeschleunigten Beobachter ist nun der leere Raum (das Vakuum) vermutlich keineswegs leer, sondern mit einer Wärmestrahlung angefüllt, deren Temperatur proportional zur Beschleunigung ist. Ein nicht beschleunigter Beobachter sieht im leeren Raum keine solche Wärmestrahlung. Nun besteht Wärmestrahlung aus reellen Photonen. Demnach würde der Teilcheninhalt des Raumes vom Bezugssystem abhängen: Ein beschleunigter Beobachter sieht reelle Photonen in demselben Raum, in dem ein nicht beschleunigter Beobachter keine sieht. Das gibt der Frage nach der realen Existenz dieser Photonen eine ganz neue Dimension!

Ob es diesen Effekt wirklich gibt, ist heute noch nicht experimentell gesichert, da er sehr klein ist: Die Beschleunigung aufgrund der Schwerkraft an der Erdoberfläche entspricht gerade einmal einer Temperatur von etwa 10^{-20} K. Der Effekt wurde 1976 von William Unruh theoretisch berechnet und wird entsprechend als *Unruh-Effekt* bezeichnet. Es gibt enge Verbindungen zwischen dem Unruh-Effekt und der sogenannten Hawking-Strahlung, die am Ereignishorizont schwarzer Löcher auftritt – mehr dazu in Abschn. 7.2.

Wie sieht es mit der Erklärung der physikalischen Eigenschaften elementarer Teilchen aus, beispielsweise mit ihrer Masse? Leider sind wir im Rahmen des Standardmodells nicht in der Lage, die experimentell gefundenen Massen der Quarks und Leptonen zu berechnen. Die Wechselwirkungen zwischen diesen Teilchen können wir dagegen bereits sehr gut beschreiben, ebenso wie die Massen der zugehörigen Wechselwirkungsteilchen (W- und Z-Bosonen). Im Standardmodell ergeben sich alle Teilchenmassen aus der Wechselwirkung mit dem Vakuum-Higgs-Feld nach der spontanen Symmetriebrechung. Leider kennen wir aber die Stärke der Wechselwirkung der Quarks und Leptonen mit diesem Vakuum-Higgs-Feld nicht, sodass sich ihre Masse nicht vorhersagen lässt. Das Standardmodell bietet aber immerhin einen Mechanismus an, der diese Massen prinzipiell erzeugen kann.

Trotz dieser noch offenen Fragen sind wir bisher insgesamt sehr erfolgreich dabei, die innere Struktur der Materie Schritt für Schritt zu enthüllen. Der Preis für diesen Fortschritt liegt darin, dass wir unser gewohntes Bild von einer an sich existierenden Realität mit darin lokal für sich existierenden Objekten aufgeben müssen. Immer weniger Zusammenhänge lassen sich direkt mit den gewohnten Begriffen verstehen. Stattdessen sind wir gezwungen, Wahrscheinlichkeitspfeile zu berechnen, deren Längenquadrat die Wahrscheinlichkeit angibt, den zu dem Pfeil gehörenden Messwert im Experiment vorzufinden. Warum aber ein bestimmter Messwert im Experiment tatsächlich eintritt, können wir im Rahmen unserer physikalischen Theorien nicht weiter erklären, und es sieht ganz so aus, als sei dies prinzipiell unmöglich, weil die Natur selbst diesen Messwert erst im letzten Moment zu würfeln scheint.

Ein Buch von J. S. Bell trägt den bezeichnenden Titel *Speakable and Unspeakable in Quantum Mechanics* (in etwa: *Aussprechbares und Unaussprechbares in der Quantenmechanik*). Die Quantentheorie bewirkt, dass alle darauf aufbauenden physikalischen Theorien viele unserer Anschauung so vertraute Aussagen nicht mehr zulassen – sie können innerhalb dieser Theorien nicht mehr ausgesprochen werden. Es wird daher zunehmend schwieriger, ein anschauliches Bild von den innersten Zusammenhängen der Natur zu entwerfen. Aber vielleicht wird gerade dadurch die Beschäftigung mit dem modernen physikalischen Weltbild auch so interessant, denn je tiefer wir vordringen, umso erstaunlicher und tiefgründiger werden die Wege, die die Natur eingeschlagen hat. Genau so ist die Natur nun einmal, ob es uns gefällt oder nicht!

7
Gravitation

Obwohl die Gravitation, also die Schwerkraft, mit Abstand die schwächste aller Wechselwirkungen ist, ist sie diejenige Kraft, die wir in unserem täglichen Leben am direktesten wahrnehmen können. Der Grund dafür liegt darin, dass die Gravitation als einzige Wechselwirkung nur anziehende, aber keine abstoßenden Kräfte zwischen Objekten hervorruft. Gleichbedeutend damit ist die Aussage, dass es bei der Gravitation nur positive Gravitationsladungen gibt, nämlich die Masse eines Objektes. Diese Gravitationsladung ist für Teilchen und Antiteilchen, nach allem, was wir heute darüber wissen, gleich. Es gibt keine Gravitationsladungen mit verschiedenem Vorzeichen, genauso wenig, wie es negative Massen gibt.

Da es nur ein Ladungsvorzeichen gibt, können sich Gravitationsladungen nicht gegenseitig kompensieren, wie das bei den anderen Wechselwirkungen der Fall ist. Die Gravitation ist die einzige Wechselwirkung, bei der die Kräfte zu einer Ansammlung von entsprechenden Ladungen (Masse) führen. Dazu kommt, dass die Gravitation wie die elektromagnetische Wechselwirkung eine langreichweitige Wechselwirkung ist, d. h. die Kraft zwischen zwei Körpern nimmt nur quadratisch, aber nicht exponentiell mit der Entfernung ab. Damit können sich Objekte bilden, die sich auch über große Entfernungen hinweg durch ihre Gravitationswirkung gegenseitig beeinflussen. So ist es schließlich die schwächste aller Wechselwirkungen, die die großräumigen Strukturen unseres Universums bestimmt. Sie bestimmt die Gestalt von Sternsystemen und Galaxien, und sie legt sogar den Lebensweg des Universums selbst entscheidend fest.

Bisher haben wir die Gravitation weitgehend aus unseren Betrachtungen ausgeklammert. Wir haben lediglich die über 300 Jahre alte Beschreibung durch Newtons Gravitationsgesetz kennengelernt. Aber ist diese Beschreibung überhaupt mit der speziellen Relativitätstheorie verträglich? Und was geschieht, wenn wir Quanteneffekte berücksichtigen müssen? Diesen beiden Fragen wollen wir in diesem Kapitel genauer auf den Grund gehen.

7.1 Einsteins Gravitationstheorie

Das klassische Kraftgesetz der Gravitation nach Newton kennen wir bereits aus Absch. 1.4. Es besagt, dass die Anziehungskraft F zwischen zwei Körpern proportional zum Produkt ihrer Massen $m_1 \cdot m_2$ und umgekehrt proportional zum Quadrat ihres Abstands r ist:

$$F = Gm_1m_2/r^2$$

Dabei ist G die sogenannte Gravitationskonstante. Sie ist ein Proportionalitätsfaktor, der benötigt wird, um die Einheiten der rechten Seite in die Einheit einer Kraft zu verwandeln und um die absolute Stärke der Gravitation in diesen Einheiten festzulegen.

Das klassische Gravitationsgesetz entspricht damit genau dem Coulomb'schen Kraftgesetz für die elektrische Kraft zwischen zwei ruhenden elektrischen Ladungen q_1 und q_2, wobei allerdings die Kraft zwischen zwei Ladungen mit gleichem Vorzeichen hier abstoßend ist:

$$F = kq_1q_2/r^2$$

Dabei ist k ebenfalls ein Proportionalitätsfaktor, der meist in der Form $k = 1/(4\pi\varepsilon_0)$ geschrieben wird, wobei ε_0 als elektrische Feldkonstante des Vakuums bezeichnet wird.

Das Coulomb'sche Kraftgesetz gilt in dieser Form nur für unbewegte Ladungen, denn es verletzt die Postulate der speziellen Relativitätstheorie, nach denen sich physikalische Wirkungen nur maximal mit Lichtgeschwindigkeit fortpflanzen können (die Kraft F hängt ja darin vom *momentanen* Ort der Ladungen ab). Bewegen sich die Ladungen, so kommen Magnetfelder ins Spiel und die Situation wird komplizierter. Die Existenz von Magnetfeldern bei bewegten Ladungen ist eine direkte Folge der Einstein'schen Postulate, auf denen die spezielle Relativitätstheorie aufbaut. Die elektromagnetische Wechselwirkung zwischen zwei bewegten Ladungen wird nicht durch das Coulomb'sche Kraftgesetz, sondern durch die Maxwell-Gleichungen beschrieben.

Es ist daher nicht verwunderlich, dass auch das klassische Kraftgesetz der Gravitation streng genommen nur für unbewegte Objekte gilt, denn auch darin erzeugt die aktuelle Position einer Masse ohne jede Zeitverzögerung die Gravitationswirkung im gesamten umgebenden Raum. Die Bewegung von Planeten, Sternen und Galaxien relativ zueinander erfolgt jedoch meist langsam genug, sodass das klassische Gravitationsgesetz ausreicht. Es gibt jedoch Phänomene, zu deren Beschreibung eine bessere Theorie der Gravitation notwendig ist. Dies ist der Fall, wenn die Geschwindigkeit der Körper in die Größenordnung der Lichtgeschwindigkeit kommt oder wenn sehr starke Gravitationskräfte wirken.

Eine solche verallgemeinerte Gravitationstheorie muss den Einstein'schen Postulaten der speziellen Relativitätstheorie genügen, und sie muss für unbewegte Körper bei relativ geringer gegenseitiger Anziehung Newtons Kraftgesetz reproduzieren.

Albert Einstein selbst war es, dem im Jahre 1916 die Formulierung einer solchen Theorie schließlich gelang. Sie ist unter dem Namen *allgemeine Relativitätstheorie* berühmt geworden. Einstein ließ sich dabei von der folgenden Auffälligkeit leiten, die die Gravitation deutlich von anderen Wechselwirkungen unterscheidet: Man kann in der Newton'schen Bewegungsgleichung und im klassischen Gravitationsgesetz zwei verschiedene Massenbegriffe definieren, die zunächst gar nichts miteinander zu tun haben. Die Natur selbst scheint aber nicht zwischen beiden Massenbegriffen zu unterscheiden. Wir sind diesem Gedanken bereits in Abschn. 1.4 begegnet und wollen ihn hier noch einmal im Detail aufgreifen.

Der Wert der trägen Masse m_t eines Körpers wird aus dem Wert seiner Beschleunigung a unter dem Einfluss einer bekannten Kraft F nach der Newton'schen Bewegungsgleichung $F = m_t\, a$ abgeleitet, die man nach der trägen Masse freistellen kann: $m_t = F/a$. Der Quotient aus Kraft und dadurch hervorgerufener Beschleunigung definiert also die träge Masse eines Körpers. Je größer die träge Masse ist, umso größer muss auch die Kraft sein, um dieselbe Beschleunigung zu erzielen.

Die schwere Masse m_s eines Körpers kann man auch als seine Gravitationsladung bezeichnen. Sie ist durch die Stärke der Gravitationskraft F auf dieses Objekt in Gegenwart eines zweiten Objektes mit der schweren Masse M_s im Abstand r gemäß dem Newton'schen Gravitationsgesetz $F = G\, m_s\, M_s / r^2$ definiert, das man entsprechend nach der schweren Masse m_s freistellen kann. Je größer also die schwere Masse eines Körpers ist, umso größer ist die auf ihn wirkende Gravitationskraft in einem vorgegebenen Gravitationsfeld. Dabei ist die Gravitationskonstante G zur Definition der schweren Masse noch nicht einmal erforderlich, denn man könnte das klassische Gravitationsgesetz auch einfach in der Form $F = m_s\, M_s / r^2$ schreiben und dadurch die schwere Masse m_s definieren. Dann hätten schwere und träge Masse allerdings unterschiedliche Einheiten, aber dagegen wäre ja zunächst auch gar nichts einzuwenden!

Nun wies bereits Galileo Galilei nach, dass verschieden schwere Körper gleich schnell zu Boden fallen, wenn sie nur schwer genug sind, sodass der unterschiedliche Luftwiderstand keine wesentliche Rolle mehr spielt. Man kann dieses Phänomen problemlos erklären, wenn man die Gleichheit von schwerer und träger Masse fordert: $m_s = m_t$.

Um dies besser zu verstehen, betrachten wir die Beschleunigung eines Körpers mit schwerer Masse m_s und träger Masse m_t im Gravitationsfeld eines zweiten Körpers mit schwerer Masse M_s. Dann gilt nämlich nach dem Newton'schen Bewegungsgesetz $F = m_t\, a$ und dem Gravitationsgesetz $F = G\, m_s\, M_s / r^2$ die Beziehung $F = m_t\, a = G\, m_s\, M_s / r^2$. Falls träge und schwere Masse identisch sind ($m_t = m_s$), so kann man die Masse des im Gravitationsfeld beschleunigten Körpers herauskürzen mit dem Ergebnis $a = G\, M_s / r^2$. Anders ausgedrückt: Verdoppelt man die zu beschleunigende träge Masse eines Körpers, so verdoppelt sich bei Gleichheit von träger und schwerer Masse auch seine schwere Masse und damit die auf ihn einwirkende Gravitationskraft, sodass sich dieselbe Beschleunigung ergibt. Die Masse eines Körpers spielt daher für seine Beschleunigung in einem Gravitationsfeld keine Rolle und jeder Körper fällt bei den gleichen Bedingungen gleich schnell. Auf dem Mond fällt daher eine Feder genauso schnell herunter wie ein Felsbrocken.

Fordert man die Gleichheit von träger und schwerer Masse und definiert man den Massenbegriff durch die Newton'sche Bewegungsgleichung als träge Masse, so ergibt sich eine interessante Konsequenz daraus: Man ist nun gezwungen, die Gravitationskonstante G im klassischen Gravitationsgesetz zu verwenden, da man dieses Gesetz nicht mehr zur Definition der Masse verwenden darf. Die Gleichheit von träger und schwerer Masse führt also zu einer neuen Naturkonstanten G, ähnlich wie die Verbindung von Teilchen- und Welleneigenschaften in der Quantenmechanik zum Planck'schen Wirkungsquantum h und die Postulate der speziellen Relativitätstheorie zur Lichtgeschwindigkeit c führen. Wir kommen weiter unten noch einmal auf diesen Punkt zurück.

Man sollte sich noch einmal klar machen, dass die Gleichheit von träger und schwerer Masse keineswegs eine Selbstverständlichkeit ist! Warum sollte ein Körper, auf den im Gravitationsfeld eine größere Schwerkraft wirkt, gleichzeitig auch schwerer zu beschleunigen sein? Bei der elektrischen Kraft ist es beispielsweise nicht so: Auf ein Proton und ein Positron wirkt in einem elektrischen Feld dieselbe Kraft, auch wenn das Proton etwa 2 000-mal schwerer zu beschleunigen ist als das Positron.

Bis heute ist es trotz intensiver Bemühungen nicht gelungen, irgendeinen Unterschied zwischen schwerer und träger Masse festzustellen. Wenn sich schwere und träge Masse unterscheiden sollten, so muss dieser relative Unterschied nach den modernen Messungen kleiner als 10^{-12} sein, also kleiner als ein milliardstel Promille. Es erscheint unwahrscheinlich, dass dies ein reiner Zufall sein soll. Albert Einstein drehte den Spieß daher um und machte die Gleichheit von schwerer und träger Masse zur Grundlage seiner Überlegungen. Seine Idee bestand darin, eine Theorie zu formulieren, in der es von Anfang an gar keinen Unterschied zwischen dem Begriff der schweren und der trägen Masse gibt. Nur ein einziger einheitlicher Massenbegriff sollte darin definiert sein.

In der klassischen Mechanik sind Kräfte bekannt, die die gewünschte Eigenschaft aufweisen. Man bezeichnet sie als *Scheinkräfte*, da sie nur in beschleunigten Bezugssystemen auftreten. Die Fliehkraft ist ein Beispiel für eine solche Kraft, ebenso wie die Kraft, die uns in einem beschleunigenden Auto in die Sitze drückt. Die Stärke dieser Kräfte ist dabei immer proportional zur trägen (!) Masse des betrachteten Objektes. Dies ist genau, was wir erreichen wollen: Auch die Gravitationskraft auf einen Körper soll proportional zu seiner trägen Masse sein, sodass wir den Begriff der schweren Masse gar nicht erst benötigen. Die Idee liegt daher nahe zu versuchen, die Gravitation wie eine Scheinkraft in einem beschleunigten Bezugssystem zu formulieren.

Die Grundidee Einsteins lässt sich nun leicht verstehen: Stellen wir uns einen geschlossenen, luftleeren Kasten ohne Fenster vor, in dem sich ein Astronaut in seinem Raumanzug aufhält. Der Astronaut hält in einer Hand eine schwere Eisenkugel und in der anderen Hand eine leichte Feder. Er lässt beide gleichzeitig los und stellt fest, dass beide Objekte in völlig gleicher Weise herunterfallen und exakt zur gleichen Zeit auf dem Boden aufkommen. Daraus könnte er den Schluss ziehen, dass sich sein Kasten in einem (homogenen) Schwerefeld befindet, z. B. auf der Erdoberfläche, denn in einem homogenen Schwerefeld fallen alle Dinge gleich schnell, wenn man von der Gleichheit von schwerer und träger Masse ausgeht.

Er könnte aber auch zu dem Schluss kommen, dass sich sein Kasten im Inneren einer Rakete befindet, die durch das Weltall fliegt und gerade mit eingeschaltetem Antrieb beschleunigt. In diesem Fall wäre die Kraft, die die Kugel und die Feder zu Boden fallen lässt, eine Scheinkraft, denn man könnte die Situation auch so auffassen, dass der Boden der Rakete in Richtung der beiden Objekte beschleunigt wird. Dann ist sowieso klar, dass sich der Abstand zwischen Boden und Kugel bzw. Feder in gleicher Weise verkleinert, und dass beide Objekte gleichzeitig vom Boden der Rakete getroffen werden.

Es gibt für den Astronauten keine Möglichkeit, anhand der Bewegung der Kugel und der Feder zu entscheiden, welche Schlussfolgerung die richtige ist. Er weiß nicht, ob eine Scheinkraft aufgrund einer Beschleunigung seines Kastens oder eine Gravitationskraft auf die beiden Gegenstände wirkt (Abb. 7.1). Einstein erhob nun umgekehrt diese Unmöglichkeit, zu einer Entscheidung zu kommen, zu einem Postulat seiner Theorie. Das Postulat besagt, dass es prinzipiell unmöglich ist, durch irgendein physikalisches Experiment im Inneren des Kastens zwischen den beiden Situationen zu unterscheiden. Sie sind physikalisch gleichwertig. Etwas präziser ausgedrückt lautet der Inhalt des Postulats:

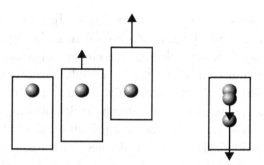

Abb. 7.1 In einem fensterlosen Kasten kann man nicht herausfinden, ob der Kasten im schwerelosen Raum beschleunigt wird (*links*) oder ob der Kasten sich bewegungslos in einem Gravitationsfeld befindet (*rechts*)

Ein Gravitationsfeld ist lokal äquivalent zu einem gleichförmig beschleunigten Bezugssystem (Äquivalenzprinzip).

Das Wort *lokal* bedeutet dabei, dass der Kasten so klein sein muss, dass das in ihm herrschende Gravitationsfeld überall in seinem Inneren annähernd gleich stark ist und in die gleiche Richtung wirkt. Nur ein solches Gravitationsfeld kann mit einer durch gleichmäßige Beschleunigung des Kastens erzeugten Scheinkraft identifiziert werden. Da die Erde eine Kugel ist, sollte ein auf ihrer Oberfläche stehender rechteckiger Kasten also z. B. nicht zehntausend Kilometer groß sein, da sonst die Schwerkraft nicht mehr überall im Kasteninneren genau in Richtung des Bodens wirken würde.

Das obige Postulat bildet zusammen mit den beiden anderen Postulaten Einsteins aus der speziellen Relativitätstheorie die physikalische Grundlage der allgemeinen Relativitätstheorie. Der Vollständigkeit halber seien diese beiden Postulate hier noch einmal genannt. Sie lauten:

1. Die physikalischen Gesetze gelten in allen Inertialsystemen (gleichförmig bewegten Systemen) in der gleichen Form (Relativitätsprinzip).
2. Es gibt eine endliche maximale Ausbreitungsgeschwindigkeit für physikalische Wirkungen.

Das erste dieser beiden Postulate hat dabei eine gewisse Ähnlichkeit mit dem neuen Postulat. In beiden Fällen fordert man, dass anschaulich zunächst verschiedene Situationen im Inneren eines fensterlosen Kastens physikalisch nicht unterschieden werden können. So bedeutet Postulat 1, dass man im Inneren eines gleichförmig bewegten Kastens nicht sagen kann, mit welcher Geschwindigkeit sich dieser Kasten bewegt oder ob er sich überhaupt vom Fleck rührt, wobei wir annehmen wollen, dass auf den Kasten keine Gravitationskräfte einwirken.

Das neue Postulat dagegen besagt, dass man im Inneren eines hinreichend kleinen Kastens, in dem Dinge zu Boden fallen, nicht sagen kann, ob der Kasten beschleunigt wird oder ob er sich in einem Gravitationsfeld befindet.

Die enge Verwandtschaft dieser beiden Postulate wird besonders an dem folgenden Bild deutlich: Man beschleunigt einen in einem Gravitationsfeld befindlichen Kasten genau so, dass die durch die Beschleunigung darin entstehende Scheinkraft die wirkende Gravitationskraft exakt ausgleicht. Dass dies möglich ist, wird durch das neue Postulat gesichert, nach dem die Gravitation selbst als eine durch Beschleunigung entstehende Scheinkraft verstanden werden kann. Man erreicht die zum Ausgleich notwendige Beschleunigung einfach dadurch, dass man den Kasten im Schwerefeld sich selbst überlässt, sodass seine Bewegung durch das Gravitationsfeld bestimmt wird. Ein um die Erde antriebslos kreisendes Raumschiff ist genau solch ein Kasten. In seinem Inneren herrscht vollkommene Schwerelosigkeit. Man sagt, das Raumschiff befindet sich im *freien Fall*.

Ein solcher im freien Fall befindlicher Kasten in einem Gravitationsfeld ist nach dem neuen Einstein'schen Postulat gleichwertig zu einem nicht beschleunigten Kasten ohne darauf wirkendes Gravitationsfeld, also mit einem Inertialsystem wie im ersten Postulat der speziellen Relativitätstheorie.

Man könnte daher das Postulat 1 und das neue Postulat zu einem einzigen Postulat zusammenfassen:

> Die physikalischen Gesetze gelten in allen im freien Fall befindlichen Systemen, sofern diese hinreichend klein sind, in der gleichen Form.

Ein sich gleichförmig bewegendes Raumschiff im gravitationsfreien Raum ist ein solches System, das sich im freien Fall befindet, ebenso wie eine die Erde antriebslos umkreisende Raumkapsel. Im Inneren einer antriebslos dahingleitenden Apollo-Raumkapsel können wir nicht entscheiden, ob und wie schnell wir uns bewegen und ob ein Gravitationsfeld auf uns einwirkt oder nicht. In der Kapsel herrscht in jedem Fall Schwerelosigkeit, auch wenn sie in nur einigen Hundert Kilometern Höhe die Erde umkreist und ein nahezu gleich starkes Schwerefeld auf sie einwirkt wie an der Erdoberfläche.

Ein Bezugssystem, in dem ein Gravitationsfeld wirkt, ist lokal gleichwertig zu einem beschleunigten Bezugssystem in einem Raum ohne Gravitationsfeld. In diesem Raum ohne Gravitationsfeld gelten die oben genannten beiden Postulate Einsteins, auf denen die spezielle Relativitätstheorie aufbaut. Nun wird ein beschleunigtes Bezugssystem in der speziellen Relativitätstheorie durch krummlinige Koordinaten in Raum und Zeit beschrieben (genau genommen ist die Zeit hier die krummlinige Koordinate, denn sie läuft in einem beschleunigten Bezugssystem an verschiedenen Orten unterschiedlich

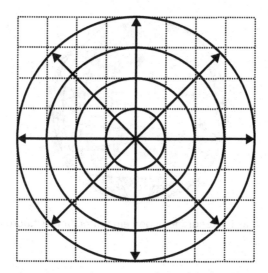

Abb. 7.2   Polarkoordinaten in der zweidimensionalen Ebene bilden ein krummliniges Koordinatensystem

schnell). Als Folge unseres neuen Postulats wird daher auch ein Gravitationsfeld in einem kleinen Kasten durch solche krummlinigen Koordinaten in Raum und Zeit beschrieben.

Krummlinige Koordinaten sind zunächst nichts Ungewöhnliches. Ein Beispiel für krummlinige Koordinaten sind die sogenannten Polarkoordinaten für einen Punkt auf einer zweidimensionalen Ebene. Man kennzeichnet die Position des Punktes in diesen Koordinaten durch den Abstand r zu einem vorgegebenen Referenzpunkt und den Winkel φ zwischen der Verbindungslinie zu diesem Referenzpunkt und einer vorgegebenen Referenzrichtung. Die Polarkoordinaten überziehen die Ebene gleichsam mit einem Netz aus ineinander geschachtelten Kreisen, von deren gemeinsamem Mittelpunkt Strahlen nach allen Seiten ausgehen (Abb. 7.2).

Nun lässt sich auf der betrachteten Fläche die Position eines Punktes auch in den gewohnten kartesischen Koordinaten x und y angeben, die die Ebene mit einem Gitter aus senkrechten und waagerechten Linien überziehen. Polarkoordinaten r und φ lassen sich daher immer in kartesische Koordinaten umrechnen und umgekehrt. Die Umrechnungsformeln lauten $x = r \cos \varphi$ und $y = r \sin \varphi$.

Eine Fläche, auf der eine solche Umrechnung in kartesische, also rechtwinklige Koordinaten überall möglich ist, nennt man *eben*, d. h. sie ist im Gegensatz zu einer Kugeloberfläche flach wie ein Brett.

Auch auf einer Kugeloberfläche kann man Koordinaten einführen, um die Position eines Punktes darauf anzugeben. Ein Beispiel dafür ist das Netz

Abb. 7.3 Längen- und Breitengrade bilden ein krummliniges Koordinatensystem auf einer Kugel

aus Längen- und Breitengraden, das unsere Erde überzieht (Abb. 7.3). Im Gegensatz zur flachen Ebene kann man aber auf einer Kugeloberfläche keine kartesischen Koordinaten festlegen, die diese Fläche überall mit einem rechtwinkligen, gleichförmigen Gitter überziehen. Der Grund dafür ist, dass es sich bei der Kugeloberfläche um eine *gekrümmte* Fläche handelt. Man könnte auch sagen: Kartesische Koordinaten können nur auf einer nicht gekrümmten, sogenannten *euklidischen* Fläche definiert werden. Eine Folge davon ist, dass es unmöglich ist, auf einem ebenen Stück Papie r eine unverzerrte Karte der Erde zu zeichnen.

Um ein großräumiges Gravitationsfeld zu beschreiben, muss man es an jedem Punkt in Raum und Zeit mit einem sich beschleunigenden kleinen Kasten identifizieren, in dessen Inneren jeweils ein krummliniges Koordinatensystem die Position einzelner Ereignisse in Raum und Zeit beschreibt. Die Koordinatensysteme der einzelnen Kästen unterscheiden sich jeweils ein wenig, und man muss sie zu einem großen krummlinigen Koordinatennetz zusammensetzen, das den gesamten Raum und die gesamte Zeit überzieht, in denen das Gravitationsfeld wirkt. Kann man dieses Koordinatensystem nun in ein kartesisches, d. h. rechteckiges Koordinatensystem übersetzen? Die Antwort lautet: Nein! Ähnlich wie auf einer Kugeloberfläche ist es nicht möglich, kartesische Koordinaten für die Raumzeit zu definieren, in der ein Gravitationsfeld wirksam ist. Physikalisch bedeutet das: Man kann bei Gravitation kein globales Bezugssystem einführen, in dem sich alle frei fallenden Objekte geradlinig-gleichförmig bewegen (das wäre dann ein kartesisches Bezugssystem für Raum und Zeit). Das geht immer nur lokal, beispielsweise im Inneren eines kleinen frei fallenden Raumschiffs. Es gibt in einem Gravitationsfeld nur *lokal* frei fallende Bezugssysteme (kleine frei fallende Raumschiffe), aber nicht ein großräumiges frei fallendes Bezugssystem. Das ist genau die Bedeutung der Raum-Zeit-Krümmung.

Der geometrische Raum, durch den ein Gravitationsfeld beschrieben werden muss, ist also ein vierdimensionaler gekrümmter Raum aus drei Orts- und einer Zeitkoordinate. Das Gravitationsfeld wird dabei alleine durch die Krümmung dieser Raumzeit ausgedrückt.

Es ist uns Menschen unmöglich, uns einen solchen Raum plastisch vorzustellen. Die mathematischen Werkzeuge zur Beschreibung solcher Räume wurden aber bereits im 19. Jahrhundert unter anderem von dem deutschem Mathematiker Bernhard Riemann geschaffen. Die entsprechende mathematische Theorie ist als nicht-euklidische oder auch Riemann'sche Geometrie bekannt. Nachdem Einstein erkannt hatte, auf welche Weise die Gravitation nach seinen Postulaten zu beschreiben war, konnte er daher auf ein bereits vorhandenes mathematisches Fundament zurückgreifen, um seine allgemeine Relativitätstheorie zu formulieren, die er im Jahre 1916 schließlich fertigstellte. Einsteins Leistung bestand dabei insbesondere darin, dass er als Erster die physikalische Bedeutung dieser etwas ungewohnten Art von Geometrie erkannte, die bis dahin die meisten Physiker wohl eher für eine akademische Laune der Mathematik ohne tiefer gehende praktische Bedeutung gehalten hatten.

Bei einem zeitunabhängigen statischen Gravitationsfeld können wir Zeit und Raum weitgehend separat betrachten, wobei der Lauf der Zeit durchaus vom Ort abhängen kann (so läuft im Gravitationsfeld der Erde in 300 km Höhe eine dort ruhende Uhr um etwa eine Millisekunde pro Jahr schneller als eine Uhr auf Meereshöhe). Der dreidimensionale Raum ist dann zeitunabhängig und gekrümmt. Bedauerlicherweise können wir uns auch einen gekrümmten dreidimensionalen Raum nicht vorstellen. Unsere Anschauung erlaubt es nur, uns zweidimensionale gekrümmte Flächen in einem dreidimensionalen euklidischen Raum vorzustellen, z. B. eine Kugeloberfläche. Die gekrümmte Fläche ist dabei in einem höherdimensionalen euklidischen Raum eingebettet.

Die Mathematik zeigt nun, dass man zur mathematischen Beschreibung einer gekrümmten Fläche auf eine Einbettung in einen höherdimensionalen euklidischen Raum verzichten kann. Es ist daher nicht nötig, einen vierdimensionalen Raum zu bemühen, in dem der dreidimensionale gekrümmte Raum eingebettet ist. Der dreidimensionale Raum ist gewissermaßen in sich selbst gekrümmt.

Nun bemerken wir normalerweise nichts davon, dass wir in einem gekrümmten Raum leben. Dasselbe Phänomen ist uns von der Erdoberfläche her gut bekannt. Die Erde ist hinreichend groß, sodass sie uns normalerweise eben erscheint. Erst bei Strecken von vielen Hundert Kilometern beginnt die Krümmung sich bemerkbar zu machen.

Wie können wir aber feststellen, ob ein Raum tatsächlich gekrümmt ist? Bei der Erde haben wir heutzutage die Möglichkeit, sie z. B. vom Mond aus zu betrachten und ihre Kugelgestalt direkt zu sehen. Dabei haben wir uns allerdings zunutze gemacht, dass die Erdoberfläche in einem dreidimensionalen Raum eingebettet ist, sodass wir die Fläche verlassen und sie von außen betrachten können.

Die Mathematik sagt uns aber, dass eine gekrümmte Fläche nicht in einem höherdimensionalen Raum eingebettet sein muss. Daher muss es eine Möglichkeit geben, ihre Krümmung zu erkennen, ohne die Fläche zu verlassen. Man muss also erkennen können, dass die Erdoberfläche gekrümmt ist, ohne ein Raumschiff zu benutzen.

Eine Möglichkeit besteht darin, auf der Fläche immer geradeaus zu fahren. Wenn man irgendwann an seinen Ausgangspunkt zurückkehrt, muss die Fläche gekrümmt sein, denn man hat sie gleichsam umrundet. Leider ist diese Methode nur für eine Kugeloberfläche ausreichend. Bei einer gekrümmten Satteloberfläche dagegen wird man ewig geradeaus weiterfahren, denn eine gekrümmte Oberfläche muss nicht unbedingt einen endlichen Flächeninhalt besitzen.

Eine andere Möglichkeit, die bei allen Flächen und auch bei höherdimensionalen Räumen funktioniert, ist die folgende:

Man wählt zunächst drei Punkte auf dieser Fläche aus, also auf der Erdoberfläche z. B. die drei Städte New York, Berlin und Kapstadt. Zwischen je zwei dieser Städte zeichnet man eine möglichst gerade Linie auf die Oberfläche, wie man sie z. B. durch ein straff gespanntes Seil erhält. Man bezeichnet eine solche Linie auch als *Geodäte*, da sie die kürzeste mögliche Verbindungslinie zwischen zwei Punkten auf der Oberfläche darstellt, ohne die Oberfläche dabei zu verlassen (also keinen Tunnel von einer Stadt zur anderen quer durch die Erde graben!). Die Städte bilden nun die Ecken eines Dreiecks auf der Erdoberfläche. Bei jeder der drei Städte bestimmen wir nun den Winkel zwischen den beiden von dort ausgehenden Linien und addieren zum Schluss die drei Winkel. Wenn die Erdoberfläche eine Scheibe wäre, so muss diese Winkelsumme exakt 180 Grad ergeben, auch für jede andere Städtewahl. Weicht die Winkelsumme dagegen von 180 Grad ab, so muss die Erdoberfläche gekrümmt sein. Tatsächlich ist die Winkelsumme bei den drei genannten Städten deutlich größer als 180 Grad (Abb. 7.4). Dabei gilt: Je näher die drei Städte beieinander liegen, umso mehr nähert sich die Winkelsumme dem Wert von 180 Grad an und umso schwerer wird es, die Krümmung der Oberfläche noch zu sehen. Daher ist es kein Wunder, dass wir normalerweise nichts davon bemerken.

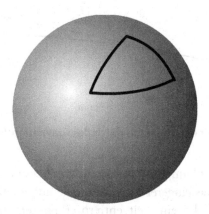

Abb. 7.4   Die Winkelsumme eines Dreiecks auf einer gekrümmten Oberfläche beträgt im Allgemeinen nicht 180 Grad

Im Prinzip können wir analog vorgehen, um herauszufinden, ob der uns umgebende dreidimensionale Raum tatsächlich gekrümmt ist. Dazu müssen wir allerdings erst einmal genau festlegen, was eine gerade Verbindungslinie zwischen zwei Punkten im Raum sein soll. Da diese Punkte vermutlich viele Hunderttausend Kilometer voneinander entfernt sein sollten, um eine Krümmung sichtbar machen zu können, sollten wir auf ein Lineal oder irgendwelche straff gespannten Seile besser verzichten. Eine geeignete Definition können wir mithilfe eines Lichtstrahls erhalten, wie er z. B. von modernen Lasern erzeugt wird. Wir definieren daher: Eine gerade Verbindungslinie zwischen zwei Punkten wird durch einen Lichtstrahl definiert, der von einem Punkt zum anderen fliegt. Dass diese Definition durchaus praxisnah ist, beweisen die Methoden, mit denen in der Geodäsie gearbeitet wird. Hier wird eine gerade Verbindungslinie durch die Sichtlinie von einer Markierung im Gelände zu einem optischen Gerät hin definiert. Bei moderneren und genaueren Verfahren, z. B. beim Bau von Tunneln, wird stattdessen auch Laserlicht eingesetzt.

Als die allgemeine Relativitätstheorie im Jahre 1916 veröffentlicht wurde, hatte man noch keine Möglichkeit, mit Satelliten oder entfernten Raumsonden Dreiecke im Weltraum aufzubauen, die einen Nachweis der Raumkrümmung erlauben würden. Man kam jedoch auf eine andere Idee. Im Jahre 1919 nutzten verschiedene Expeditionen eine vorhergesagte Sonnenfinsternis für eine astronomische Beobachtung, die die Raumkrümmung durch ein Gravitationsfeld nachweisen sollte. Das untersuchte Gravitationsfeld war das der Sonne, relativ nahe an ihrer Oberfläche. Direkt an der Sonnenoberfläche ist dieses Gravitationsfeld etwa 28-mal stärker als das irdische Gravitationsfeld an der Erdoberfläche, d. h. die Fallbeschleunigung beträgt dort 28 g. Ein Mensch

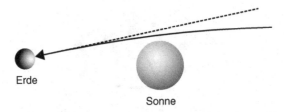

Abb. 7.5 Ablenkung eines Lichtstrahls durch das Gravitationsfeld der Sonne

würde bei dieser Beschleunigung innerhalb von Sekunden in Ohnmacht fallen und hätte bei etwas längerer Einwirkung keinerlei Überlebenschance.

Den Lichtstrahl sollte ein weit entfernter Fixstern liefern, der zur Zeit der Sonnenfinsternis eigentlich von der Sonne verdeckt sein sollte. Falls der Raum durch das Gravitationsfeld der Sonne aber gekrümmt wäre, so würde ein vom Stern ausgehender Lichtstrahl durch das starke Gravitationsfeld über der Sonnenoberfläche gerade so abgelenkt werden, dass er die Erde dennoch erreichen könnte (Abb. 7.5). Der Stern wäre damit knapp neben der durch den Mond verdunkelten Sonne sichtbar. Tatsächlich konnte die Position des Sterns wie berechnet beobachtet werden, wodurch eine Voraussage der allgemeinen Relativitätstheorie bestätigt wurde.

Die allgemeine Relativitätstheorie macht eine ganze Reihe weiterer Voraussagen, von denen sich viele mit den modernen Messmethoden überprüfen lassen. Ein bekanntes Beispiel dafür ist der Energieverlust von sich eng umkreisenden Neutronensternen aufgrund von abgestrahlten Gravitationswellen, der sich mit hoher Genauigkeit messen lässt. Alle Messergebnisse bestätigen die Richtigkeit dieser Theorie, und ihre Auswirkungen sind beispielsweise bei der Interpretation astronomischer Beobachtungen von sehr weit entfernten Objekten mittlerweile oft sogar entscheidend (Stichwort Gravitationslinsen).

Man findet manchmal die Behauptung, die Krümmung des Raumes löse das alte Paradoxon von der Unendlichkeit des Universums. Das Paradoxon besteht im Grunde darin, dass wir uns weder ein endliches noch ein unendliches Universum vorstellen können. Ist es unendlich, so kommen wir uns doch etwas verloren vor. Ist es andererseits endlich, so stellt sich die Frage nach seiner Begrenzung und dem, was dann hinter der Grenze kommt.

Ein gekrümmter Raum kann tatsächlich im Prinzip das Problem lösen, denn er kann zugleich einen endlichen Rauminhalt besitzen und dennoch grenzenlos sein. Ein Beispiel dafür ist die Kugeloberfläche. Bekanntermaßen lässt sich die Oberfläche A einer Kugel nach der Formel $A = 4\,\pi\,r^2$ berechnen, wobei r der Kugelradius ist. Die Fläche ist also endlich. Dennoch können wir uns z. B. auf der Erdoberfläche beliebig in alle Richtungen bewegen, ohne an den Rand der Fläche zu stoßen. Fährt man immer geradeaus, so kommt man schließlich wieder an seinen Ausgangspunkt zurück.

Die Frage ist nun aber, ob unser Universum sich mit der Kugeloberfläche vergleichen lässt. Es gibt nämlich auch gekrümmte Flächen, die einen unendlich großen Flächeninhalt besitzen, z. B. eine unendlich ausgedehnte Sattelfläche. Die Antwort auf diese Frage hängt davon ab, wie groß die mittlere Materiedichte im Universum ist, wobei wir sehr großzügig mitteln wollen, d. h. alle Details kleiner als mehrere Millionen Lichtjahre interessieren uns nicht. Je größer die mittlere Materiedichte im Universum ist, umso stärker sind die Gravitationskräfte zwischen den materiegefüllten Teilen des Universums. Es gibt eine kritische Dichte, bei der das Universum flach und ungekrümmt ist, so wie der gewohnte euklidische Raum. Oberhalb der kritischen Dichte reichen die Gravitationskräfte aus, das Universum wie eine riesige Kugel abzuschließen, sodass es einen endlichen Rauminhalt aufweist. Diese kritische Dichte liegt bei etwa $0,5 \cdot 10^{-5}$ GeV/cm^3. Bei dem angegebenen Wert haben wir die Masse wieder direkt in Energieeinheiten ausgedrückt. Da ein Wasserstoffatom eine Masse von etwa 1 GeV besitzt, entspricht die kritische Dichte damit etwa fünf Wasserstoffatomen pro Kubikmeter.

Die Materie, die aus Atomen oder deren Bestandteilen (Protonen, Neutronen, Elektronen) besteht und die sich aufgrund der von ihr emittierten Strahlung auch häufig beobachten lässt, führt zu einer Dichte, die nur etwa 4,6 % der kritischen Dichte beträgt. Man spricht von *baryonischer Materie*, da die Elektronen gegenüber den Protonen und Neutronen nicht ins Gewicht fallen.

Nun weiß man aber aus vielen Beobachtungen, beispielsweise aus den Eigenrotationsbewegungen von Galaxien und in neuerer Zeit insbesondere durch die detaillierte Vermessung der kosmischen Mikrowellen-Hintergrundstrahlung, dass neben der baryonischen Materie große Mengen sogenannter *dunkler Materie* im Universum vorhanden sein müssen, die sich nur durch ihre Gravitationswirkung bemerkbar macht und die nicht aus Atomen oder Baryonen bestehen kann. Worum es sich bei dieser dunklen Materie handelt, ist eines der großen offenen Rätsel der Astrophysik. Man weiß heute, dass die dunkle Materie etwa 23 % der kritischen Dichte ausmacht. Zusammen mit der baryonischen Materie wären wir damit bei knapp 28 %.

Es fehlen also noch ungefähr 72 % bis zur kritischen Dichte. Und tatsächlich sieht es so aus, als ob genau diese fehlenden 72 % tatsächlich auch vorhanden sind, und zwar in Form der sogenannten *dunklen Energie*, die im Gegensatz zur dunklen Materie eine abstoßende Schwerkraft besitzt (Abb. 7.6) Diese Abstoßung führt dazu, dass sich unser Universum zunehmend beschleunigt ausdehnt. Worum es sich bei der dunklen Energie handelt, weiß heute noch niemand. Vermutungen und Theorien gibt es viele: Quantenfluktuationen im Vakuum, neuartige Quantenfelder und vieles mehr. Es handelt sich hier um eines der großen offenen Rätsel unserer Welt!

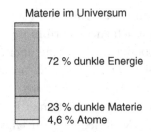

Materie im Universum

72 % dunkle Energie

23 % dunkle Materie
4,6 % Atome

Abb. 7.6 Die Materie im heutigen Universum besteht nur zu etwa 4,6 % aus normaler Materie (im Wesentlichen Atome), zu etwa 23 % aus dunkler Materie (eventuell supersymmetrische Teilchen) und zu etwa 72 % aus geheimnisvoller dunkler Energie

Stellt man sich das Universum wie eine Kugel oder wie einen Sattel vor, so übersieht man schnell eine entscheidende Eigenschaft des Universums, die es von diesen Flächen unterscheidet: Die Gesetze der allgemeinen Relativitätstheorie erzwingen ein dynamisches Universum, das sich entweder ausdehnt oder zusammenzieht. Die beobachtete Rotverschiebung in den Spektren weit entfernter Galaxien hat gezeigt, dass das Erstere zutrifft: Das Universum dehnt sich aus, so wie sich die Gummioberfläche eines Luftballons ausdehnt, wenn man ihn aufbläst.

Je weiter eine Galaxie von uns entfernt ist, umso schneller wächst aufgrund der Ausdehnung des Universums ihr Abstand zu uns. Ein Abstandsintervall von etwa 3 Mio. Lichtjahren (ein Megaparsec) dehnt sich dabei im gegenwärtigen Universum pro Sekunde um etwa 70 km aus. Das entspricht einem gegenwärtigen Ausdehnungsfaktor von etwa 7 % in einer Milliarde Jahren, wobei sich allerdings dieser Ausdehnungsfaktor (auch Hubble-Konstante oder besser Hubble-Parameter genannt) im Laufe der Jahrmilliarden ändert. Bei den am weitesten entfernten sichtbaren Objekten, sehr frühen kleinen Galaxien, hat sich das Universum seit dem Aussenden des Lichts um das 11-fache ausgedehnt. Wir sehen sie so, wie sie vor über 13 Mrd. Jahren ausgesehen haben, denn das von ihnen damals ausgesendete Licht kommt erst jetzt bei uns an. Dies ermöglicht uns einen Blick bis in die Frühgeschichte unseres Universums nur knapp 500 Mio. Jahre nach dem Urknall. Ganz weit draußen, jenseits aller Galaxien und Sterne, sehen wir letztlich am schwarzen Nachthimmel das etwa 3 000 K heiße glühende Plasma, das ca. 380 000 Jahre nach dem Urknall das Universum erfüllte. Die Ausdehnung des Universums seit dieser Zeit um gut das Tausendfache und die damit verbundene Rotverschiebung sorgen allerdings dafür, dass seine Wärmestrahlung für uns nur noch die Temperatur von 2,7 K besitzt – das ist genau die kosmische Mikrowellen-Hintergrundstrahlung. Ab dieser Entfernung wird das Universum für elektromagnetische Strahlung undurchsichtig.

Kann man im Prinzip noch weiter in das Universum hinaus- und damit in der Zeit zurückschauen? Mit Licht geht das nicht, aber es könnte möglicherweise mit Gravitationswellen gelingen. Es gibt allerdings eine kritische Entfernung, bei der wir die Welt sehr kurz nach dem Urknall selbst sehen würden. Ab dieser Entfernung wächst der Abstand eines jeden Objektes zu uns mit mehr als Lichtgeschwindigkeit an. Das bedeutet nicht, dass sich diese Objekte mit Überlichtgeschwindigkeit bewegen, sondern dass sie so weit von uns entfernt sind, dass ein von ihnen nach dem Urknall ausgesendetes Signal gegen die fortwährende Expansion des Raumes keine Chance mehr hat, bei uns anzukommen. Keine physikalische Wirkung kann damit seit Beginn des Universums diese ständig wachsende Entfernung überbrückt haben. Die Objekte jenseits der kritischen Entfernung liegen somit in Bereichen des Universums, die nicht mehr kausal mit uns zusammenhängen. Man sagt, die Objekte befinden sich hinter einem *Ereignishorizont*, der sich in der kritischen Entfernung befindet. In diesem Sinn ist das sichtbare Universum für uns in jedem Fall endlich, unabhängig davon, ob es insgesamt einen endlichen oder unendlichen Rauminhalt besitzt.

Wie also sieht unser Universum nun aus? Die immer genauer werdenden Beobachtungsdaten der letzten Jahre ergeben das folgende Bild: Unser Universum ist mit dem Urknall vor 13,7 Mrd. Jahren entstanden und dehnt sich seitdem aus, mittlerweile sogar mit langsamer Beschleunigung der Expansion (mehr zu diesem faszinierenden Thema kann man in meinem Buch *Zeitpfad* erfahren). Das sichtbare Universum, also der Teil, der sich innerhalb unseres Ereignishorizontes befindet, ist räumlich mit einer Genauigkeit von mindestens einem Prozent flach wie der gewohnte dreidimensionale Raum. Wie das Universum außerhalb des Ereignishorizontes aussieht, wissen wir nicht, aber vermutlich befindet sich nur ein winziger Bruchteil des Universums innerhalb unseres Ereignishorizontes und ist damit überhaupt für uns beobachtbar. Daher sieht es für uns auch räumlich flach aus, so wie ein kleines Stück der Erdoberfläche flach aussieht. Die Materiedichte in unserem Teil des Universums ist gleich der kritischen Dichte, wobei nur etwa 4,6 % aus Atomen bzw. Baryonen bestehen. Weitere 23 % bestehen aus dunkler Materie, die sich bis heute alleine durch ihre anziehende Gravitation verrät. Die restlichen 72 % nennt man dunkle Energie; sie wirkt gravitativ abstoßend und treibt das Universum immer mehr auseinander. Woraus dunkle Materie und dunkle Energie letztlich bestehen, ist eines der großen offenen Rätsel unserer Zeit! Der LHC-Beschleuniger hat Chancen, zumindest das Rätsel der dunklen Materie zu lüften, falls er beispielsweise das leichteste supersymmetrische Teilchen findet, das ein guter Kandidat für die dunkle Materie ist.

Die wohl bekannteste Konsequenz der allgemeinen Relativitätstheorie ist die Vorhersage von schwarzen Löchern. Nun sind schwarze Löcher selbst unsichtbar, wie der Name schon sagt. Stürzt jedoch Materie in das starke Gravitationsfeld eines schwarzen Lochs, so wird sie sehr stark beschleunigt und durch Reibungskräfte auf viele Tausend Grad aufgeheizt. Die Materie bildet eine nach innen spiralierende Scheibe um das schwarze Loch, die sehr viel Licht und sogar Röntgenstrahlung aussendet.

Man hat mittlerweile viele Objekte im Universum gefunden, die extreme Energiemengen abstrahlen. Diese Objekte befinden sich meist in den Zentren großer Galaxien. Die Strahlungsintensität dieser Objekte lässt sich nur sinnvoll durch das Herabstürzen von Materie in sehr massereiche schwarze Löcher erklären. Insbesondere im Inneren der weit entfernten Quasare vermutet man gewaltige schwarze Löcher, die durch ihren Mahlstrom soviel Licht erzeugen, dass sie noch am Rande des sichtbaren Universums in mehreren Milliarden Lichtjahren Entfernung aufgespürt werden können. Auch im Inneren unserer Milchstraße hat man ein sehr massereiches Objekt (Sagittarius A*) gefunden, das sich nur durch ein schwarzes Loch erklären lässt. Seine Masse beträgt etwa vier Millionen Sonnenmassen.

Ein schwarzes Loch besitzt eine besondere Eigenschaft, die ihm seinen Namen gegeben hat: Innerhalb eines gewissen Abstands von seinem Zentrum ist durch das dort vorhandene enorme Gravitationsfeld der Raum so stark gekrümmt, dass weder Materie noch Licht oder irgendeine andere physikalische Wirkung dem schwarzen Loch entrinnen können. Man bezeichnet den kritischen Abstand als *Ereignishorizont* des schwarzen Lochs oder zu Ehren des theoretischen Physikers Karl Schwarzschild auch als *Schwarzschildradius*. Der Schwarzschildradius eines schwarzen Lochs von einer Sonnenmasse beträgt etwa 3 km, wobei der Schwarzschildradius proportional mit der Masse des schwarzen Lochs anwächst. Würde die Erde zu einem schwarzen Loch kollabieren, so läge der Schwarzschildradius bei knapp 1 cm, d. h. sie würde wie eine schwarze Murmel aussehen, die die gesamte Erdmasse enthält. Das Gravitationsfeld dieser Murmel in etwa 6 400 km Entfernung entspräche demjenigen, das wir auf der Erdoberfläche spüren, wobei dieses Gravitationsfeld sich mit jeder Halbierung des Abstandes zur Murmel vervierfacht, sodass in der Nähe der Murmel enorme Gravitationsfelder entstehen. Die genaue Formel zur Berechnung des Schwarzschildradius r_s für ein nicht rotierendes schwarzes Loch mit Masse m lautet übrigens $r_s = 2\,Gm/c^2$.

Die Tatsache, dass auch ein Lichtstrahl hinter dem Ereignishorizont immer im Zentrum des schwarzen Lochs endet, bedeutet, dass auch jede geometrische Gerade dies immer tut, da eine Gerade durch einen Lichtstrahl erst definiert wird. Wir sehen nun, welche Bedeutung das Wort Raumkrümmung hier erhält. Es ist fast so, als würde der Raum selbst sich innerhalb des Schwarzschildradius ständig zusammenziehen und in das schwarze Loch stürzen, ähnlich einer Flüssigkeit, die in einen Trichter hineinfließt.

Der Raum innerhalb des Ereignishorizontes eines schwarzen Lochs ist vom Rest des Universums gleichsam abgeschnürt und von außen keiner physikalischen Beobachtung mehr zugänglich. Jedes beliebige Objekt innerhalb dieses Bereichs, egal ob Teilchen oder Licht, wird nach Ablauf einer endlichen Zeitspanne unweigerlich das Zentrum des schwarzen Lochs erreichen, egal, wie stark es sich dagegen wehrt. Mit der endlichen Zeitspanne ist dabei die Zeit gemeint, die das hineinstürzende Objekt selbst spürt, also seine Eigenzeit.

Die Unterscheidung verschiedener Zeitbegriffe ist in der allgemeinen Relativitätstheorie vielleicht noch wichtiger als in der speziellen Relativitätstheorie. Ein Raumschiff, das den Ereignishorizont überquert, wird in diesem Moment nichts Besonderes davon bemerken. Die bedauernswerten Insassen werden zunächst gar nicht wissen, dass sie nun unweigerlich in das schwarze Loch stürzen werden. Zumindest bei sehr großen schwarzen Löchern liegt der Ereignishorizont nämlich weit genug entfernt vom Zentrum, sodass die sogenannten Gezeitenkräfte das Raumschiff erst weiter innen zerreißen werden (die Gezeitenkräfte entstehen dadurch, dass das vordere Ende des Raumschiffs etwas näher am schwarzen Loch ist und daher etwas stärker angezogen wird als das hintere Ende).

Für einen Beobachter, der sich in sicherem Abstand vom schwarzen Loch befindet, stellt sich die Annäherung des abstürzenden Raumschiffs jedoch ganz anders dar. Die Schiffsuhr des abstürzenden Raumschiffs wird kurz vor Erreichen des Ereignishorizontes auf einmal sehr langsam und bleibt praktisch stehen. Jede Bewegung auf dem Raumschiff und auch die Bewegung des Raumschiffs selbst scheint einzufrieren. Auch die Atome frieren ein. Das Licht, das sie aussenden, wird sehr schnell immer langwelliger und damit energieärmer, bis praktisch kein Licht mehr beim Beobachter ankommt. Das Raumschiff wird unsichtbar und verabschiedet sich aus der beobachtbaren Welt, ohne den Schwarzschildradius zu überschreiten.

Schwarze Löcher entstehen beispielsweise, wenn große Sterne den Fusionsbrennstoff in ihrem Inneren verbraucht haben. Der Zentralbereich des Sterns stürzt dabei in sich zusammen, während die äußeren Sternschichten ins Weltall geschleudert werden. Man bezeichnet ein solches Ereignis als Supernova. Die letzte mit bloßem Auge sichtbare Supernova ereignete sich im Februar 1987 in der großen Magellan'schen Wolke, einer etwa 165 000 Lichtjahre entfernten Nachbargalaxie unserer Milchstraße.

Wenn der in sich zusammenstürzende Zentralbereich des Sterns eine Masse von mehr als etwa drei Sonnenmassen besitzt, so gibt es nach heutigem Wissen keinen physikalischen Mechanismus, der den Kollaps aufhalten könnte. Für einen hypothetischen Beobachter, der sich am Rande des Zentralbereichs befindet und sich mit der zusammenstürzenden Materie mitbewegt, wird die gesamte Materie inklusive seiner selbst sich in endlicher Zeit auf einen Punkt zusammenschnüren. Kurz bevor dieser Zustand jedoch erreicht ist, werden Quanteneffekte wichtig werden, sodass die allgemeine Relativitätstheorie alleine zur Beschreibung nicht mehr ausreicht. Über das weitere Schicksal der Materie können wir heute daher noch keine Aussagen machen, da eine konsistente Quantenfeldtheorie der Gravitation bisher nicht formuliert werden konnte.

Für den außenstehenden Beobachter stellt sich der Zusammensturz anders dar, sofern er ihn im gleißenden Licht der expandierenden Sternenhülle überhaupt erkennen kann. Er wird feststellen, dass der Zentralbereich kurz vor Unterschreiten des Schwarzschildradius gleichsam einfriert und unsichtbar wird. Streng genommen gibt es also für den außenstehenden Beobachter gar keine schwarzen Löcher, da der Schwarzschildradius nicht unterschritten wird. Da sich die Materie durch das schnell fortschreitende Einfrieren der Zeit aber dennoch zunehmend schnell aus unserer Welt verabschiedet, ist diese Feinheit nicht weiter von Belang.

Es ist an dieser Stelle vielleicht interessant, eine Parallele zur Quantenmechanik zu ziehen: Der Raum innerhalb des Ereignishorizontes eines schwarzen Lochs entzieht sich einer Beobachtung. Können wir daher genauso gut auch sagen, dass er überhaupt nicht mehr existiert, so wie in der Quantenmechanik der Ort eines Teilchens nicht als Information in der Natur vorhanden ist? Ist es sinnvoll zu sagen, dass etwas erst existiert, wenn wir es durch eine physikalische Beobachtung messen können?

Man gerät hier sehr schnell ins Spekulieren, aber ich meine, es gibt einen wichtigen Unterschied zwischen den beiden Situationen. Bei einem schwarzen Loch ist der Raum innerhalb des Ereignishorizontes unverzichtbarer Bestandteil der mathematischen Theorie; er existiert also zumindest in diesem Sinne. Ein Raumschiff sollte beim Überschreiten des Ereignishorizontes zunächst nichts davon bemerken, auch wenn es uns Außenstehenden das nicht mehr bestätigen kann. In der Quantenmechanik ist jedoch der Ort eines Teilchens nicht als ständig abrufbare Information in der mathematischen Formulierung enthalten, und jeder Versuch, diese Information in der Theorie lokal unterzubringen, führt zu Schwierigkeiten mit der Bell'schen Ungleichung. Die Mathematik selbst wehrt sich gewissermaßen gegen die Existenz eines an sich existierenden Teilchenortes, sodass dieser in diesem Sinne nicht existiert.

Einsteins spezielle und allgemeine Relativitätstheorie hat am Anfang des 20. Jahrhunderts unser Bild von der Welt gewaltig verändert. Noch stärkere Veränderungen erfuhr unsere Weltsicht kurz darauf durch die Formulierung der Quantenmechanik und später durch die relativistischen Quantenfeldtheorien. Was uns erwartet, wenn wir versuchen, diese verschiedenen Teilgebiete der modernen Physik zusammenzuführen, wollen wir uns im nächsten Abschnitt genauer ansehen.

7.2 Quantengravitation

Die allgemeine Relativitätstheorie Einsteins ist eine klassische Theorie, also eine Theorie, in der Quanteneffekte nicht berücksichtigt werden. In dieser Hinsicht ähnelt sie der klassischen Elektrodynamik, wie sie durch die Maxwell-Gleichungen ausgedrückt wird. An die Stelle der Kraftfelder tritt bei ihr allerdings der Begriff der geometrischen Krümmung der Raumzeit.

Bei der starken, schwachen und elektromagnetischen Wechselwirkung ist es gelungen, Quanteneffekte mit einzubeziehen und renormierbare relativistische Quantenfeldtheorien zu formulieren, die bisher jeder experimentellen Überprüfung standgehalten haben. Sollte man dann nicht auch versuchen, eine analoge Quantenbeschreibung der Gravitation zu formulieren?

Die Einbeziehung von Quanteneffekten bei der Beschreibung der Gravitation mutet zunächst vielleicht etwas überzogen an. Alle heute und in absehbarer Zukunft durchführbaren Experimente und astronomische Beobachtungen werden vermutlich mit der allgemeinen Relativitätstheorie auskommen, um die entsprechenden Ergebnisse nachvollziehen und erklären zu können. Es gibt also keine experimentellen Resultate, die die Einbeziehung von Quanteneffekten in die allgemeine Relativitätstheorie erfordern würden.

Dennoch gibt es eine *logische* Notwendigkeit dafür, sich mit den Quantenphänomenen der Gravitation zu befassen, genauso wie es für Einstein eine logische Notwendigkeit gab, wegen der Unvereinbarkeit von Newton'schem Gravitationsgesetz und spezieller Relativitätstheorie über eine neuartige Beschreibung der Gravitation nachzudenken, ganz unabhängig von experimentellen Resultaten.

Worin besteht nun diese logische Notwendigkeit? Um diese Frage zu beantworten, wollen wir untersuchen, ob sich die Quantennatur der Materie und der Kraftfelder auf einfache Weise mit der Beschreibung der Gravitation durch die allgemeine Relativitätstheorie vereinbaren lässt.

Sowohl das Standardmodell als auch die allgemeine Relativitätstheorie gehen von der Annahme aus, dass Raum und Zeit zusammen ein glattes mathematisches Gebilde (eine sogenannte differenzierbare Mannigfaltigkeit) bilden, auf dem beliebig kleine Raum- und Zeitabstände möglich sind. Wie auf einer flachen Ebene oder auf einer gekrümmten Kugeloberfläche kann man von einem Punkt aus beliebig kleine Schritte machen und landet doch immer wieder auf einem Punkt der Fläche.

Weder im Standardmodell noch in der allgemeinen Relativitätstheorie ergeben sich dadurch irgendwelche direkten Probleme. Es gibt allerdings in beiden Theorien einige Merkwürdigkeiten, die mit der Existenz beliebig kleiner Abstände zusammenhängen. Eine dieser Merkwürdigkeiten ist im Standardmodell das Problem der Unendlichkeiten bei komplizierteren Feynman-Graphen, das allerdings mithilfe des Renormierungsverfahrens beseitigt werden kann. In der allgemeinen Relativitätstheorie bewirkt die Glattheit von Raum und Zeit die Existenz von Singularitäten, bei denen sich Materie ab einer gewissen kritischen Dichte unweigerlich zu einem unendlich kleinen Punkt zusammenzieht und ein schwarzes Loch bildet. Das ist zwar mathematisch weiter kein Problem, kommt einem aber doch etwas befremdlich vor, da ein solcher Punkt mit unendlicher Massendichte physikalisch wenig Sinn ergibt.

Was aber geschieht, wenn wir Quanteneffekte und allgemeine Relativitätstheorie zusammenführen wollen? Ist dann der Begriff des beliebig kleinen Abstands noch sinnvoll?

Es gibt mehrere Möglichkeiten, sich dieser Frage zu nähern. Die im Folgenden gewählten Wege verwenden jeweils anschauliche Argumentationen und sind daher nicht als strenge Begründungen aufzufassen. Dennoch machen sie die wesentliche Idee deutlich.

Wenn wir versuchen, den Ort eines Teilchens möglichst genau zu messen, so wird uns bereits in der relativistischen Quantenfeldtheorie eine Schranke auferlegt, ohne dass wir die Gravitation hier schon berücksichtigen müssen. Wir wollen die entsprechende Argumentation aus Abschn. 5.1 hier kurz wiederholen: Je genauer wir den Ort eines Teilchens bestimmen wollen, umso kürzer muss die Wellenlänge der zur Untersuchung verwendeten Strahlung sein, mit deren Hilfe der Ort vermessen werden soll. Mit abnehmender Wellenlänge wird diese Strahlung immer energiereicher, bis sich schließlich Teilchen-Antiteilchen-Paare desselben Teilchentyps bilden können, dessen Ort wir bestimmen wollen. Diese Teilchen-Antiteilchen-Paare verhindern eine weitere Steigerung der Messgenauigkeit. Die entsprechende relativistische Unschärferelation aus Abschn. 5.1 lautete $\Delta x > \hbar c/E$, wobei für ruhende massive Teilchen die relativistische Gesamtenergie E durch $E = mc^2$ gegeben ist, sodass wir $\Delta x > \hbar/(mc)$ erhalten. Die Ortsunschärfe Δx ist also antiproportional zur Teilchenmasse m. Je schwerer das zu vermessende Teilchen ist, umso höher kann demnach die Energie der Mess-Strahlung sein, bis störende Teilchen-Antiteilchen-Paare gebildet werden. Zumindest bei unendlich schweren Teilchen kann daher deren Aufenthaltsort in der relativistischen Quantenfeldtheorie ohne Gravitation beliebig genau bestimmt werden.

Was geschieht nun, wenn wir die Gravitation in die Überlegung mit einbeziehen? Dann können wir uns modellhaft vorstellen, dass jedes punktförmige Teilchen von vornherein bereits ein winziges schwarzes Loch darstellt, da sein Gravitationsfeld umso stärker anwächst, je näher man sich dem Teilchen nähert. Da sich das Teilchen dann hinter seinem Ereignishorizont versteckt, können wir seinen Ort maximal mit der Genauigkeit des Schwarzschildradius bestimmen. Je größer die Teilchenmasse ist, umso größer ist auch der zugehörige Schwarzschildradius. Dieser Effekt wirkt daher gerade entgegengesetzt zu

der obigen Überlegung, nach der sich die Ortsgenauigkeit in einer Quantenfeldtheorie für schwere Teilchen erhöht.

Bei leichten Teilchen begrenzt also die Beziehung $\Delta x > \hbar/(mc)$ aus der
Quantenfeldtheorie die Ortsgenauigkeit. Lässt man die Teilchenmasse anwachsen, so wird diese Ortsgenauigkeit immer besser, bis der anwachsende
Schwarzschildradius $r_s = 2\,Gm/c^2$ genauso groß geworden ist und bei weiter
anwachsender Teilchenmasse die Ortsgenauigkeit wieder verschlechtert. Die
bestmögliche Ortsgenauigkeit, die sich überhaupt erreichen lässt, liegt daher
bei der Teilchenmasse, für die der Schwarzschildradius r_s gerade gleich der
Ortsgenauigkeit Δx geworden ist. Wenn wir also $\Delta x = r_s$ setzen, so können wir diese Masse und damit auch die maximal mögliche Ortsgenauigkeit
ausrechnen. Gleichsetzen ergibt $\hbar/(mc) = 2Gm/c^2$ und Freistellen nach der
Masse m ergibt dann $m = \sqrt{\hbar c/(2G)}$. Den Faktor 2 im Nenner ignoriert
man meist, da es sich sowieso nur um eine ungefähre Abschätzung der Größenordnung handelt. Die entsprechende Masse bezeichnet man als *Planck-
Masse* $m_p = \sqrt{\hbar c/G}$. Sie beträgt etwa 0,02176 mg, was ungefähr der Masse eines winzigen Staubteilchens entspricht. Meist gibt man stattdessen die
Planck-Energie $E_p = m_p c^2 = \sqrt{c^5 \hbar/G}$ an, die bei $1{,}2 \cdot 10^{19}$ GeV liegt. Die zugehörige maximale Ortsgenauigkeit nennt man *Planck-Länge* l_p. Sie berech-
net sich aus der Formel $l_p = \hbar(mpc) = \sqrt{\hbar G/c^3} = 1{,}6 . 10^{-20}$ fm. Die Zeit, die das
Licht zum Zurücklegen einer Planck-Länge benötigt (die *Planck-Zeit*) hat den
Wert $t_p = l_p/c = \sqrt{\hbar G/c^5} = 5 \cdot 10^{-44}$ s.

Planck-Größe	Berechnungsformel	Exp. Wert
Planck-Länge	$l_p = \sqrt{\hbar G/c^3}$	$1{,}6 \cdot 10^{-20}$ fm
Planck-Zeit	$t_p = \sqrt{\hbar G/c^5}$	$5 \cdot 10^{-44}$ s
Planck-Energie	$E_p = \sqrt{c^5 \hbar/G}$	$1{,}2 \cdot 10^{19}$ GeV

Machen wir uns noch einmal die physikalische Bedeutung dieser Planck-
Größen klar: Wenn wir eine Energiemenge von der Größe der Planck-Energie in einem Raumbereich von der Größe der Planck-Länge konzentrieren, so
entsteht nach der allgemeinen Relativitätstheorie ein schwarzes Loch, dessen
Ereignishorizont ungefähr dieses Raumvolumen umfasst.

Diese Überlegung soll natürlich nicht etwa aussagen, dass tatsächlich
ein schwarzes Loch entstehen muss oder dass jedes Teilchen tatsächlich ein
schwarzes Loch im Miniaturformat ist, zumal ein solches schwarzes Mini-
Loch sehr schnell wieder zerstrahlen würde, wie wir unten noch sehen werden.
Die Überlegung zeigt lediglich, zu welchen Konsequenzen die Verknüpfung
von Quantenfeldtheorie und allgemeiner Relativitätstheorie führt, wenn man
sie einfach in unveränderter Form miteinander verschmelzen will. Sie legt

den Gedanken nahe, dass die Verwendung beliebig kleiner Raum- und Zeit-Abstände bei der Formulierung einer Quantentheorie der Gravitation mit Vorsicht zu genießen ist. Zumindest sollten beliebig kleine Abstände nicht messbar sein, da die Bestimmung eines Teilchenortes nach der obigen Analyse bestenfalls mit der Genauigkeit einer Planck-Länge möglich ist.

Die Planck-Masse hat eine weitere interessante Eigenschaft, wenn man sie in das Newton'sche Gravitationsgesetz einsetzt: Zwei Planck-Massen üben aufeinander eine Gravitationskraft aus, die genauso groß ist wie die elektrische Kraft zwischen zwei Ladungen, die in natürlichen Einheiten die Stärke 1 besitzen. Zur Erinnerung: In natürlichen Einheiten hat eine Elementarladung die Stärke $\sqrt{\alpha} = 0,085 \approx 1/12$ (siehe Abschn. 5.2). Für ein hypothetisches Teilchen mit einer Planck-Masse und 12 Elementarladungen hätte die normalerweise so schwache Gravitation also eine ähnliche Stärke wie die elektromagnetische Wechselwirkung. Das ist ein Hinweis darauf, dass bei diesen Massen- und Energieskalen die Gravitation mit den anderen Wechselwirkungen verschmelzen könnte und dass sie nicht mehr gegenüber den anderen Wechselwirkungen vernachlässigt werden darf.

Schauen wir uns den Einfluss der Gravitation auf die Struktur des leeren Raumes selbst an, wenn wir Quanteneffekte berücksichtigen. In der Quantenfeldtheorie stellt sich das Vakuum als fluktuierender See aus unendlich vielen entstehenden und sofort wieder vergehenden virtuellen Teilchen dar. Die Ursache dafür lag in der gleichzeitigen Berücksichtigung von Quanteneffekten und spezieller Relativitätstheorie. Die Energie-Zeit-Unschärferelation bewirkt, dass für sehr kurze Zeiten die Energiemengen in sehr kleinen Raumbereichen von den gemäß der klassischen Physik vorgeschriebenen Werten abweichen dürfen. Der Energiewert des leeren feldfreien Raumes, also des Vakuums, ist in der klassischen Physik gleich null. Für sehr kurze Zeiten und in sehr kleinen Raumbereichen darf die Energie nach der Unschärferelation auch größer als null sein. Berücksichtigt man nun zusätzlich die Grundideen der allgemeinen Relativitätstheorie, so sollten auch diese Energiefluktuationen die Geometrie des Raumes verändern und zu fluktuierenden Krümmungen des Raumes für sehr kurze Zeiten und in sehr kleinen Raumvolumina führen.

Eine quantenmechanische Beschreibung der Gravitation könnte demnach grob so aussehen, dass wir eine Tabelle aufstellen und dort für jeden Ort und für jede mögliche Raumkrümmung an diesem Ort einen Pfeil eintragen, dessen Längenquadrat die Wahrscheinlichkeit für diese Raumkrümmung an diesem Ort angibt.

Man kann sich den Raum auch wie eine Art sehr feinen Schaum vorstellen, in dem ständig kleine Bläschen entstehen und wieder vergehen. Die Bläschen haben dabei eine typische Größe von 10^{-20} fm (ungefähr die Planck-Länge) und sind damit um 20 Zehnerpotenzen kleiner als ein Proton.

Betrachtet man Abstände, die groß im Vergleich zur Bläschengröße sind, so wird man von den einzelnen Bläschen nichts bemerken, und der Schaum wird einem wie ein kontinuierlicher Stoff vorkommen, d. h. der Raum erscheint glatt. Die verschiedenen möglichen Raumkrümmungen werden zu einer einzigen mittleren Raumkrümmung verschmiert. Betrachtet man jedoch Abstände von der Größenordnung der Bläschen, so werden die Effekte des Raum-Zeit-Schaums spürbar. Die Geometrie der Raumzeit fluktuiert bei diesen Abständen und verändert sich ständig, was letztlich nichts anderes bedeutet, als dass sich die glatten Raum-Zeit-Begriffe nicht mehr verwenden lassen. Ähnlich wie der Begriff der klassischen Teilchenbahn oder der Feldbegriff löst sich auch das Konzept von Raum und Zeit auf und muss durch ein völlig neues Konzept ersetzt werden.

Dies zeigt sich auch, wenn man versucht, das Konzept der glatten Raumzeit beizubehalten und analog zu den Wechselwirkungen im Standardmodell eine Quantenfeldtheorie der Gravitation zu formulieren. Man erhält dann eine nicht-renormierbare Theorie, d. h. die Unendlichkeiten komplexerer Feynman-Graphen lassen sich nicht mithilfe der Renormierungsmethode beseitigen. Im Gegensatz zur starken und elektroschwachen Theorie ist die Gravitation keine Eichtheorie. Nur bei den Eichtheorien ist jedoch garantiert, dass das übliche Verfahren zur Formulierung einer Quantenfeldtheorie aus den klassischen Feldgleichungen auch funktioniert.

Eine physikalische Theorie, die alle bekannten Wechselwirkungen einschließlich der Gravitation umfasst und die die Regeln der Quantentheorie und der Relativitätstheorie respektiert, sollte also auf einem Konzept aufbauen, das möglichst keinen Gebrauch vom Begriff der glatten Raumzeit macht, so wie auch die Quantenmechanik den Begriff der Bahnkurve nicht mehr enthält.

Eine solche Theorie kann anschaulich kaum noch erfasst werden. Bestenfalls kann man sich den Raum noch wie den oben skizzierten fluktuierenden Schaum vorstellen. Die Mathematik stellt aber durchaus Werkzeuge bereit, mit deren Hilfe sich die dargestellten Ideen formulieren lassen, auch wenn hier sicher vieles noch ungeklärt ist. Beispiele dafür sind die *M-Theorie* und die *Schleifen-Quantengravitation (loop quantum gravity)*, die wir im nächsten Kapitel noch etwas näher kennenlernen werden. Theorien dieser Art weisen zum Teil sehr elegante mathematische Strukturen auf, was in der Physik oft ein gutes Zeichen ist. Es gibt jedoch viele Möglichkeiten, solche Theorien zu formulieren, und sie haben jeweils ihre eigenen Stärken und Schwächen. Allerdings gibt es zurzeit nur einen vielversprechenden Kandidaten, der neben der Quantengravitation auch das Standardmodell umfassen könnte: die M-Theorie.

Nun machen sich Quanteneffekte der Gravitation erst bei Abständen von der Größenordnung der Plancklänge $l_p = 1{,}6 \cdot 10^{-20}$ fm und Energien von der Größenordnung der Planck-Energie $E_p = 1{,}2 \cdot 10^{19}$ GeV bemerkbar. Die Planck-Energie liegt mehr als 16 Zehnerpotenzen über der Masse des *top*-Quarks (170 GeV) und über 15 Zehnerpotenzen über der maximalen Strahl-energie von 7 000 GeV des Large Hadron Colliders (LHC). Es erscheint aus heutiger Sicht völlig undenkbar, jemals einen Beschleuniger konstruieren zu können, der die für Quantgravitationsexperimente notwendige Energie auch nur annähernd liefern könnte. Es wird also sehr schwierig sein, direkte Hinweise für Quantengravitation durch das Experiment zu erhalten. Vielleicht müssen wir uns in Zukunft daher mehr als bisher auf die Kunst der Mathematik verlassen, wenn wir bis zu den letzten Rätseln der Natur vordringen wollen.

Die Planck-Größen werden nach den oben angegebenen Formeln mithilfe der Gravitationskonstante G, dem Planck'schen Wirkungsquantum $\hbar$ und der Lichtgeschwindigkeit c definiert. Diese Formeln spiegeln unmittelbar wider, dass hier die drei Teilgebiete Gravitation (repräsentiert durch G), Quantenphysik (repräsentiert durch $\hbar$) und spezielle Relativitätstheorie (repräsentiert durch c) zusammenkommen. Dabei ist entscheidend, dass aufgrund der Gleichsetzung von träger und schwerer Masse die Gravitationskonstante G als dimensionsbehaftete (also mit physikalischen Einheiten versehene) Naturkonstante definiert werden muss. Bei der starken, schwachen und elektromagnetischen Wechselwirkung war das anders: Die jeweilige Ladung kann durch eine dimensionslose Größe, also durch eine reine Zahl (die Kopplungskonstante, siehe Abschn. 5.2) ausgedrückt werden. Nur die Gravitation führt also zu einem neuen Vergleichsmaßstab für Messungen.

Man erwartet, dass eine fundamentale Theorie der Naturgesetze neben den immer vorhandenen Umrechnungsparametern $\hbar$ und c letztlich nur einen einzigen physikalischen Parameter enthalten sollte, der zusammen mit $\hbar$ und c die Vergleichsskala für Massen, Energien, Impulse, Zeiten und Längen zur Verfügung stellt. Die Gravitationskonstante G ist genau ein solcher Parameter. Die damit berechneten Planck-Größen liefern dann die entsprechenden natürlichen Vergleichsskalen (siehe oben).

Vielleicht ist es auf den ersten Blick erstaunlich, dass eine fundamentale physikalische Theorie überhaupt noch einen physikalischen Parameter enthalten soll. Ohne einen solchen Parameter gibt es aber in der Theorie keinen Vergleichsmaßstab, also keine Vergleichslänge oder Vergleichszeit. Eine physikalische Theorie macht immer Aussagen über das Ergebnis von Messungen, und eine Messung ist immer ein Vergleich mit irgendeinem vorgegebenen Maßstab, der dabei meistens als Maßeinheit bezeichnet wird. Nun sollte eine fundamentale Theorie natürlich als Vergleichsmaßstab nicht auf ein Stück

Metall angewiesen sein, das in irgendeinem Tresor verwahrt wird und das als die verbindliche Vergleichsmasse definiert ist (nämlich als ein Kilogramm). Der Vergleichsmaßstab muss stattdessen aus universellen Naturkonstanten aufgebaut sein, sodass bei Messungen nicht mit einem willkürlich vorgegebenen Vergleichsmaßstab verglichen werden muss. Die Natur selbst stellt damit den Vergleichsmaßstab zur Verfügung. Eine fundamentale Theorie sollte es dann ermöglichen, z. B. die Masse des Elektrons als Vielfaches der Planck-Masse auszudrücken.

Die Tatsache, dass ein einziger physikalischer Parameter wie die Gravitationskonstante G ausreicht, universelle Maßstäbe für alle Teilgebiete zur Verfügung zu stellen, ist keineswegs trivial. Sie basiert entscheidend auf der Tatsache, dass eine fundamentale physikalische Theorie immer auf den beiden Pfeilern Quantenphysik und Relativitätstheorie aufbauen muss. Jeder dieser beiden Pfeiler setzt jeweils zuvor voneinander getrennte physikalische Phänomene (z. B. Wellen und Teilchen) miteinander in Beziehung. Nur aufgrund des Welle-Teilchen-Zusammenhangs der Quantenmechanik lassen sich Teilchenmassen automatisch mit Wellenlängen in Verbindung bringen, sodass eine Vergleichsmasse automatisch auch eine Vergleichslänge bereitstellt. Die Verbindung wird durch eine universelle Naturkonstante hergestellt: das Planck'sche Wirkungsquantum h bzw. $\hbar = h/(2\pi)$.

Die Relativitätstheorie liefert wiederum eine maximale Ausbreitungsgeschwindigkeit für physikalische Wirkungen: die Lichtgeschwindigkeit c. Eine Vergleichslänge stellt damit automatisch auch eine Vergleichzeit zur Verfügung, nämlich die Zeit, die ein Lichtstrahl braucht, um die Vergleichslänge zurückzulegen. Dies hat man sich bereits zunutze gemacht und die Vergleichseinheit *Meter* als die Strecke definiert, die ein Lichtstrahl in $1/299\,792\,458$ s zurücklegt. Man könnte auch sagen dass man der Lichtgeschwindigkeit den festen Wert $299\,792\,458$ m/s per Definition zugewiesen hat. Die experimentelle Beobachtung der Fortbewegung eines Lichtstrahls dient nicht mehr dazu, die Lichtgeschwindigkeit zu messen, sondern die Längeneinheit *Meter* festzulegen.

Wir können dies auf die fundamentale Theorie der Naturgesetze übertragen. Obwohl sie die physikalischen Parameter G, $\hbar$ und c enthalten muss, braucht keiner dieser Parameter als Messwert in die Theorie hineingesteckt zu werden, denn dies würde ja nur bedeuten, den Kilogramm-Metallklotz mit der Planck-Masse zu vergleichen.

Wir könnten stattdessen zumindest theoretisch auf die gewohnten Einheiten wie Meter, Sekunde oder Joule verzichten und jede Länge als Vielfaches der Planck-Länge, jede Zeit als Vielfaches der Planck-Zeit und jede Energie als Vielfaches der Planck-Energie angeben.

Gelegentlich findet man die Frage, wie unsere Welt wohl aussehen würde, wenn G, h oder c andere experimentelle Werte besäßen. Wenn beispielsweise das Planck'sche Wirkungsquantum um ein Vielfaches größer wäre, wäre unser Alltag dann von Quanteneffekten geprägt, sodass wir nur vor einer verschlossenen Türe zu warten brauchten, bis wir irgendwann aufgrund der Unschärferelation durch diese Türe hindurchgetunnelt wären?

Unsere Diskussion zeigt, dass im Lichte einer fundamentalen Theorie der Physik eine solche Frage gar keinen Sinn hat, denn das Planck'sche Wirkungsquantum besitzt in dieser Theorie gar keinen Messwert, sondern dient selbst als Maßstab für Messungen. Wenn man h vergrößern wollte, so stößt man sofort auf die Frage, im Vergleich zu was man denn h vergrößern soll.

Die Diskussion über Vergleichsmaßstäbe in einer fundamentalen physikalischen Theorie zeigt uns, wie wunderbar sich alles ineinanderzufügen beginnt. Die Newton'sche Mechanik war noch eine Theorie ohne universelle Vergleichsmaßstäbe. Man ist in dieser Theorie gezwungen, Massen mit einer willkürlich gewählten Referenzmasse zu vergleichen, die man beispielsweise in Form eines Metallklotzes in einem Tresor aufbewahrt und als *Urkilogramm* bezeichnet.

Fügt man das Newton'sche Gravitationsgesetz hinzu und fordert zusätzlich die Gleichheit von träger und schwerer Masse, so tritt als einzige Naturkonstante die Gravitationskonstante G auf, die Gravitationskräfte mit Massen in Beziehung bringt (das Coulomb'sche Kraftgesetz für elektrische Kräfte führt dagegen nicht zwangsläufig zu einer mit Einheiten behafteten Naturkonstante).

Berücksichtigt man statt der Gravitation die Postulate der speziellen Relativitätstheorie, so tritt die Lichtgeschwindigkeit c als Konstante auf, die Längen und Zeiten sowie Massen und Energien miteinander verbindet.

Die dritte Möglichkeit besteht darin, Quanteneffekte und Newton'sche Mechanik zur nichtrelativistischen Quantenmechanik zu verknüpfen. Die entsprechende Naturkonstante, die Wellenlängen und Impulse sowie Frequenzen und Energien miteinander verknüpft, ist das Planck'sche Wirkungsquantum h.

Der nächste Schritt besteht darin, Theorien zu formulieren, die gleichzeitig zwei Naturkonstanten aufweisen. So führt die gleichzeitige Berücksichtigung der Ideen aus Mechanik, Gravitation und spezieller Relativitätstheorie zur allgemeinen Relativitätstheorie, die zugleich die Konstanten c und G enthält. Die gleichzeitige Berücksichtigung von Quanteneffekten und spezieller Relativitätstheorie führt zur Klasse der Quantenfeldtheorien, deren Spitzenreiter zurzeit das Standardmodell ist, das die elektromagnetische, starke und schwache Wechselwirkung mit hoher Präzision zu beschreiben vermag. Quantenfeldtheorien enthalten gleichzeitig die Naturkonstanten c und $\hbar$. Die dritte denkbare Möglichkeit wäre die Kombination von Quanteneffekten und Gravitation ohne die spezielle Relativitätstheorie. Eine solche Kombination ist jedoch in unserer Welt bedeutungslos, da die Gravitation eine sehr schwache Wechselwirkung ist. Für Planetenbewegungen brauchen wir keine Quanteneffekte, und in subatomaren Dimensionen ist die Gravitation erst dann von Bedeutung, wenn sehr viel Energie auf sehr kleinem Raum vorhanden ist. Dann müssen aber auch relativistische Effekte in die Betrachtung mit einbezogen werden. Ein kleines Beispiel mag die Bedeutungslosigkeit einer nichtrelativistischen Quantengravitationstheorie verdeutlichen: Ein Wasserstoffatom, bei dem nur die Gravitationskraft zwischen Proton und Elektron wirkt, wäre größer als das heute sichtbare Universum! Nur wenn es stabile Teilchen mit Massen von der Größenordnung der Planck-Masse gäbe, dann wäre eine nichtrelativistische Quantentheorie der Gravitation sinnvoll.

Der letzte Schritt wäre nun die gleichzeitige Berücksichtigung der Ideen aus Mechanik, Gravitation, spezieller Relativitätstheorie und Quantenphysik. Entsprechende *relativistische Quantengravitationstheorien* enthalten daher gleichzeitig alle drei Konstanten G, c und $\hbar$ und sind damit erstmals in der Lage, Vergleichsmaßstäbe für alle grundlegenden physikalischen Größen zu liefern (Abb. 7.7).

Wir wissen heute noch nicht, wie eine solche Theorie endgültig aussehen muss, die eine Quantentheorie der Gravitation beinhaltet und die im Grenzfall von Abständen, die wesentlich über der Planck-Länge liegen, das Standardmodell und die allgemeine Relativitätstheorie reproduziert. Die Fortschritte der Physik allein in den letzten gut 100 Jahren legen nahe, dass eine solche Theorie existieren sollte, und wir sind aufgefordert, sie zu finden. Tatsächlich sind in den letzten Jahrzehnten beträchtliche Fortschritte in dieser Richtung erzielt worden.

Ein wichtiger Schritt in Richtung Quantengravitation war sicherlich eine Entdeckung von Stephen Hawking (Abb. 7.8) und Jacob Bekenstein aus dem Jahre 1974, die wir uns jetzt genauer ansehen wollen.

Die meisten physikalischen Theorien ändern sich nicht, wenn man in ihnen die Zeit formal rückwärts laufen lässt. Ausnahmen bilden lediglich die Thermodynamik, in der statistische Gründe zur Ausprägung eines Zeitpfeils führen, sowie die schwache Wechselwirkung, in der eine sehr geringe Verletzung der Zeitumkehrsymmetrie festgestellt werden konnte, deren Ursprung man aber bis heute nicht wirklich versteht. In der klassischen Mechanik oder in der Elektrodynamik gilt dagegen die Zeitumkehrsymmetrie. Nimmt man beispielsweise einen Film auf, der den Flug eines Planeten um die Sonne zeigt, und lässt man diesen Film rückwärts ablaufen, so gibt auch der rückwärts laufende Film eine physikalisch mögliche Bewegung des Planeten wieder.

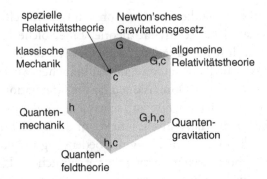

Abb. 7.7 Je nachdem, welche verschiedenen Teilgebiete der Physik eine physikalische Theorie in sich vereint, enthält sie eine oder mehrere der fundamentalen Naturkonstanten c (Lichtgeschwindigkeit), h (Planck'sches Wirkungsquantum) und G (Gravitationskonstante). So enthält die Newton'sche Mechanik noch keine dieser Konstanten. Bei Hinzunahme des Newton'schen Gravitationsgesetzes kommt G hinzu, die spezielle Relativitätstheorie enthält c, die Quantenmechanik enthält h, die allgemeine Relativitätstheorie enthält c und G, und Quantenfeldtheorien enthalten c und h. Eine relativistische Quantenfeldtheorie, die auch die Gravitation umfasst, enthält alle drei Naturkonstanten und besitzt damit natürliche Vergleichsmaßstäbe für alle fundamentalen physikalischen Größen

Abb. 7.8 Der englische Physiker Stephen Hawking (geb. 1942) ist einem breiten Publikum durch seinen Bestseller *Eine kurze Geschichte der Zeit* bekannt geworden. Er sitzt aufgrund einer schweren motorischen Nervenkrankheit im Rollstuhl und kann sich leider mittlerweile kaum noch bewegen. (© akg/Science Photo Library. All rights reserved)

Nun gilt die Zeitumkehrsymmetrie auch für Einsteins allgemeine Relativitätstheorie. Wie aber ist dies mit der Eigenschaft schwarzer Löcher verträglich, bei denen ein Objekt den Ereignishorizont immer nur in einer Richtung überqueren kann? Das zeitgespiegelte Analogon zu den schwarzen Löchern sind die sogenannten *weißen Löcher*, bei denen jedes Objekt von innen nach außen geschleudert wird. Rein formal sind solche Objekte in der allgemeinen Relativitätstheorie durchaus möglich. In der Realität sind sie aber bisher nicht beobachtet worden. Objekte fallen immer nur in schwarze Löcher hinein und kommen nicht aus weißen Löchern heraus. Woran liegt das?

Die einzige heute bekannte verlässliche Möglichkeit, der Zeit eine Richtung zu geben, ist die Thermodynamik. Obwohl auch die Thermodynamik letztlich auf zeitsymmetrischen Grundgesetzen beruht, verhalten sich statistische thermodynamische Größen bei Systemen mit vielen physikalischen Freiheitsgraden nicht zeitsymmetrisch. Ein Beispiel: Der Gesamtzustand *„alle Luftmoleküle befinden sich in einer Zimmerecke“* wird sich immer in Richtung des Gesamtzustands *„alle Luftmoleküle sind im Zimmer relativ gleichmäßig verteilt“* entwickeln, da der umgekehrte Prozess statistisch extrem unwahrscheinlich ist. Teilt man das Zimmer in viele kleine Kästchen auf und verteilt die Abermilliarden von Luftmolekülen zufällig auf diese Kästchen, so sind die Luftmoleküle bei den allermeisten Verteilungsmustern recht gleichmäßig im Zimmer verteilt. Nur bei einem ganz geringen Prozentsatz der möglichen Verteilungsmuster landen alle Luftmoleküle in einer Zimmerecke. Entsprechend unwahrscheinlich ist dieser Gesamtzustand.

Je mehr mögliche Verteilungsmuster es zu einem Gesamtzustand gibt, umso wahrscheinlicher ist dieser Gesamtzustand. In der Physik spricht man auch von der Zahl der *Mikrozustände*, die zu einem *Makrozustand* passen. Es liegt daher nahe, die Zahl der Mikrozustände pro Makrozustand zu zählen, um herauszufinden, in welche Richtung sich der Gesamtzustand (Makrozustand) bewegt.

Nun ist die Zahl der Mikrozustände oder Verteilungsmöglichkeiten extrem groß, sobald man auch nur einige Millionen Luftmoleküle zu verteilen hat (in einem realen Zimmer sind es mehr als 10^{23} Luftmoleküle). Es reicht daher völlig aus, nicht die Zahl der Verteilungsmöglichkeiten selbst, sondern die Anzahl Dezimalstellen dieser Zahl zu betrachten, denn diese ist von derselben Größenordnung wie die Zahl der betrachteten Luftmoleküle (oder allgemeiner der betrachteten Freiheitsgrade). Bei sehr großen Zahlen kann man die Stellenanzahl recht gut einfach dadurch ermitteln, dass man den Zehnerlogarithmus der Zahl bildet. Üblicherweise verwendet man stattdessen den natürlichen Logarithmus *ln* und multipliziert noch mit der sogenannten Boltzmann-Konstante *k* (nicht zu verwechseln mit der ebenfalls *k* genannten Konstanten im Coulomb-Gesetz). Die so berechnete Größe ist die *Entropie S* des Makrozustands, d. h. es gilt $S = k\, ln\, \Omega$, wobei Ω die Zahl der Mikrozustände ist, die zum Makrozustand passen. Es genügt hier, wenn wir uns merken: Die Entropie misst die Anzahl der Mikrozustände zu einem Makrozustand, indem sie bis auf einen Vorfaktor die Länge (Stellenzahl) dieser Anzahl angibt. Je mehr Mikrozustände zu einem Makrozustand passen, umso größer ist also die Entropie dieses Makrozustands und umso wahrscheinlicher wird sich dieser Makrozustand im Laufe der Zeit einstellen. Die Entropie des Gesamtzustands *„alle Luftmoleküle befinden sich in einer Zimmerecke"* ist kleiner als die des Gesamtzustands *„alle Luftmoleküle sind im Zimmer relativ gleichmäßig verteilt"*.

Bei einem weitgehend sich selbst überlassenen System mit vielen Teilchen oder Freiheitsgraden wird die Entropie im Laufe der Zeit immer mehr anwachsen, bis sie im Gesamtzustand des thermischen Gleichgewichts ihr Maximum erreicht. Das nennt man den *Zweiten Hauptsatz der Thermodynamik*. Dieser Hauptsatz verleiht letztlich der Zeit eine Richtung!

Was hat das Ganze nun mit schwarzen Löchern zu tun? Stellen wir uns dazu ein einsames Gebiet im Weltall vor, in dem es Materie (Sterne etc.) und einige schwarze Löcher gibt. Im Laufe der Zeit wird immer wieder Materie in ein schwarzes Loch hineinfallen, und es können sogar schwarze Löcher miteinander verschmelzen. Im Jahr 1970 fand Stephen Hawking heraus, dass es bei diesen Prozessen eine physikalische Größe gibt, die im Laufe der Zeit immer weiter anwächst, analog zur Entropie: die Summe der Ereignishorizont-Flächen aller schwarzen Löcher im betrachteten Gebiet (man spricht von *Hawking's area theorem*). Dabei ist die Ereignishorizont-Fläche bei einem nicht rotierenden schwarzen Loch einfach die Oberfläche der Kugel mit Schwarzschildradius um das schwarze Loch herum.

Der damalige Doktorand Jacob Bekenstein fand noch weitere Analogien zwischen der Entropie und der Summe der Ereignishorizont-Flächen und glaubte an einen tieferen Zusammenhang, während Hawking das Ganze zunächst eher für einen Zufall hielt, denn was sollte eigentlich die Entropie eines schwarzen Lochs sein? Welche Mikrozustände werden da gezählt? Und außerdem muss jedes System, das eine Entropie hat, auch eine Temperatur haben. Der Kehrwert der Temperatur gibt in der Thermodynamik nämlich gerade an, wie stark im Gleichgewicht die Entropie eines Systems zunimmt, wenn man langsam Wärmeenergie zuführt. Bei zwei thermisch miteinander verbundenen Systemen fließt daher immer Wärmeenergie vom System mit der höheren Temperatur zum System mit der niedrigeren Temperatur, da die Entropiezunahme beim kälteren System dann größer ist als die Entropieabnahme beim wärmeren System, sodass die Entropie insgesamt durch den Energiefluss zunimmt. Was aber ist die Temperatur eines schwarzen Lochs? Hätte es eine Temperatur, so müsste es auch Wärmestrahlung nach außen abgeben und wäre nicht mehr vollkommen schwarz.

Hawking machte sich daran, auszurechnen, ob ein schwarzes Loch tatsächlich Wärmestrahlung abgeben kann. Dazu schaute er sich das Verhalten der ständig entstehenden und wieder vergehenden virtuellen Teilchen-Antiteilchen-Paare im Vakuum an, und zwar am Ereignishorizont des schwarzen

Lochs. Dabei fand er heraus, dass der Ereignishorizont ein solches Paar trennen kann, bevor es wieder verschwindet. Ein Teilchen stürzt mit formal negativer Energie in das schwarze Loch und vermindert dadurch ein wenig dessen Masse, während das andere Teilchen nach außen entweichen kann. Insgesamt entsteht so eine Wärmestrahlung nach außen, deren Temperatur umgekehrt proportional zur Masse des schwarzen Lochs ist. Man kann sich vorstellen, dass ein schwarzes Loch auf diese Weise ganz langsam zerstrahlt, sofern es wärmer ist als seine Umgebung. Dabei hat ein schwarzes Loch mit einer Sonnenmasse nur eine Temperatur von $6,2 \cdot 10^{-8}$ K, wäre also extrem kalt. Ein solches schwarzes Loch würde daher im gegenwärtigen Universum nicht zerstrahlen, da es kälter als die kosmische Hintergrundstrahlung (2,7 K) ist. Bei geringerer Masse nimmt die Temperatur eines schwarzen Lochs zu, und die schwarzen Mikro-Löcher, die man möglicherweise am Large Hadron Collider (LHC) erzeugen kann, sind so heiß, dass sie praktisch sofort wieder zerstrahlen.

Schwarze Löcher haben also eine Temperatur! Also haben sie auch eine Entropie. Hawking konnte auch diese Entropie S berechnen, und es stellte sich heraus, dass sie tatsächlich proportional zur Ereignishorizont-Fläche A des schwarzen Lochs ist, so wie von Bekenstein vermutet. Die genaue Formel ist sehr einfach und lautet:

$$S = k/4 \cdot A/l_p^2$$

Dabei ist k die Boltzmann-Konstante und l_p die Planck-Länge. Die Entropie S ist also bis auf den uninteressanten Vorfaktor $k/4$ gleich der Anzahl an Planck-Flächen l_p^2, die auf die Ereignishorizont-Fläche A des schwarzen Lochs passen – was im Übrigen sehr große Entropiewerte ergibt. Damit haben wir die bis heute einzige allgemein anerkannte physikalische Formel vor uns, die gleichzeitig alle drei physikalischen Parameter G, $\hbar$ und c enthält und die damit eine fundamentale Planck-Größe als Maßeinheit für Flächen verwendet: die Planck-Fläche l_p^2.

Die Tatsache, dass schwarze Löcher eine Entropie haben, löst eine ganze Reihe von Problemen. So war es zuvor ein Rätsel, was mit der Entropie eines Objektes geschieht, das in ein schwarzes Loch fällt. Wenn der zweite Hauptsatz der Thermodynamik gilt, so kann Entropie in einem sich selbst überlassenen System nur anwachsen. Also durfte die Entropie eines Objektes eigentlich nicht verschwinden, wenn es in ein schwarzes Loch fällt. Nun wissen wir, dass sie tatsächlich nicht verschwindet, sondern dass die Entropie des schwarzen Lochs entsprechend anwächst. Dieser Entropie-Zuwachs ist sogar extrem groß – viel größer als jede Entropie, die der hinabstürzende Körper mit sich führen kann. Man kann sich überlegen, dass ein schwarzes Loch der Materiezustand mit der größtmöglichen Entropie ist, der in einem Raumvolumen von der Größe der Ereignishorizont-Kugel Platz findet. Mehr Entropie kann man in diesem Raumvolumen nicht unterbringen!

Zugleich löst Hawkings Entropieformel auch das Problem der weißen Löcher, die die Zeitumkehr der schwarzen Löcher darstellen. Nach der allgemeinen Relativitätstheorie sind solche weißen Löcher noch möglich, aber nicht mehr nach dem zweiten Hauptsatz der Thermodynamik, wenn die Entropie eines schwarzen Lochs proportional zu seiner Ereignishorizontfläche anwächst. Materie fällt in ein schwarzes Loch hinein und erhöht somit die Gesamtentropie des betrachteten Raumbereichs. Diese Materie kann nicht wieder herauskommen, außer in Form der Hawking-Wärmestrahlung, die das schwarze Loch aufgrund seiner Temperatur abgibt, sofern der Raum um das schwarze Loch kälter ist als das schwarze Loch selbst.

Hawking konnte seine Entropieformel herleiten, indem er die bekannten relativistischen Quantenfeldtheorien auf eine gekrümmte Raumzeit verallgemeinerte und sie dann am Ereignishorizont des schwarzen Lochs auswertete. Dabei braucht man noch keine Quantentheorie der Gravitation, d. h. es genügt die klassische Beschreibung der Gravitation durch die allgemeine Relativitätstheorie. Das liegt daran, dass die Entropie nur eine statistische Größe ist, die die Mikrozustände zu einem Gesamtzustand zählt, ohne dass diese Mikrozustände im Detail bekannt sein müssen. Nun sind diese Mikrozustände letztlich die Quantengravitationszustände, die ein schwarzes Loch mit gegebener Masse, Drehimpuls und Ladung alle einnehmen kann. Daher muss umgekehrt jede Quantengravitationstheorie, die diese Mikrozustände im Detail berechnen kann, zugleich auch die Entropie eines schwarzen Lochs reproduzieren können. Hawkings Entropieformel ist daher ein wichtiger Prüfstein für jede Quantengravitationstheorie.

Es ist sehr interessant, dass die Entropie eines schwarzen Lochs proportional zu seiner Ereignishorizont-Fläche ist und nicht proportional zu dem darin eingeschlossenen Volumen, wie man es normalerweise von der Entropie gewohnt ist. Die Zahl der mikroskopischen Freiheitsgrade wächst bei einem schwarzen Loch demnach proportional zur Oberfläche und nicht proportional zum Volumen an. Wenn man sich beispielsweise vorstellt, dass es pro Planck-Fläche auf dem Ereignishorizont einen Spin mit zwei Einstellmöglichkeiten gibt, so kann man die Entropieformel bis auf den Vorfaktor bereits recht gut reproduzieren.

Hängen die Quanten-Freiheitsgrade eines schwarzen Lochs demnach nur mit seiner Ereignishorizont-Oberfläche zusammen? Gibt es also keine Quanten-Freiheitsgrade in seinem Inneren? Genaues dazu weiß man heute noch nicht.

Es könnte sein, dass innere Freiheitsgrade einfach von außen nicht zugänglich sind. Oder aber sie werden von den Oberflächen-Freiheitsgraden dominiert. Oder aber sie entsprechen eins zu eins den Oberflächen-Freiheitsgraden. Diese dritte Möglichkeit bezeichnet man auch als *holografisches Prinzip*. So wie ein zweidimensionales Hologramm Informationen über einen dreidimensionalen Gegenstand speichert, so könnte auch jedem inneren Freiheitsgrad ein gleichwertiger Freiheitsgrad auf der Oberfläche entsprechen. Demnach gäbe es im Inneren des schwarzen Lochs keine unabhängigen Vorgänge, die sich nicht auf dem Ereignishorizont widerspiegeln. Jede Information würde auf der Fläche des Ereignishorizontes codiert. Tatsächlich kennt man mittlerweile Beispiele für Quantentheorien, bei denen eine höherdimensionale Theorie einer niedrigerdimensionalen Theorie zu entsprechen scheint. Das holografische Prinzip könnte also ein zentrales Prinzip von Quantengravitationstheorien sein.

8
Aufbruch in neue Welten

Wir sind nun fast am Ende unserer Entdeckungsreise angekommen. In den bisherigen Kapiteln habe ich versucht, den Stand unseres Wissens über die Wirkungsweise der Naturgesetze darzustellen, wie er bis zur Inbetriebnahme des Large Hadron Colliders (LHC) Ende 2009 und dem mutmaßlichen Nachweis des Higgs-Teilchens am LHC im Sommer 2012 als gesichert gelten konnte.

Wie wir dabei bereits gesehen haben, kann weder das Standardmodell der Teilchenphysik noch die allgemeine Relativitätstheorie das letzte Wort gewesen sein. Alles deutet darauf hin, dass es grundlegendere Theorien geben muss, die diese beiden Theorien als niederenergetische Grenzfälle enthalten, wobei *niederenergetisch* bedeutet, dass die Teilchenenergien weit unterhalb der Planck-Energie liegen. Schauen wir uns an, welche Ideen zu solchen grundlegenderen Theorien führen können und wie weit der Large Hadron Collider am CERN in der Lage ist, ein erstes Fenster in diese neue Welt zu öffnen.

8.1 Supersymmetrie, Stringtheorie und andere Ausblicke

Wiederholen wir kurz den bisher dargestellten Stand unseres Wissens, um dann auf einige noch spekulative Ansätze einzugehen, die die Gemeinde der Teilchenphysiker zunehmend beschäftigen und denen am Large Hadron Collider intensiv nachgespürt wird (mehr dazu in Abschn. 8.2).

Die vor Inbetriebnahme des LHC möglichen Experimente der Teilchenphysik können mit großer Genauigkeit im Rahmen des Standardmodells beschrieben werden. In diesem Modell bilden sechs Quarks und sechs Leptonen die Grundbausteine der Materie. Diese Grundbausteine wechselwirken miteinander über drei Wechselwirkungen: die elektromagnetische, die schwache und die starke Wechselwirkung. Dabei ist es gelungen, die elektromagnetische und die schwache Wechselwirkung zu einer einzigen Wechselwirkung, der elektroschwachen Wechselwirkung, zusammenzufassen. Alle diese Wechselwirkungen können als sogenannte Eichtheorien formuliert werden, d. h. die Form ihrer klassischen Feldgleichungen lässt sich nach Vorgabe einer sogenannten Eichgruppe herleiten. Bei der elektroschwachen Wechselwirkung kommt außerdem die Besonderheit der spontanen Symmetriebrechung hinzu.

Das Standardmodell berücksichtigt die Forderungen der Quantenphysik und die Postulate der speziellen Relativitätstheorie, d. h. die Wechselwirkungen der Quarks und Leptonen miteinander werden im Rahmen einer relativistischen Quantenfeldtheorie formuliert und können (mit gewissen Einschränkungen) durch Feynman-Graphen dargestellt werden. Als relativistische Quantenfeldtheorie enthält das Standardmodell die fundamentalen Naturkonstanten h (Planck'sches Wirkungsquantum) und c (Lichtgeschwindigkeit), aber nicht die Gravitationskonstante G. Die Gravitation bleibt im Standardmodell außen vor. Sie wird ohne die Berücksichtigung von Quanteneffekten separat mit hoher Präzision durch Einsteins allgemeine Relativitätstheorie beschrieben, die die fundamentalen Naturkonstanten G und c, aber nicht das Planck'sche Wirkungsquantum h enthält.

Bei den bis Ende 2012 erreichbaren Teilchenenergien gab es keine Experimente in der Teilchenphysik, die Abweichungen von den Vorhersagen des Standardmodells nachweisen konnten (bis auf winzige Abweichungen im Myon-g-Faktor, siehe Abschn. 5.1). Die größten Teilchenenergien wurden dabei für Elektron- und Positronstrahlen am LEP-Collider im europäischen CERN-Laboratorium bei Genf (ca. 200 GeV Strahlenergie) und für Proton- und Antiprotonstrahlen am Tevatron-Collider im Fermilab bei Chicago (ca. 1 000 GeV Strahlenergie) erreicht. Mittlerweile ist es am Large Hadron Collider LHC gelungen, die Strahlenergie für Proton-Proton-Kollisionen auf 4 000 GeV hochzuschrauben (Stand 2012). Das Standardmodell beschreibt die Wechselwirkung zwischen Quarks und Leptonen bis zu diesen Teilchenenergien mit hoher Genauigkeit. Alle vom Standardmodell vorausgesagten Quarks, Leptonen und Wechselwirkungsteilchen (Photonen, Gluonen, W- und Z-Bosonen) wurden im Experiment nachgewiesen, zuletzt das *top*-Quark im Jahre 1995 und das Tau-Neutrino im Jahre 2000, beide am Tevatron-Collider. Lediglich das Higgs-Boson, das für die spontane Symmetriebrechung und damit für die Erzeugung der Teilchenmassen im Standardmodell verantwortlich ist, fehlte bis zum Sommer 2012 noch. Am 4. Juli 2012 konnte am LHC dann die Entdeckung eines Teilchens mit einer Masse von rund 125 GeV bekannt gegeben werden, das sehr gute Chancen hat, das lange gesuchte Higgs-Teilchen zu sein – mehr dazu in Abschn. 8.2.

Trotz dieser Erfolge kann das Standardmodell nicht die gesuchte fundamentale Theorie der Naturgesetze sein. Eine ganze Reihe von Gründen sprechen dagegen. So enthält das Standardmodell mehrere Parameter, die nicht im Rahmen dieser Theorie berechnet werden können und die daher experimentell bestimmt werden müssen. Dazu gehören beispielsweise die Massen der Quarks und Leptonen sowie die starken und elektroschwachen Ladungen.

Weiterhin bleibt im Standardmodell die Gravitation einfach außen vor. Ihre Effekte auf die Physik der Quarks und Leptonen sind bei den heute erreichbaren Teilchenenergien sowieso nicht messbar, sodass die Vorhersagekraft des Standardmodells für die heute möglichen Beschleunigerexperimente dadurch nicht beeinträchtigt wird. Eine fundamentale Theorie muss aber eine Beschreibung der Gravitation beinhalten. Sie muss die Prinzipien der Quantenphysik, der speziellen und der allgemeinen Relativitätstheorie gleichermaßen respektieren. Erst dann ist sie auch in der Lage, für alle grundlegenden physikalischen Größen (z. B. Längen, Zeiten, Massen, Energien, Impulse usw.) einen natürlichen Vergleichsmaßstab zur Verfügung zu stellen: die sogenannten Planck-Einheiten wie beispielsweise die Planck-Energie.

Es gibt mehrere Ansätze für eine solche fundamentale Theorie, die meist mit modernen recht leistungsstarken mathematischen Werkzeugen arbeiten. Viele Teilbereiche der Mathematik werden dabei berührt, und es ist inzwischen so, dass auch die Mathematik selbst durch die Versuche, die fundamentale Theorie der Natur zu formulieren, viele Impulse erhält. Mittlerweile kristallisieren sich einige wesentliche Grundelemente dieser Theorie heraus, ohne die man nur schwer auszukommen scheint. Zwei dieser Elemente tragen die Namen *Dualität* und *Supersymmetrie*.

Betrachten wir zunächst die Idee der *Dualität*: Es ist gelungen, Quantenfeldtheorien zu formulieren, in denen zwei gleichwertige (also *duale*) Formulierungen existieren.

Eine dieser Formulierungen besteht typischerweise in einer Reihenentwicklung in Potenzen einer Ladung oder Kopplungskonstanten – nennen wir sie hier g. Die in diesem Buch dargestellten Formulierungen der Quantenelektrodynamik (QED) und der Quantenchromodynamik (QCD) mithilfe von Feynman-Graphen sind gerade solche Reihenentwicklungen. Im Rahmen dieser sogenannten *Störungstheorie* versucht man letztlich, die Theorie mit Wechselwirkung (also $g > 0$) durch die Freiheitsgrade der Theorie ohne Wechselwirkung (d. h. $g = 0$) zu parametrisieren, also durch reelle und virtuelle Teilchen. Nur wenn g deutlich kleiner als 1 ist, kann diese Formulierung funktionieren. Daher kann man in der QED, in der g gleich der elektrischen Ladung in natürlichen Einheiten ist, Feynman-Graphen und damit die Störungstheorie hervorragend verwenden. In der QCD dagegen ist g die starke Farbladung der Quarks, die je nach Viererimpulsquadrat der Gluonen keineswegs immer deutlich kleiner als eins ist. Feynman-Graphen eignen sich daher nur bedingt in dieser Theorie.

Es wäre nun schön, wenn man für die QCD eine andere Reihenentwicklung in Potenzen von $1/g$ finden könnte, denn eine solche Reihenentwicklung würde für große Werte von g zu brauchbaren Resultaten führen. Diese zweite Reihenentwicklung wäre in dem Sinne dual zu der Reihenentwicklung in g, dass sie gerade dort anwendbar ist, wo die andere Reihenentwicklung versagt.

Für die QED und die QCD ist es bislang nicht gelungen, eine solche duale Formulierung zu finden. In anderen mathematisch konstruierbaren Quantenfeldtheorien, insbesondere solchen mit Supersymmetrie, ist dies hingegen möglich. In der Stringtheorie, auf die wir gleich noch zurückkommen, spielen Dualitäten sogar eine ganz zentrale Rolle.

Man kann die Idee der Dualität am Beispiel der geometrischen Reihe ein wenig verdeutlichen. Betrachten wir die unendliche Summe

$$R_1 = 1 + q + q^2 + q^3 + \dots,$$

die wir schon mehrfach in diesem Buch gesehen haben (siehe z. B. Abschn. 6.3). Diese sogenannte *geometrische Reihe* ergibt dann ein sinnvolles Resultat, wenn der Betrag von q kleiner als 1 ist. In diesem Fall kann man die einfache Formel

$$R_1 = 1/(1 - q)$$

für den Wert der Reihe aufstellen, wie wir aus Abschn. 6.3 (Renormierung) wissen.

Betrachten wir nun die Reihe

$$R_2 = (-1/q) \cdot \left(1 + 1/q + 1/q^2 + 1/q^3 + \dots\right)$$

Bis auf den Vorfaktor $(-1/q)$ haben wir hier ebenfalls eine geometrische Reihe vor uns, diesmal aber mit Potenzen von $1/q$ statt q. Wenn der Betrag von $1/q$ kleiner als 1 ist (d. h. wenn der Betrag von q größer als 1 ist), ergibt demnach auch diese Reihe einen endlichen Wert, nämlich

$$R_2 = (-1/q) \cdot 1/(1 - 1/q) = 1/(1 - q)$$

Überraschenderweise wird der Wert der Reihe R_2 durch die gleiche Formel angegeben wie der Wert für die Reihe R_1.

Wir können den Spieß nun umdrehen und von der Formel

$$R = 1/(1 - q)$$

ausgehen. Diese Formel repräsentiert nun in unserem Beispiel eine Quantenfeldtheorie. Leider kennen wir aber in Quantenfeldtheorien normalerweise

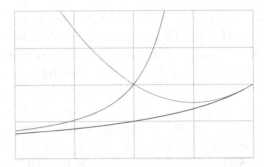

Abb. 8.1 Die untere Kurve $R = 1/(1-q)$ steht hier stellvertretend für die exakte Lösung einer Quantenfeldtheorie (q läuft in der Grafik entlang der x-Achse von -2 bis 0). Im Bereich kleiner Beträge von q (in der Grafik *rechts*) kann sie gut durch die Reihenentwicklung $R_1 = 1 + q + q^2 + \ldots$ approximiert werden. Die zu R_1 duale Reihe $R_2 = (-1/q)$ $(1 + 1/q + 1/q^2 + \ldots)$ ist dagegen im Bereich großer Beträge von q geeignet (in der Grafik *links*). Beide Reihen wurden in der Grafik nach drei Termen abgebrochen

keine solchen universellen Formeln, sondern nur Reihenentwicklungen. Wenn wir aber die zwei zueinander dualen Reihenentwicklungen R_1 und R_2 kennen, von denen die eine gerade dort anwendbar ist, wo die andere versagt, so haben wir die Theorie überall (außer bei $q = \pm 1$) unter quantitativer Kontrolle und benötigen die universelle Formel $R = 1/(1-q)$ nicht mehr (Abb. 8.1).

Die Freiheitsgrade der beiden dualen Formulierungen für eine Quantenfeldtheorie werden im Allgemeinen völlig verschieden aussehen, d. h. die Feynman-Regeln haben auf den ersten Blick nichts miteinander zu tun. Auch unsere beiden Reihenentwicklungen R_1 und R_2 sehen ja völlig verschieden aus, und erst eine genauere Betrachtung enthüllt ihren Zusammenhang. Auf die QCD übertragen würde das bedeuten, dass eine duale Formulierung nicht mehr mit Quarks und Gluonen arbeitet, sondern mit anderen teilchenartigen Objekten, beispielsweise den sogenannten Solitonen. Man kann sich Solitonen vereinfacht wie einen unauflösbaren Knoten in einem Bündel von Feldlinien vorstellen.

Aus der Sicht der üblichen Formulierung sind dann beispielsweise Solitonen aus Quarks zusammengesetzt, während aus Sicht der dazu dualen Formulierung Quarks aus Solitonen zusammengesetzt sind. Während die Quarks mit der starken Farbladung g aufeinander einwirken, so wird die Wechselwirkung zwischen den Solitonen durch die starke Ladung $1/g$ bestimmt. Stark miteinander wechselwirkende Quarks bedeuten dann schwach miteinander wechselwirkende Solitonen und umgekehrt. Man sucht sich entsprechend immer diejenige Formulierung aus, in der die zugrunde liegenden elementaren Objekte möglichst schwach miteinander wechselwirken, da man dann Feynman-Graphen zur Berechnung der Prozesse verwenden kann.

Kommen wir nun zum zweiten wesentlichen Element, der *Supersymmetrie*. Sie ist eine Verallgemeinerung algebraischer Strukturen, die bereits bei der Betrachtung von Raum-Zeit-Symmetrien vorhanden sind, und bewirkt die Invarianz einer Theorie beim Vertauschen von Bosonen (Teilchen mit ganzzahligem Spin) und Fermionen (Teilchen mit halbzahligem Spin). Nimmt man an, dass die Prinzipien der Supersymmetrie in der Natur realisiert sind, so folgt daraus, dass zu jedem Teilchen mit Spin 1/2 (d. h. zu jedem Fermion) ein supersymmetrisches Partnerteilchen mit Spin 0 (also ein Boson) und zu jedem Teilchen mit Spin 1 (Boson) ein Partnerteilchen mit Spin 1/2 (Fermion) existieren muss. Üblicherweise werden diese supersymmetrischen Partnerteilchen kurz als *SUSY-Teilchen* bezeichnet. In der folgenden Tabelle sind einige dieser SUSY-Teilchen aufgelistet, wobei der Spin jeweils in Klammern angegeben ist:

Teilchen	SUSY-Teilchen
Quarks (1/2)	Squarks (0)
Leptonen (1/2)	Sleptonen (0)
Photon (1)	Photino (1/2)
Gluon (1)	Gluino (1/2)
W- und Z-Bosonen (1)	Winos, Zino (1/2)
Higgs-Boson (0)	Higgsino (1/2)

Die Bezeichnungen der SUSY-Teilchen entstehen dabei für die SUSY-Bosonen durch ein vorangestelltes „S" und für die SUSY-Fermionen durch ein angefügtes „ino". Im englischen Sprachraum nennt man diese Bezeichnungsweise manchmal auch scherzhaft *Slanguage* oder *Languino*.

Die Supersymmetrie schafft eine Beziehung zwischen Materieteilchen (Fermionen) und Wechselwirkungsteilchen (Bosonen) und relativiert damit diese bisherige Unterscheidung. Wäre die Supersymmetrie eine exakte Symmetrie, so müssten Teilchen und zugehörige SUSY-Teilchen dieselbe Masse aufweisen. Da man aber keine solchen SUSY-Teilchen mit identischen Massen findet, muss die Supersymmetrie spontan gebrochen sein. Die SUSY-Teilchen müssen deutlich schwerer sein, sonst hätte man sie bereits am LEP- oder am Tevatron-Beschleuniger gefunden. Die physikalisch auftretenden SUSY-Teilchen können dabei teilweise quantenmechanische Überlagerungen der obigen Teilchen sein, so wie im Standardmodell Photon und Z-Boson Überlagerungen der formalen A- und B-Quanten sind.

Es gibt einige Gründe, die dafür sprechen, dass die Supersymmetrie eine wichtige Rolle bei der Formulierung einer fundamentalen physikalischen Theorie spielen sollte. Zunächst besitzt die Supersymmetrie eine gewisse mathematische Eleganz, was normalerweise als ein gutes Zeichen zu werten ist.

Die Supersymmetrie erweitert nämlich in natürlicher Weise die algebraische Struktur der Raumzeit-Symmetrien aus der speziellen Relativitätstheorie. Weiter bewirkt die Berücksichtigung virtueller SUSY-Teilchen in komplizierteren Feynman-Graphen, dass die dort auftretenden Unendlichkeiten abgemildert und teilweise kompensiert werden, auch wenn sie nicht ganz verschwinden. Und schließlich spielt die Supersymmetrie bei der Formulierung von umfassenden fundamentalen Theorien unter Einbeziehung der Quantengravitation zumeist eine wichtige Rolle, insbesondere bei den Stringtheorien, auf die wir weiter unten noch genauer zurückkommen werden.

Es gibt schon länger einen experimentellen Hinweis, der auf die Relevanz der Supersymmetrie hindeuten könnte. Wie wir bereits wissen, hängt die Ladung eines Teilchens von dem Viererimpulsquadrat des ankommenden Wechselwirkungsteilchens (z. B. Photon oder Gluon) ab. Im statischen Grenzfall kann man stattdessen auch sagen, die Ladung hängt vom Abstand ab, von dem aus sie gemessen wird. So wird die elektrische Ladung mit abnehmendem Abstand größer, die starke Farbladung dagegen kleiner. Diese Abhängigkeit der Ladung vom Abstand bzw. vom Viererimpulsquadrat kommt durch den Einfluss der Polarisationswolke aus virtuellen Teilchen zustande, die die Ladung umgeben. Oder in der Sprache der Feynman-Graphen ausgedrückt: Sie kommt durch die Berücksichtigung komplizierterer Feynman-Graphen mit virtuellen Teilchenloops zustande, in die sich das Wechselwirkungsteilchen vor der Ankoppelung an die Ladung kurzzeitig umwandeln kann. Damit ist klar, dass die Berücksichtigung von virtuellen SUSY-Teilchen die Impulsabhängigkeit der Ladungen beeinflussen wird, wobei sich dieser Einfluss wegen der hohen potenziellen Masse der SUSY-Teilchen erst bei sehr großen Viererimpulsquadraten bzw. geringen Abständen auswirken wird.

Nimmt man an, dass die Masse der SUSY-Teilchen im Bereich von 100 bis 10 000 GeV liegt, so bewirkt ihr virtueller Einfluss auf die starke und die beiden elektroschwachen Ladungen, dass diese bei Impulsen von 10^{16} GeV (also etwa einem Tausendstel der Planck-Energie) alle drei den gleichen Wert von ungefähr $\sqrt{1/26}$ (angegeben in natürlichen Einheiten) aufweisen. Dies deutet darauf hin, dass die starke und elektroschwache Wechselwirkung bei dieser Energie zu einer einzigen Wechselwirkung verschmelzen könnten. Erst bei niedrigeren Energien wird nach dieser Idee eine spontane Symmetriebrechung wirksam und teilt diese Wechselwirkung in die starke und elektroschwache Wechselwirkung mit ihren unterschiedlichen Ladungswerten auf. Bei noch niedrigeren Energien trennt sich schließlich auch die elektroschwache Wechselwirkung in die schwache und die elektromagnetische Wechselwirkung auf, so wie dies im Standardmodell bereits beschrieben wird.

Ohne den Einfluss der SUSY-Teilchen weisen die drei Ladungen bei keinem Viererimpulsquadrat den gleichen Wert auf. Es sieht also so aus, als wäre die Supersymmetrie ein notwendiger Baustein bei dem Versuch, die verschiedenen Wechselwirkungen miteinander zu vereinigen und in einer umfassenderen Theorie gemeinsam zu beschreiben.

Eine Reihe von Hinweisen legen nahe, dass SUSY-Teilchen immer nur in Paaren erzeugt und vernichtet werden können, oder genauer: In den entsprechenden Feynman-Graphen gibt es immer eine durchlaufende Linie, an deren Anfang und Ende ein SUSY-Teilchen steht, ganz analog zu den Lepton- und Quarklinien im Standardmodell. Die Folge davon ist, dass das leichteste SUSY-Teilchen stabil sein muss. Falls dieses leichteste SUSY-Teilchen ähnlich schwach mit Materie wechselwirkt wie Neutrinos, so könnte das Universum sehr viele dieser Teilchen enthalten, ohne dass wir sie direkt bemerken würden. Sie würden sich nur indirekt durch ihre Masse und die von ihnen ausgehende Gravitationswirkung bemerkbar machen. Das leichteste SUSY-Teilchen könnte daher einen wesentlichen Bestandteil der sogenannten dunklen Materie bilden, die etwa 23 % der Materie im Universum ausmacht, während die normale Materie (Atome etc.) nur etwa 4,6 % beiträgt (siehe Abschn. 7.1). Es ist also gut möglich, dass die Supersymmetrie in der Lage ist, die Natur der dunklen Materie weitgehend aufzuklären. Wir dürfen gespannt sein, ob es am neuen Large Hadron Collider erstmals in der Menschheitsgeschichte gelingt, SUSY-Teilchen tatsächlich aufzuspüren (siehe Abschn. 8.2).

Mithilfe der Prinzipien aus Supersymmetrie und Dualität ist es in den letzten Jahrzehnten gelungen, einige Einsichten in die mögliche Struktur einer fundamentalen Theorie der Naturgesetze zu gewinnen.

Natürlich können wir aufgrund unseres derzeitigen Wissens nicht sagen, ob es eine solche fundamentale Theorie überhaupt gibt. Die bisherigen Erfolge der Physik zeigen jedoch, dass wir mithilfe der Mathematik zusammen mit dem physikalischen Experiment in der Lage sind, sehr weit in die Geheimnisse der Natur vorzudringen und Zusammenhänge zu ergründen, die unsere menschliche Vorstellungskraft bei Weitem übersteigen. Die Natur scheint einen mathematischen Bauplan zu besitzen, den wir erforschen und formulieren können. Wir wissen im Prinzip, welche Anforderungen dieser Bauplan erfüllen sollte: Er muss die verschiedenen Wechselwirkungen miteinander vereinen, und er muss die Prinzipien der Quantenphysik und der speziellen sowie der allgemeinen Relativitätstheorie respektieren. Es gibt mehrere vielversprechende mathematische Ansätze in dieser Richtung. Dabei hat sich in den letzten Jahren ein besonders Erfolg versprechender Ansatz herauskristallisiert: die sogenannte *M-Theorie* (wobei nicht ganz klar ist, wofür das *M* steht: Membran, Matrix, Master, ...).

Ausgangspunkt für die M-Theorie sind die sogenannten *Stringtheorien*, von denen es fünf verschiedene Ausprägungen gibt. Die Stringtheorien sind mathematisch relativ anspruchsvolle Theorien, die eine zehndimensionale

Raumzeit (neun Raum- und eine Zeitdimension) benötigen und die weiterhin die Ideen der Dualität und der Supersymmetrie beinhalten.

Die elementaren Objekte in der zehndimensionalen Raumzeit sind keine punktförmigen Teilchen, sondern winzige Strings (Fäden) mit einer Raumdimension und einer Länge in der Größenordnung der Planck-Länge (etwa 10^{-20} fm). Ein solcher String kann ein offener Faden mit zwei Enden oder eine geschlossene Stringschleife sein. Er besteht im Grunde aus reiner Energie, weist eine charakteristische Stringspannung auf und kann in der zugehörigen Quantentheorie zu bestimmten Schwingungen angeregt werden. Dabei verhindert die Heisenberg'sche Unschärferelation, dass sich ein String aufgrund seiner Spannung zu einem Punkt zusammenzieht, so wie sie auch analog verhindert, dass ein Elektron in den Atomkern stürzt.

Von Weitem betrachtet kann ein schwingender String als Teilchen interpretiert werden, wobei die Art der Schwingung die physikalischen Eigenschaften des entsprechenden Teilchens generiert. Dabei ist die Supersymmetrie zwingend notwendig, um neben Bosonen auch Fermionen im Rahmen der Stringtheorie beschreiben zu können und um gravierende Instabilitäten der Theorie zu verhindern. Ohne Supersymmetrie würde die Stringtheorie nämlich sogenannte Tachyonen enthalten, d. h. formale überlichtschnelle Teilchen mit imaginärer Masse, die letztlich das gesamte Theoriegebäude zum Einsturz bringen. Die Supersymmetrie beseitigt diese Komplikation.

Die verschiedenen Raumdimensionen eröffnen den Strings genügend Schwingungsmöglichkeiten, um die vielen verschiedenen Teilcheneigenschaften im Prinzip reproduzieren zu können. Insbesondere kann eine Schwingungsform der geschlossenen Stringschleifen mit dem Graviton identifiziert werden, also mit dem quantenmechanischen Wechselwirkungsteilchen der Gravitation. Die Stringtheorie enthält damit automatisch eine Quantentheorie der Gravitation!

Die Anzahl der Raumdimensionen ist in der supersymmetrischen Stringtheorie nicht zufällig. Sie ergibt sich vielmehr aus der Forderung, eine konsistente Quantentheorie formulieren zu können.

Wie aber kann eine zehndimensionale Raumzeit die vierdimensionale weitgehend flache Raumzeit beschreiben, in der wir leben? Die Lösung ist: Sechs der neun Raumdimensionen müssen sehr klein zusammengerollt sein, sodass sie bei den uns heute zugänglichen physikalischen Phänomenen nicht weiter auffallen. Das Einrollen einer Raumdimension können wir uns an einem Blatt Papier veranschaulichen, das wir zu einer dünnen Röhre eng zusammenrollen, sodass es aus der Ferne betrachtet wie ein eindimensionaler Faden wirkt (Abb. 8.2). Übertragen auf die Stringtheorie hätte diese Röhre dann typischerweise einen Durchmesser von etwa einer Planck-Länge. In der Stringtheorie muss man allerdings nicht nur eine, sondern sechs Raumdimensionen

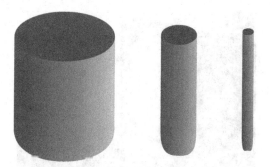

Abb. 8.2 Rollt man ein zweidimensionales Blatt Papier zu einem immer dünneren Zylinder ein, so erscheint der Zylinder aus der Ferne betrachtet schließlich wie ein eindimensionaler Faden. Man sagt, eine der beiden Dimensionen wurde eingerollt

aufrollen. Man kann sich das so vorstellen, als ob sich an jedem Punkt unseres dreidimensionalen Raumes ein winziges Knäuel aus sechs Raumdimensionen befindet, die auf vielfältige Weise ineinander verschlungen sein können. Aus der Bedingung, dass sich bei Abständen weit oberhalb der Planck-Länge das Standardmodell ergeben soll, folgen Einschränkungen für dieses Raumknäuel – man spricht von sogenannten *Calabi-Yau-Räumen*. Leider legen diese Einschränkungen das Knäuel nicht ausreichend fest, sodass noch viele erlaubte Einrollmöglichkeiten übrig bleiben. Welche davon unsere Welt tatsächlich beschreiben könnte (und warum ausgerechnet diese) ist eine noch ungelöste Frage der Stringtheorie.

Das Einrollen zusätzlicher Raumdimensionen ist keine ganz neue Idee. Bereits in den Jahren von 1921 bis 1926 entstand die sogenannte *Kaluza-Klein-Theorie*. Diese Theorie verallgemeinert Einsteins Gravitationstheorie zunächst auf einen vierdimensionalen Raum und rollt dann eine Raumdimension sehr eng ein. In den nicht eingerollten drei Raumdimensionen sieht die Theorie dann aus wie Einsteins übliche Gravitationstheorie, ergänzt um eine weitere Wechselwirkung, die genau die Struktur der elektromagnetischen Wechselwirkung hat. Warum das so ist, kann man auch anschaulich verstehen, indem man sich die eingerollte Dimension an jedem Punkt des dreidimensionalen Raumes wie einen winzigen Kreis vorstellt. Die Theorie enthält also an jedem Raumpunkt einen weiteren kreisförmigen Freiheitsgrad, der bei hinreichend kleinem Einrollradius dem Dreh-Freiheitsgrad für das Zeigerfeld in der *U(1)*-Eichtheorie der elektromagnetischen Wechselwirkung entspricht (siehe Abschn. 5.3). Es ist also kein Zufall, dass sich durch das Einrollen einer Dimension die elektromagnetische Wechselwirkung ergibt.

Das Einführen einer neuen Raumdimension mit anschließendem Einrollen führt also dazu, dass man Gravitation und elektromagnetische Wechselwirkung im Rahmen einer übergreifenden Wechselwirkung gemeinsam be-

Abb. 8.3 Edward Witten (geb. 26. August 1951) gilt als einer der führenden theoretischen Physiker unserer Zeit. Im Jahr 1990 erhielt er die Fields-Medaille, die den Stellenwert eines Nobelpreises in der Mathematik besitzt. Eine seiner bedeutendsten Leistungen ist die sogenannte *zweite Revolution* in der Stringtheorie. Demnach sind die fünf verschiedenen Stringtheorien sowie die Supergravitation alle nur verschiedene Grenzfälle einer einzigen grundlegenden Quantentheorie, die als *M-Theorie* bezeichnet wird. (© Ojan auf Wikipedia)

schreiben kann. Es ist daher naheliegend, dass diese Idee auch im Rahmen der Stringtheorie funktionieren und zu einer einheitlichen Beschreibung aller Wechselwirkungen führen könnte. Die zusätzlichen eingerollten Raumdimensionen sind also keineswegs lästiges Beiwerk, sondern eher eine willkommene Zutat in der Stringtheorie!

Nun gibt es nicht nur eine, sondern fünf verschiedene mathematisch mögliche Stringtheorien. Sie unterscheiden sich insbesondere durch die Art, wie die Supersymmetrie in ihnen implementiert ist, was zu bestimmten Stringeigenschaften führt. Es würde zu weit führen, hier ins Detail zu gehen, aber wir wollen die fünf Stringtheorien zumindest kurz auflisten:

- Typ I: offene und geschlossene Strings
- Typ IIA und IIB: nur geschlossene Strings (Schleifen)
- O- und E-heterotisch: ebenfalls nur geschlossene Stringschleifen

Bleibt nur ein Problem: Welche der fünf Stringtheorien soll unsere Welt beschreiben? Was zeichnet diese Stringtheorie gegenüber den anderen aus, und wer lebt dann in den anderen vier möglichen String-Welten?

Der entscheidende Punkt, der im Jahr 1995 von Edward Witten (Abb. 8.3) entdeckt wurde, lautet: Die fünf Stringtheorien sind in ihrer quantisierten Form weitgehend *dual* zueinander. Sie gehen zwar von unterschiedlichen klassischen Stringtheorien aus, aber ihre quantisierten Versionen decken verschiedene Grenzbereiche ein- und derselben Quanten-Stringtheorie ab. Diese

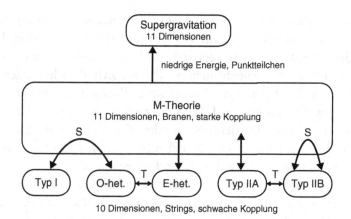

Abb. 8.4 Die M-Theorie und ihre Beziehung zu den fünf Stringtheorien sowie zur Supergravitation, die alle als Grenzfälle der M-Theorie angesehen werden. In den Beziehungen zwischen den Stringtheorien steht *S* für S-Dualität (betrifft die Stärke der Stringwechselwirkung) und *T* für T-Dualität (betrifft den Einrollradius). Die Wechselwirkungsstärke (Stringkopplung) nimmt in der Grafik zur M-Theorie hin zu, sodass man in diese Richtung den Bereich der Störungstheorie verlässt, wobei eine zusätzliche Raumdimension auftaucht

umfassende Quanten-Stringtheorie ist nun gerade unsere oben bereits erwähnte *M-Theorie* (Abb. 8.4).

Beginnt man in der Typ-I-Stringtheorie mit einer schwachen Wechselwirkung zwischen den Strings und verstärkt diese Wechselwirkung immer mehr, so landet man schließlich bei der O-heterotischen Stringtheorie, deren Strings dann aber wieder nur schwach miteinander wechselwirken (und umgekehrt). Analog ist es bei der Typ-IIB-Stringtheorie, nur dass man hier wieder in derselben Stringtheorie landet. Man spricht von der S-Dualität (*strong-weak-duality*). Diese Dualität verbindet also den Bereich starker Wechselwirkung der einen Theorie mit dem Bereich schwacher Wechselwirkung der anderen (oder derselben) Theorie, sodass es sich letztlich nur um verschiedene Formulierungen ein- und derselben Theorie handelt (Abb. 8.4). Analog kann man oben in unserer Reihenentwicklung R_1 die Variable q anwachsen lassen und so in den Bereich gelangen, in dem Reihenentwicklung R_2 greift. Dazu braucht man allerdings die Übersetzung der Reihenentwicklungen in die zusammenfassende Formel $R = 1/(1 - q)$. Diese zusammenfassende Formel wäre das Gegenstück zur M-Theorie, während die beiden Reihenentwicklungen für zwei der fünf quantisierten Stringtheorien stehen.

Neben der S-Dualität gibt es eine weitere wichtige Dualität in der Stringtheorie: die *T-Dualität*. Sie verbindet eng aufgewickelte Dimensionen mit weit aufgewickelten Dimensionen. Man kann sich die Ursache für diese Dualität vereinfacht so vorstellen:

Wir starten mit einem String auf einem Zylinder, dessen Schwerpunkt sich wie ein Teilchen mit festem Impuls p in Richtung der aufgewickelten Dimension um den Zylinder herum bewegt, d. h. wir haben es mit einer ebenen Quantenwelle zu tun, deren Wellenfronten parallel zur Zylinderachse liegen. Wenn n Wellenlängen λ auf den Zylinderumfang $2\pi R$ passen, so gilt für die Wellenlänge $\lambda = 2\pi R/n$ und für den Impuls des Strings $p = h/\lambda = nh/(2\pi R) = n\,\hbar/R$. Der Impuls des Strings in Richtung um den Zylinder herum kann also nur bestimmte Werte annehmen und ist dabei proportional zu n/R, wobei n die Wellenanzahl um den Zylinder herum und R der Zylinderradius ist.

Auch wenn der Schwerpunktsimpuls des Strings fast null ist, so kann er doch eine gewisse Energie tragen, wenn er sich mehrfach um den Zylinder windet, so wie ein Gummi, das man sich mehrfach um den Finger wickelt. Diese Windungsenergie kann man sich auch als Stringmasse vorstellen. Je mehr Windungen w der String schafft, und je größer der Zylinderradius R ist, umso länger ist der String und umso größer ist seine Windungsenergie. Bezeichnen wir die Stringspannung (Stringenergie pro Stringlänge) mit T, so ist die Windungsenergie (Masse) $mc^2 = w \cdot 2\pi R \cdot T$. Windungsenergie und Schwerpunktsbewegung ergeben zusammen dann das Energiequadrat $E^2 = (mc^2)^2 + (pc)^2 = (w \cdot 2\pi R \cdot T)^2 + (n\,\hbar c/R)^2$. Das können wir in eine symmetrische Schreibweise bezüglich der beiden Terme bringen, indem wir die Stringspannung in der Einheit Planck-Energie E_p pro Planck-Länge l_p messen und zusätzlich noch einen Faktor 2π herausziehen: $T = b/(2\pi)\; E_p/l_p$. Dabei ist b eine reelle Zahl, die von der Größenordnung *eins* ist, d. h. die Stringspannung liegt ungefähr in der Größenordnung von einer Planck-Energie pro Planck-Länge, was einer gigantischen Energiedichte pro Längeneinheit entspricht. Strings sind demnach unglaublich stark gespannt und versammeln sehr viel Energie auf sehr kleinem Raum! Setzen wir diese Schreibweise für die Stringspannung ein, klammern $b\,E_p^2$ aus und verwenden $\hbar c/E_p = l_p$, so erhalten wir nach kurzer Rechnung $E^2 = b \cdot E_p^2 \cdot [(w\sqrt{b} \cdot R/l_p)^2 + (n\,l_p/(\sqrt{b} \cdot R))^2]$ Das wird noch etwas übersichtlicher, wenn wir $l_p/\sqrt{b} = a$ schreiben und den allgemeinen Vorfaktor weglassen:

$$E^2 \sim [(w \cdot (R/a))^2 + (n/(R/a))^2]$$

Dabei dient a hier gleichsam als Maßeinheit für den Einrollradius R, wobei a von der Größenordnung der Planck-Länge ist. Die obige Formel ist nun sehr interessant! Ein String mit w Windungen und n Quantenwellen auf dem Zylinderumfang in einem Universum mit Einrollradius R/a (d. h. R gemessen in der Einheit a) hat genau dieselbe Energie wie ein String mit n Windungen und w Wellen in einem Universum mit Einrollradius $1/(R/a)$. Wir brauchen ja in der Formel nur n durch w zu ersetzen (und umgekehrt w durch n) sowie R/a durch $1/(R/a)$ zu ersetzen, und wir erhalten wieder dieselbe Formel. Die Stringenergie kann also den Unterschied zwischen diesen beiden Situationen nicht erkennen. Genauere Untersuchungen zeigen, dass die Quanten-Stringtheorie in bestimmten Fällen ganz allgemein keinen Unterschied zwischen den beiden Situationen ergibt. Beginnt man in der O-heterotischen Stringtheorie mit einem großen Einrollradius für eine Raumdimension und verkleinert diesen Einrollradius immer mehr, so kann man diese Situation in die E-heterotische Stringtheorie übersetzen, in der der Einrollradius anwächst, und umgekehrt. Genauso ist es bei den beiden Stringtheorien vom Typ IIA und IIB. Die T-Dualität identifiziert also die beiden heterotischen sowie die beiden Typ-II-Stringtheorien jeweils miteinander. Sobald der Einrollradius in der einen Stringtheorie kleiner als a wird, so wird er in der anderen Stringtheorie größer als a, wobei beide Quanten-Stringtheorien physikalisch gleichwertig sind. In diesem Sinne gibt es in der Stringtheorie tatsächlich eine kleinste Einrollgröße für Raumdimensionen, die ungefähr die Größe der Planck-Länge besitzt. Das erinnert uns stark an unsere Idee aus Abschn. 7.2, nach der Abstände unterhalb der Planck-Länge physikalisch bedeutungslos sein sollten.

Was weiß man über die M-Theorie? Zunächst kennen wir die fünf Grenzfälle der M-Theorie, die den fünf quantisierten Stringtheorien entsprechen. Bei diesen Grenzfällen geht man davon aus, dass die Strings so schwach miteinander wechselwirken, dass die quantenmechanische Störungstheorie greift, auf der auch die Feynman-Graphen beruhen. Aus dieser Störungstheorie ergibt sich dann auch die Bedingung, dass es neun Raumdimensionen geben muss, also zusammen mit der Zeit dann zehn Raum-Zeit-Dimensionen. Um die Dualitäten zwischen den Stringtheorien herzuleiten, muss man allerdings über die Störungstheorie hinausgehen, so wie man analog bei der geometrischen Reihe die zusammenfassende Formel $R = 1/(1 - q)$ benötigt, um die Verbindung zwischen den verschiedenen Reihen herzustellen. Für bestimmte Stringzustände (die sogenannten *BPS-Zustände*) ist dies tatsächlich möglich, da deren Eigenschaften praktisch vollständig durch die Supersymmetrie festgelegt werden, sodass man bei ihnen auf die Störungstheorie verzichten kann.

Wenn man die Wechselwirkung zwischen den Strings erhöht und damit die String-Störungstheorie in Richtung M-Theorie verlässt, so stellt man fest, dass eine weitere Raumdimension auftaucht. In der E-heterotischen Stringtheorie wächst beispielsweise eine Stringschleife dadurch in die Höhe und bildet einen Zylinder aus, während in der Typ-IIA-Stringtheorie eine Stringschleife an Dicke gewinnt und sich zu einem Schlauch entwickelt. Diese Raumdimension verschwindet wieder, wenn wir bei schwacher Stringkopplung zur Störungstheorie zurückkehren.

Die M-Theorie benötigt also eine Raumdimension mehr als die Stringtheorien, besitzt also zehn Raum- und eine Zeitdimension. Es gibt noch eine weitere Theorie, die ebenfalls elf Raum-Zeit-Dimensionen besitzt: die sogenannte elfdimensionale *Supergravitation*. Diese Theorie geht von punktförmigen Teilchen aus und entsteht, wenn man die Prinzipien von Einsteins Gravitationstheorie mit denen der Supersymmetrie verbindet, wobei elf die höchstmögliche Dimensionszahl bei nur einer zeitlichen Dimension ist. Einige Jahre lang sah man diese Theorie als möglichen Kandidaten für die fundamentale Theorie der Physik an, da sie viele der dafür notwendigen Eigenschaften besaß. Es gab jedoch auch Probleme, beispielsweise bei der Aufstellung einer entsprechenden Quantentheorie.

Mittlerweile geht man davon aus, dass es kein Zufall ist, dass sowohl die M-Theorie als auch die Supergravitation elf Raum-Zeit-Dimensionen besitzen. Es sieht vielmehr so aus, als ob die M-Theorie bei Energien weit unterhalb der Planck-Energie in die Supergravitation übergeht. Die Supergravitation ist demnach die Niederenergie-Teilchenapproximation der M-Theorie. Es ist schon bemerkenswert, wie sich Schritt für Schritt alles zu einem übergreifenden Gebäude zusammenfügt.

Wir haben oben gesehen, dass bei zunehmender Wechselwirkung zwischen den Strings eine weitere Raumdimension auftaucht und dass aus den eindimensionalen Strings zweidimensionale Zylinder oder Schläuche werden können. Mittlerweile weiß man, dass die M-Theorie nicht nur Strings oder zweidimensionale Objekte beinhaltet, sondern auch drei-, vier- bis neundimensionale Objekte (sogenannte *Membranen*, oft kurz einfach *Branen* genannt). In dieser Hinsicht ist die M-Theorie also ziemlich unparteiisch. Bei niedrigen Wechselwirkungsstärken werden diese höherdimensionalen Objekte allerdings extrem energiereich, sodass sie bei Energien deutlich unterhalb der Planck-Energie fast keine Rolle mehr spielen und im Wesentlichen die Strings übrig bleiben. Wieder landen wir für geringe Wechselwirkungsstärken bei der Stringtheorie. Anders ausgedrückt: Solange man Stringtheorie in ihrer störungstheoretischen Formulierung betreibt, sieht man die höherdimensionalen Branen der M-Theorie nicht.

Leider kann man die M-Theorie nicht analog zu den fünf Stringtheorien oder dem Standardmodell formulieren, d. h. man kann nicht zunächst eine klassische Theorie ohne Quantentheorie formulieren und erst anschließend eine Quantenversion dieser Theorie anfertigen. Stattdessen muss man die M-Theorie direkt als Quantentheorie formulieren. Ein Grund dafür ist, dass die Dualität in der M-Theorie benötigt wird, um die verschiedenen Quanten-Stringtheorien als Grenzfälle zu erhalten. Dualität ist jedoch ein quantenmechanisches Konzept, das es in der klassischen Theorie nicht gibt.

Bisher weiß niemand genau, wie man ohne Umweg über eine klassische Theorie direkt eine Quantentheorie aufbauen soll. Vermutlich sind dazu vollkommen neue Ideen und Konzepte notwendig, und es wird sicher die herausragende Aufgabe der theoretischen Physik und der Mathematik des 21. Jahrhunderts sein, diese Konzepte zu entwickeln und so die M-Theorie konkret formulieren zu können. Immerhin gibt es aber beispielsweise im Rahmen der *Loop-Quantengravitation* (Schleifen-Quantengravitation) erste Konzepte in dieser Richtung.

Die Loop-Quantengravitation wird häufig als Alternative zur M-Theorie betrachtet, aber mittlerweile vermuten immer mehr Physiker, dass es irgendwann zu einer Synthese zwischen M-Theorie und Loop-Quantengravitation kommen wird. Dabei könnte die Loop-Quantengravitation Ideen beisteuern, wie man die M-Theorie direkt als Quantentheorie formulieren kann.

Die Stringtheorie startet als klassische Theorie mit einer glatten Raumzeit, in der sich räumlich eindimensionale Strings bewegen. Erst anschließend erfolgt die Quantisierung der Theorie. Bei der Loop-Quantengravitation ist das anders. Wie in der allgemeinen Relativitätstheorie ist in ihr die Raumzeit selbst das dynamische Objekt, allerdings direkt im Rahmen einer Quantentheorie. Man spricht auch von einer hintergrundfreien Formulierung, d. h. die Raumzeit steht hier nicht im Hintergrund und liefert die Bühne für andere Akteure wie beispielsweise Strings, sondern sie ist selbst der Akteur. Einen Quantenzustand der Raumzeit kann man sich dabei vereinfacht wie ein Netz aus miteinander verknoteten Fäden vorstellen, dem man einen Wahrscheinlichkeitspfeil zuordnet. Dabei ist dieses Netz nicht im Raum eingebettet, sondern es stellt selbst den Raum dar, wobei man sich vorstellen kann, dass zu jedem Netzknoten ungefähr ein Planck-Volumen gehört. Anstelle der Knoten kann man sich auch winzige Raumbläschen vorstellen, sodass eine Art Raum-Schaum entsteht.

Das Raumnetz ist nun nicht starr, sondern es verändert sich. Aus einem Knoten zwischen drei Fäden kann beispielsweise ein Dreieck aus drei Knoten entstehen, die miteinander verbunden sind. Anders ausgedrückt: Im Raum-Schaum können sich Bläschen miteinander vereinen, oder es können neue Bläschen entstehen. Diese Veränderungen laufen dabei nicht vor dem Hintergrund einer gleichmäßig verstreichenden Zeit ab, sondern sie definieren selbst den Ablauf der Zeit. Die Veränderungen des Netzes entsprechen gleichsam dem Ticken einer Uhr. Dadurch verlieren Raum und Zeit ihren kontinuierlichen Charakter. Sie werden körnig, wobei die Korngröße etwa der Planck-Länge bzw. der Planck-Zeit entspricht.

Die Loop-Quantengravitation benötigt anders als die Stringtheorie keine zusätzlichen eingerollten Raumdimensionen. Daher hat sie Schwierigkeiten, neben der Gravitation auch die anderen Wechselwirkungen des Standardmodells mit einzubeziehen, was im Übrigen auch gar nicht ihr Ziel ist. Außerdem ist ungeklärt, wie sich bei hinreichend großen Raum-Zeit-Abständen Einsteins Gravitationstheorie als klassischer Grenzfall aus der Loop-Quantengravitation ergibt.

Man wirft sowohl der String- bzw. M-Theorie als auch der Loop-Quantengravitation gelegentlich vor, sie seien eher elegante mathematische Spielereien als ernsthafte physikalische Theorien. Um es hart auszudrücken: Diese Theorien seien *noch nicht einmal falsch* (*not even wrong*). Man meint damit, dass sie keine griffigen Vorhersagen machen würden, die man im Experiment überprüfen kann. Nun ist es tatsächlich praktisch unmöglich, in einem Teilchenbeschleuniger bis zur Planck-Energie vorzustoßen und so beispielsweise einzelne Strings oder einzelne Raum-Zeit-Bläschen aufzuspüren. Dennoch habe ich den Eindruck, dass diese Theorien zunehmend in den Bereich einer gewissen Überprüfbarkeit rücken, je besser man sie versteht.

Ein Beispiel dafür ist die Entropie schwarzer Löcher, die Hawking nach Vorarbeit von Bekenstein im Jahre 1974 herleiten konnte (siehe Abschn. 7.2):

$$S = k/4 \cdot A/l_p{}^2$$

Hier ist S die Entropie, k die Boltzmann-Konstante und l_p die Planck-Länge. Die Entropie eines schwarzen Lochs ist also im Wesentlichen gleich der Anzahl an Planck-Flächen I_p^2, die auf seine Ereignishorizont-Fläche A passen. Dabei misst die Entropie die Anzahl der verschiedenen Gravitations-Quantenzustände (Mikrozustände), die ein schwarzes Loch mit Masse M, Drehimpuls J und elektrischer Ladung Q beherbergen kann, indem sie bis auf einen Vorfaktor die Dezimalstellenzahl dieser Anzahl angibt.

Kann die String- bzw. M-Theorie diese Formel bestätigen, indem sie die Gravitations-Quantenzustände eines schwarzen Lochs konkret konstruiert und anschließend zählt? Sie kann es, zumindest im Grenzfall schwarzer Löcher mit maximaler elektrischer Ladung! Dabei ist sie sogar in der Lage, den Vorfaktor $k/4$ exakt zu reproduzieren. Das ist zwar noch keine experimentelle Bestätigung der Stringtheorie, da die obige allgemein akzeptierte Entropieformel bisher nicht im Experiment überprüft werden kann, darf aber immerhin als ein erster Erfolg gewertet werden. Übrigens ist es auch im Rahmen der Loop-Quantengravitation gelungen, die Entropieformel herzuleiten, allerdings nur bis auf eine unbekannte multiplikative Konstante (den sogenannten Immirzi-Parameter, der in der Loop-Quantengravitation etwas mit der Größe eines Flächen-Quants in Einheiten der Planck-Fläche zu tun hat).

Insgesamt sieht es so aus, als ob viele Probleme der Quantengravitation und des Standardmodells im Rahmen der M-Theorie eine natürliche Lösung finden könnten. Es ist durchaus denkbar, dass diese Theorie ein gemeinsames

Dach für alle heute bekannten physikalischen Theorien bieten kann. Trotz vieler Fortschritte steht ein wirklicher Durchbruch aber noch aus. Insbesondere fehlt bislang noch der große Überblick über die vielfältigen Aspekte der M-Theorie – kein Wunder, man kann sie ja noch nicht einmal explizit formulieren! Womöglich sehen wir bisher nur die Spitze eines großen Eisbergs, der sich noch weit in die Tiefen des Ozeans hinein erstreckt.

Es wäre natürlich sehr hilfreich, wenn zukünftige Experimente genügend Informationen liefern könnten, um bei der Formulierung einer fundamentalen Theorie wie der M-Theorie weiterzuhelfen und diese Theorie zu überprüfen. Auch wenn Teilchenenergien von der Größe der Planck-Energie sich wohl niemals an Teilchenbeschleunigern erzeugen lassen, so kann man doch vielleicht andere physikalische Effekte finden, die wertvolle Informationen liefern. Die Entropie schwarzer Löcher ist ein Beispiel dafür, ebenso wie die Existenz dunkler Materie und dunkler Energie im Universum. Das zeigt, dass auch die Beobachtung unseres Universums entscheidende Hinweise geben kann. Gerade in jüngster Zeit hat die Kosmologie einen enormen Aufschwung erfahren, ermöglicht durch neue Instrumente und Satelliten, die unser Universum mit zuvor ungeahnter Präzision beobachten können.

Es ist auch durchaus denkbar, dass bereits am Large Hadron Collider oder seinen Nachfolgern erste Hinweise gefunden werden können. Falls beispielsweise manche der zusätzlichen Raumdimensionen etwas weniger eng eingerollt sind (beispielsweise Bruchteile eines Millimeters), so nimmt die Gravitationskraft unterhalb dieser Grenze stärker als quadratisch mit abnehmendem Abstand zu. Die Folge davon ist, dass man deutlich weniger als die Planck-Masse benötigt, um ein mikroskopisch kleines schwarzes Loch zu erzeugen. In diesem Fall könnte bereits die Teilchenenergie am LHC ausreichen, um solche schwarzen Mikro-Löcher zu erzeugen, die nach Hawkings Temperaturformel sofort nach ihrer Entstehung wieder in andere Teilchen zerstrahlen. Diese Teilchen wären in den Detektoren des LHC sehr gut sichtbar und würden ein kurzlebiges schwarzes Mikro-Loch eindeutig identifizieren. Das wäre dann ein deutlicher Hinweis auf die vermuteten zusätzlichen Raumdimensionen.

Auch wenn wir also die fundamentalen Zusammenhänge der Natur auf absehbare Zeit nicht direkt im Bereich der Planck-Größen untersuchen können, so sollte es uns dennoch mithilfe indirekter Effekte und unserer mathematischen Kunstfertigkeit und Intuition gelingen, den Bauplan der Natur immer tiefer zu ergründen. Die spezielle und allgemeine Relativitätstheorie sowie die Quantentheorie sind Beispiele dafür, dass dies gelingen kann, und die Fortschritte beispielsweise im Bereich der M-Theorie stimmen mich persönlich vorsichtig optimistisch. Eine unüberwindliche Grenze für unsere Neugier ist jedenfalls noch lange nicht in Sicht!

8.2 Higgs-Teilchen und neue Physik am LHC

Im Dezember 1994 wurde am Europäischen Kernforschungszentrum CERN bei Genf der Entschluss gefasst, einen neuen Teilchenbeschleuniger zu bauen, der in bisher unerreichbare Energieregionen vorstoßen sollte: den *Large Hadron Collider* (LHC). Dieser Teilchenbeschleuniger sollte eine Entdeckermaschine werden. Mit ihm sollte es gelingen, das letzte noch fehlende Puzzlestück im Standardmodell nachzuweisen: den Mechanismus der spontanen Symmetriebrechung durch das Higgs-Teilchen. Dieser Mechanismus ist das Herzstück des Standardmodells. Er erzeugt den Unterschied zwischen schwacher und elektromagnetischer Wechselwirkung und verleiht Quarks, Leptonen, W- und Z-Bosonen ihre Masse (siehe Abschn. 6.1).

Darüber hinaus sollte der Beschleuniger auch in Regionen jenseits des Standardmodells vorstoßen. Man hofft darauf, supersymmetrische Partnerteilchen (SUSY-Teilchen) zu finden und so vielleicht das Rätsel der dunklen Materie zu lösen, die im Universum fünf Mal häufiger vorkommt als die normale Materie, welche man aus den Bausteinen des Standardmodells zusammensetzen kann. Vielleicht würde es sogar gelingen, für winzige Sekundenbruchteile schwarze Mikro-Löcher zu erzeugen und so verborgenen Raumdimensionen nachzuspüren, wie sie String- und M-Theorie benötigen (siehe Abschn. 8.1).

Zu der damaligen Zeit gab es zwei große Beschleuniger: das *Tevatron* am Fermilab bei Chicago und den *Large Elektron-Positron Collider (LEP)* am CERN. Während das Tevatron noch bis zum September 2011 intensiv betrieben wurde und bis dahin ganz vorne in der aktuellen Forschung mitspielte, wurde LEP im Jahr 2000 außer Betrieb genommen. Beide Beschleuniger sind uns in diesem Buch bereits mehrfach begegnet.

Im Tevatron werden in einem Ringtunnel von etwa 6,3 km Umfang Protonen und Anti-Protonen gegenläufig auf eine Energie von bis zu knapp 1 TeV (1 000 GeV) beschleunigt und zur Kollision gebracht. Die bei einer solchen Kollision verfügbare relativistische Gesamtenergie von 2 TeV entspricht der Energie, wie sie in der Masse von 2 000 ruhenden Protonen enthalten ist. Bis zur Inbetriebnahme des LHC war das Tevatron der einzige Beschleuniger, dessen Energie zur Erzeugung eines Top-Antitop-Quarkpaares ausreichte – es wurde dort im Jahr 1995 nachgewiesen (siehe Abschn. 6.2).

Anders als die Entdeckermaschinen Tevatron und LHC war der LEP eine Präzisionsmaschine. In einem riesigen unterirdischen Ringtunnel von 27 km Umfang wurden dort in den Jahren von 1989 bis 2000 Elektronen und Positronen auf jeweils bis zu 100 GeV Energie beschleunigt und zur Kollision gebracht. Damit konnten in großem Umfang Z-Bosonen und sogar W-Bosonpaare erzeugt werden. Da Elektronen und Positronen selber strukturlos sind, kannte man den Anfangszustand bei deren Kollision sehr genau und konnte damit Präzisionsmessungen durchführen, die ausnahmslos die Vorhersagen des Standardmodells bestätigten und dessen Parameter mit bisher unerreichter Genauigkeit festlegen konnten (siehe Abschn. 6.2).

Für eine ringförmige Entdeckermaschine wie den LHC mit möglichst hoher angestrebter Teilchenenergie eignen sich Elektronen und Positronen leider nicht, da sie aufgrund ihrer geringen Masse zu viel Energie verlieren würden. Die kreisförmige Bahn geladener Teilchen in einem Beschleunigerring führt dazu, dass sie elektromagnetische Strahlung (sogenannte Synchrotron-Strahlung) aussenden. Dieser Energieverlust ist umso größer, je leichter die Teilchen sind, sodass Elektronen wesentlich mehr Energie verlieren als die etwa 2 000-mal schwereren Protonen. Die Verlustleistung für ein hochenergetisches Teilchen mit Energie E und Ruhemasse m in einem Beschleunigerring mit Radius r ist proportional zu $(E/m)^4 \cdot 1/r^2$, d. h. bei gleicher Energie und gleichem Kreisradius ist die Verlustleistung bei Elektronen um den Faktor $2\,000^4 = 1{,}6 \cdot 10^{13}$ (also sechzehntausend-milliarden-mal) größer als bei Protonen. Das kann man auch durch einen größeren Kreisradius kaum ausgleichen. Wer Elektronen auf höhere Energien als beim LEP beschleunigen will, der darf demnach keinen Kreisbeschleuniger mehr verwenden, sondern muss einen Linearbeschleuniger bauen. Tatsächlich denkt man bereits über einen solchen Beschleuniger als LHC-Nachfolger nach (mehr dazu in Abschn. 8.3).

Für den als Kreisbeschleuniger konzipierten LHC kamen also wie beim Tevatron nur Protonen bzw. Antiprotonen in Frage. Proton-Antiproton-Collider wie das Tevatron haben zunächst den Vorteil, dass Protonen und Antiprotonen in entgegengesetzter Richtung in derselben Vakuumröhre durch dieselben Magnetfelder fliegen können, und dass Quarks und Antiquarks sich bei der Kollision gegenseitig vernichten und dabei neue Teilchen erzeugen können, was am Tevatron bei ca. 1 TeV Strahlenergie auch der wichtigste Prozess ist. Bei den höheren LHC-Energien wird jedoch die Fusion zweier Gluonen zu neuen Teilchen zunehmend wichtiger, sodass die Notwendigkeit für Quark-Antiquark-Kollisionen entfällt und Antiprotonen entbehrlich werden (siehe die Erzeugung eines *top-antitop*-Quarkpaars in Abschn. 6.2, Abb. 6.12). Außerdem müssen Antiprotonen erst aufwendig hergestellt werden, was hohe Antiprotondichten im Teilchenstrahl erschwert. Daher verzichtete man beim LHC auf Antiprotonen und plante stattdessen zwei gegenläufig kreisende Protonenstrahlen in zwei getrennten Strahlröhren.

Bei Protonen spielt nun der Energieverlust durch die Synchrotronstrahlung keine so wichtige Rolle mehr wie bei den leichten Elektronen im LEP. Ein anderer Faktor ist es, der die maximal mögliche Energie beschränkt. Um die Protonen auch bei sehr hoher Energie noch auf ihrer Kreisbahn im Beschleuniger halten zu können, sind nämlich sehr starke Magnetfelder notwendig.

Allgemein bewegt sich ein hochenergetisches Teilchen mit Ladung e bei sehr hoher Energie E in einem senkrecht orientierten Magnetfeld der Stärke B auf einer horizontalen Kreisbahn mit Radius r, wobei zwischen diesen Größen die einfache Beziehung $E = e\,c\,B\,r$ gilt (den Energieverlust durch Synchrotronstrahlung vernachlässigen wir hier). Man muss also das Magnetfeld B und den Kreisradius r so groß wie möglich machen, um eine möglichst hohe Protonenenergie E zu erreichen und zugleich die Protonen auf der Kreisbahn halten zu können.

Nehmen wir als Beispiel das Tevatron, das einen Umfang von 6,3 km und damit einen Kreisradius von 1 km besitzt. Über große Bereiche der Kreisbahn wird durch eine Vielzahl von Magneten ein senkrechtes Magnetfeld von bis zu 4,2 T (Tesla) erzeugt, das die Teilchen auf der Kreisbahn hält. Wenn wir diese Werte in unsere obige Formel einsetzen, so erhalten wir für die Teilchenenergie den Wert $E = 1{,}26$ TeV. Da aber die Magneten am Tevatron nicht die komplette Teilchenbahn überdecken können, ist die dort tatsächlich erreichbare Energie etwas geringer und liegt bei 1 TeV.

Der LHC musste nun die am Tevatron erreichbare Teilchenenergie deutlich übertreffen, um neue Energiebereiche erschließen zu können. Die Kreisbahn musste daher größer und das Magnetfeld stärker als beim Tevatron sein.

Als man den LEP im Jahr 2000 nach über zehn erfolgreichen Jahren außer Betrieb nahm, wurde eine solche Kreisbahn frei: der unterirdische Ringtunnel mit 27 km Umfang (entsprechend einem Radius von ca. 4,3 km), der bis dahin die Heimat des LEP gewesen war. Nach dem Abbau des LEP begann man daher über mehrere Jahre hinweg, Schritt für Schritt den LHC in diesem Ringtunnel aufzubauen (Abb. 8.5). Dabei gelang es, die supraleitende Magnettechnologie des Tevatron weiter zu verbessern und Magnetfelder von bis zu 8,3 T zu erzeugen, also die Magnetfeldstärke fast zu verdoppeln. Setzen wir diese Werte in unsere Formel oben ein, so erhalten wir eine maximale Protonenergie von 10,7 TeV. Diese Energie lässt sich allerdings nicht ganz erreichen, da der Ringtunnel neben acht gekrümmten Abschnitten (Bögen) dazwischen auch acht gerade Abschnitte enthält, in denen man kein Magnetfeld zur Krümmung der Teilchenbahn installieren kann. Die maximal am LHC erreichbare Protonenergie beträgt daher 7 TeV – das ist immerhin das Siebenfache der Energie, die sich am Tevatron erreichen ließ.

Um das Magnetfeld zur Krümmung des Protonenstrahls zu erzeugen, wurden in jedem der acht gekrümmten Bögen des Ringtunnels 154 sogenannte Dipolmagnete installiert. Insgesamt kommen so 1 232 Dipolmagnete für den LHC zusammen, sowie zusätzlich viele weitere kleinere Magnete zur Feinsteuerung und Fokussierung des Strahls.

Die Dipolmagnete sind die zentrale Komponente des LHC. Jeder Dipolmagnet ist ein 14,3 m langes zylinderförmiges Gebilde mit einem Durch-

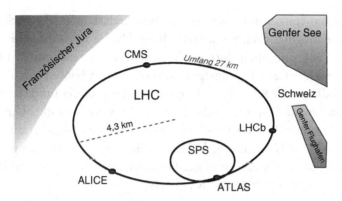

Abb. 8.5 Der Large Hadron Collider LHC befindet sich in einem Ringtunnel in einer Tiefe zwischen 50 m (in Richtung des Genfer Sees, *rechts* im Bild) und 175 m (unter dem Französischen Jura, *links* im Bild) in direkter Nachbarschaft des Genfer Flughafens (*rechts* im Bild). Mit einem Umfang von knapp 27 km ist er der größte je gebaute Ringbeschleuniger. In ihm kreisen gegenläufig zwei Protonenstrahlen bei Teilchenenergien von bis zu 7 TeV (7000 GeV), die man an vier Punkten im Ring zur Kollision bringt. Um diese Kollisionspunkte herum befinden sich vier große Teilchendetektoren (*CMS*, *ALICE*, *ATLAS* und *LHCb*), deren Aufgabe es ist, die bei den Kollisionen entstehenden Teilchen möglichst lückenlos nachzuweisen und so die Kollisionsvorgänge zu rekonstruieren

messer von knapp 1 m und einem Gewicht um die 30 Tonnen. Durch diese Magnet-Zylinder laufen horizontal nebeneinander die beiden Vakuumröhren, welche die beiden gegenläufigen Protonenstrahlen beherbergen (mehr dazu weiter unten). Zusammen decken die 1232 Dipolmagnete eine Strecke von etwa 17,6 km ab, entlang der das ablenkende Magnetfeld existiert. Das entspricht einem Krümmungsradius von etwa 2,8 km und führt bei 8,3 T Magnetfeldstärke mit unserer obigen Formel recht genau auf die maximale Protonenergie von 7 TeV. Das Magnetfeld im Inneren der Dipolmagnete ist dabei um ein Mehrfaches stärker als das Magnetfeld, das im Inneren von typischen Eisenmagneten herrscht (etwa 1 bis 1,5 T). Um ein so starkes Magnetfeld über weite Strecken hinweg wirtschaftlich erzeugen zu können, benötigt man Magnetspulen, durch die ein starker elektrischer Strom möglichst verlustfrei fließt und so das Magnetfeld erzeugt. In den Dipolmagneten werden dabei Stromstärken von bis zu 11 700 Ampere verwendet. Zum Vergleich: In einem typischen Blitz fließt für wenige Sekundenbruchteile ein Strom von ca. 20 000 bis 30 000 Ampere. Die ständige Stromstärke in einem Dipolmagneten ist also schon fast von der Größe eines Blitzstroms und würde daher jedes normale Kupferkabel zerstören. Um so starke Ströme durch Kabel leiten zu können, benötigt man das physikalische Phänomen der *Supraleitung*.

Supraleitung bedeutet, dass ein elektrisch leitendes Material jeden elektrischen Widerstand verliert. Ein supraleitendes Material kann daher einen elektrischen Strom vollkommen verlustfrei leiten, sodass auch sehr starke elektrische Ströme möglich sind. Leider tritt dieses Phänomen nur bei bestimmten Materialien auf, und auch dort nur unterhalb einer bestimmten kritischen Temperatur. Die in den Dipolmagneten verwendeten Niob-Titan-Kabel werden unterhalb von 10 K (– 263 °C) supraleitend, wobei der maximal mögliche Strom größer wird, wenn man die Temperatur weiter absenkt. Um die notwendigen Stromstärken am LHC erreichen zu können, werden die Magnete daher auf nur 1,9 K heruntergekühlt. Das ist kälter als die Temperatur des eisigen Weltraums, der aufgrund der kosmischen Hintergrundstrahlung eine Temperatur von mindestens 2,7 K aufweist.

Derart tiefe Temperaturen lassen sich mit flüssigem Helium erzeugen. Bei 1,9 K ist Helium nicht nur flüssig, sondern sogar supraflüssig, d. h. die Helium-Flüssigkeit dringt reibungsfrei selbst durch kleinste Kapillaren hindurch, kriecht als dünner Film an Gefäßwänden empor und hat eine sehr gute Wärmeleitfähigkeit, was sie als Kühlmittel ideal macht. Supraflüssigkeit ist wie Supraleitung ein faszinierendes physikalisches Phänomen, das sich nur quantenmechanisch verstehen lässt. Man kann sich dabei vorstellen, dass die Heliumatome eine einzige große Quantenwelle bilden, in der sich alle Atome kohärent und gleichförmig verhalten. Quantenmechanik ist also keineswegs nur in der Mikrowelt der Atome und Elementarteilchen anzutreffen, sondern sie kann bei niedrigen Temperaturen auch das Verhalten makroskopischer Systeme bestimmen.

Es dauert einige Wochen, um die über tausend großen Dipolmagnete am LHC auf 1,9 K herunterzukühlen. Dazu und zur Aufrechterhaltung der niedrigen Temperatur benötigt man etwa 120 Tonnen flüssigen Heliums, das ständig in den geschlossenen Kühlkreisläufen zirkuliert. Diese Kühlung darf während des Betriebs nicht unterbrochen werden, da sonst die Supraleitung in den Magneten zusammenbrechen würde. Tatsächlich kam es im September 2008 kurz nach dem ersten Anfahren des LHC zu einem solchen Zwischenfall, bei dem einige Tonnen flüssigen Heliums durch ein Leck im Verbindungsstück zweier Dipolmagnete in den Ringtunnel hinein austraten. Es dauerte über ein Jahr, um die Magnete wieder aufzuwärmen, die Schäden zu beseitigen, weitere Sicherheitssysteme zu installieren, die Magnete wieder herunterzukühlen und den LHC im November 2009 erneut zu starten. Wie man sieht, ist es keine leichte Aufgabe, die größte und komplexeste Maschine der Welt in Betrieb zu nehmen – Überraschungen und Probleme sind immer möglich.

Wie schnell bewegen sich Protonen bei einer Energie von 7 TeV? Das können wir mithilfe der Formel $v/c = \sqrt{1 - (mc^2/E)^2}$ aus Abschn. 3.2 leicht ausrechnen, indem wir $mc^2/E = 1/7461$ dort einsetzen mit dem Ergebnis $v/c = 0{,}999999991$. Die Protongeschwindigkeit weicht also nur um etwa neun Milliardstel von der Lichtgeschwindigkeit ab und kann für die meisten Betrachtungen einfach gleich der Lichtgeschwindigkeit gesetzt werden. Der LHC bestätigt damit erneut eindrucksvoll Einsteins Postulat, dass sich nichts schneller als mit Lichtgeschwindigkeit bewegen kann.

Bei dieser Geschwindigkeit von knapp 300 000 km/s umrunden die Protonen den 27-km-Ringtunnel etwa 11 000-mal pro Sekunde (der genaue Wert lautet 11 245). Übersetzt in eine Schallfrequenz entspräche diese Umlauffrequenz von 11 kHz einem hohen Pfeifton. Damit die beiden gegenläufigen Protonenstrahlen trotz dieser hohen Geschwindigkeit über mehrere Stunden am Leben erhalten werden können, muss ihr Weg durch ein extrem reines Vakuum führen – ansonsten würden die Protonen immer wieder mit den Atomkernen von Gasmolekülen kollidieren und der Strahl wäre nach kurzer Zeit ausgelöscht.

Natürlich wäre es aussichtslos und auch unpraktisch, den kompletten Ringtunnel leer zu pumpen, um das entsprechende Vakuum darin herzustellen. Daher führt man die beiden Protonenstrahlen in zwei separaten Vakuumröhren durch den Tunnel, wobei die Röhren in den meisten Bereichen einen Durchmesser von nur etwa 5 cm haben, während der Protonenstrahl in ihnen nur gut 1 mm breit ist. Über weite Strecken laufen die beiden Röhren mit nur ca. 20 cm Abstand horizontal nebeneinander durch die starken Dipolmagnete, die die schwache seitliche Krümmung des Strahls bewirken. Für den Betrieb des LHC ist es lebenswichtig, das Ultrahochvakuum (10^{-13} Atmosphären Druck) in den beiden Röhren ständig aufrechtzuerhalten – schon ein winziges Leck würde den Protonenstrahl zerstören. Zum Vergleich: Der Gasdruck auf der Mondoberfläche ist etwa zehnmal höher als in den LHC-Strahlröhren. Bei 10^{-13} Atmosphären Druck befinden sich noch etwa 10^6 Gasmoleküle in jedem Kubikzentimeter und ein Gasmolekül kann sich durchschnittlich etwa 1 000 km weit bewegen, bevor es mit einem anderen Gasmolekül zusammenstößt. Die viel kleineren Protonen des Strahls kommen noch viel weiter, und das müssen sie auch, denn sie legen im LHC pro Stunde etwa 1,4-mal die Entfernung zwischen Sonne und Jupiter zurück.

Um die Protonenergie von bis zu 7 TeV zu erreichen und dann aufrechtzuerhalten, muss den Protonen ständig Energie zugeführt werden. Das geschieht in sogenannten Radiofrequenz(RF)-Hohlraum-Resonatoren, von denen es pro Strahl acht Stück gibt (zwei Vierermodule pro Strahl). Ein solcher Hohlraumresonator ist etwa 40 cm groß und besteht aus elektrisch leitfähigem Material. In seinem Inneren lässt man ein starkes elektrisches Feld als stehende Welle hin- und herschwingen, ähnlich wie man Wasser in einer Badewanne hin- und herschwappen lassen kann. Da sich elektromagnetische Wellen viel schneller als Wasserwellen ausbreiten, ist die Schwingungsfrequenz des elektrischen Feldes im Resonator ungleich höher als die des Wassers in der Badewanne: Sie beträgt 400 MHz (zum Vergleich: die Frequenz von UKW-Radiosendern liegt typischerweise so um die 100 MHz).

Durch diese Resonatoren wird nun der Protonenstrahl geleitet – man sagt auch, der Strahl wird von den Resonatoren *eingefangen*. Dabei muss ein Proton genau in dem Zeitfenster in den Resonator eintreten, in dem das elektrische Feld darin so orientiert ist, dass es dem Proton einen Schubs nach vorne gibt. Eine halbe Schwingungsperiode später würde das Feld das Proton dagegen abbremsen. Daher besteht der Protonenstrahl nicht aus einem gleichmäßigen Strom von Teilchen, sondern aus einzelnen Protonenpaketen (engl.: *bunches*), die immer im richtigen Zeitfenster durch die Resonatoren fliegen und darin einen weiteren Energieschub erhalten. Insgesamt sollen pro Strahl in der höchsten geplanten Ausbaustufe bis zu 2 808 Protonenpakete im Ringtunnel kreisen, wobei der Abstand zwischen den Paketen etwa 7 m beträgt (daneben gibt es aus technischen Gründen noch einige größere Lücken zwischen den Paketen). Jedes Paket ist einige Zentimeter lang, etwa 1 mm dick und enthält bis zu 10^{11} Protonen – das entspricht der Anzahl Wasserstoffatome in etwa 4 Millionstel Millilitern Wasserstoffgas bei Normalbedingungen.

Wie erzeugt man eigentlich die beiden Protonenstrahlen im LHC? Zunächst einmal braucht man dafür natürlich Protonen. Diese gewinnt man aus Wasserstoffgas, indem man das äußere Elektron der Wasserstoffatome entfernt. Die Protonen werden dann über eine Reihe kleinerer Vorbeschleuniger schrittweise beschleunigt: erst auf 50 MeV, dann auf 1,4 GeV, weiter auf 25 GeV und schließlich im SPS-Ring (Abb. 8.5) auf 450 GeV. Mit dieser Energie werden die Protonen dann paketweise in den großen LHC-Ring eingefüllt – einmal im Uhrzeigersinn und dann entgegen dem Uhrzeigersinn, sodass die beiden gegenläufigen Protonenstrahlen entstehen. Das dauert jeweils einige Minuten. Anschließend werden die beiden Protonenstrahlen im LHC-Ring durch die RF-Hohlraumresonatoren etwa 20 min lang weiter beschleunigt, bis sie ihre Endenergie von bis zu 7 TeV erreicht haben. Die Gesamtenergie eines Strahls aus 2 808 Protonenpaketen mit je 10^{11} Protonen bei 7 TeV beträgt dabei etwa 350 MJ, was ungefähr der Bewegungsenergie eines 400-Tonnen-Schnellzuges bei 150 km/h entspricht und beispielsweise ausreicht, um 500 kg Kupfer zu schmelzen. Die Gesamtenergie, die sämtliche Magnetfelder der supraleitenden LHC-Magneten zusammen enthalten, ist sogar noch etwa 30-mal größer (etwa 10 GJ). Die technische Herausforderung besteht am LHC dabei nicht darin, die Protonenergie von 7 TeV zu erreichen, sondern die Protonen bei dieser Energie durch die starken Magnetfelder kontrolliert auf ihrer Kreisbahn zu halten und zu verhindern, dass sie gleichsam aus der Kurve fliegen.

Nach der Beschleunigungsphase lässt man die Protonenstrahlen mehrere Stunden lang im Ringtunnel gegenläufig kreisen, wobei sie an vier Punkten zur Kollision gebracht werden. Dabei werden die Protonenpakete an den Kollisionspunkten vorher so stark wie möglich komprimiert, um eine möglichst hohe Kollisionsrate zu erreichen. Ihre Dicke wird bei der Kollision auf bis zu 16 mm verringert, sodass sie wie 8 cm lange sehr dünne Haare aussehen, die frontal miteinander kollidieren. Trotz dieser starken Kompression ist die Chance, dass zwei Protonen frontal zusammenstoßen, immer noch sehr gering, denn wir dürfen nicht vergessen, dass Protonen winzig sind: Sie haben einen Durchmesser von etwa 1 fm und sind damit mehr als 10 000-mal kleiner als Atome. Lenkt man zwei Protonenpakete frontal gegeneinander, so kommt es im Mittel nur zu 20 Proton-Proton-Kollisionen. Glücklicherweise enthält der LHC-Ring in der Endausbaustufe bis zu 2 808 Pakete pro Strahl, wobei jedes dieser Pakete pro Sekunde 11 245-mal an einem bestimmten Kollisionspunkt vorbeikommt. An jedem Kollisionspunkt werden also etwa 31 Millionen Mal pro Sekunde zwei Protonenpakete gegeneinander gelenkt, sodass es dann zu etwa 600 Mio. Proton-Proton-Kollisionen pro Sekunde kommt.

Bei jeder dieser Kollisionen stehen bis zu 14 TeV zur Bildung neuer Teilchen zur Verfügung – das würde rein rechnerisch beispielsweise ausreichen, um etwa 14 000 ruhende Protonen zu erzeugen. Bei den tatsächlich vorkommenden Prozessen entstehen deutlich weniger Teilchen, da zusätzlich zu deren Ruhemasse auch ihre Bewegungsenergie generiert werden muss. Es können aber durchaus Dutzende von Teilchen bei einer Kollision entstehen, die alle möglichst lückenlos identifiziert und vermessen werden müssen. Zu diesem Zweck befindet sich um die vier Kollisionspunkte herum jeweils einer der vier großen LHC-Detektoren CMS, ALICE, ATLAS und LHCb (Abb. 8.5). Diese Detektoren stehen in großen Hallen tief unter der Erde und sind wirklich beeindruckend! Wie ein Fass von der Größe eines Hauses umschließen sie den jeweiligen Kollisionspunkt, wobei vorne und hinten noch ein Detektor-Deckel aufgesetzt ist. Der größte Detektor, ATLAS, ist 46 m lang und hat einen Durchmesser von 25 m. Die anderen Detektoren sind ungefähr halb so groß. Diese enormen Ausmaße sind notwendig, um alle bei einer Kollision entstandenen Teilchen möglichst lückenlos nachweisen zu können. Neben den vier genannten Detektoren gibt es noch zwei weitere kleinere Detektoren, LHCf und TOTEM, die sich in der Nähe von CMS und ATLAS nahe am Protonenstrahl befinden.

Die einzelnen Detektoren sind auf unterschiedliche Kollisionstypen spezialisiert:

ATLAS (A Toroidal LHC Apparatus), der größte von ihnen, ist Generalist. Er soll alles, was irgendwie interessant ist, aufspüren, seien es Higgs-Teilchen, SUSY-Teilchen oder schwarze Mikro-Löcher.

Auch CMS (Compact Muon Solenoid) ist Generalist, aber mit anderer Technik als ATLAS. So kann CMS die Ergebnisse von ATLAS überprüfen und umgekehrt.

LHCb (Large Hadron Collider beauty) ist dagegen auf Teilchen spezialisiert, die ein *b*-Quark enthalten. Auf diese Weise möchte man dem Unterschied zwischen Materie und Antimaterie nachspüren (Stichworte CP-Verletzung und CKM-Matrix, siehe Abschn. 6.1). Im Gegensatz zu ATLAS, CMS und ALICE ist LHCb nicht fassförmig, sondern asymmetrisch in Strahlrichtung gebaut.

ALICE (A Large Ion Collider Experiment) schließlich ist spezialisiert auf die Kollision von Blei- Atomkernen, die man alternativ zu Protonen im LHC einfüllen und beschleunigen kann. Bei diesen Kollisionen verlieren die Protonen und Neutronen der Bleikerne für einen Moment ihre Identität und bilden ein sogenanntes Quark-Gluon-Plasma.

LHCf und TOTEM sind kleinere Experimente, die Teilchen messen, die fast parallel zum Ringtunnel wegfliegen. Wir gehen hier nicht weiter auf diese beiden Detektoren ein. Eine Übersicht der wichtigsten LHC-Parameter inklusive Detektoren findet man in Tab. 8.1.

Die großen Detektoren bestehen aus mehreren Detektorschichten und enthalten zusätzlich mächtige Magnetsysteme, in deren Magnetfeld sich die Bahnen elektrisch geladener Teilchen auf charakteristische Weise krümmt, sodass sich Ladung und Impuls der Teilchen ablesen lässt, die bei einer Kollision erzeugt wurden. Dazu müssen diese Teilchenbahnen in einigen der Schichten detailliert vermessen werden. Andere Schichten wiederum messen die Energie der Teilchen, indem sie diese komplett abstoppen und die dabei frei werdende Energie ermitteln. Diese Schichten befinden sich meist außen am Detektor.

Der Bau von Detektoren ist eine Wissenschaft für sich und es würde hier zu weit führen, tiefer ins Detail zu gehen. Klar ist aber, dass jede einzelne Proton-Proton-Kollision zu einer Vielzahl von Teilchendaten führt, die der entsprechende Detektor an die Computersysteme weitermeldet. Bei bis zu 600 Mio. Proton-Proton-Kollisionen pro Sekunde kommen so enorme Datenmengen zusammen, und es wäre viel zu aufwendig, alle diese Daten zu speichern, zumal mehr als 90 % der Daten lediglich wohlbekannte Untergrundereignisse darstellen. Daher filtern ausgeklügelte, sehr schnelle elektronische Trigger diese Datenmenge vor, sodass nur die Daten von etwa 100 potenziell interessanten Kollisionen pro Sekunde zur weiteren Analyse übrig bleiben. Tausende von Physikern in aller Welt haben Zugriff auf diese Daten und versuchen, in ihnen das Higgs-Teilchen oder andere interessante Phänomene aufzuspüren.

Es ist nicht ganz einfach, Proton-Proton-Kollisionsdaten sauber auszuwerten und physikalisch richtig zu interpretieren. Der Grund dafür ist, dass Protonen selbst zusammengesetzte Teilchen sind. Man sagt manchmal scherz-

Tab. 8.1 Die wichtigsten LHC-Parameter

LHC-Layout:	
Beschleunigertyp	Proton-Proton-Ring-Collider
Ort	CERN bei Genf (am Genfer Flughafen)
Ringumfang	26 659 m
Tiefe unter der Erdoberfläche	50 bis 175 m
Protonenstrahlen:	
max. Protonenergie	7 TeV = 7 000 GeV
max. Protongeschwindigkeit	99,9999991 % der Lichtgeschwindigkeit
max. Anzahl Protonenpakete pro Strahl	2 808
Paketgröße zwischen Kollisionspunkten	einige cm lang und ca. 1 mm breit
Mindestabstand zwischen zwei Paketen	7 m, entspricht 25 nsec
max. Protonenanzahl pro Paket	$1,1 \cdot 10^{11}$ (110 Mrd.)
Anzahl Umläufe pro Sekunde	11 245
max. Anzahl Kollisionen pro Sekunde	600 Mio.
Lebensdauer Strahl	ca. 10 h
max. Luminosität	10^{34} cm^{-2} s^{-1}
Dipolmagnete:	
Anzahl	1232
max. Magnetfeldstärke	8,33 T
max. Stromstärke	11 700 A
Länge	14,3 m
Arbeitstemperatur	1,9 K
RF-Resonatoren:	
Anzahl pro Protonstrahl	8
Frequenz	400 MHz
Elektrische Spannung pro Resonator	2 Mio. Volt
Detektoren:	
ATLAS	Generalist, 46 m lang, 25 m hoch
CMS	Generalist, 21 m lang, 15 m hoch
LHCb	b-Hadronen, 21 m lang, 10 m hoch
ALICE	Blei-Atomkerne, 26 m lang, 16 m hoch
LHCf	2 kleine Detektoren, 30 cm lang, 10 cm hoch
TOTEM	mehrere kleine Detektoren am Protonstrahl

haft, dass man hier zwei Mülleimer aufeinander schießt und anschließend versucht, Erkenntnisse aus den herumfliegenden Trümmern zu gewinnen. Da wäre die Kollision zweier strukturloser Elektronen viel sauberer – nur leider kann man damit nicht so leicht die gewünschten hohen Energien erreichen, wie wir oben gesehen haben.

Letztlich sind es bei Proton-Proton-Zusammenstößen einzelne Quarks oder Gluonen, die zu dem betrachteten Streuprozess beitragen. Da ein einzelnes Quark oder Gluon immer nur einen Teil der gesamten Protonenergie trägt, steht auch nur dieser Teil beispielsweise zur Bildung eines Higgs-Bosons zur Verfügung. Dabei wissen wir aber nicht genau, wie groß dieser Energieanteil ist und welche Quarks oder Gluonen nun genau zu der betrachteten Reaktion geführt haben, sodass der Anfangszustand des Prozesses nur ungenau bekannt ist. Eine Resonanzkurve in einer Reaktionsrate lässt sich daher meist nur mit einer gewissen Ungenauigkeit erkennen und ist oft durch viele unerwünschte Untergrundprozesse belastet. Man muss in der Vielzahl der möglichen Prozesse nach den wenigen Ereignissen suchen, die sich möglichst eindeutig interpretieren lassen und die nicht auf viele verschiedene (meist uninteressante) Arten zustande kommen können. Solche Ereignisse sind meist recht selten, sodass man sehr viele Proton-Proton-Kollisionen braucht, um darin diese Ereignisse aufzuspüren. Es gleicht ein wenig der Suche nach der Stecknadel im Heuhaufen, und man konnte nicht erwarten, gleich in den ersten LHC-Daten schon die Stecknadel zu finden.

Im Winter 2009/2010 wartete jeder in der Physik-Welt gespannt auf genau das: die ersten LHC-Daten aus dem Proton-Energiebereich jenseits der 1 TeV. Das Warten hatte lange genug gedauert: 15 Jahre zuvor war der LHC genehmigt worden und seit gut neun Jahren war man dabei, den LHC im frei gewordenen LEP-Ringtunnel zu entwickeln und aufzubauen. Bereits ein Jahr zuvor (im September 2008) war die Euphorie groß gewesen, als man den LHC zum ersten Mal in Betrieb nahm, bis kurz danach das bereits erwähnte Helium-Leck umfangreiche Reparaturmaßnahmen notwendig machte. Im November 2009 gelang es dann erneut, Protonen im LHC-Ring kreisen zu lassen und erste Kollisionen bei der Einfüllenergie von 450 GeV pro Proton in den Detektoren zu beobachten. Ende November 2009 gelang es schließlich, die Protonen auf 1,18 TeV zu beschleunigen und damit das Tevatron (0,98 TeV pro Proton) als bis dahin stärksten Teilchenbeschleuniger abzulösen. Endlich begann sich das Fenster in die noch unbekannte Welt jenseits der 1-TeV-Protonenergie langsam zu öffnen, und wie viele andere in der Welt verfolgte auch ich beinahe täglich auf den Webseiten des CERN, welche Fortschritte am LHC gemacht wurden.

Mich erinnert der Start des LHC ein wenig an historische Ereignisse wie beispielsweise die (Wieder-)Entdeckung Amerikas durch Christoph Kolumbus.

Auch damals gab es Theorien über die unbekannte Welt im Westen des Atlantischen Ozeans – man vermutete, dass man dort auf Indien stoßen würde, denn man wusste seit Langem, dass die Erde eine Kugel ist, auch wenn man sich über deren Größe nicht ganz im Klaren war. Zusätzlich gab es konkrete Hinweise auf Landmassen im Westen, beispielsweise angeschwemmte fremdartige Hölzer und Pflanzen. Es lag also sehr nahe, eine Expedition in Richtung Westen zu unternehmen und nachzuschauen, was dort wirklich existierte. Aber wie weit würde man wohl segeln müssen, um auf Land zu stoßen? Was würde man finden – Indien oder ein noch unbekanntes Land? Und würde man überhaupt erfolgreich sein?

Auch für die mit dem LHC nun erreichbar gewordene Energieregion jenseits von 1 TeV gibt es Theorien, wie die Natur dort aussehen könnte. Irgendwo dort müsste sich ein Mechanismus zur spontanen Symmetriebrechung (z. B. das Higgs-Teilchen oder etwas Ähnliches) verstecken, und irgendwo dort könnten SUSY-Teilchen auf ihre Entdeckung warten und so vielleicht die Existenz der dunklen Materie im Universum erklären. Anders als in den Experimenten der vorangegangenen 40 Jahre, in denen man im Wesentlichen die Vorhersagen des Standardmodells verifiziert hatte, betrat man diesmal wirkliches Neuland, denn die vorhandenen Theorien machen keine präzisen Vorhersagen darüber, wie die neue Energieregion aussehen und was genau man dort finden würde. Man hatte lediglich starke Hinweise darauf, dass dort etwas sein musste. Wie bei Kolumbus gab es begründete Vermutungen über das Unbekannte – allerdings lag Kolumbus damals in einem Punkt ziemlich daneben, denn es war deutlich mehr Wasser zu überwinden, als er dachte.

Am 30. März 2010 war es dann soweit: Zum ersten Mal gelang es, die beiden Protonenstrahlen bei 3,5 TeV Strahlenergie (also der halben geplanten Maximalenergie von 7 TeV) gezielt gegeneinander zu lenken und über einige Stunden hinweg mehrere Hunderttausend Proton-Proton-Kollisionen in den Detektoren aufzuzeichnen. Dieses bereits eine Woche zuvor angekündigte Großereignis fand ein breites Echo in den Medien und war zum Teil sogar die Topmeldung in den Abendnachrichten. Damit war das LHC-Forschungsprogramm offiziell auf den Weg gebracht: *„It's time for physics!"*

Einige Hunderttausend Kollisionen sind jedoch viel zu wenig, um extrem seltene potenzielle Gäste wie das Higgs-Boson oder SUSY-Teilchen damit finden zu können. Dafür sind nicht Tausende, sondern Milliarden von Kollisionen notwendig. Der 30. März war also nichts weiter als ein erster Test, der mit nur einem kreisenden Protonenpaket pro Strahl durchgeführt wurde. Im Vergleich zu den langfristig geplanten 2 808 Protonenpaketen ist das fast nichts. Der LHC war gleichsam im Leerlauf und es geht seitdem darum, den Motor Schritt für Schritt auf Touren zu bringen. Dabei entschied man sich dafür, die Strahlenergie von 3,5 TeV für die Jahre 2010 und 2011 beizubehalten, da für die geplante Endenergie von 7 TeV aufwendige Umbauarbeiten notwendig sind, die man sich erst einmal ersparen wollte. Im Jahr 2012 erhöhte man diese Energie auf 4 TeV pro Strahl, da dies noch ohne umfangreiche Umbauarbeiten möglich war. Es ging also bis Ende 2012 darum, bei 3,5 bis 4 TeV Strahlenergie die Kollisionsrate zu maximieren und möglichst viele Kollisionsdaten aufzuzeichnen, bevor Anfang 2013 mit den Umbauarbeiten für 7 TeV Strahlenergie begonnen wurde. Dazu wurde im April und Mai 2010 die Zahl der gleichzeitig kreisenden Protonenpakete auf 13 pro Strahl erhöht, die Anzahl Protonen pro Paket verdoppelt und der Strahldurchmesser an den Kollisionspunkten auf nur noch 45 mm verdichtet (16 mm sind letztlich der geplante Endwert). Die Proton-Proton-Kollisionsrate ließ sich so um einen Faktor 200 steigern, und weit mehr war noch geplant und auch notwendig, um Higgs- und SUSY-Teilchen aufzuspüren.

Meist gibt man nicht direkt die Kollisionsrate an, sondern die sogenannte *Luminosität*. Da dieser Begriff sehr oft verwendet wird, wollen wir ihn uns näher ansehen: Die Kollisionsrate (also die Anzahl Kollisionen pro Sekunde, nennen wir sie N') an einem Kollisionspunkt wird umso größer, je mehr Protonen N_1 ein Paket in Strahl 1 und je mehr Protonen N_2 ein Paket in Strahl 2 umfasst, je größer die Anzahl n der Pakete pro Strahl und deren Umlauffrequenz f ist und je kleiner die Querschnittsfläche A ist, auf der die beiden Strahlen an einem Kollisionspunkt miteinander kollidieren. Insgesamt ist die Kollisionsrate N' also proportional zu dem Produkt fnN_1N_2/A. Dieses Produkt nennt man die *Luminosität L* des Beschleunigers:

$$L = fnN_1N_2/A$$

Den Proportionalitätsfaktor (wir nennen ihn σ_p) zwischen Kollisionsrate N' und Luminosität L bezeichnet man als *Wirkungsquerschnitt* für Proton-Proton-Kollisionen, d. h. es gilt $N' = \sigma_p L$. Der Wirkungsquerschnitt bestimmt, wie stark die aufeinander zufliegenden Protonen dazu neigen, Kollisionen zu erzeugen. Das kann man sich konkret so vorstellen: Angenommen, wir hätten pro Strahl nur ein Paket mit je einem Proton, die beide einmal pro Sekunde umlaufen und zur Kollision gebracht werden. Dann wäre $n = N_1 = N_2 = 1$ und $f = 1/s$ und wir hätten für die Kollisionsrate $N' = \sigma_p/A \cdot 1/s$. Wenn also die Querschnittsfläche A am Kollisionspunkt gleich σ_p wäre, so gäbe es bei jeder Proton-Proton-Begegnung auf diesem engen Raum eine Kollision. Man kann sich den Wirkungsquerschnitt σ_p daher als die Fläche vorstellen, mit der die beiden Protonen sich gegenseitig den Weg versperren. Daher ist das Verhältnis σ_p/A der beiden Flächen die Wahrscheinlichkeit dafür, dass zwei Protonen auf der Querschnittsfläche A eine Kollision hervorrufen. Ein Beispiel: Am Tevatron beträgt der Wirkungsquerschnitt für Proton-Antiproton-Kollisionen bei ca. 1 GeV Strahlenergie etwa 7 fm². Meist verwendet man statt der Einheit fm^2 die Einheit *Barn* (Symbol: *b*), wobei 1 b = 10^{-28} m^2 = 10^{-24} cm^2 = 100 fm^2 ist. Der Proton-Antiproton-Wirkungsquerschnitt am Tevatron beträgt also etwa 70 mb. Für den Proton-Proton-Wirkungsquerschnitt am LHC bei 7 TeV Strahlenergie erwartet man Werte um die 100 mb, wobei 60 mb davon die Entstehung neuer Teilchen bewirken (sogenannte *inelastische* Kollisionen), während der Rest nur zur gegenseitigen Ablenkung der Protonen ohne neue Teilchen führt (sogenannte *elastische* Kollisionen).

Während der Wirkungsquerschnitt σ_p eine physikalische Eigenschaft der Protonen ist, ist die Luminosität *L* eine Eigenschaft des Beschleunigers. Daher eignet sich die Luminosität besser als die Kollisionsrate dazu, die Effektivität von Beschleunigern zu kennzeichnen und vergleichbar zu machen.

Die Luminosität am LHC bei den ersten 3,5-TeV-Kollisionen am 30. März 2010 lag bei nur 10^{27} cm^{-2} s^{-1}, was etwa 60 Kollisionen mit Teilchenbildung pro Sekunde ergibt. Im Mai 2010 wurde der Wert von $2 \cdot 10^{29}$ cm^{-2} s^{-1} überschritten, was einer Steigerung der Kollisionsrate um den Faktor 200 entspricht. Ziel für das Jahr 2010 waren ursprünglich 10^{32} cm^{-2} s^{-1}, was einen weiteren Faktor 500 bedeutete – das Doppelte konnte erreicht werden (mehr dazu gleich). Letztlich soll der LHC um das Jahr 2016 herum (dann bei 7 TeV Strahlenergie) den Wert 10^{34} cm^{-2} s^{-1} erreichen, was dann noch mal eine hundertfache Steigerung bedeutet und dem Zielwert von 600 Mio. inelastischen Kollisionen pro Sekunde entspricht. Zum Vergleich: Am Tevatron wurde im April 2010 die Luminosität von $4 \cdot 10^{32}$ cm^{-2} s^{-1} erreicht, also etwas mehr als der LHC-Zielwert für 2010. Noch lag das Tevatron im Jahr 2010 also vorne, doch das würde sich bald ändern.

Neben der *Luminosität*, die die mögliche Kollisionsrate bestimmt, ist ein weiterer Begriff wichtig: die *integrierte Luminosität*. Sie bestimmt, wie viele Kollisionen insgesamt über die Zeit gesammelt wurden. Wenn man beispielsweise den LHC bei einer Luminosität von 10^{29} cm^{-2} s^{-1} eine Stunde lang ununterbrochen laufen lässt und fleißig Kollisionsdaten aufzeichnet, so sammelt man in dieser Zeit eine integrierte Luminosität von 10^{29} cm^{-2} s^{-1} $\cdot$ 3 600 s = $3,6 \cdot 10^{32}$ cm^{-2}. Meist wird die integrierte Luminosität in der Einheit 1/Femtobarn (Symbol: fb^{-1}) angegeben, wobei 1 fb^{-1} = 10^{15} b^{-1} = 10^{39} cm^{-2} ist. Man vermutete auf Basis von Berechnungen im Standardmodell, dass zur möglichen Entdeckung des Higgs-Teilchens je nach Higgs-Masse eine integrierte Luminosität von etwa 5 bis 20 fb^{-1} erforderlich sein könnte. Im Sommer 2012 gelang es schließlich am LHC in diesen Bereich vorzudringen – wir kommen gleich darauf zurück. Bei der ungefähr für das Jahr 2016 geplanten vollen Luminosität von 10^{34} cm^{-2} s^{-1} = 10^{-5} fb^{-1} s^{-1} kämen bei ununterbrochenem Strahl rein rechnerisch etwa 315 fb^{-1} pro Jahr zusammen. Realistisch sind wohl 60 bis 100 fb^{-1} pro Jahr. Diese enorme Anzahl aufgezeichneter Kollisionsdaten sollte dann ausreichen, um auch intensiv nach neuer Physik jenseits des Standardmodells suchen zu können. Zum Vergleich: Am Tevatron wurden zwischen 2002 und seiner Stilllegung im Herbst 2011 etwa 12 fb^{-1} gesammelt. Der LHC konnte also das Tevatron bereits im Jahr 2012 überholen. Was das Tevatron aufgrund der enormen dort bereits gesammelten Datenmengen leisten konnte, zeigte sich in einer Veröffentlichung vom Mai 2010, in der die zwischen April 2002 und Juni 2009 aufgezeichneten Proton-Antiproton-Kollisionsdaten des D0-Detektors (etwa 6 fb^{-1}) danach gefiltert wurden, wie oft bei der Kollision zwei Myonen oder zwei Antimyonen entstanden sind. Nach Abzug irrelevanter Untergrundereignisse fand man, dass Myonpaare um etwa 1 % öfter als Antimyonpaare erzeugt wurden, während das Standardmodell nur einen Überschuss von etwa 0,02 % ergibt. Wir hatten dieses Ergebnis bereits unter dem Stichwort *CP-Verletzung* in Abschn. 6.1 kurz angesprochen. Noch bevor der LHC so richtig in Schwung gekommen ist, hat es also das D0-Team am Tevatron geschafft, eine deutliche Abweichung vom Standardmodell aufzudecken.

Bei der Niederschrift des Manuskripts für die erste Auflage dieses Buches im Juni 2010 sah der Stand am LHC folgendermaßen aus: Sowohl der Beschleuniger als auch die Detektoren funktionierten bei 3,5 TeV Strahlenergie zuverlässig, was bei dieser komplexen Maschine keineswegs selbstverständlich war. Mit zunehmender Datenmenge gelang es dabei, die bereits bekannte Physik des Standardmodells Schritt für Schritt gleichsam wiederzuentdecken. Das hört sich zunächst nicht sonderlich aufregend an, war aber ein wichtiger Zwischenschritt, denn er zeigte, dass man am LHC Teilchen zuverlässig aufspüren und sauber identifizieren kann. Auf der Reise zu neuen Welten ist es immer beruhigend, wenn man die bereits bekannten Landmarken dort wiederfindet, wo sie sein sollten. Auch Kolumbus wird froh gewesen sein, dass er zu Beginn seiner ersten Reise nach Westen im August 1492 zuverlässig die Kanarischen Inseln ansteuern konnte, um ein gebrochenes Steuerruder zu reparieren. Trotzdem wartete natürlich jeder ungeduldig darauf, dass bisher unbekannte Küsten in Sicht kommen würden. Leider sah es nicht so aus, als ob das Higgs-Teilchen schon 2010 oder 2011 gefunden werden konnte, wie die obigen Abschätzungen der dafür erforderlichen integrierten Luminosität zeigen. Hier war also Geduld gefragt. Schauen wir uns also an, wie es seit dem Jahr 2010 am LHC auf der Suche nach unbekannten Ufern weiterging.

Die Meldungen zu den Fortschritten am LHC waren zunächst recht unspektakulär. So konnte schrittweise die Zahl der gleichzeitig kreisenden Protonenpakete und damit die Luminosität (also die Kollisionsrate) gesteigert werden: Im August 2010 waren es bereits 50 Pakete mit einer Luminosität von 10^{31} cm^{-2} s^{-1}, im Oktober 2010 schon 368 Pakete mit einer Luminosität von $2,1 \cdot 10^{32}$ cm^{-2} s^{-1}, und ein Jahr später im Oktober 2011 schließlich 1 380 Pakete mit einer Luminosität von $3,6 \cdot 10^{33}$ cm^{-2} s^{-1}. Im Juni 2011 konnte

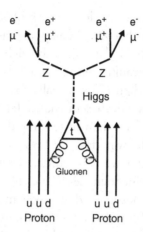

Abb. 8.6 Feynman-Diagramm für den goldenen Zerfallskanal des Higgs-Bosons in zwei Z-Bosonen, die jeweils in ein Elektron-Positron- oder ein Myon-Antimyon-Paar zerfallen. Das Higgs-Boson wird in der Proton-Proton-Kollision bevorzugt durch die Fusion von Gluonen erzeugt

die für 2011 anvisierte integrierte Luminosität (also die Gesamtzahl der aufgezeichneten Kollisionen) von 1 fb^{-1} bereits überschritten werden. Der LHC funktionierte also hervorragend, und man kam sogar besser voran als gedacht.

Nun wurde es langsam spannend, denn die ständig anwachsende Anzahl aufgezeichneter Kollisionsdaten erlaubte es, die Existenz des Higgs-Bosons für immer größere Bereiche der Higgs-Masse zu überprüfen. Das gelingt besonders gut für den Bereich oberhalb von rund 180 GeV (ungefähr der doppelten Z-Bosonmasse), denn ein entsprechend schweres Higgs-Boson würde fast unmittelbar nach seiner Entstehung bevorzugt in zwei W- oder Z-Bosonen zerfallen, deren Zerfälle sich gut in den Detektoren erkennen lassen – weder Higgs-Bosonen noch W- oder Z-Bosonen leben lange genug, um selbst im Detektor sichtbar zu werden. Die beiden Z-Bosonen können anschließend beispielsweise jeweils in ein Elektron-Positron- oder ein Myon-Antimyon-Paar zerfallen (Abb. 8.6), sodass man in den Daten nach zwei hochenergetischen geladenen Lepton-Antilepton-Paaren Ausschau halten muss. Man nennt diesen Zerfall des Higgs-Bosons über zwei Z-Bosonen in zwei Lepton-Antilepton-Paare auch den *goldenen Zerfallskanal*, denn er ist gut identifizierbar, besitzt nur wenige störende Untergrundereignisse, und kein Zerfallsprodukt des Higgs-Bosons entkommt unerkannt. Das ist bei Zerfällen über zwei W-Bosonen anders, denn bei deren Zerfall entstehen oft die geisterhaften Neutrinos, die keinerlei Spuren im Detektor hinterlassen.

Leider zeigte sich in den Daten des goldenen Zerfallskanals sowie in anderen Zerfallskanälen keinerlei Hinweis auf ein schweres Higgs-Boson oberhalb von 180 GeV. Nach und nach gelang es, auch niedrigere Massenbereiche zu überprüfen und das Higgs-Boson dort auszuschließen. Dabei half auch das Tevatron mit seiner großen über viele Jahre gesammelten Datenmenge kräftig mit. So konnte im März 2011 der Massenbereich für das Higgs-Boson auf 114 bis 156 GeV eingeschränkt werden – außerhalb dieses Bereichs hätte man es ansonsten bereits sehen müssen. Falls das Higgs-Boson existierte, so musste es sich also irgendwo in diesem Massenfenster verbergen. Noch war das Tevatron beim Wettlauf um die Entdeckung des Higgs-Teilchens also im Rennen. Da mittlerweile klar war, dass das Tevatron wegen Budgetkürzungen im Herbst 2011 abgeschaltet werden würde, versuchte man dort alles, um dieses Rennen in der verbleibenden Zeit vielleicht doch noch zu gewinnen.

Nun zerfällt das Higgs-Boson in dem noch möglichen relativ niedrigen Massenbereich zwischen 114 und 156 GeV bevorzugt in b-Quark-Antiquark-Paare oder Tau-Antitau-Leptonpaare, die bei den Proton-Proton-Kollisionen aber auch auf viele andere Arten entstehen können, sodass man in den Daten einen hohen Untergrund an störenden Teilchen hat, die nicht vom Zerfall des Higgs-Bosons stammen. Außerdem erwischt man bei diesen Zerfällen häufig nicht alle Zerfallsprodukte, was die Rekonstruktion des Zerfallsprozesses erschwert. Es sah also ganz so aus, als würde sich das Higgs-Boson – falls es denn existierte – ausgerechnet in dem Massenbereich verstecken, der am schwersten zu untersuchen war, und nicht wenige hatten die Befürchtung, dass man schließlich auch in diesem Massenbereich nichts finden würde. Als Christoph Kolumbus im Jahr 1492 in Richtung Westen segelte, erging es ihm ähnlich: Die Reise ins Ungewisse erzeugte besonders bei seiner Mannschaft die große Befürchtung, dass man im Westen niemals neues Land erreichen würde, und als tagelang keine neue Küste in Sicht kam, stand Kolumbus kurz vor einer Meuterei.

Kann der goldene Zerfallskanal über zwei Z-Bosonen auch in dem noch verbliebenen Massenfenster auftreten? Auf den ersten Blick scheint das nicht möglich zu sein, denn die Higgs-Masse liegt dort unterhalb der doppelten Z-Boson-Masse, sodass das Higgs-Teilchen nicht mehr in zwei reelle Z-Bosonen zerfallen kann. Doch Vorsicht: Im goldenen Zerfallskanal treten die Z-Bosonen nur als sehr kurzlebige Zwischenteilchen in Erscheinung, sodass die Energie-Zeit-Unschärferelation es erlaubt, dass sie mit geringer Wahrscheinlichkeit als virtuelle Teilchen dennoch entstehen und wieder zerfallen können – wir hatten uns diese Möglichkeit in Abschn. 6.2 bereits genauer angesehen. Die Wahrscheinlichkeit dafür nimmt allerdings immer stärker ab, je geringer die Higgs-Masse ist. Man benötigt also in dem noch möglichen Massenfenster von 114 bis 156 GeV relativ große Datenmengen, um darin das Higgs-Boson über den goldenen Zerfallskanal nachzuweisen oder auszuschließen.

Glücklicherweise gibt es neben dem goldenen Kanal noch einen weiteren sehr nützlichen Zerfallskanal: den Zerfall des Higgs-Bosons in zwei hoch-

Abb. 8.7 Beispiel für eine Proton-Proton-Kollision im CMS-Detektor aus dem Jahr 2012, bei der zwei hochenergetische Photonen entstanden sind (Linien nach rechts oben und rechts unten). Die beiden Photonen könnten aus dem Zerfall eines Higgs-Teilchens stammen, aber auch durch andere Prozesse erzeugt worden sein. Credit: CERN, CMS-Experiment. (© CERN. All Rights Reserved)

energetische Photonen. Diese sind im Detektor gut sichtbar (Abb. 8.7), und wie im goldenen Zerfallskanal geht auch hier kein Zerfallsprodukt des Higgs-Bosons verloren. Allerdings ist auch dieser Zerfall recht selten, sodass man sehr viele Proton-Proton-Kollisionen untersuchen muss, um daraus genügend Ereignisse mit zwei hochenergetischen Photonen herauszufiltern. Im Sommer 2011 hatte man noch nicht genügend solcher Zwei-Photon-Ereignisse aufgezeichnet, um darin das Higgs-Boson aufspüren oder ausschließen zu können.

Im Dezember 2011 begann sich das zu ändern. Mittlerweile hatte man sowohl beim ATLAS- als auch beim CMS-Detektor rund 5 fb^{-1} Kollisionsdaten aufgezeichnet, und von beiden Teams kam die Nachricht, dass sich erste Signale in diesen Daten abzuzeichnen begannen, die für ein Higgs-Boson zwischen 115 und 130 GeV sprachen. Oder um es mit der Reise von Christoph Kolumbus zu vergleichen: Es mehrten sich die Anzeichen dafür, dass man sich einer fremden Küste näherte – Vögel tauchten zunehmend am Himmel auf und Pflanzenreste trieben im Wasser. Noch war die Datenlage am LHC aber zu unsicher, um die Entdeckung des Higgs-Teilchens offiziell bekannt geben zu können. Wer will schon die Blamage riskieren, dass sich die Bekanntgabe der Higgs-Entdeckung im Nachhinein als Falschmeldung entpuppt?

Am OPERA-Experiment, das uns bereits in Abschn. 6.1 begegnet ist, konnte man zu dieser Zeit Erfahrungen mit einer solchen Peinlichkeit sammeln: Man hatte dort die Flugzeit der im CERN erzeugten Neutrinos bis zu dem 730 km entfernten Neutrinodetektor unter dem Gran-Sasso-Gebirgsmassiv gemessen und dabei mehrfach festgestellt, dass diese 60 Nanosekunden früher ankamen, als das mit Lichtgeschwindigkeit möglich gewesen wäre. In 60 Nanosekunden legt Licht gerade einmal 18 m zurück, was gegenüber der Gesamtstrecke von 730 km kaum ins Gewicht fällt. Es handelte sich also um einen winzigen Effekt, der aber statistisch signifikant erschien. Da man trotz intensiver Suche keinen Messfehler finden konnte, veröffentlichte man im Herbst 2011 das Ergebnis, man habe bei Neutrinos eine minimale Überschreitung der Lichtgeschwindigkeit gefunden. Das Interesse an dieser Nachricht war natürlich enorm, denn damit hätte man eine Abweichung von Einsteins spezieller Relativitätstheorie entdeckt, die eine der tragenden Säulen der modernen Physik ist. Im Frühjahr 2012 musste man dann eingestehen, dass man bei weiteren Analysen doch noch auf eine technische Fehlerquelle gestoßen war, welche die scheinbare Überlichtgeschwindigkeit vorgetäuscht hatte. Einsteins spezielle Relativitätstheorie war gerettet und das OPERA-Experiment stand ziemlich blamiert da.

Um einer solchen Peinlichkeit zu entgehen, hieß es am LHC also: Fleißig weiter Daten sammeln! Gut, dass dies zu diesem Zeitpunkt im Dezember 2011 überhaupt möglich war, denn ursprünglich war geplant gewesen, den LHC Ende 2011 vorübergehend abzuschalten und ihn in einer mehr als einjährigen Umbauphase für die höhere Strahlenergie von 7 TeV aufzurüsten. Doch bereits im Februar 2011 war die Zuversicht gewachsen, dass man dem Higgs-Boson auf der Spur war, sodass man sich dafür entschieden hatte, den LHC bis Ende 2012 weiterlaufen zu lassen und erst anschließend in die Umbauphase zu gehen. Diese Entscheidung stellte sich im Dezember 2011 als goldrichtig heraus, denn nun war man in der Lage, die noch unsicheren Resultate entweder zu erhärten oder als fehlerhaft enttarnen zu können. Außerdem beschloss man, die Strahlenergie des LHC für das Jahr 2012 von 3,5 auf 4 TeV zu erhöhen – die Technik des LHC hatte sich in den Jahren 2010 und 2011 so hervorragend bewährt, dass man sich sicher war, der LHC würde auch mit dieser höheren Strahlenergie gut zurechtkommen.

Nach einigen Wartungsarbeiten ging es ab März 2012 also mit 4 TeV Strahlenergie weiter, und die Zahl der aufgezeichneten Kollisionsdaten wuchs rasant an. Hatte man in 2010 und 2011 rund 5 fb^{-1} integrierte Luminosität aufgezeichnet, so kamen bis Sommer 2012 noch einmal etwa 6 fb^{-1} hinzu. Und dann war es endlich soweit: Das CERN lud für den 4. Juli 2012 zu einem Seminar mit anschließender Pressekonferenz ein. Der Titel lautete vielversprechend: *Update on the search for the Higgs boson.* Weltweit konnte man diese Veranstaltung im Internet live mitverfolgen (siehe z. B. http://cdsweb. cern.ch/record/1459604).

Und tatsächlich: Die ersten Anzeichen, die im Dezember 2011 gefunden wurden, hatten sich bestätigt, und man hatte bei rund 125 GeV ein Teilchen gefunden, das sehr gute Chancen hatte, das gesuchte Higgs-Teilchen zu sein. Der Titel der zugehörigen Pressemitteilung lautete entsprechend: *CERN experiments observe particle consistent with long-sought Higgs boson* (siehe http:// press.web.cern.ch/press/PressReleases/Releases2012/PR17.12E.html).

Was genau hatte man gesehen?

Schauen wir uns dazu wieder die Kollisionen an, in denen zwei hochenergetische Photonen erzeugt werden. Wenn diese beiden Photonen durch den Zerfall eines Higgs-Teilchens entstehen, kann man dies an den Energien und Impulsen der Photonen erkennen. Bei einem ruhenden Higgs-Boson würde sich beispielsweise dessen Masse (ausgedrückt in Energieeinheiten) einfach auf die Energien der beiden Photonen verteilen. Wenn also bei den Kollisionen ruhende Higgs-Bosonen entstehen, dann müssen wir einen Überschuss an Photonenpaaren finden, deren Energiesumme gleich der Higgs-Masse ist. Wegen der extrem kurzen Lebensdauer des Higgs-Bosons und der Energie-Zeit-Unschärferelation muss die Summe der Photonenergien dabei nicht genau gleich der Higgs-Masse sein, sondern sie kann umso weiter von ihr abweichen, je instabiler das Higgs-Boson ist (siehe Abschn. 6.2).

Normalerweise werden die Higgs-Bosonen allerdings bei den Kollisionen nicht als ruhende Teilchen erzeugt. Glücklicherweise lässt sich die obige Überlegung problemlos auf sich bewegende Higgs-Teilchen übertragen, wenn man deren Bewegungsenergie berücksichtigt. Die Summe der beiden Photonenergien E_1 und E_2 ergeben hier zusammen die relativistische Gesamtenergie E des sich bewegenden Higgs-Teilchens (also $E = E_1 + E_2$), die neben der Higgs-Masse in Energieeinheiten auch dessen Bewegungsenergie umfasst. Ausgedrückt durch den Impuls p des Higgs-Teilchens gilt dabei die Beziehung $E^2 = (mc^2)^2 + (pc)^2$, wobei der zweite Term auf der rechten Seite die Bewegungsenergie repräsentiert. Freigestellt nach der quadrierten Higgs-Masse erhalten wir daraus: $(mc^2)^2 = E^2 - (pc)^2$. Analog zur Energie muss darin auch die Summe der beiden Photonimpulse p_1 und p_2 gleich dem Impuls p des Higgs-Teilchens sein (also $p = p_1 + p_2$), sodass wir sowohl die relativistische Higgs-Gesamtenergie E als auch den Higgs-Impuls p durch die Summe der Photonenergien und -impulse ausdrücken können:

$$(mc^2)^2 = (E_1 + E_2)^2 - ((p_1 + p_2)c)^2$$

Wenn also bei einer Kollision zwei hochenergetische Photonen erzeugt werden, so können wir deren Energien und Impulse rechts in dieser Gleichung einsetzen und so ein formales Massenquadrat bzw. nach Wurzelziehen eine formale Masse berechnen. Stammen die Photonen nicht von einem Higgs-Zerfall oder aus dem Zerfall eines anderen Teilchens, so werden sich dabei relativ willkürlich ganz unterschiedliche formale Massen ergeben, die nichts mit der Masse irgendeines Teilchens zu tun haben. Bei allen Photonenpaaren, die aus einem Higgs-Zerfall stammen, wird sich jedoch immer die Higgs-Masse ergeben (wieder muss es nicht ganz genau stimmen, da das Higgs-Teilchen nur sehr kurz existiert und die Energie-Zeit-Unschärfe eine gewisse Streuung der Werte erlaubt). Sollte es das Higgs-Teilchen geben, so erwarten wir also einen Überschuss an Photonenpaaren bei der Masse des Higgs-Teilchens.

Abbildung 8.8 zeigt das experimentelle Ergebnis der ATLAS-Gruppe, das am 4. Juli 2012 am CERN präsentiert wurde. Auf der x-Achse ist die formale Masse in Energieeinheiten angegeben, die sich nach der obigen Formel aus den beiden Photonenenergien und -impulsen ergibt. Sie wird in der Grafik als $m_{\gamma\gamma}$ bezeichnet (der Buchstabe γ wird gerne zur Bezeichnung hochenergetischer Photonen verwendet, die man auch als γ-Quanten bezeichnet; Physiker bezeichnen $m_{\gamma\gamma}$ auch als die *invariante Zwei-Photon-Masse*, was aber nichts mit der Masse der Photonen zu tun hat). Zum Abzählen der Photonenpaare wurde die x-Achse dabei in 1 GeV breite Intervalle unterteilt und auf der y-Achse die Zahl der Photonenpaare angegeben, deren formale Masse $m_{\gamma\gamma}$ in dem jeweiligen Intervall liegt.

Bei 125 bis 127 GeV zeigt sich in der Grafik ein kleiner, aber deutlicher Buckel, also eine leicht erhöhte Anzahl an Photonenpaaren. In der unteren Hälfte der Grafik wird dieser Buckel noch einmal besonders deutlich gemacht, indem dort nur die Abweichungen von der gepunkteten Linie dargestellt sind, die den mittleren Zwei-Photonen-Hintergrund ohne Higgs-Teilchen darstellt.

In Abschn. 6.2 hatten wir einen solchen Buckel als Resonanz bezeichnet. Eine solche Resonanz ist genau der gesuchte Hinweis auf ein sehr instabiles Teilchen, das in zwei Photonen zerfallen kann und dessen Masse bei rund 125 GeV liegt. Insgesamt wurden etwa 60 000 Photonenpaare für die Grafik ausgewertet, von denen nur rund 200 den kleinen Buckel formen und damit sehr wahrscheinlich vom Zerfall eines Higgs-Teilchens stammen.

Man sieht allerdings auch, dass die gemessene Zahl der Photonenpaare an vielen Stellen Schwankungen aufweist. Würde man die eingezeichneten Linien aus der Grafik herauslöschen, so wäre der Buckel bei rund 125 GeV gar nicht mehr so leicht zu entdecken. Man muss also sehr genau hinschauen und statistische Analysen durchführen, um das reale Signal (den Buckel) von den zufälligen Schwankungen der Photonenpaaranzahl bei verschiedenen formalen Massenwerten zu unterscheiden.

Die zufälligen Schwankungen sind der Grund dafür, warum man eine so große Anzahl an Proton-Proton-Kollisionen benötigt. In den rund 10^{15} Kollisionen, die man bis Juli 2012 auswerten konnte, sind vermutlich rund 100 000 Higgs-Teilchen im ATLAS-Detektor entstanden. Nur etwa 0,2 % von ihnen (also nur rund 200 Higgs-Teilchen) zerfallen in ein Photonenpaar und können somit den Buckel aufbauen, den wir in Abb. 8.8 sehen. Je mehr Daten man hat, umso deutlicher lässt sich dieser Buckel von den zufälligen Schwankungen unterscheiden, denn die Schwankungen wachsen bei zunehmender Zahl der Photonenpaare sehr viel langsamer an als der Überschuss der

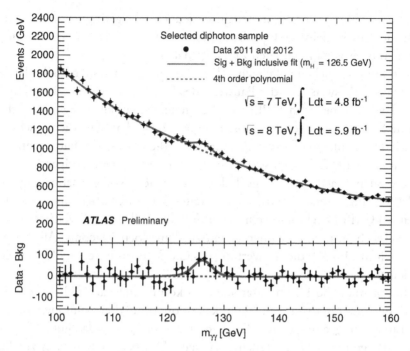

Abb. 8.8 Ergebnis des ATLAS-Experiments aus dem Juli 2012 für die Häufigkeit von Photonenpaaren mit verschiedenen formalen Zwei-Photon-Massen $m_{\gamma\gamma}$ (dies ist die Masse, die ein Teilchen haben müsste, wenn es in das jeweilige Photonenpaar zerfallen wäre). (© CERN, ATLAS-Experiment. All Rights Reserved)

Photonenpaare, die aus dem Zerfall eines Higgs-Teilchens stammen. Wenn man immer mehr Photonenpaare in Abb. 8.8 in die 1 GeV breiten Energieintervalle einfügt, so steigt nach und nach der Füllstand wie eine schräge, zufällig wabernde Wasseroberfläche nach oben, wobei sich im Lauf der Zeit eine immer deutlicher werdende Erhöhung bei rund 125 GeV abzeichnet. Je mehr Daten man hat, umso deutlicher lässt sich also das Higgs-Signal vom statistischen Rauschen unterscheiden.

Der kleine Photonenpaarbuckel des ATLAS-Detektors bei rund 125 GeV hätte nun alleine nicht ausgereicht, um die Entdeckung des Higgs-Teilchens am 4. Juli 2012 bekannt geben zu können – zu groß wäre die Gefahr gewesen, dass sich der Buckel bei wachsender Datenmenge doch noch als zufällige Schwankung entpuppt hätte. Daher sah man sich auch die anderen Zerfallskanäle des Higgs-Teilchens genau an, insbesondere den goldenen Zerfallskanal über zwei Z-Bosonen in zwei geladene Lepton-Antilepton-Paare. Nur 0,013 % der Higgs-Teilchen zerfallen bei einer Higgs-Masse von 125 GeV über diesen Kanal, sodass bei 100 000 erzeugten Higgs-Teilchen gerade einmal 13 dieser Higgs-Zerfälle zusammenkommen. Da im goldenen Zerfallskanal die Zahl der Untergrundereignisse jedoch sehr gering ist, konnte man auch hier einen kleinen Higgs-Buckel sehen. Ähnlich (wenn auch weniger deutlich) ist es auch in anderen Zerfallskanälen.

Nun könnten neben zufälligen Schwankungen auch systematische Fehler, die sich beispielsweise aus der Bauweise des Detektors ergeben, einen Higgs-Buckel vortäuschen. Im OPERA-Experiment waren solche systematischen Effekte Schuld daran gewesen, dass man eine scheinbare Überlichtgeschwindigkeit für Neutrinos festgestellt hatte. Aus diesem Grund hatte man sich beim Bau des LHC dazu entschlossen, nicht nur mit einem einzigen Detektor auf die Suche nach dem Higgs-Teilchen zu gehen. Völlig unabhängig vom ATLAS-Team untersuchte daher ein zweites Wissenschaftlerteam am anders gebauten CMS-Detektor die einzelnen Zerfallskanäle nach Anzeichen für das Higgs-Teilchen, und sie kamen genau zu demselben Ergebnis. Als Beispiel sehen wir in Abb. 8.9 die Auswertung des CMS-Teams für den goldenen Zerfallskanal.

Nimmt man alle Daten zusammen, so konnte man am LHC am 4. Juli 2012 mit einer statistischen Signifikanz von rund drei Millionen zu eins die Entdeckung eines neuen Teilchens bekannt geben, das gute Chancen hatte, das gesuchte Higgs-Teilchen zu sein. Das bedeutet, dass es zufällige Schwankungen nur in einem von drei Millionen Fällen schaffen können, ein so ausgeprägtes Teilchensignal vorzutäuschen. Diese Wahrscheinlichkeit (auch 5 Sigma genannt) sieht man in der Teilchenphysik allgemein als die kritische Grenze an, die zum Nachweis neuer Teilchen mindestens notwendig ist. Zwei Tage zuvor (also am 2. Juli 2012) waren auch die Wissenschaftler des mittlerweile stillgelegten Tevatrons an die Öffentlichkeit gegangen und hatten ihre Resultate präsentiert. Auch sie sahen in ihren Daten starke Hinweise auf das Higgs-Teilchen, aber ihre statistische Signifikanz lag nur bei 550 zu 1 (rund 3 Sigma), sodass es für die offizielle Bekanntgabe einer Entdeckung nicht ausreichte. Bedenkt man, dass es am Tevatron rund zehn Jahre gedauert hatte, die dafür notwendige Datenmenge zusammenzutragen, so muss man bei allen sonstigen Erfolgen fast von einem tragischen Ende für das Tevatron sprechen. Der LHC war nach nur rund zwei Jahren intensiver Datennahme in der Lage gewesen, dem Tevatron den Rang abzulaufen.

Seit dem 4. Juli 2012 sind wir also sehr sicher, dass es ein neues Teilchen mit einer Masse von rund 125 GeV gibt. Doch ist es auch das gesuchte Higgs-Teilchen, oder ist es womöglich etwas vollkommen anderes?

Aus der Breite des Zwei-Photonen-Buckels und anderer Zerfallsbreiten kann man die mittlere Lebensdauer des neuen Teilchens ermitteln (siehe Abschn. 6.2). Sie liegt bei rund 10^{-22} s. Licht legt in dieser Zeit nur wenige Atomkerndurchmesser zurück, d. h. das Higgs-Teilchen zerfällt praktisch noch an seinem Entstehungsort in andere Teilchen wie beispielsweise in zwei

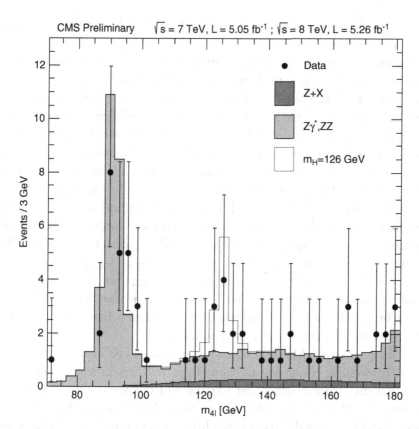

Abb. 8.9 Ergebnis des CMS-Experiments aus dem Juli 2012 für die Häufigkeit von zwei geladenen Lepton-Antilepton-Paaren mit verschiedenen formalen Vier-Lepton-Massen m_{4l} (dies ist die Masse, die ein Teilchen haben müsste, wenn es in diese vier Leptonen zerfallen wäre). Neben einer erhöhten Anzahl bei der Higgs-Masse von rund 125 GeV (goldener Zerfallskanal) erkennt man *links* auch die bereits bekannte Häufung bei der Z-Masse von rund 90 GeV (diese Z-Bosonen stammen nicht aus dem Higgs-Zerfall). (© CERN. All Rights Reserved)

Photonen. Dieser Wert passt gut zu den Berechnungen des Standardmodells für das Higgs-Teilchen.

Auch die gefundene Masse von 125 GeV und die Rate, mit der das neue Teilchen in den Kollisionen erzeugt wurde, passen gut zu den Erwartungen, die man aus dem Standardmodell für das Higgs-Boson abgeleitet hatte. Außerdem muss das neue Teilchen ganzzahligen Spin haben, da es sonst nicht in zwei Photonen oder zwei Z-Bosonen zerfallen könnte – es muss also ein Boson sein. Dabei ist Spin 1 ausgeschlossen, denn sonst wäre der Zerfall in zwei Photonen nicht möglich (Landau-Yang-Theorem). Ob es wie vom Standardmodell verlangt wirklich Spin 0 hat, wird erst die Zukunft zeigen (Stand

September 2012), erscheint aber als sehr wahrscheinlich, da Spin 2 doch eine sehr exotische Entdeckung wäre.

Insgesamt passen also alle Eigenschaften des neuen Teilchens, die bei seiner Entdeckung im Sommer 2012 bekannt waren, gut zum Higgs-Teilchen, so wie es das Standardmodell beschreibt. Weitergehende Eigenschaften lassen sich erst bestimmen, wenn größere Datenmengen vorliegen. So erwartet man im Rahmen des Standardmodells beispielsweise, dass die Kopplungsstärke, mit der das Higgs-Teilchen mit verschiedene Fermionen wechselwirkt, proportional zu deren Massen sein sollte, da diese Massen ja durch die Wechselwirkung mit dem Higgs-Feld erst entstehen. Also sollte das Higgs-Teilchen stärker in schwere als in leichte Fermion-Antifermion-Paare zerfallen. Im September 2012 reichte die Datenmenge noch nicht aus, um diese wichtige Vorhersage des Standardmodells im Detail zu überprüfen. Die bis März 2013 gesammelten und ausgewerteten Daten lassen jedoch insgesamt kaum noch einen Zweifel daran, dass man tatsächlich das Higgs-Teilchen entdeckt hat. Oder zumindest *ein* Higgs-Teilchen, denn falls es in der Natur SUSY-Teilchen gibt, so müsste es auch *mehrere* Higgs-Teilchen geben – in diesem Fall hätte man das leichteste von ihnen gefunden.

Bei der Suche nach SUSY-Teilchen war man am LHC bisher (Stand Frühjahr 2013) weniger erfolgreich als beim Higgs-Teilchen. Einerseits sollten sich besonders die Partnerteilchen der Quarks und Gluonen (also Squarks und Gluinos) am LHC mit hohen Raten erzeugen lassen, da sie ebenso wie die Quarks und Gluonen der starken Wechselwirkung unterliegen. Andererseits war unklar, ob die Strahlenergie von 4 TeV zur Erzeugung ihrer Massen bereits ausreichend war. Hinzu kommt, dass es nicht einfach ist, diese Teilchen in den Zerfällen eindeutig aufzuspüren: Squarks und Gluinos würden unmittelbar nach ihrer Erzeugung in leichtere Teilchen zerfallen, wobei zuletzt das leichteste SUSY-Teilchen entstehen müsste, das vermutlich stabil ist und damit als heißer Kandidat für die dunkle Materie des Universums gehandelt wird. Dieses leichteste SUSY-Teilchen würde den Detektor verlassen, ohne sichtbare Spuren darin zu erzeugen, sodass es sich nur durch seine mitgeführte Energie und seinen Impuls verraten würde, die in der Bilanz der anderen Teilchen fehlen. Nach genau solchen Signalen sucht man in den Zerfallsdaten. Leider können auch beispielsweise Neutrinos unerkannt entkommen und zu ähnlichen Effekten führen.

Im November 2012 gab man am LHC ein Ergebnis bekannt, dass sogar gegen die Existenz relativ leichter SUSY-Teilchen spricht: Am LHCb-Detektor konnte die sehr geringe Zerfallsrate von B_s-Mesonen (bestehend aus b- und Anti-s-Quark oder umgekehrt) in ein Myon-Antimyon-Paar experimentell bestimmt werden. Dieser Zerfallskanal tritt demnach nur bei etwa drei von einer Milliarde ($3 \cdot 10^{-9}$) zerfallenden B_s-Mesonen auf. Im Standardmodell ist dieser Zerfallskanal stark unterdrückt; er könnte allerdings auch über relativ leichte virtuelle SUSY-Teilchen auftreten, wenn es sie gäbe. Die gemessene Rate ist nun in guter Übereinstimmung mit dem Standardmodell, sodass potenzielle SUSY-Teilchen relativ massereich sein müssen – andernfalls müssten sie zu diesem Zerfall beitragen und die gemessene Zerfallsrate müsste größer sein.

Die Entdeckung von SUSY-Teilchen wäre vielleicht sogar eine noch spannendere Entdeckung als das Higgs-Teilchen, denn das Higgs-Teilchen gehört noch zum etablierten Standardmodell, während SUSY-Teilchen darüber hinausgehen und den Weg zu einer neuen Physik jenseits des Standardmodells weisen. Am aufregendsten wäre es, wenn man etwas vollkommen Unerwartetes aufspüren würde. Schließlich hatte auch Kolumbus Indien erwartet und dabei zufällig Amerika entdeckt.

Wie wird es in den nächsten Jahren am LHC weitergehen? Bei der Niederschrift dieser zweiten Auflage des Buchs im Mai 2013 sah der Stand so aus: Die Messungen der Proton-Proton-Kollisionen bei 4 TeV Strahlenergie wurden bis Ende 2012 weitergeführt, wobei insgesamt 30 fb^{-1} integrierte Luminosität erreicht wurden – deutlich mehr als erwartet. Anschließend folgten einige Wochen, in denen keine Proton-Proton-Kollisionen, sondern Proton-Blei-Kollisionen stattfanden. Ende 2010 hatte man auf ähnliche Weise schwere Blei-Atomkerne bei sehr hohen Energien zur Kollision gebracht, wobei sich die Nukleonen der Atomkerne kurzzeitig auflösen und ein sogenanntes Quark-Gluon-Plasma bilden. Wir sind in diesem Buch nicht näher darauf eingegangen.

Im Februar 2013 wurden dann die Messungen vorläufig beendet und der LHC heruntergefahren. Es erfolgt eine mehr als einjährige Umbaupause, bei der die mit flüssigem Helium tiefgekühlten Magnete komplett aufgewärmt werden müssen, sodass anschließend die umfangreichen technischen Umbaumaßnahmen durchgeführt werden können, ohne die eine Verdopplung der Strahlenergie auf 7 TeV und eine weitere Erhöhung der Luminosität nicht möglich sind. In 2015 soll der Betrieb dann bei 6,5 bis 7 TeV Strahlenergie wieder aufgenommen werden, wobei nach wenigen Jahren eine integrierte Luminosität von rund 100 bis 200 fb^{-1} angesammelt werden könnte. Mit dieser Datenmenge sollte ein Nachweis von SUSY-Teilchen und anderen Phänomenen jenseits des Standardmodells endlich in greifbare Nähe rücken. Weitere Umbauphasen könnten sich anschließen, um die Luminosität und andere Parameter des LHCs weiter zu verbessern. Insgesamt kann man davon ausgehen, dass der LHC mindestens bis zum Jahr 2030 betrieben wird.

Die nächsten Jahrzehnte werden also sehr spannend. Wie bei einem Teleskop, dessen Sehschärfe mit jedem Jahr weiter zunimmt, wird der LHC die neu erschlossene Energieregion immer gründlicher nach neuer Physik durchsuchen, und niemand kann heute schon sicher sagen, was er dabei im Laufe der Zeit alles finden wird (den jeweils aktuellen Stand findet man auf den Webseiten zu diesem Buch unter *http://www.joerg-resag.de/*). Was auch immer dabei zutage kommt, unser physikalisches Weltbild wird in zehn Jahren sicher deutlich umfassender sein als heute.

8.3 Abschließende Bemerkungen

Wir haben in diesem Buch einen weiten Weg zurückgelegt, angefangen beim Atomismus der Antike bis hin zum etablierten Standardmodell der Teilchenphysik und den noch spekulativen Ideen zur Supersymmetrie und Stringtheorie, denen am LHC nachgespürt wird. Ich hoffe, dass ich auf diesem Weg nicht allzu viele Leser unterwegs verloren habe. Wer möchte, der findet auf den Webseiten zu diesem Buch unter *http://www.joerg-resag.de/* kurze Zusammenfassungen zu den einzelnen Kapiteln sowie Zusatzinformationen, Literaturangaben und aktuelle Ergebnisse vom LHC und anderen Experimenten. Für Leser, die tiefer in die Physik einsteigen wollen, habe ich dort auch weiterführende Informationen zu den physikalischen Theorien bereitgestellt, die Gegenstand dieses Buches sind.

Wie wird der Weg der modernen Physik weitergehen? In den nächsten zehn bis 20 Jahren wird der LHC sicher im Mittelpunkt des Interesses stehen, und man wird versuchen, seine Möglichkeiten bis an die Grenzen des technisch und finanziell Machbaren auszureizen. Und was kommt danach?

Vermutlich wird der LHC der größte Ringbeschleuniger bleiben, der je gebaut wurde. Für noch höhere Energien wären noch größere Ringtunnel oder noch stärkere Magnetfelder notwendig, und das dürfte den Rahmen sprengen, den wir Menschen zu finanzieren bereit sind. Daher wird man für neue Beschleuniger wohl auf andere Techniken ausweichen müssen.

Tatsächlich befinden sich die nächsten Großbeschleuniger bereits in der frühen Planungsphase. Das mag übertrieben erscheinen, hat doch der LHC gerade erst seinen Betrieb aufgenommen. Man darf aber nicht vergessen, dass der Bau eines modernen großen Beschleunigers ein internationales Großprojekt ist, das eine lange Planungs- und Entwicklungszeit benötigt. Beim LHC liegen zwischen der Entscheidung zum Bau und der Inbetriebnahme immerhin etwa 15 Jahre. Einer der geplanten neuen Beschleuniger trägt den Namen *International Linear Collider* (*ILC*). Dieser Name verrät zugleich seine Bauweise: Er wird kein Ringbeschleuniger mehr sein, sondern ein über 30 km langer Linearbeschleuniger, bei dem ein Elektronen- und ein Positronenstrahl jeweils entgegengesetzt zueinander auf einer geraden Strecke von je etwa 12 km auf 0,25 bis 0,5 TeV beschleunigt und zur Kollision gebracht werden sollen. Der Vorteil der geraden Beschleunigungsstrecke liegt dabei darin, dass der Energieverlust durch Synchrotronstrahlung entfällt, wie er bei einer Kreisbahn auftritt. Andererseits kann man den Teilchen nicht bei jeder Umdrehung schrittweise Energie zuführen, sondern man muss die komplette Energie auf nur 12 km auf die Teilchen übertragen. Daher wird praktisch die gesamte Strecke mit supraleitenden Hohlraum-Resonatoren versehen sein, welche die entsprechend starken elektrischen Felder erzeugen.

Der ILC wird keine Entdeckermaschine wie das Tevatron oder der LHC sein, sondern eine Präzisionsmaschine wie der LEP, bei dem eine Elektronen- und Positronenenergie von je 0,1 TeV erreicht wurde. Mit dem ILC ließen sich die Eigenschaften der am LHC potenziell entdeckten Teilchen mit hoher Genauigkeit messen, so wie zuvor am LEP die Eigenschaften der Teilchen im Standardmodell präzise bestimmt wurden (siehe Abschn. 6.2). Insbesondere ließe sich am ILC das neu entdeckte Higgs-Teilchen präzise untersuchen, denn der ILC könnte als wahre Higgs-Fabrik genutzt werden (so wie LEP als Z-Boson-Fabrik diente). Noch ist allerdings völlig offen, ob, wo und wann der ILC gebaut wird, und es gibt auch andere Vorschläge für ähnliche Linearbeschleuniger, insbesondere den vom CERN vorgeschlagenen *Compact Linear Collider* (CLIC). Letztlich muss man auch die Ergebnisse des LHC in den nächsten Jahren abwarten, um fundiert entscheiden zu können, mit welchem neuen Großbeschleuniger man die sich daraus ergebenden zukünftigen Fragen der Physik am besten beantworten kann.

Bei all der Aufmerksamkeit, die der LHC auf sich zieht, vergisst man leicht, dass auch in anderen Projekten bereits heute nach neuer Physik jenseits des Standardmodells geforscht wird. So könnten sich die Teilchen der dunklen Materie durch ihre (vermutlich sehr seltenen) Wechselwirkungsereignisse mit normaler Materie verraten, die man in mehreren großen Detektoren tief unter der Erde aufzuspüren hofft, beispielsweise im Gran-Sasso-Labor nahe bei Rom. In solchen Detektoren versucht man außerdem, über Neutrino-Oszillationen die winzigen Neutrinomassen zu bestimmen, die man als Hinweis auf neue physikalische Phänomene jenseits des Standardmodells deuten kann. Die Neutrinos stammen dabei entweder von der Sonne und anderen kosmischen Objekten (z. B. Supernovae), oder sie werden in Teilchenbeschleunigern gezielt erzeugt und dann teilweise über mehrere Hundert Kilometer quer durch die Erde zu den Detektoren geschickt.

Die Neutrinophysik ist ein Beispiel für eine aufregende Entwicklung, die in den letzten Jahren zunehmend an Fahrt gewonnen hat: die Synthese von Teilchenphysik und Kosmologie. In den letzten zehn Jahren hat die Kosmologie aufgrund immer präziser werdender Beobachtungsmöglichkeiten einen enormen Aufschwung erlebt, sodass man schon vom „goldenen Zeitalter der Kosmologie" spricht. Dabei spielt die Vermessung der geringen Unregelmäßigkeiten in der kosmischen Hintergrundstrahlung eine zentrale Rolle. Der im Jahr 2001 gestartete *WMAP-Satellit* (Wilkinson Microwave Anisotropy Probe) konnte diese Unregelmäßigkeiten mit einer Winkelauflösung von 13 Bogenminuten (knapp einem halben Monddurchmesser) bestimmen und hat damit Erkenntnisse über unser Universum geliefert, von denen wir früher nur träumen konnten. Seitdem wissen wir, dass unser Universum 13,7 Mrd. Jahre alt ist, bei großen Abständen keine räumliche Krümmung aufweist und dass sich seine Materie zu nur 4,6 % aus normaler Materie, zu etwa 23 % aus dunkler Materie und zu etwa 72 % aus dunkler Energie zusammensetzt, wobei die dunkle Energie eine Eigenschaft des Raumes selbst ist und zu einer langsamen Beschleunigung der kosmischen Expansion führt (siehe Abschn. 7.1).

Seit August 2009 hat eine weitere Raumsonde mit der Vermessung der kosmischen Hintergrundstrahlung begonnen: das *Planck-Weltraumteleskop*. Bei einer Winkelauflösung von nur 5 Bogenminuten (etwa einem sechstel Monddurchmesser) und einer wesentlich besseren Temperaturempfindlichkeit kann es die Unregelmäßigkeiten in der kosmischen Hintergrundstrahlung noch deutlich besser auflösen als der WMAP-Satellit. Im März 2013 wurden die ersten aufbereiteten Daten veröffentlicht, mit denen sich die WMAP-Ergebnisse weitgehend bestätigen ließen, wobei es kleine Korrekturen gab – so ist das Universum mit 13,8 Mrd. Jahren wohl ein klein wenig älter als zuvor gedacht.

Die Genauigkeit der Daten des Planck-Teleskops reicht aus, um praktisch alle Informationen zu ermitteln, die in den feinen lokalen Temperaturunterschieden der kosmischen Hintergrundstrahlung enthalten sind (WMAP erreicht hier nur etwa 10 %), und einen guten Bruchteil der Informationen, die in der Polarisation dieser Strahlung steckt. Damit ist es möglich, vielen grundlegenden physikalischen Phänomenen im sehr frühen Universum nachzuspüren, die ihre Spuren im heißen Plasma des frühen Universums hinterlassen haben. Als Beispiele seien hier die winzigen Neutrinomassen, das Wesen der dunklen Materie oder Gravitationswellen aus der Zeit unmittelbar nach dem Urknall genannt.

Wenn unsere Vorstellungen vom Urknall und dem sehr frühen Universum richtig sind, dann spiegeln die Ungleichmäßigkeiten in der kosmischen Hintergrundstrahlung und in der großräumigen Verteilung der Galaxien im Universum letztlich die winzigen Quantenfluktuationen wider, die unmittelbar nach dem Urknall das Universum durchzogen haben und die durch eine *inflationäre Expansion* des Universums in den ersten etwa 10^{-30} s nach dem Urknall gigantisch aufgebläht wurden. Die inflationäre Expansion hat damit die mikroskopischen Quantenfluktuationen unmittelbar nach dem Urknall derart ausgedehnt, dass sie für uns alle sichtbar am Himmel konserviert wurden (mehr dazu erfährt man beispielsweise in meinem Buch *Zeitpfad*).

Die Planck-Daten erlauben es, diese Vorstellung von einer inflationären Expansion mit hoher Präzision zu überprüfen, und die ersten Ergebnisse vom Frühjahr 2013 haben sie tatsächlich weitgehend bestätigt. Allerdings gab es auch einige Überraschungen, die sich schon bei WMAP abzeichneten und die nun mit höherer Präzision bestätigt wurden: Es zeigte sich eine leichte Asymmetrie in den Temperaturschwankungen am Himmel zwischen den beiden Himmelshälften, und man fand Abweichungen von den Modellrechnungen bei großen Winkelskalen, beispielsweise einen recht großen etwas kälteren Fleck am Himmel. Womöglich ist unser Universum also doch nicht ganz so gleichförmig wie vermutet – hier kündigen sich noch einige spannende Entwicklungen für die Zukunft an!

Wie sehr hat sich unser physikalisches Weltbild doch gewandelt, seit die Menschen im antiken Griechenland erstmals die Existenz von unteilbaren Atomen in Betracht zogen. Wer hätte damals gedacht, dass wir Menschen einst in der Lage sein würden, mit großen Beschleunigern tief in die Geheimnisse der Materie vorzudringen oder in den Weiten des Himmels die Zeichen vom Beginn unseres Universums zu lesen. Gerade sind wir dabei, einen weiteren großen Schritt nach vorne zu gehen, und wir dürfen gespannt sein, welche Geheimnisse die Natur für uns bereithält.

Anhang: Zeittafel

Jahr	Ereignis	Abschnitt im Buch
450–420 v. Chr.	Leukipp und sein Schüler Demokrit entwickeln die Idee, dass Materie aus Atomen aufgebaut ist.	Abschn. 1.1
1650 (ca.)	Christiaan Huygens erklärt Beugung und Interferenzerscheinungen bei Licht mithilfe von Lichtwellen.	Abschn. 1.2
1675 (ca.)	Isaac Newton formuliert eine Theorie des Lichtes mithilfe von Lichtteilchen. Er führt einen erbitterten Disput mit Christiaan Huygens über die korrekte Theorie des Lichtes (Welle oder Teilchen?).	Abschn. 2.2
1687	Isaac Newton formuliert die Grundgesetze der klassischen Mechanik und das Gravitationsgesetz in seinem Werk *Philosophiae Naturalis Principia Mathematica* (Mathematische Prinzipien der Naturphilosophie).	Abschn. 1.4
1839	Alexandre Edmond Becquerel entdeckt den Photoeffekt.	Abschn. 1.3
1864	James Clerk Maxwell stellt die Grundgesetze der klassischen Elektrodynamik auf, die das elektromagnetische Feld beschreiben (Maxwell-Gleichungen). Licht ist demnach eine elektromagnetische Welle.	Abschn. 1.4
1868	Dmitri Iwanowitsch Mendelejew stellt das Periodensystem der chemischen Elemente auf.	Abschn. 1.3
1881	Albert Abraham Michelson weist nach, dass die Lichtgeschwindigkeit von der Erde aus gesehen unabhängig von der Eigenbewegung der Erde ist.	Abschn. 3.2
1886	Heinrich Rudolph Hertz erzeugt elektromagnetische Wellen, wie sie von Maxwell vorhergesagt wurden.	Abschn. 1.4
1897	Joseph John Thomson weist das Elektron experimentell nach.	Abschn. 1.3

Jahr	Ereignis	Abschnitt im Buch
1900	Max Planck postuliert die Existenz von Energiequanten, um das Frequenzspektrum von Wärmestrahlung zu erklären. Er führt das Planck'sche Wirkungsquantum ein und begründet damit die Quantentheorie.	Abschn. 2.4
1905	Albert Einstein erklärt den Photoeffekt durch die Existenz von Lichtteilchen (Photonen). Diese Lichtteilchen entsprechen den Planck'schen Energiequanten.	Abschn. 2.2
1905	Albert Einstein reicht seine Abhandlung *Zur Elektrodynamik bewegter Körper* ein, in der er die spezielle Relativitätstheorie formuliert.	Abschn. 3.2
1911	Ernest Rutherford führt sein berühmtes Streuexperiment durch und stellt fest, dass Atome aus einem winzigen Atomkern und einer Hülle aus Elektronen bestehen.	Abschn. 1.3
1912	Max von Laue und seine Mitarbeiter Walter Friedrich und Paul Knipping weisen mithilfe der Röntgenbeugung direkt nach, dass Kristalle aus einem regelmäßigen Atomgitter bestehen und dass Röntgenstrahlen Wellencharakter haben.	Abschn. 1.2
1913	Niels Bohr formuliert sein Atommodell mit festen (gequantelten) Bahnen für die Elektronen.	Abschn. 2.1
1916	Albert Einstein verallgemeinert Newtons Gravitationsgesetz zu einer relativistischen Theorie der Gravitation (allgemeine Relativitätstheorie). Gravitation wird darin über die Krümmung der Raumzeit beschrieben.	Abschn. 7.1
1919	Arthur Stanley Eddington beobachtet bei einer totalen Sonnenfinsternis die Lichtablenkung von Sternenlicht im Gravitationsfeld der Sonne, wie sie von Einsteins allgemeiner Relativitätstheorie vorhergesagt wird.	Abschn. 7.1
1919	Ernest Rutherford weist das Proton in Atomkernen nach.	Abschn. 1.4, Abschn. 3.1
1922	Otto Stern und Walther Gerlach zeigen, dass sich ein Silberatomstrahl in einem inhomogenen Magnetfeld in zwei Teilstrahlen aufteilt (Stern-Gerlach-Versuch).	Abschn. 2.8
1924	Louis de Broglie äußert in seiner Dissertation die Vermutung, dass alle Materie (nicht nur Licht) zugleich Teilchen- und Welleneigenschaften aufweist.	Abschn. 2.3

Jahr	Ereignis	Abschnitt im Buch
1925	Werner Heisenberg und andere formulieren die Matrizen-Quantenmechanik. Kurz darauf formuliert Erwin Schrödinger die Wellen-Quantenmechanik auf Basis der Schrödinger-Gleichung. Beide Formulierungen sind gleichwertig. Die Elektronenhülle der Atome entspricht demnach stehenden Elektronenwellen.	Abschn. 2.3, 2.6
1925	Wolfgang Pauli führt den Teilchenspin als neuen Quanten-Freiheitsgrad ein und stellt sein Pauli-Prinzip auf.	Abschn. 2.7
1927	Werner Heisenberg stellt die Unschärferelation für Ort und Impuls eines Teilchens auf.	Abschn. 2.5
1927	Bohr und Heisenberg formulieren (basierend auf Ideen von Max Born) die Wahrscheinlichkeitsinterpretation der Quantenmechanik (Kopenhagener Deutung).	Abschn. 3.3
1928	Paul Dirac stellt seine relativistische Dirac-Gleichung auf und sagt das Positron als Antiteilchen des Elektrons voraus.	Abschn. 5.1
1929 (ca.)	Die Arbeiten von Georges Lemaitre, Edwin Hubble und Alexander Friedman zeigen, dass das Universum expandiert.	Kap 7.1
1930	Wolfgang Pauli postuliert die Existenz des Elektron-Neutrinos, um das kontinuierliche Energiespektrum beim radioaktiven Betazerfall erklären zu können.	Abschn. 4.1
1932	James Chadwick entdeckt das Neutron.	Abschn. 3.1
1932	Carl David Anderson entdeckt das Positron in der kosmischen Höhenstrahlung.	Abschn. 4.1, Abschn. 5.1
1934	Enrico Fermi erklärt die schwache Wechselwirkung (genauer den Beta-Zerfall von Atomkernen) durch seine Fermi-Theorie, die auch Neutrinos berücksichtigt.	Abschn. 5.6, Abschn. 6.1
1935	Yukawa Hideki erklärt die starke Kernkraft zwischen Nukleonen durch den Austausch von Mesonen (Yukawa-Potenzial).	Abschn. 3.1, Abschn. 4.1
1935	Erwin Schrödinger formuliert das Quanten-Paradoxon „Schrödingers Katze".	Abschn. 2.3
1935	Albert Einstein, Boris Podolsky und Nathan Rosen zeigen mit ihrem „EPR-Paradoxon", dass die Quantenmechanik keine klassische lokale Theorie sein kann.	Abschn. 2.8
1937	Carl David Anderson und sein Student Seth Neddermeyer entdecken das Myon in der kosmischen Höhenstrahlung.	Abschn. 4.1

Jahr	Ereignis	Abschnitt im Buch
1938	Otto Hahn und Fritz Straßmann gelingt die erste Kernspaltung. Lise Meitner und Otto Robert Frisch sind ebenfalls beteiligt.	Abschn. 3.2
1947	Cecil Frank Powell entdeckt in der kosmischen Höhenstrahlung das Pi-Meson (Pion).	Abschn. 4.1
1948 (ca.)	Richard Feynman und andere entwickeln die Quantenelektrodynamik (QED). Richard Feynman formuliert sie mithilfe seiner Feynman-Graphen.	Abschn. 5.1, Abschn. 5.2
1956	Nachweis der Paritätsverletzung in der schwachen Wechselwirkung durch Chien-Shiung Wu (Wu-Experiment).	Abschn. 6.1
1956	Experimenteller Nachweis des Elektron-Neutrinos.	Abschn. 4.1
1962	Experimenteller Nachweis des Myon-Neutrinos.	Abschn. 4.1
1963 (ca.)	Murray Gell-Mann und unabhängig von ihm George Zweig stellen das Quark-Modell für Hadronen auf.	Abschn. 4.2
1964	John Stewart Bell stellt seine Bell'sche Ungleichung auf, die die Existenz verborgener lokaler Informationen in der Quantentheorie weitgehend ausschließt.	Abschn. 2.8
1964	Arno Penzias und Robert Wilson entdecken zufällig die kosmische Hintergrundstrahlung, die bereits in den 40ern von George Gamow und anderen als Folge des Urknalls vorhergesagt wurde.	Abschn. 4.2, Abschn. 6.1, Abschn. 7.1
1964	Peter Higgs und andere zeigen, wie in einer Eichtheorie die spontane Symmetriebrechung durch das Higgs-Feld zu massiven Wechselwirkungsteilchen führen kann (W- und Z-Bosonen).	Abschn. 6.1
1967	Es gelingt, schwache und elektromagnetische Wechselwirkung gemeinsam als elektroschwache Wechselwirkung zu beschreiben (Sheldon Lee Glashow, Abdus Salam und Steven Weinberg). Diese Theorie sagt voraus, dass es neben dem masselosen Photon drei massive Wechselwirkungs-Teilchen gibt: die beiden elektrisch geladenen W-Bosonen und das neutrale Z-Boson. Außerdem wird das Higgs-Teilchen vorhergesagt, das über die spontane Symmetriebrechung den anderen Teilchen ihre Masse verleiht.	Abschn. 6.1

Jahr	Ereignis	Abschnitt im Buch
1970 (ca.)	Die Existenz von Quarks im Inneren von Nukleonen wird durch hochenergetische Streuexperimente mit Elektronen bestätigt (Jerome Isaac Friedman, Henry Way Kendall und Richard Edward Taylor).	Abschn. 4.2
1972	Die Quantenchromodynamik (QCD) wird als die fundamentale Theorie der starken Wechselwirkung zwischen Quarks formuliert (Murray Gell-Mann, Harald Fritzsch und Heinrich Leutwyler).	Abschn. 5.3
1973	Am CERN gelingt der Nachweis der schwachen Wechselwirkung zwischen Elektronen und Neutrinos, wie sie durch das Z-Boson vermittelt wird (die sogenannten „neutralen Ströme").	Abschn. 6.1
1974	Nachweis des *charm*-Quarks, das 1970 vorhergesagt wurde.	Abschn. 4.2
1974	Stephen Hawking berechnet Entropie und Temperatur eines schwarzen Lochs. Die Temperatur der ausgesendeten Wärmestrahlung (Hawking-Strahlung) ist dabei antiproportional zur Masse des schwarzen Lochs. Dies sind die ersten allgemein akzeptierten Formeln, die gleichzeitig die drei Naturkonstanten h, c und G enthalten. Sie bilden damit einen Prüfstein für jede Quantentheorie der Gravitation.	Abschn. 7.2
1975	Entdeckung des Tauons.	Abschn. 4.2
1977	Nachweis des *bottom*-Quarks am Fermilab bei Chicago (es wurde 1973 vorhergesagt).	Abschn. 4.2
1983	Nachweis der W- und Z-Bosonen am CERN.	Abschn. 6.1
1989 bis 2000	Am CERN werden im Large Electron-Positron Collider (LEP) die Parameter des Standardmodells mit großer Genauigkeit bestimmt. Insbesondere werden die Massen und Zerfallsbreiten der W- und Z-Bosonen genau vermessen. Man kann daraus ableiten, dass es nur drei leichte Neutrinosorten gibt.	Abschn. 6.2
1993	Nachweis von schwachen Temperaturschwankungen (ca. 0,001 %) in der kosmischen Hintergrundstrahlung durch den Satelliten COBE.	Abschn. 7.1
1995	Nachweis des 1973 vorhergesagten *top*-Quarks am Fermilab (Tevatron Collider). Damit sind alle 6 Quarks experimentell nachgewiesen worden.	Abschn. 6.2

Jahr	Ereignis	Abschnitt im Buch
1995	Edward Witten zeigt Dualitäten zwischen den String-Theorien auf, die nahelegen, dass sie alle Grenzfälle einer einzigen Theorie (M-Theorie) sind. Die M-Theorie könnte ein Kandidat für die grundlegende Theorie aller Teilchen und Wechselwirkungen sein (Weltformel). Sie basiert zwingend auf der sogenannten Supersymmetrie und sagt die Existenz weiterer (zusammengerollter) Raumdimensionen voraus.	Abschn. 8
1998	Die Vermessung weit entfernter Supernovae zeigt, dass sich die Expansion des Universums beschleunigt. Weitere Messungen haben dies seitdem immer genauer bestätigt.	Abschn. 7.1
1998	Am Super-Kamiokande-Detektor in Japan werden Neutrino-Oszillationen nachgewiesen, die beweisen, dass Neutrinos eine winzige Masse besitzen.	Abschn. 4.2, Abschn. 6.1
2000	Erster direkter Nachweis des Tau-Neutrinos im DONUT-Experiment am Fermilab.	Abschn. 4.1
2003	Präzise Vermessung der schwachen Temperaturschwankungen in der kosmischen Hintergrundstrahlung durch die Raumsonde WMAP. Daraus lassen sich erstmals Alter, Materieinhalt und Krümmung des Universums genau bestimmen.	Abschn. 7.1
2006	Der am Brookhaven National Laboratory sehr genau bestimmte g-Faktor des Myons weicht von dem im Standardmodell berechneten Wert signifikant ab.	Abschn. 5.1
2009	Start des Planck-Weltraumteleskops, das die kosmische Hintergrundstrahlung mit noch größerer Genauigkeit als WMAP vermessen wird.	Abschn. 8.3
2010	Beginn der Messungen am LHC bei 3,5 TeV Protonenergie.	Abschn. 8.2
2010	Die Auswertung umfangreicher Tevatron-Daten zeigt eine größere Unsymmetrie zwischen Materie und Antimaterie (CP-Verletzung) als vom Standardmodell vorhergesagt.	Abschn. 6.1, Abschn. 8.3
2012	Am LHC wird ein neues Teilchen mit einer Masse von rund 125 GeV gefunden, das gute Chancen hat, das gesuchte Higgs-Teilchen zu sein.	Abschn. 8.2

Index

Printed in the United States
by BookMasters, Inc.

Printed in the United States
By Bookmasters